"十三五"江苏省高等学校重点教材（2017－2－031）

高等学校教材·材料科学与工程

有色金属材料学

缪　强　　梁文萍　　主编

西北工业大学出版社

西安

【内容简介】 本书立足学科发展前沿、强化基础理论学习,拓宽学生的知识面,培养学生分析和解决复杂问题的综合能力,反映有色金属材料的新知识、新技术、新工艺和新方法。本书内容丰富完整,包括有色金属的基础知识、铝及其合金、铜及其合金、钛及其合金、轴承合金、镍基合金、镁及其合金、锌及锌合金、贵金属及其合金、难熔金属及其合金、先进金属结构材料等。

本书不仅可以满足高等学校材料类、机械类、航空航天类、能源动力类等专业的人才培养需求、为相关专业课程提供配套教材,而且也可为从事相关工程技术领域研究及生产的科研人员与工程技术人员提供很好的参考。

图书在版编目(CIP)数据

有色金属材料学/缪强,梁文萍主编. —西安:西北工业大学出版社,2016.8(2018.9 重印)

ISBN 978 - 7 - 5612 - 5069 - 3

Ⅰ.①有… Ⅱ.①缪… ②梁… Ⅲ.①有色金属—金属材料—材料科学—高等学校—教材 Ⅳ.①TG146

中国版本图书馆 CIP 数据核字(2016)第 216254 号

YOUSE JINSHU CAILIAOXUE

有 色 金 属 材 料 学

策划编辑:雷 军
责任编辑:马文静

出版发行:西北工业大学出版社
通信地址:西安市友谊西路 127 号　　　邮编:710072
电　话:(029)88493844　88491757
网　址:www.nwpup.com
印刷者:陕西向阳印务有限公司
开　本:787 mm×1 092 mm　　1/16
印　张:18.875
字　数:457 千字
版　次:2016 年 8 月第 1 版　　2018 年 9 月第 2 次印刷
定　价:48.00 元

前　言

　　本书立足于反映学科发展前沿、强化基础理论学习，拓宽学生的知识面，培养学生分析和解决复杂问题的综合能力，反映有色金属材料的新知识、新技术、新工艺、新方法。本书已入选2017年"十三五"江苏省高等学校重点教材（新编）项目。

　　本书共11章，包括有色金属的基础知识、铝及其合金、铜及其合金、钛及其合金、轴承合金、镍基合金、镁及其合金、锌及锌合金、贵金属及其合金、难熔金属及其合金、先进金属结构材料等。本书主要特色是：落实立德树人根本任务，贯彻社会主义核心价值观，内容紧扣有色金属材料在航空航天领域中的应用，凸显国防特色；体系完整，知识体系涵盖矿、冶、加工等制备全流程；内容新颖，反映本学科国内外有色金属材料科学研究和教学研究的先进成果；特色鲜明，对航空航天领域中的大量案例进行分析；实用性强，突出有色金属材料的理论与实践的结合；依据最新的国家标准。

　　本书由缪强教授、梁文萍教授担任主编，其中缪强教授负责编写第1章、第3章、第5章和第7～11章，梁文萍教授负责编写第2章、第4章和第6章，全书由缪强教授统稿。本书由北京科技大学孙建林教授、北京航空材料研究院张旺峰教授、西北工业大学王永欣教授、西北有色金属研究院李争显教授、上海交通大学朱申敏教授等五位专家组成的专家组负责审定，专家们付出了大量的心血，提出了许多宝贵的意见，在此表示衷心的感谢！在本书编写过程中，博士生崔世宇和夏金娇，硕士生李柏强、陈博文、胡荣耀、黄彪子、耿建飞、张毅、王旭、李珊、宋友朋和韩小娇等收集整理了大量资料。同时，在本书编写过程中，笔者参考了一些文献资料，在此对其作者一并表示感谢。

　　由于水平有限，书中难免有疏漏和错误，恳请广大读者批评指正。

编　者

2018年8月

目　　录

第1章　有色金属的基础知识

1.1　金属的分类

金属是一种具有光泽(即对可见光强烈反射),富有延展性,容易导电、导热的物质。金属的上述性质与金属晶体内含有自由电子有关。不仅纯金属,例如铝、铜、铁等具有上述性质,当纯金属中加入某些金属元素或含有一定量的非金属元素的复杂物质时,即所谓金属合金也具有上述性质,因而广义地说,金属合金亦称为金属。

根据冶金工业分类,通常将金属分为两类:黑色金属和有色金属。

1.1.1　黑色金属

黑色金属通常指铁、锰、铬及它们的合金。锰和铬主要用于制造合金钢,而钢铁表面通常覆盖着一层黑色的四氧化三铁,故把铁、锰、铬及它们的合金叫作黑色金属。黑色金属具有暗灰色、高密度(碱土金属除外)、高熔点、硬度较高等特质,且在许多情况下具有多晶型性。这类金属中最典型的是铁。

1.1.2　有色金属

狭义的有色金属又称非铁金属,通常是指除黑色金属以外的所有金属。有色金属多半具有特征颜色,例如红、黄或白色,并且具有高塑性、低硬度、较低的熔点和无多晶型性等特征。这类金属中最典型的是铜。

广义的有色金属还包括有色金属合金。有色金属合金是由一种有色金属作为基体(通常大于 50%),加入另一种(或几种)金属或非金属组分所组成的既具有基体金属通性又具有某些特定性能的物质。

一、有色纯金属

有色纯金属分为重金属、轻金属、贵金属、半金属和稀有金属等5类。

1. 重金属

重金属指密度大于 4.5 g/cm³ 的金属,包括铜、镍、铅、锌、钴、锡、锑、汞、镉、铋。重金属的冶炼一般分为火法冶炼和湿法冶炼两种。

2. 轻金属

轻金属指密度小于 4.5 g/cm³ 的金属,包括铝、镁、钾、钠、钙、锶、钡。这类金属的共同特点是密度小(0.53~4.5 g/cm³),化学性质活泼,与氧、硫、碳和卤素的化合物都相当稳定。因此这类金属多采用熔盐电解法和金属热还原法提取。轻金属铝在自然界中占地壳重量的 8%(铁为 5%),目前铝已成为有色金属中生产量最大的金属。

3.贵金属

贵金属指金(Au)、银(Ag)和铂族金属(包括钌(Ru)、铑(Rh)、钯(Pd)、锇(Os)、铱(Ir)、铂(Pt)等8种金属元素),这类金属化学性质稳定,在地壳中含量少,开采和提取困难,价格比一般金属高,因而称之为贵金属。其特点是密度大,熔点高,化学性质稳定,能抵抗酸、碱,难于腐蚀(除银和钯外),大多拥有美丽的色泽。

4.半金属

半金属一般是指硅、砷、硒、碲、硼,这类金属物理化学性质介于金属与非金属之间,例如砷是非金属,但能够传热、导电。半金属性脆,呈金属光泽,电负性在1.8~2.4之间,大于金属,小于非金属。半金属大多是具有多种不同物理、化学性质的同素异构体,广泛用作半导体材料。硅是半导体主要材料之一,高纯碲、硒、砷是制造化合物半导体的原料,硼是合金的添加元素。

5.稀有金属

稀有金属通常是指在自然界中含量较少或分布稀散的金属。稀有金属难以从原料中提取,一般不能从矿石中直接冶炼成金属,而要经过制取化合物的中间阶段,制取过程较为繁杂,在工业上制备及应用较晚。

稀有金属跟普通金属没有严格的界限,例如有的稀有金属在地壳中的含量比铜、汞、镉等金属还要多。以下金属一般被认为是稀有金属:锂(Li)、铷(Rb)、铯(Cs)、铍(Be)、钨(W)、钼(Mo)、钽(Ta)、铌(Nb)、钛(Ti)、锆(Zr)、铪(Hf)、钒(V)、铼(Re)、镓(Ga)、铟(In)、铊(Tl)、锗(Ge)、钪(Sc)、钇(Y)、镧(La)、铈(Ce)、镨(Pr)、钕(Nd)、钷(Pm)、钐(Sm)、铕(Eu)、钆(Gd)、铽(Tb)、镝(Dy)、钬(Ho)、铒(Er)、铥(Tm)、镱(Yb)、镥(Lu)、钋(Po)、镭(Ra)、锕(Ac)、钍(Th)、镤(Pa)、铀(U)以及人造超铀元素等。

根据稀有金属的某些共同点(例如金属的物理化学性质、原料的共生关系、生产流程等)将稀有金属划分为5类:稀有轻金属、稀有高熔点金属、稀有分散金属、稀土金属、稀有放射性金属。

(1)稀有轻金属。

稀有轻金属包括5个金属:锂、铍、铷、铯、钛。其共同特点是密度小、化学活性很强。

(2)稀有高熔点金属。

稀有高熔点金属包括8个金属:钨、钼、钽、铌、锆、铪、钒、铼。其共同特点是熔点高(1 830 ℃(锆)~3 400 ℃(钨)),硬度大,抗腐蚀性强,可与一些非金属生成非常硬且非常难熔的稳定化合物。

(3)稀有分散金属。

稀有分散金属也称稀散金属,包括四个金属:镓、铟、铊、锗。除铊以外都是半导体材料。大多数稀散金属在自然界中没有单独矿物存在。

(4)稀土金属。

稀土金属包括镧系元素以及和镧系元素性质相近的钪和钇,共17个:钪、钇、镧、铈、镨、钕、钷、钐、铕、钆、铽、镝、钬、铒、铥、镱和镥。其中,从镧到铕称为轻稀土,从钆到镥包括钪和钇称为重稀土。

(5)稀有放射性金属。

稀有放射性金属包括各种天然放射性元素:钋(Po)、镭(Ra)、锕(Ac)、钍(Th)、镤(Pa)、铀

(U)以及各种人造超铀元素钫(Fr)、锝(Tc)、镎(Np)、钚(Pu)、镅(Am)、锔(Cm)、锫(Bk)、锎(Cf)、锿(Es)、镄(Fr)、钔(Md)、锘(No)和铹(Lw)。天然放射性元素在矿石中通常是共同存在的,它们常与稀土金属矿伴生。

二、有色金属合金

有色金属合金的分类方法很多。按合金系统分为重有色金属合金、轻有色金属合金、贵金属合金、稀有金属合金;按基体金属分为铜合金、铝合金、钛合金、镍合金、锌合金等;按其生产方法分为铸造合金、变形合金;按合金用途分为变形合金(压力加工用合金)、铸造合金、轴承合金、印刷合金、硬质合金、焊料、中间合金、金属粉末等;根据组成合金的元素数目,分为二元合金、三元合金、四元合金和多元合金。一般合金组分的总含量(质量分数)小于2.5%者,为低合金;总含量为2.5%~10%者,为中合金;总含量大于10%者,为高合金。有色金属合金的强度和硬度一般比纯金属高,电阻比纯金属大、电阻温度系数小,具有良好的综合机械性能。

有色金属合金是国民经济发展的基础材料,航空、航天、汽车、机械制造、电力、通信、建筑、家电等绝大部分行业都以有色金属材料为生产基础。它不仅是重要的战略物资、生产资料,还是人类生活中不可缺少的消费资料。

1.2 金属的冶炼

在自然界中,除金、银等少数几种不活泼金属以游离态存在外,绝大多数金属都以正价态化合物存在。冶炼金属是从矿石中提取金属单质的过程,除物理方法外,金属冶炼是指把金属从化合态转变为游离态的化学过程。

由于原料条件的不同和金属性质的差异,冶金方法是多种多样的,根据冶炼过程和方法的不同,大致可分为以下3种类型。

1.2.1 火法冶金

火法冶金又称干式冶金,是在高温条件下对矿石或精矿进行熔化作业并通过还原、氧化焙烧等反应制取金属和合金的过程。其流程一般包括原料准备(烧结、球团、焙烧等)、熔炼过程和精炼过程等主要工序。火法冶金是冶炼金属的主要方法,目前工业上大规模的钢铁冶炼、主要的有色金属冶炼和某些稀有金属的提取都采用该方法。

火法冶金的工艺流程一般分为矿石准备、冶炼和精炼3个步骤。

(1)矿石准备。选矿得到的细粒精矿不易直接加入鼓风炉(或炼铁高炉),须先加入冶金熔剂(能与矿石中所含的脉石氧化物、有害杂质氧化物作用的物质),加热至低于炉料的熔点烧结成块;或添加黏合剂压制成型;或滚成小球再烧结成球团;或加水混捏;然后装入鼓风炉内冶炼。硫化物精矿在空气中焙烧的主要目的是:除去硫和易挥发的杂质,并使之转变成金属氧化物,以便进行还原冶炼;使硫化物成为硫酸盐,随后用湿法浸取;局部除硫,使其在造锍熔炼中成为由几种硫化物组成的熔锍。

(2)冶炼。此过程形成由脉石、熔剂及燃料灰分融合而成的炉渣和熔锍(有色重金属硫化物与铁的硫化物的共熔体)或含有少量杂质的金属液。冶炼方式包括还原冶炼、氧化吹炼和造锍熔炼3种。①还原冶炼在还原气氛下的鼓风炉内进行,加入的炉料除富矿、烧结块或球团外,还加入熔剂(石灰石、石英石等)以便造渣,加入焦炭作为发热剂(产生高温)和还原剂。还原铁矿为生铁,还原氧化铜矿为粗铜,还原硫化铅精矿的烧结块为粗铅。②氧化吹炼在氧化气氛下进行,例如对生铁采用转炉,吹入氧气,以氧化除去铁水中的硅、锰、碳和磷等杂质,炼成合格的钢水,铸成钢锭。③造锍熔炼主要用于处理硫化铜矿或硫化镍矿,一般在反射炉、矿热电炉或鼓风炉内进行,加入酸性石英石熔剂与氧化生成的氧化亚铁及脉石造渣,熔渣之下形成一层熔锍,在造锍熔炼中,部分铁和硫被氧化,更重要的是通过熔炼使杂质造渣,提高熔锍中主要金属的含量,起到化学富集的作用。

(3)精炼。进一步处理由冶炼得到的含有少量杂质的金属,以提高其纯度。例如炼钢是对生铁的精炼,在炼钢过程中去气、脱氧,并除去非金属夹杂物,或进一步脱硫等;对粗铜则在精炼反射炉内进行氧化精炼,然后铸成阳极进行电解精炼;对粗铅采用氧化精炼方法除去其所含的砷、锑、锡、铁等,并可用特殊方法,例如派克司法回收粗铅中所含的金、银。对高纯金属则可用区域熔炼等方法进行进一步提炼。

1.2.2　湿法冶金

湿法冶金是采用液态溶剂(通常为无机水溶液或有机溶剂)进行矿石浸出、分离和提取金属及其化合物的方法。湿法冶金包括4个主要步骤:①使用溶剂将原料中的有用成分转入溶液,即浸取;②浸取溶液与残渣分离,同时将夹带于残渣中的冶金溶剂和金属离子回收;③浸取溶液的净化和富集,通常采用离子交换和溶剂萃取技术或其他化学沉淀方法;④从净化液中提取金属或金属化合物。

湿法冶金在锌、铝、铜、铀等工业中具有重要地位,世界上全部的氧化铝、氧化铀,大部分锌和部分铜都是用湿法冶金生产的,这种方法已大部分代替了过去的火法炼锌。其他难于分离的金属,例如镍-钴、锆-铪、钽-铌及稀土金属也都采用湿法冶金技术(溶剂萃取或离子交换等新方法)进行分离,取得了显著的效果。湿法冶金的优点在于对非常低品位矿石(如金、铀)的适用性,对相似金属(如铪、锆)难分离情况的适用性,以及和火法冶金相比,材料的周转较简单,原料中有价金属综合回收程度高,有利于环境保护,并且生产过程较易实现连续化和自动化。湿法冶金设备和操作相对比较简单,应用范围日益扩大,目前主要用于有色金属、稀有金属及贵金属的提取。

1.2.3　电冶金

电冶金是利用电能冶炼金属的一种方法,可分为电热冶金和电化学冶金。电化学冶金又根据电解质的不同分为水溶液电化学冶金和熔盐电化学冶金。

一、电热冶金

电热冶金是利用电能获得冶金所要求的高温而进行的冶金生产。与火法冶金不同,电热冶金的热能由电能转化而成,火法冶金则是以燃料燃烧产生高温热源。例如电弧炉炼钢是通过石墨电极向电弧炼钢炉内输入电能,以电极端部和炉料之间发生的电弧为热源进行炼钢,可获得比用燃料供热更高的温度,且炉内气氛较易控制,对熔炼含有易氧化元素较多的钢种极为有利。

二、电化学冶金

根据电解质的不同,分为水溶液电化学冶金和熔盐电化学冶金。

1.水溶液电化学冶金

水溶液电化学冶金是以溶有金属离子的水溶液作为电解质,利用电能转化的化学能使溶液中的金属离子还原为金属析出,或使粗金属阳极经由溶液精炼沉积于阴极的冶金过程。水溶液电解过程也可以把含杂质的金属作为阳极,电解过程使其不断溶解到水溶液中,并在阴极析出,叫作电解精炼(可溶阳极电解),例如金、银、钴、镍、铜等贵重金属大多采用电解精炼来获得高纯成分;若阳极材料本身不参与电解过程,只是把湿法冶金中获得的浸取液中的金属在阴极沉淀析出的过程,则叫作电解提取(不溶阳极电解),例如锌、铬、锰的提取。

2.熔盐电化学冶金

熔盐电化学冶金是利用电能加热并转化为化学能,将某些金属的盐类熔融并作为电解质进行电解,自熔盐中还原金属,以提取和提纯金属的冶金过程。该方法主要用于不溶于水的金属盐类,例如铝、镁、钠等活泼金属。由于金属能溶于熔盐,或者与高价氧化物反应生成低价化合物重新溶入熔盐,熔盐电解的电流效率要低于水溶液电解。

冶金方法的选择和应用,有时可能是单一的,有时可能是火法冶金和湿法冶金联合使用的过程。冶金方法的选用应本着节约能源、保护环境以及综合利用的原则。一般情况下,黑色金属冶炼,由于矿石成分比较单一,通常采用火法冶金方法,即使有的矿石较为复杂,通过火法冶金之后,也能使其伴生的有色金属进入渣中,进行再处理,例如高炉冶炼用钒钛铁矿就属于这种类型。有色金属的冶炼,由于其矿石或精矿的矿物成分极其复杂,含有多种金属矿物,不仅要提取或提纯某种金属,同时还要综合考虑回收各种有价值的其他金属成分,以充分利用资源和降低生产费用。因此,这种情况下考虑冶金方法时要用两种或两种以上方法才能完成。重金属的冶炼,因常以硫化矿为主要原料,故工艺流程以火法为主、湿法为辅。轻金属的密度小、活性大,多采用熔盐电解法和金属热还原法进行生产。国外铝、镁、铁的冶炼技术,主要是向大型化、高效率、低能耗及应用电子计算机、工艺过程控制自动化方向发展。金、银、铂等贵金属的冶炼,一部分可由矿石提取,而大部分都是从铜、镍、铅、锌冶炼厂的副产品(阳极泥)中回收的。稀有金属在地壳中分布过于分散,没有集中的矿床,只能从金属工厂或化工厂的废料中提取。

1.3　金属的物理性能

1.3.1　密度

密度是指单位体积物质的质量。国际单位为千克每立方米(kg/m³),对于液体或者气体,还可用千克每升(kg/L)表示。密度是物质的一种特性,不随质量和体积的变化而变化,只随物态温度、压强的变化而变化。

1.3.2　热性能

物质的热性能包括热容、热传导、热膨胀等,是金属及合金的主要物理性能之一。它在金属材料相变等研究中,具有重要理论意义,在工程技术中也占有重要位置,例如选用热学参数合适的材料,可以节约能源、提高机械效率、延长材料的使用寿命等。

一、熔点

金属和合金由固体状态向液体状态转变时的熔化温度叫作熔点(melting point)。

物质分为晶体和非晶体,晶体有熔点,而非晶体没有熔点。晶体又因类型不同而熔点不同。一般来说,晶体的熔点从高到低为:原子晶体>离子晶体>金属晶体>分子晶体。

物质的熔点并不是固定不变的,有两个因素对熔点的影响很大。一是压强,通常所说的物质的熔点,是指一个大气压时的情况,如果压强变化,熔点也会发生变化,熔点随压强的变化有两种不同情况:对于大多数物质,熔化过程是体积变大的过程,当压强增大时,物质的熔点升高;而对于像水这样的物质,与大多数物质不同,冰融化成水的过程中其体积要缩小(金属铋、锑等也是如此),故当压强增大时冰的熔点降低。二是物质中的杂质,通常所说的物质的熔点,是指纯净的物质。但在现实生活中,大部分物质都是含有其他物质的,比如在纯净的液态物质中溶有少量其他物质,或称为杂质,即使数量很少,物质的熔点也会有很大变化,例如水中溶有盐,熔点就会明显下降,海水就是溶有盐的水,海水冬天结冰的温度比河水低,就是这个原因。饱和食盐水的熔点可下降到约−22 ℃,北方的城市在冬天下大雪时,常常往公路的积雪上撒盐,此时只要温度高于−22 ℃,足够的盐便可以使冰雪融化。

熔点实质上是物质固、液两相可以共存并处于平衡的温度,以冰融化成水为例,在一个大气压下冰的熔点是 0 ℃,而温度为 0 ℃时,冰和水可以共存,如果与外界没有热交换,冰和水共存的状态可以长期保持稳定。在各种晶体中粒子之间相互作用力不同,因而熔点各不相同。同一种晶体,熔点与压强有关,一般取在 1 大气压下物质的熔点为正常熔点。在一定压强下,晶体物质的熔点和凝固点都相同。熔解时体积膨胀的物质,在压强增加时熔点升高。

钨(W)是熔点最高的金属,在 2 000～2 500 ℃高温下,蒸气压仍很低。钨的硬度大,密度高,高温强度好。

二、比热容

一定质量的物质,当温度升高时,所吸收的热量与该物质的质量、升高的温度乘积之比,称为比热容(specific heat capacity),又称比热容量,简称比热(specific heat),用符号 c 表示,是单位质量物质的热容量,即单位质量物体改变单位温度时吸收或释放的内能。单位为焦耳每千克摄氏度(J/(kg・℃))。

$$c = Q/m \cdot \Delta t \tag{1-1}$$

三、导热性

金属传导热量的性能叫作导热性(thermal conductivity),其反映了金属在加热和冷却时的导热能力。导热性的大小用导热系数来衡量,导热系数定义为物体上下表面温度相差 1 ℃时,单位时间内通过导体横截面的热量,符号为 λ,单位为 W/(m・K)。在纯金属中,银(约418.6)和铜(约393.5)的导热性最好。

导热率:又称导热系数或热导率,是表示材料热传导能力大小的物理量。材料的导热率随成分、物理结构、物质状态、温度、压力等而变化。

傅里叶方程为

$$Q = KA \cdot \Delta T/d \tag{1-2}$$

$$R = \Delta T/Q \tag{1-3}$$

式中，Q 为热量；K 为导热率（W/(m·K)）；A 为接触面积；d 为热量传递距；ΔT 为温度差；R 为热阻值。

导热率 K 是材料本身的固有性能参数，用于描述材料的导热能力。该特性与材料本身的大小、形状、厚度无关，只与材料本身的成分有关。因此，同类材料的导热率是相同的，并不会因为厚度不同而变化。

四、热膨胀性

金属温度升高时体积发生膨大的现象称为金属的热膨胀性。例如，被焊的工件由于受热不均匀而产生不均匀的热膨胀，会导致焊件的变形和焊接应力。衡量热膨胀性的指标为热膨胀系数。

热膨胀系数：物体由于温度改变而产生胀缩现象。其变化能力以等压（p 一定）下，单位温度变化所导致的长度量值变化，即热膨胀系数表示。大多数情况下，此系数为正值。

线膨胀系数：有时也称为线弹性系数（linear expansivity），表示材料膨胀或收缩的程度。分为某一温度点的线膨胀系数和某一温度区间的线膨胀系数，前者是单位长度的材料每升高 1 ℃ 的伸长量；后者称为平均线膨胀系数。平均线膨胀系数是单位长度的材料在某一温度区间，每升高 1 ℃ 温度的平均伸长量。

线膨胀系数为

$$\alpha = \Delta L/(L \cdot \Delta T) \tag{1-4}$$

式中，ΔL 为所给长度的变化；ΔT 为物体温度的变化；L 为初始长度。

部分金属的结膨胀系数如表 1-1 所示。

表 1-1　部分金属的线膨胀系数

金属名称	元素符号	线膨胀系数（1/℃）	金属名称	元素符号	线膨胀系数（1/℃）
铍	Be	12.3	铝	Al	23.2
锑	Sb	10.5	铅	Pb	29.3
铜	Cu	17.5	镉	Cd	41.0
铬	Cr	6.2	铁	Fe	12.2
锗	Ge	6.0	金	Au	14.2
铱	Ir	6.5	镁	Mg	26.0
锰	Mn	23.0	钼	Mo	5.2
镍	Ni	13.0	铂	Pt	9.0
银	Ag	19.5	锡	Sn	2.0

严格说来，式（1-4）是温度变化范围不大时的微分定义式的差分近似；准确定义要求 ΔL 与 ΔT 无限微小，即线膨胀系数在较大的温度区间内通常不是常量。

相应地,面膨胀系数为

$$\beta = \Delta S / (S \cdot \Delta T) \qquad (1-5)$$

体膨胀系数为

$$\gamma = \Delta V / (V \cdot \Delta T) \qquad (1-6)$$

对于三维的具有各向异性的物质,有面膨胀系数和体膨胀系数之分。例如,石墨结构具有显著的各向异性,因而石墨纤维线膨胀系数也呈现出各向异性,表现为平行于层面方向的热膨胀系数远小于垂直于层面方向。

1.3.3 电性能

金属传导电流的能力叫作导电性(electrical conductivity)。衡量金属导电性能的指标是电导率(又称导电系数)和电阻率(又称电阻系数),电阻率和电导率互成反比,电导率越大,则电阻率越小。

不同金属的导电性各不相同,通常银的导电性最好,其次是铜和金。固体导电是指固体中的电子或离子在电场作用下的远程迁移,通常以一种类型的电荷载体为主。例如:电子导电,以电子载流子为主体的导电;离子导电,以离子载流子为主体的导电;混合型导体,其载流子电子和离子兼而有之。除此之外,有些电现象并不是由于载流子迁移所引起的,而是电场作用下诱发固体极化所引起的,例如介电现象和介电材料等。

(1)电导率(conductivity):物理学概念,指在介质中电荷量与电场强度之积等于传导电流密度。对于各向同性介质,电导率是标量;对于各向异性介质,电导率是矢量。I. A. C. S电导率百分值为I. A. C. S体积电导率百分值或I. A. C. S质量电导率百分值,其值为国际退火标准规定的电阻率(不管是体积和质量的)对相同单位电阻率之比乘以100,例如铜体积电阻率推导的电导率公式为$(0.017\,241/P) \times 100$,其中$P$为电试样体积电阻率。

电导率是用来描述物质中电荷流动难易程度的参数。公式中,电导率用G来表示。电导率的标准单位是西[门子]每米(S/m),即原$1/\Omega$。

当1安培(A)电流通过物体的横截面并存在1伏特(V)电压时,物体的电导率为1 S。西门子实际上等效于1 A/V。如果G为电导率,I为电流(单位是安培),E为电压(单位是伏特),则

$$G = I / E \qquad (1-7)$$

若一个组件或者设备的电阻为R,电导率为G,则

$$G = 1 / R \qquad (1-8)$$

(2)电阻率:电阻率(resistivity)是用来表示各种物质电阻特性的物理量。某种材料制成的长1 m,横截面积是1 mm^{2}的导线的电阻叫作这种材料的电阻率。电阻率与导体的长度、横截面积等因素无关,是导体材料本身的电学性质,由导体的材料决定,且与温度有关。国际单位制中的单位是$\Omega \cdot m$。

在温度一定的情况下,有公式$R = \rho l / S$,其中,ρ为电阻率,l为材料的长度,S为横截面积。可以看出,材料的电阻大小与材料的长度成正比,而与其截面积成反比。

1.3.4 磁性能

广义上能吸引铁、钴、镍等物质的性质称为磁性。物质放在不均匀的磁场中会受到磁力的

作用。在相同的不均匀磁场中由单位质量的物质所受到的磁力方向和强度来确定物质磁性的强弱。因为任何物质都具有磁性，所以任何物质在不均匀磁场中都会受到磁力的作用。

磁体两端磁性最强的区域称为磁极，一端为北极（N 极），另一端为南极（S 极）。铁中有许多具有两个异性磁极的原磁体，在无外磁场作用时，这些原磁体排列紊乱，它们的磁性相互抵消，对外不显示磁性。当把铁靠近磁铁时，这些原磁体在磁铁的作用下，整齐地排列起来，使靠近磁铁的一端具有与磁铁极性相反的极性而相互吸引，表明铁中由于原磁体的存在而能够被磁铁所磁化。而铜、铝等金属是没有原磁体结构的，故不能被磁铁所吸引。

运动的带电粒子在磁场中会受到洛伦兹（Lorentz）力的作用，由相同带电粒子在不同磁场中所受到洛伦兹力的大小来确定磁场强度的高低。特斯拉（T）是磁通密度的国际单位。磁通密度是描述磁场的基本物理量，而磁场强度是描述磁场的辅助量。特斯拉（Tesla·N）（1886—1943）是克罗地亚裔美国电机工程师，曾发明变压器和交流电动机。

原子本征磁矩：材料的磁性来源于原子磁矩。电子绕原子核运动，如同形成一环形电流，环形电流在其运动中心处产生磁矩。

抗磁性（diamagnetism）是指一种弱磁性。组成物质的原子中，运动的电子在磁场中受电磁感应而表现出的属性。外加磁场使电子轨道动量矩绕磁场运动，产生与磁场方向相反的附加磁矩，磁化率 k 抗为很小的负值（$10^{-5} \sim 10^{-6}$ 量级）。因此，所有物质都具有抗磁性。

大多数物质的抗磁性被其顺磁性所掩盖，只有一小部分物质表现出抗磁性。惰性气体原子表现出的抗磁性可直接测量。一些离子的抗磁性只能从其他测量结果中推算得到。这些物质的 k 抗的绝对值与原子序数 Z 成正比，并与外层电子的轨道半径的平方成正比，与温度的变化无关，称为正常抗磁性。少数材料（例如 Bi，Sb 等）的 k 抗比较大（可达 $10^{-4} \sim 10^{-3}$ 量级），随温度上升变化较快，称为反常抗磁性。早年曾用 Bi 做测量磁场的传感器材料。金属中自由电子也具有抗磁性，并与温度无关，称为朗道抗磁性。但因其绝对值为其顺磁性的 1/3，自由电子的抗磁性始终被掩盖、不易测量。在特殊条件下，金属的抗磁性随磁场的变化有振荡特征，称为德哈斯–范阿尔文效应，是费米面测量的重要方法。超导体中有超导电流、存在迈斯纳效应时，具有很强的抗磁性，其抗磁磁导率为 -4π。

顺磁性（paramagnetism）是指材料对磁场响应很弱的磁性。用磁化率 $k = M/H$ 来表示（M 和 H 分别为磁化强度和磁场强度），从这个关系来看，磁化率 k 是正的，即磁化强度的方向与磁场强度的方向相同，数值为 $10^{-6} \sim 10^{-3}$ 量级。

从原子结构来看，组成顺磁性物体的原子、离子或分子具有未被电子填满的内壳层，如图 1-1 所示。这类材料的原子、离子或分子中存在固有磁矩，因其相互作用远小于热运动能，磁矩的取向无规则，使材料不能形成自发磁化。在经典理论中，磁矩在磁场中可取任意方向。所有这些材料中的原子或离子在磁场作用下所产生的磁矩都很小，如许多过渡金属和稀土元素的绝缘化合物，有机化合物中的自由基，以及少数顺磁性气体（如 NO，O_2 等），在一般情况下磁化率随温度的变化遵从居里定律：

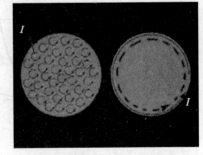

图 1-1　原子的顺磁性

$$k = C/T \tag{1-9}$$

式中，C 为居里常数；T 为温度。

铁磁性(ferromagnetism)：过渡族金属(例如铁)及其合金、化合物所具有的磁性叫作铁磁性。物质中相邻原子或离子的磁矩由于相互作用而在某些区域中大致按同一方向排列,当所施加的磁场强度增大时,这些区域的合磁矩定向排列程度会随之增加到某一极限值的现象,称为铁磁性。

在铁磁性物质内部,与顺磁性物质相类似,有很多未配对电子。由于交换作用(exchange interaction),这些电子的自旋趋于与相邻未配对电子的自旋呈相同方向。铁磁性物质内部又分为很多磁畴,虽然磁畴内部所有电子的自旋会单向排列,造成"饱和磁矩",但是磁畴与磁畴之间磁矩的方向与大小都不相同。因此,未被磁化的铁磁性物质,其净磁矩与磁化矢量都等于零。

假设施加外磁场,这些磁畴的磁矩还趋向于与外磁场相同方向,从而形成有可能相当强烈的磁化矢量与其感应磁场。随着外磁场的增高,磁化强度也会增高,直到"饱和点",净磁矩等于饱合磁矩。这时,再增高外磁场也不会改变磁化强度。假设减弱外磁场,磁化强度也会随之减弱,但是不会与先前对于同一外磁场的磁化强度相同。磁化强度与外磁场的关系不是一一对应的关系。磁化强度与外磁场呈线性关系。

假设到达饱和点后,撤除外磁场,则铁磁性物质仍能保存一些磁化的状态,净磁矩与磁化矢量不等于零。因此,经过磁化处理后的铁磁性物质具有"自发磁矩"。

磁滞回线：铁磁性材料的磁化强度与外磁场呈非线性关系。这种关系是一条闭合曲线,该曲线称为磁滞回线。一般来讲,铁磁体等强磁物质的磁化强度 M 或磁感应强度 B 不是磁场强度 H 的单值函数,而依赖于其所经历的磁状态历史。以 $H=M=B=0$ 为起始状态,当磁化曲线由 $OABC$ 到 C 点时,此时磁化强度趋于饱和,记为 M_s。若减小磁场,则从 B 开始 M 随 H 的变化偏离起始磁化曲线,M 的变化落后于 H。当 H 减小至 0 时,M 不为 0,而等于剩余磁化强度 M_r。为使 M 为 0,需加一个反向磁场,即为磁矫顽场 H_c。继续增大反向磁场至 H_s 时,磁化强度 M 将沿反方向磁化至 M_s。如图 $1-2$ 所示,曲线 $BDEGB$ 即为磁滞回线。

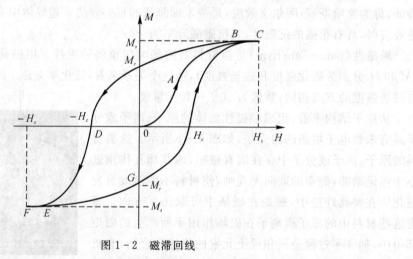

图 $1-2$　磁滞回线

反铁磁性：在原子自旋(磁矩)受交换作用而呈现有序排列的磁性材料中,如果相邻原子自旋间受负的交换作用,自旋为反平行排列,则磁矩虽处于有序状态,但总的净磁矩在不受外场作用时仍为零,这种磁有序状态称为反铁磁性。

在反铁磁性物质内部,相邻价电子的自旋趋于相反方向。反铁磁性物质的净磁矩为零,不会产生磁场,这种物质并不常见,大多数反铁磁性物质只存在于低温状况。若温度超过奈耳温度,则多数反铁磁性物质通常会变为具有顺磁性,例如,铬、锰、轻镧系元素等,都具有反铁磁性。

根据金属材料在磁场中受到磁化程度的不同,金属材料可分为:铁磁性材料——在外加磁场中能强烈地被磁化到很大程度,如铁、镍、钴等;顺磁性材料——在外加磁场中呈现十分微弱的磁性,如锰、铬、钼等;抗磁性材料——能够抗拒或减弱外加磁场磁化作用的金属,如铜、金、银、铅、锌等。

1.3.5　功能转换性能

热电效应(thermo electric effect),在用不同种导体构成的闭合电路中,若使其结合部出现温度差,电子(空穴)随着温度梯度由高温区往低温区移动,则在此闭合电路中将有热电流流过,或产生热电势,此现象称之为热电效应。一般来说,金属的热电效应较弱,这个效应的大小称为热电力(Q)。

铁电性:在一些电介质晶体中,晶胞的结构使正负电荷重心不重合而出现电偶极矩,产生不等于零的电极化强度,使晶体具有自发极化,晶体的这种性质叫铁电性(ferroelectricity)。通常,铁电体自发极化的方向不相同,但在一个小区域内,各晶胞的自发极化方向相同,这个小区域称为铁电畴(ferroelectric domains)。两畴之间的界壁称为畴壁,若两个电畴的自发极化方向互成90°,则其畴壁叫90°畴壁,此外,还有180°畴壁等。

铁电畴与铁磁畴具有本质差别。铁电畴壁的厚度很薄,大约是几个晶格常数的量级;而铁磁畴壁很厚,可达几百个晶格常数的量级,而且在铁磁畴壁中自发磁化方向可逐步改变方向,而铁电畴则不可能。

光电效应:在高于某特定频率的电磁波照射下,某些物质内部的电子会被光子激发出来而形成电流,即光生电,称为光电效应(photoelectric effect)。

光电效应分为光电子发射、光电导效应和阻挡层光电效应(光生伏特效应)。光电子发射发生在物体表面,又称外光电效应,光电导效应、阻挡层光电效应发生在物体内部,称为内光电效应。

按照粒子说,光是由一份一份不连续的光子组成,当某一光子照射到对光灵敏的金属(例如硒)上时,它的能量可以被该金属中的某个电子全部吸收。电子吸收光子的能量后,动能立刻增加;如果动能增大到足以克服原子核对它的引力,就能在 10^{-9} s 时间内飞逸出金属表面,成为光电子,形成光电流。单位时间内,入射光子的数量愈大,飞逸出的光电子就愈多,光电流也就愈强,这种由光能变成电能自动放电的现象,叫作光电效应,如图 1-3 所示。

赫兹于 1887 年发现光电效应,爱因斯坦第一个成功地解释了光电效应(金属表面在光辐射作用下发射电子的效应,发射出来的电子叫作光电子)。光波长小于某一临界值时方能发射电子,即极限波长,对应的光的频率叫作极限频率。临界值取决于金属材料,而发射电子的能量取决于光的波长而与光强度无关,这一点无法用光的波动性解释。还有一点与光的波动性相矛盾,即光电效应的瞬时性,按波动性理论,如果入射光较弱,照射的时间要长一些,金属中的电子才能积累足够的能量,飞出金属表面。可事实是,只要光的频率高于金属的极限频率,光的亮度无论强弱,电子的产生都几乎是瞬时的,不超过 10^{-9} s。正确的解释是光必定是由与波长有关的严格规定的能量单位(即光子或光量子)所组成的。

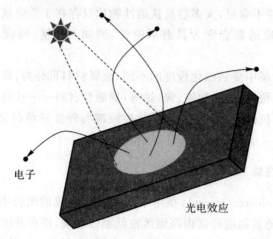

图 1-3　光电效应

光电效应里电子的射出方向不是完全定向的,只是大部分都垂直于金属表面射出,与光照方向无关。光是电磁波,但是光是高频震荡的正交电磁场,振幅很小,不会对电子射出方向产生影响。

光电效应表明光具有粒子性。相应的,光具有波动性最典型的例子是光的干涉和衍射。

热释电效应:热释电效应是指极化强度随温度改变而表现出的电荷释放现象,宏观上表现为温度的改变在材料的两端出现电压或产生电流。

热释电效应与压电效应类似,热释电效应也是晶体的一种自然物理效应。对于具有自发式极化的晶体,当晶体受热或冷却后,由于温度的变化(ΔT)而导致自发式极化强度变化(ΔP_s),从而在晶体某一方向产生表面极化电荷的现象称为热释电效应。该关系为

$$\Delta P_s = P \Delta T \qquad\qquad (1-10)$$

式中,ΔP_s 为自发式极化强度变化量;ΔT 为温度变化;P 为热释电系数。

热释电效应最早在电气石晶体中发现,该晶体属三方晶系,具有唯一的三重旋转轴。与压电晶体一样,晶体存在热释电效应的前提是具有自发式极化,即在某个方向上存在固有电矩。但压电晶体不一定具有热释电效应,而热释电晶体则一定存在压电效应。热释电晶体可以分为两大类,一类具有自发式极化,但自发式极化并不会受外电场作用而转向;另一类具有可为外电场转向的自发式极化晶体,即为铁电体。由于这类晶体在经过预电极化处理后具有宏观剩余极化,且其剩余极化随温度而变化,从而能释放表面电荷,呈现热释电效应。

通常,晶体自发极化所产生的束缚电荷被空气中附集在晶体外表面的自由电子所中和,其自发极化电矩不能显示出来。当温度变化时,晶体结构中正、负电荷重心产生相对位移,晶体自发极化值就会发生变化,在晶体表面产生电荷耗尽。

能产生热释电效应的晶体称为热释电体,又称为热电元件。热电元件常用的材料有单晶(如 $LiTaO_3$ 等)、压电陶瓷(如 PZT 等)及高分子薄膜(如 PVF)等。

如果在热电元件两端并联上电阻,当元件受热时,电阻上会有电流流过,在电阻两端也能得到电压信号。

电热效应(electrothermal effects):是指热电体在绝热条件下,当外加电场引起永久极化

强度改变时,其温度将发生变化的现象。它是热释电效应的逆效应。

电介质中会出现热电效应的逆效应。热电体温度变化时其极化强度会发生变化;如果在绝热条件下施加外电场来改变热电体的极化强度,则其温度亦会发生变化;后者称为电热效应,类似于顺磁体的绝热去磁。绝热去磁是获得 1 K 以下低温的重要方法,利用绝热去极化也可以获得致冷,目前用氯化钾或氧化铷晶体掺杂,可获得由 1 K 附近到 mK 级致冷。与绝热去磁相比,绝热去极化因为不需要强磁场而只需电场,在技术设备上要简单得多。

极化率与温度有关的所有电介质都存在电热效应。现在初步证明,有可能利用铁电体的电热效应得到功率密度很高的热电换能,例如,在 60 Hz 的电频率下,功率密度可达 10^6 MW/m^2。

1.4　金属的化学性能

1.4.1　耐腐蚀性能

金属材料在常温下抵抗氧、水蒸气及其他化学介质腐蚀作用的能力称为耐腐蚀性。

一、化学腐蚀

化学腐蚀是金属与周围介质直接化学作用的结果,包括气体腐蚀和金属在非电解质中的腐蚀两种形式。其特点是:腐蚀过程不产生电流,腐蚀产物沉积在金属表面。

金属与接触到的物质直接发生氧化还原反应而被氧化损耗的过程也是化学腐蚀。这类腐蚀不普遍、只有在特殊条件下发生,例如,化工厂里的氯气与铁反应生成氯化亚铁:$Cl_2 + Fe \rightarrow FeCl_2$,此类化学腐蚀原理比较简单,属于一般的氧化还原反应。

防止化学腐蚀的方法有钝化、电镀和刷隔离层等。

二、电化学腐蚀

金属与酸、碱、盐等电解质溶液接触时发生作用而引起的腐蚀,称为电化学腐蚀,其特点是腐蚀过程中有电流产生。当金属被放置在水溶液中或潮湿的空气中,金属表面会形成一种微电池,也称腐蚀电池(其电极习惯上称阴、阳极,不叫正、负极)。阳极上发生氧化反应,使阳极溶解;阴极上发生还原反应,一般只起传递电子的作用。腐蚀电池的形成原因主要是由于金属表面吸附了空气中的水分,形成一层水膜,使空气中的 CO_2,SO_2,NO_2 等溶解在这层水膜中,形成电解质溶液,而浸泡在这层溶液中的金属又总是不纯的,金属材料与电解质溶液接触,通过电极反应产生腐蚀。电化学腐蚀反应是一种氧化还原反应,在反应中,金属失去电子而被氧化,其反应过程称为阳极反应,反应产物是进入介质中的金属离子或覆盖在金属表面上的金属氧化物(或金属难溶盐);介质中的物质从金属表面获得电子而被还原,其反应过程称为阴极反应,在阴极反应过程中,获得电子而被还原的物质习惯上称为去极化剂。

三、晶间腐蚀

沿着或紧靠金属的晶粒边界发生的腐蚀称为晶间腐蚀。晶间腐蚀破坏晶粒间的结合,在很大程度上降低了金属的机械强度,而且腐蚀发生后金属或合金表面仍保持一定的金属光泽,看不出被破坏的迹象,但晶粒间结合力显著减弱,使金属或合金的力学性能恶化,不能经受敲击,晶间腐蚀是一种很危险的腐蚀,通常出现于黄铜、硬铝合金和一些不锈钢、镍基合金中。

不锈钢焊缝的晶间腐蚀是化学工业的一个重大问题。产生晶间腐蚀的不锈钢当受到应力作用时,即会沿晶界断裂、强度几乎完全丧失,这是不锈钢的一种最危险的破坏形式。晶间腐蚀可以分别产生在焊接接头的热影响区(HAZ)、焊缝或熔合线上,在熔合线上产生的晶间腐蚀又称刀线腐蚀(KLA)。不锈钢具有耐腐蚀能力的必要条件是铬的质量分数必须大于10%。当温度升高时,碳在不锈钢晶粒内部的扩散速度大于铬的扩散速度。因为室温时,碳在奥氏体中的溶解度很小,为0.02%~0.03%,而一般奥氏体不锈钢中的含碳量均超过此值,故多余的碳就不断地向奥氏体晶粒边界扩散,并和铬结合,在晶间形成碳化铬化合物,如$(Cr,Fe)_{23}C_6$等。数据表明,铬沿晶界扩散的能力为162~252 kJ/mol,而铬由晶粒内扩散活化能约540 kJ/mol,铬由晶粒内扩散速度比沿晶界扩散速度小,内部的铬来不及向晶界扩散,故在晶间所形成的碳化铬所需的铬不是来自奥氏体晶粒内部,而是来自晶界附近,使晶界附近的含铬量大为减少,当晶界的铬的质量分数小于12%时,就形成了所谓的"贫铬区",在腐蚀介质作用下,贫铬区会失去耐腐蚀能力,而产生晶间腐蚀。

预防措施:降低碳、氮及其他有害元素的含量或添加稳定的化学元素以提高耐晶间腐蚀能力;采用适当的热处理,尤其对焊接件更为重要;改善介质的腐蚀性或采用电化学保护。

四、应力腐蚀

由残余或外加的拉应力或腐蚀联合作用产生的材料破坏过程。应力腐蚀导致的材料断裂称为应力腐蚀开裂。其主要特征为:①必须有拉应力;②只有某种金属-介质的组合才发生应力腐蚀;③开裂分为裂纹的孕育期、扩展期和失稳断裂3个阶段;④裂纹呈树枝状,有穿晶、沿晶和混合型;⑤存在断裂的敏感电位区间。

预防措施:消除和降低应力、选择耐蚀材料、除去有害离子或添加缓蚀剂、采用涂料、改善结构设计避免腐蚀介质的浓缩等。

五、常用有色金属材料的耐蚀性

金属材料耐蚀性一般用30天内减重数值来表示。常用有色金属材料的耐蚀性如表1-2所示。

表1-2　常用有色金属材料的耐蚀性　　　　　　(单位:mg/dm³)

合金种类	流水	海水	33%醋酸②	5%氯化铵③	10%硫酸钠③	33%醋酸③
13%铬钢	不腐蚀	不腐蚀	2 320	140	不腐蚀	不腐蚀
纯铁	1 610	360	20 230	840	250	基本不腐蚀
黄铜	氧化	基本不腐蚀	550	490	10	不腐蚀
磷青铜	30	110	450	3 050	基本不腐蚀	10
99.6%纯铝①	污染	污染	60	120	污染	71
硬铝	180	20	180	120	不腐蚀	74

注:①合金化学成分百分数为质量分数;②溶液成分百分数为体积分数;③溶液成分百分数为质量分数。

1.4.2　抗氧化性能

材料在高温氧化气氛条件下抵抗氧化的能力称为材料的抗氧化性能,一般用质量变化和金相检查来评定。广义的高温氧化包括硫化、卤化、氮化、碳化等。

氧化是自然界中最基本的化学反应之一。金属的氧化是指金属与氧化性介质反应生成氧化物的过程,除极少数贵金属外,几乎所有的金属都会发生氧化。实用金属材料在室温下氧化反应缓慢,而在相对较高的温度下其氧化反应剧烈并具有破坏性。金属的高温氧化是研究金属材料在高温下与环境中的气相或凝聚相物质发生化学反应导致材料变质或破坏过程的科学,是伴随航空、航天、能源、石化、冶金等工业的发展而建立起来的。

高温氧化过程是非常复杂的。首先发生氧在金属表面的吸附,其后发生氧化物形核,晶核沿横向生长形成连续的薄氧化膜,氧化膜沿着垂直于金属表面方向生长使其厚度增加。其中,氧化物晶粒长大是由正、负离子持续不断通过已形成的氧化物的扩散来保证的。许多因素会影响该过程,内在的因素有金属成分、金属微观结构、表面处理状态等;外在的因素有温度、气体成分、压力、流速等。尽管各种金属的氧化行为千差万别,但对氧化过程的研究都是从两方面入手:热力学和动力学。通过热力学分析判断氧化反应的可能性,而通过动力学测量来确定反应的速度。

金属高温氧化的主要理论为瓦格纳(Wagner)氧化理论,符合该理论时,氧化膜的增厚与氧化时间呈抛物线关系。金属高温氧化速率主要受氧化膜中的缺陷种类及浓度、氧化膜的体积与所消耗金属的体积之比、氧化膜中的应力等因素控制。

合金通过选择性高温氧化生成保护性氧化膜是设计高温合金及其涂层的重要原则。增加合金中被选择性氧化元素的含量或提高其在合金中的扩散速度,降低氧在合金中的含量及其扩散速度,以及提高氧化物的形核率均可促进合金的选择氧化。抗氧化性能较好的选择性氧化膜有 Al_2O_3,SiO_2 和 Cr_2O_3 膜。

通过表面改性可以大幅度提高金属材料的抗高温氧化性能,表面改性主要包括金属涂层、陶瓷涂层和表面微晶化等。

1.5　金属的力学性能

1.5.1　弹性

弹性(elasticity)是物体本身的一种特性,即物体在受到外力作用之后发生形态变化,除去作用力后能够恢复原来形状的特性。

晶体的各向异性:沿晶格的不同方向,原子排列的周期性和疏密程度不尽相同,导致晶体在不同方向的物理化学特性也不同。

晶体的各向异性表现为晶体在不同方向上的弹性模量、硬度、断裂抗力、屈服强度、热膨胀系数、导热性、电阻率、电位移矢量、电极化强度、磁化率和折射率等都是不同的。各向异性作为晶体的一个重要特性具有重要的研究价值,常用密勒指数来标识晶体的不同取向。

各向同性:指物体的物理、化学等方面的性质不会因方向的不同而有所变化的特性,即某一物体在不同的方向所测得的性能数值完全相同,亦称为均质性。物理性质通常不随量度方向发生变化,即沿物体不同方向所测得的性能,显示出同样的数值,所有的气体、液体(液晶除外)以及非晶质物体都显示各向同性。例如:金属和岩石虽然没有规则的几何外形,各方向的物理性质也都相同,但因为它们是由许多晶粒构成的,实质上它们是晶体,也具有一定的熔点。由于晶粒在空间方位上排列是无规则的,金属整体表现出各向同性。

固体力学中,如果弹性体沿各个方向的性质均相同,或者说材料关于任意平面对称,此时弹性体称为各向同性材料(isotropic materials)。

弹性常数(elastic constant)是表征材料弹性的量。联系各向异性介质中应力和应变关系的广义弹性张量有 21 个独立的常数,在两个正交方向测量时,性质相同的横向各向同性介质中减为 5 个独立常数;各向同性介质只有 2 个独立的弹性常数;单对称材料有 13 个独立常数,正交各向异性材料有 9 个独立常数。对于小形变而言,胡克定律成立。应变与应力成正比,遵守胡克定律的各向同性材料的弹性性质由弹性模量来说明。

胡克定律(Hooke's law):固体材料受力之后,材料中的应力与应变(单位变形量)之间成线性关系,表达式为

$$F = kx \qquad (1-11)$$

或

$$\Delta F = k \cdot \Delta x \qquad (1-12)$$

式中,k 为常数,是物体的弹性系数;在国际单位制中,F 的单位是 N;x 的单位是 m,为弹性形变;k 的单位是 N/m。

满足胡克定律的材料称为线弹性或胡克型材料。胡克定律是力学基本定律之一,适用于一切固体材料的弹性定律。其指出:在弹性限度内,物体的形变与引起形变的外力成正比。这个定律是英国科学家胡克发现的,故称作胡克定律。

一般地,对弹性体施加一个外界作用,弹性体会发生形状的改变(称为"应变")。"弹性模量"的一般定义是应力除以应变。材料在弹性变形阶段,应力和应变成正比例关系(即符合胡克定律),其比例系数称为弹性模量。

弹性模量是描述物质弹性的物理量,其表示方法包括杨氏模量、剪切模量、体积模量等。在不易引起混淆时,一般金属材料的弹性模量就是指杨氏模量,即正弹性模量。

剪切模量:对一块弹性体施加一个侧向力 f(通常是摩擦力),弹性体会由方形变成菱形,这个形变角度 α 称为"剪切应变",相应的力 f 除以受力面积 S 称为"剪切应力",剪切应力除以剪切应变等于剪切模量。

体积模量:对弹性体施加一个整体的压强 p,该压强称为"体积应力",弹性体的体积减少量 $-dV$ 除以原来的体积 V 称为"体积应变",体积应力除以体积应变等于体积模量。

弹性势能:发生弹性形变的物体的各部分之间,由于有弹力的相互作用,也具有势能,这种势能叫作弹性势能(elastic potential energy)。同一弹性物体在一定范围内形变越大,具有的弹性势能就越大,反之,则越小。

势能的单位与功的单位一致。确定弹性势能的大小需选取零能量状态。一般认为弹簧未发生任何形变,处于自由状态的情况下,其弹性势能为零。被压缩弹簧具有弹性势能,如图 1-4 所示。弹力对物体做功等于弹性势能增量的负值,即弹力所做的功只与弹簧在起始状态和结束状态的伸长量有关,而与弹簧形变过程无关。弹性势能以弹力的存在为前提,因此弹性势能是发生弹性形变,各部分之间有弹性力作用的物体所具有的。如果两物体相互作用都发生形变,那么每一物体都有弹性势能,总弹性势能为二者之和。

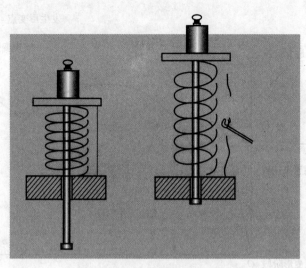

图 1－4　被压缩的弹簧具有弹性势能

1.5.2　强度

强度是指在外力作用下,材料或结构抵抗破坏(永久变形和断裂)的能力。按所抵抗外力的作用形式可分为:抵抗静态外力的静强度,抵抗冲击外力的冲击强度,抵抗交变外力的疲劳强度等;按环境温度可分为:常温下抵抗外力的常温强度,高温或低温下抵抗外力的热(高温)强度或冷(低温)强度等;按外力作用性质的不同,主要有屈服强度、抗拉强度、抗压强度、抗弯强度等。

某种材料的强度可由这种材料制成的标准试件作单向载荷(拉伸、压缩、剪切等)试验确定。从开始加载到破坏的整个过程中,试件截面所经受的最大应力就反映出材料的强度,通常称为材料的极限强度。具有复杂几何形状的结构,例如杆系、板、壳体、薄壁系统等工程结构以及自然界中的生物体结构等,它们的强度是指这些结构的极限承载能力。这种能力不仅与结构的材料强度有关,还与结构的几何形状、外力的作用形式等有关。

强度问题十分重要,许多房屋、桥梁、堤坝等的倒塌,飞机、航天飞船的坠毁都是由于强度不够而造成的。在工程设计中,强度问题常列为最重要的问题之一。为了确保强度满足要求,必须在给定的环境(例如外力和温度)下对结构进行强度计算或强度试验。强度计算是指计算出材料或结构在给定环境下的应力和应变,并根据强度理论确定材料或结构是否破坏。

1.5.3　塑性

对于大多数的工程材料,当其应力低于比例极限(弹性极限)时,应力-应变关系是线性的,表现为弹性行为,即当移走载荷时,其应变也完全消失。而应力超过弹性极限后,发生的变形包括弹性变形和塑性变形两部分,塑性变形不可逆。评价金属材料的塑性指标包括伸长率(延伸率)A 和断面收缩率 Z。应力-应变曲线如图 1-5 所示。

在应力-应变曲线中,低于屈服点的叫弹性部分,超过屈服点的叫塑性部分,也叫应变强化部分。塑性分析中考虑了塑性区域的材料特性。

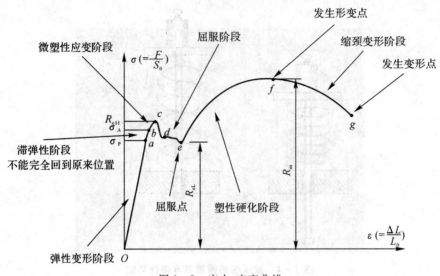

图 1-5　应力-应变曲线

1.5.4　韧性

韧性表示材料在塑性变形和断裂过程中吸收能量的能力。韧性越好,则发生脆性断裂的可能性越小。在材料科学及冶金学上,韧性是指当材料或结构承受应力时,对折断的抵抗,其定义为材料在破裂前所能吸收的能量与体积的比值。

一、断裂韧性

断裂韧性:材料阻止宏观裂纹失稳扩展能力的度量,是材料抵抗脆性破坏的韧性参数。它和裂纹的大小、形状及外加应力大小无关,是材料固有的特性,只与材料自身、热处理及加工工艺有关,是应力强度因子的临界值。常用断裂前物体吸收的能量或外界对物体所做的功表示,例如应力-应变曲线下的面积。韧性材料因具有大的断裂伸长值,具有较大的断裂韧性,而脆性材料一般断裂韧性较小。

二、冲击韧性

冲击韧性反映金属材料对外来冲击载荷的抵抗能力,一般由冲击韧性值(a_k)和冲击功(A_k)表示,其单位分别为 J/cm^2 和 J。冲击韧性或冲击功试验(简称"冲击试验"),根据试验温度不同而分为常温、低温和高温冲击试验 3 种;若按试样缺口形状又可分为"V"形缺口和"U"形缺口冲击试验两种。冲击韧度指标的实际意义在于揭示材料的变脆倾向。

冲击韧度 A_k 表示材料在冲击载荷作用下抵抗变形和断裂的能力。A_k 值的大小表示材料的韧性好坏。一般把 A_k 值低的材料称为脆性材料、A_k 值高的材料称为韧性材料。A_k 值取决于材料及其状态,同时与试样的形状、尺寸有很大关系。A_k 值对材料的内部结构缺陷、显微组织的变化很敏感,例如夹杂物、偏析、气泡、内部裂纹、钢的回火脆性、晶粒粗化等都会使 A_k 值明显降低;同种材料的试样,缺口越深、越尖锐,缺口处应力集中程度越大,越容易变形和断裂,冲击功越小,材料表现出来的脆性越高。因此不同类型和尺寸的试样,其 A_k 值不能直接比较。材料的

A_k值随温度的降低而减小,且在某一温度范围内,A_k值发生急剧降低,这种现象称为冷脆,此温度范围称为韧脆转变温度(T_k)。冲击韧度指标的实际意义在于揭示材料的变脆倾向。

1.5.5　疲劳

在生产实践中,人们很早就发现,虽然加在机械部件上的应力远小于其断裂强度(甚至比屈服强度还低),但经多次循环后,此机械部件也会骤然断裂,这种金属在循环应力作用下发生断裂的现象称为疲劳。由于机械部件在使用时总避免不了产生振动,例如转轴上的偏心载荷等。而疲劳断裂又总是在没有警告的情况下使部件突然断裂,容易造成事故,对金属疲劳断裂的研究具有十分重要的现实意义,事实上,据统计有$80\%\sim90\%$的部件断裂源于疲劳。

在实际疲劳过程中,应力的循环是复杂的,并不遵守一般正弦规律,其施加方式也有弯、扭、拉、压等不同类型,但有 3 个因素是主要的:应力变化的极大值、平均应力、循环的频率。以正弦为例的 4 种加载形式如图 1-6 所示。

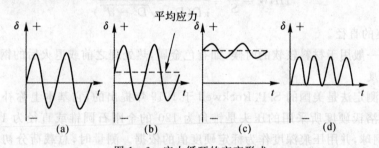

图 1-6　应力循环的交变形式
(a)交变加载；　(b)反复加载(平均应力不等于零)；　(c)变幅拉伸；　(d)脉冲拉伸

疲劳断裂直观的可分成 4 个阶段,即局部范性形变,裂纹的成核,裂纹的长大和裂纹的失稳扩展。关于疲劳裂纹成核和长大所需的时间占整个疲劳寿命的比例问题,一般都认为,在高强和超高强钢中成核是主要的,并且随疲劳振幅减小而变得更为突出。金属在疲劳过程中,裂纹在晶内、晶界、相界等地方成核。

1.5.6　硬度

材料局部抵抗硬物压入其表面的能力称为硬度。固体对外界物体入侵的局部抵抗能力,是比较各种材料软硬的指标。由于规定了不同的测试方法,有不同的硬度标准,各种硬度标准的力学含义不同,相互不能直接换算,但可通过试验加以对比。

一、划痕硬度

划痕硬度主要用于比较不同矿物的软硬程度。1722 年,法国的列奥米尔首先提出了极粗糙的划痕硬度测定法,此方法是以适当的力使被测材料在一根由一端硬渐变到另一端软的金属棒上划过,根据棒上出现划痕的位置确定被测材料的硬度。1822 年,F.莫斯以 10 种矿物的划痕硬度作为标准,定出 10 个硬度等级,称为莫氏硬度。10 种矿物的莫氏硬度等级依次为金刚石(10)、刚玉(9)、黄玉(8)、石英(7)、长石(6)、磷灰石(5)、萤石(4)、方解石(3)、石膏(2)、滑石(1),金刚石最硬,滑石最软。莫氏硬度标准是随意定出的,不能精确地用于确定材料的硬度,例如 10 级和 9 级之间的实际硬度差远大于 2 级和 1 级之间的实际硬度差,但这种分级对于矿物学工作者野外作业是很有用的。

二、压入硬度

压入硬度主要用于金属材料,方法是用一定的载荷将规定的压头压入被测材料,以材料表面局部塑性变形的大小比较被测材料的软硬。由于压头、载荷以及载荷持续时间的不同,压入硬度有多种,主要有布氏硬度、洛氏硬度、维氏硬度和显微硬度等。

1.布氏硬度(HB)

布氏硬度是瑞典工程师 J. A. Brinell 于 1900 年提出的,布氏硬度在工程技术特别是机械和冶金工业中使用广泛。布氏硬度的测量方法是用规定大小的载荷 P,把直径为 D 的钢球压入被测材料表面,持续规定的时间后卸载,用载荷值(kgf,1 kgf = 9.806 65 N)和压痕面积(mm²)之比定义硬度值。布氏硬度的计算式为

$$HBW = \frac{P}{S} = \frac{2P}{\pi D(D - \sqrt{D^2 - d^2})} \qquad (1-13)$$

式中,d 为压痕的直径。

布氏硬度一般用于材料较软的时候,如有色金属,热处理之前或退火后的钢铁等。

2.洛氏硬度

洛氏硬度测定法是美国的 S. P. Rockwell 于 1919 年提出的,它基本上弥补了布氏硬度测定法的不足。洛氏硬度所采用的压头是锥角为 120°的金刚石圆锥或直径为 1/16 in(1 in = 25.4 mm)的钢球,并用压痕深度作为标定硬度值的依据。测量时,总载荷分初载荷和主载荷(总载荷减去初载荷)两次施加,初载荷一般选用 10 kgf(1 kgf = 9.8 N),加至总载荷后卸去主载荷,并以此时的压痕深度来衡量材料的硬度。洛氏硬度记为 HR,所测数值写在 HR 后。

洛氏硬度的计算公式为

$$HR = \frac{k - h}{0.002} \qquad (1-14)$$

式中,h 为塑性变形压痕深度,mm;k 为规定的常量,对应金刚石圆锥压头的 $k = 0.20$ mm,对应钢球压头的 $k = 0.26$ mm;分母中的 0.002 mm 为每洛氏硬度单位对应的压痕深度。

洛氏硬度一般用于硬度较高的材料,如热处理后的硬度等。

1.6 金属的加工方法

1.6.1 冷加工方法

一、车削

工件旋转过程为主运动,车刀作进给运动的切削加工方法。车削的主运动为零件旋转运动,特别适用于加工回转面,刀具直线移动为进给运动。

车削的工艺特点:

(1)易于保证零件各加工面的位置精度。零件各表面具有相同的回转轴线(车床主轴的回转轴线),一次装夹中加工车削时,能保证各外圆轴线之间及外圆与内孔轴线间的同轴度要求。

(2)生产成本较低。车刀是刀具中最简单的一种,刀具费用低,制造、磨刃和安装均较方便。车床附件多,切削生产率高,装夹及调整时间较短,车削成本较低。

(3)适于车削加工的材料广泛。可以车削黑色金属(如铁、锰、铬),有色金属,塑性材料(如有机玻璃、橡胶等),尤其适合于有色金属零件的精加工。

二、铣削

铣刀旋转为主运动,工件或铣刀作进给运动的切削加工方法。铣削是加工平面的主要方法之一。

铣削的工艺特点:

(1)生产率较高。铣刀是典型的多齿刀具,几个刀齿同时参加切削工作,且无刨削的空回行程,切削速度较高,但加工狭长平面或长直面,刨削比铣削生产率高。

(2)容易发生振动。铣刀的刀齿切入和切出时产生冲击,并将引起同时工作刀齿数的增减。在切削过程中每个刀齿的切削层厚度随刀齿位置的不同而变化,引起切削层横截面积变化。

(3)刀齿散热条件较好。铣刀刀齿在切离工件的一段时间内,可以得到一定的冷却,散热条件较好,但是,切入和切出时热和力的冲击将加速刀具的磨损,甚至可能引起硬质合金刀片的碎裂。

铣削的应用:主要用来加工平面(包括水平面、垂直面和斜面)、沟槽、成形面和切断等。单件、小批生产中,加工小、中型工件多用升降台式铣床(卧式和立式两种);加工中、大型工件时可以采用龙门铣床。龙门铣床与龙门刨床相似,有3~4个可同时工作的铣头,生产率高,广泛用于大批量生产中。在单件小批生产中,某些盘状成型零件,也可以在立式铣床上加工。

三、磨削

磨具以较高的线速度旋转,对工件表面进行加工的方法称为磨削。通常磨削加工使用的磨具称为磨床。常用的磨具有固结磨具(例如砂轮、油石等)和涂附磨具(例如砂带、砂布等),磨床按加工用途的不同可分为外圆磨床、内圆磨床和平面磨床等。磨削加工示意图如图1-7所示。

磨削与其他切削加工方式相比具有以下特点:

(1)磨削速度很快,可达30~50 m/s;磨削温度较高,可达1 000~1 500 ℃;磨削过程历时很短,只有10^{-4} s左右。

(2)磨削加工可以获得较高的加工精度和很小的表面粗糙度值。

(3)磨削不但可以加工软材料,如未淬火钢、铸铁等,还可以加工淬火钢及其他刀具不能加工的硬质材料,如瓷器、硬质合金等。

(4)磨削时的切削深度很小,在一次行程中所能切除的金属层很薄。

(5)磨削加工时,会从砂轮上飞出大量细的磨屑,同时从工件上飞溅出大量的金属屑。磨屑和金属屑都会对操作者的眼部造成伤害,粉尘吸入肺部也会对人身体有害。

某些有色金属零件的硬度较低,塑性较大,若采用砂轮磨削,软的磨屑易堵塞砂轮,难以得到很光洁的表面,因此不宜采用磨削加工。当有色金属零件外表粗糙度值要求较低时,应采用车削或铣削等方法精加工。

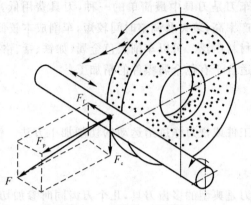

图 1-7　磨削加工示意图

四、钣金加工

金属板材加工叫作钣金加工。钣金件即为薄板件,是可以通过冲压、弯曲、拉伸等手段来加工的零件。其在加工过程中厚度不变,例如利用板材制作烟囱、铁桶、油箱、油壶、通风管道等,主要工序有剪切、折弯扣边、弯曲成型、焊接、铆接等。

钣金加工一般用到的材料有冷轧板(SPCC)、热轧板(SHCC)、镀锌板(SECC,SGCC)、铜(CU)(黄铜、紫铜、铍铜)、铝板(6061,5052,1010,1060,6063,硬铝等)、铝型材、不锈钢(镜面、拉丝面、雾面)。根据产品作用不同,选用的材料不同,一般需从产品用途及成本上来考虑。

1.6.2　热加工方法

在金属学中,把高于金属再结晶温度的加工叫作热加工。热加工可分为金属铸造、热轧、锻造、焊接和金属热处理等工艺。有时也将热切割、热喷涂等工艺包括在内。热加工能使金属零件在成型的同时改善其组织,或者使已成型的零件改变结晶状态从而改善零件的机械性能。

一、铸造

金属铸造是将金属熔炼成符合一定要求的液体并浇入铸型里,经冷却凝固、清整处理后得到有预定形状、尺寸和性能的铸件的工艺过程。铸造毛胚因近乎成形,而达到免机械加工或少量加工的目的,降低了成本并在一定程度上减少了时间。铸造是现代机械制造工业的基础工艺之一。

铸造工艺可分为 3 个基本部分,即铸造金属准备、铸型准备和铸件处理。铸造金属是指铸造生产中用于浇注铸件的金属材料,它是以一种金属元素为主要成分,并加入其他金属或非金属元素而组成的合金,习惯上称为铸造合金,主要有铸铁、铸钢和铸造有色合金。

铸件自浇注冷却的铸型中取出后,有浇口、冒口及金属毛刺披缝,砂型铸造的铸件还黏附着砂子,因此必须经过清理工序。

铸造是比较经济的毛坯成型方法,对于形状复杂的零件更能显示出其经济性,例如汽车发动机的缸体和缸盖、船舶螺旋桨以及精致的艺术品等。有些难以切削的零件,例如燃汽轮机的镍基合金零件,不用铸造方法将无法成型。另外,铸造的零件尺寸和重量的适应范围很宽,金属种类几乎不受限制;零件在具有一般机械性能的同时,还具有耐磨、耐腐蚀、吸震等综合性能,是其他金属成型方法,如锻、轧、焊、冲等所做不到的,因此在机器制造业中用铸造方法生产的毛坯零件,在数量和吨位上迄今仍是最多的。

连续铸造是一种先进的铸造方法,在国内的应用越来越广泛。例如连续铸锭钢或有色金属锭连续铸管等。连续铸造是利用贯通的结晶器在一端连续地浇入液态金属,从另一端连续地拔出成型材料的铸造方法。用连续铸造法可以浇注钢、铁、铜合金、铝合金、镁合金等断面不变的长铸件,如铸锭、板坯、棒坯、管子和其他形状均匀的长铸件。有时,铸件的断面形状也可与主体有所不同。结晶器一般用导热性较好,具有一定强度的材料,如铜、铸铁、石墨等制成,壁中空,空隙中间通冷却水以增强其冷却作用。铸出的成型材料有方形、长方形、圆形、平板形、管形或各种异形截面。连续铸造和普通铸造比较有下述优点:①由于金属被迅速冷却,铸件结晶致密,组织均匀,机械性能较好;②连续铸造时,铸件上没有浇注系统的冒口,故连续铸锭在轧制时不用切头去尾,节省金属,提高了收得率;③简化了工序,免除造型及其他工序,因而减轻了劳动强度,所需生产面积也大为减少;④连续铸造生产易于实现机械化和自动化,铸锭时还能实现连铸连轧,大大提高了生产效率。

目前,连续铸造的应用越来越广泛,连续铸造的发展必将提高我国冶金工业的生产效率,减少生产消耗,对我国冶金工业的结构模式进行优化,推动产品向专业化方向发展。连续铸造示意图如图1-8所示。

图1-8 连续铸造示意图

二、锻造

锻造是一种利用锻压机械对金属坯料施加压力,使其产生塑性变形以获得具有一定机械性能、一定形状和尺寸锻件的加工方法。通过锻造能消除金属在冶炼过程中产生的铸态疏松等缺陷,优化微观组织结构,同时保存了完整的金属流线,锻件的机械性能一般优于同样材料的铸件。

根据成型机理,锻造可分为自由锻、模锻、碾环、特殊锻造。

(1)自由锻。指用简单的通用性工具,或在锻造设备的上、下砧铁之间直接对坯料施加外力,使坯料产生变形而获得所需的几何形状及内部质量的锻件的加工方法。采用自由锻方法生产的锻件称为自由锻件。自由锻都是以生产批量不大的锻件为主,采用锻锤、液压机等锻造设备对坯料进行成形加工,获得合格锻件。自由锻的基本工序包括镦粗、拔长、冲孔、切割、弯曲、扭转及锻接等。自由锻采取的都是热锻方式。

(2)模锻。模锻又分为开式模锻和闭式模锻,金属坯料在具有一定形状的锻模膛内受压变形而获得锻件,模锻一般用于生产质量不大、批量较大的零件。模锻可分为热模锻、温锻和冷锻。温锻和冷锻是模锻未来的发展方向,也反映了锻造技术水平的高低。按照材料分,模锻还可分为黑色金属模锻、有色金属模锻和粉末制品成形。顾名思义,就是材料分别是碳钢等黑色金属、铜铝等有色金属和粉末冶金材料。挤压应归属于模锻,可以分为重金属挤压和轻金属挤压。

闭式模锻和闭式镦锻属于模锻的两种先进工艺,由于没有飞边,材料的利用率较高,用一道工序或几道工序就可能完成复杂锻件的精加工;同时,锻件的受力面积减少,所需要的荷载也减少。但是,应注意不能使坯料完全受到限制,为此要严格控制坯料的体积,控制锻模的相对位置并对锻件进行测量,努力减少锻模的磨损。

(3)碾环。碾环是指通过专用设备——碾环机生产不同直径的环形零件,也用来生产汽车轮毂、火车车轮等轮形零件。

(4)特种锻造。特种锻造包括辊锻、楔横轧、径向锻造、液态模锻等锻造方式,这些方式都比较适用于生产某些特殊形状的零件。例如,辊锻可以作为有效的预成形工艺,大幅降低后续的成形压力;楔横轧可以生产钢球、传动轴等零件;径向锻造则可以生产大型的炮筒、台阶轴等锻件。

(5)精密锻造。指采用特定的锻造工艺将零件锻造成形且尺寸控制在仅需少量加工就可得到最终零件的锻造成形技术。由于精密锻造成形的锻件尺寸接近最终零件,仅需少量后续加工即可使用,可以保证锻件的锻造流线最大可能的与零件的外轮廓一致,并能够保证批量生产锻件的尺寸一致性,因此零件在获得更好的力学性能的同时,可显著减少后续加工周期,缩短零件的制造流程。精密锻造的锻件如图1-9所示。

图1-9 精密锻造锻件

精密锻造过程是全面精确控制锻件外轮廓尺寸并实现最终锻件内部组织性能的过程,因此,采用精密模锻工艺时,必须对精密锻造过程的每一环节提出更为严格的技术要求,包括基于三维有限元数值模拟技术的锻造工艺过程设计;基于CAD技术的预制坯形状的精确设计、锻件形状的精确设计;毛坯的少或无氧化加热、精确的加热规范及冷却规范的控制,模具制造精度的控制、专用精密锻造润滑剂的使用等。由于这些环节的要求得到了强化导致部分成本提高,对于具体锻件产品是否选用精密锻造工艺生产应依据生产成本零件的综合经济指标以及零件结构和性能的特殊要求进行综合考虑。

与铸件相比,金属经过锻造加工后能改善其组织结构和力学性能。铸造组织经过锻造方法热加工变形后由于金属的变形和再结晶,使原来的粗大树枝晶和柱状晶粒变为晶粒较细、大小均匀的等轴再结晶组织,使钢锭内原有的偏析、疏松、气孔、夹渣等压实和焊合,其组织变得更加紧密,提高了金属的塑性和力学性能。

铸件的力学性能低于同材质的锻件力学性能。此外,锻造加工能保证金属纤维组织的连续性,使锻件的纤维组织与锻件外形保持一致,金属流线完整,可保证零件具有良好的力学性能与长的使用寿命,采用精密模锻、冷挤压、温挤压等工艺生产的锻件,都是铸件所无法比拟的。

三、焊接

焊接是两种或两种以上同种或异种材料通过原子或分子之间的结合和扩散连接成一体的工艺过程。促使原子和分子之间产生结合和扩散的方法是加热或加压,或同时加热又加压。金属的焊接,按其工艺过程的特点分为熔焊、压焊和钎焊三大类。

在熔焊的过程中,如果大气与高温的熔池直接接触,大气中的氧就会氧化金属和各种合金元素。大气中的氮、水蒸气等进入熔池,还会在随后的冷却过程中在焊缝中形成气孔、夹渣、裂纹等缺陷,恶化焊缝的质量和性能。

为了提高焊接质量,人们研究出了各种保护方法。例如,气体保护电弧焊是用氩、二氧化碳等气体隔绝大气,以保护焊接时的电弧和熔池率;钢材焊接时,在焊条药皮中加入对氧亲和力大的钛铁粉进行脱氧,可以保护焊条中有益元素锰、硅等免于氧化而进入熔池,冷却后获得优质焊缝。

压焊是指在焊接过程中施加压力,而不加填充材料。多数压焊方法,如扩散焊、高频焊、冷压焊等都没有熔化过程,因而没有像熔焊那样存在有益合金元素烧损和有害元素侵入焊缝的问题,从而简化了焊接过程,也改善了焊接安全卫生条件。同时由于加热温度比熔焊低、加热时间短,热影响区小。许多难以用熔焊焊接的材料,往往可以用压焊焊成与母材同等强度的优质接头。

钎焊是使用比工件熔点低的金属材料作钎料,将工件和钎料加热到高于钎料熔点、低于工件熔点的温度,利用液态钎料润湿工件,填充接口间隙并与工件实现原子间的相互扩散,从而实现焊接的方法。

焊接时形成的,连接两个被连接体的接缝称为焊缝。焊缝的两侧在焊接时,会受到焊接热作用,而发生组织和性能变化,这一区域被称作热影响区。焊接时因工件材料焊接材料、焊接电流等方面的不同。焊前对焊件接口处的预热、焊时保温和焊后热处理,可以改善焊件的焊接质量。

另外,焊接是一个局部的迅速加热和冷却过程,焊接区由于受到四周工件本体的拘束而不能自由膨胀和收缩,冷却后在焊件中便产生焊接应力和变形。重要产品焊后都需要消除焊接应力,矫正焊接变形。

激光焊接可以焊接的金属种类较多,并且激光焊接的速度极快,可以达到传统弧焊的几十倍,这种速度的提高是惊人的,而且激光焊接产生的焊缝的深宽比也可以达到12∶1,在焊接过程中因热量引起的变形也较小,是较为适宜实现柔性自动化的焊接方法。激光焊接也因为上述优点而入选21世纪最有前途、最有开发潜力的高能束流焊技术。激光焊在航空航天的工业中主要用于武器装备与飞行器结构的制造。飞行器的合金飞行舵翼就需要使用激光焊接技术进行完美焊接。激光焊接示意图如图1-10所示。

电子束焊接技术即指以高能高密度的电子束作为能量载体对被连接件进行焊接加工的一种精密焊接技术。电子束焊接技术的特点是功率密度极高但是焊接的热量输入却反而可以很小,使得零件修复的变形也极小,焊接以后几乎没有残余应力,焊缝的深宽比也较大,与传统的焊接技术相比神奇的是焊接的接头部分无氧化。电子束焊接技术主要用在飞行器的腹、鳍、框、架以及继电器、波纹管等部分。现在,电子束焊接技术已经成为大型飞机制造公司的标准配置,是制造飞机主、次承力结构件和机翼骨架的必选技术之一,也是衡量飞机制造水平的一把标尺。电子束焊接原理图如图1-11所示。

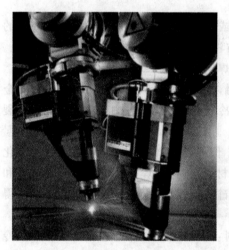

图1-10　激光焊接

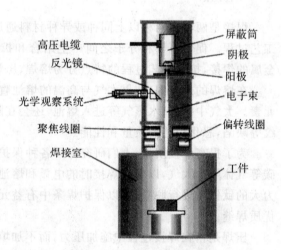

图1-11　电子束焊接原理图

1.7　有色金属的热处理及其强化理论基础

金属热处理是将金属工件放在一定的介质中加热到适宜的温度,并在此温度中保持一定时间后,又以不同速度在不同的介质中冷却,通过改变金属材料表面或内部的显微组织结构来控制其性能的一种工艺。

金属热处理是机械制造中的重要工艺之一,与其他加工工艺相比,热处理一般不改变工件的形状和整体的化学成分,而是通过改变工件内部的显微组织,或改变工件表面的化学成分,赋予或改善工件的使用性能。因此,它是机械制造中的特殊工艺过程,也是质量管理的重要环节。

为使金属工件具有所需要的力学性能、物理性能和化学性能,除合理选用材料和各种成形工艺外,热处理工艺是必不可少的。钢铁是机械工业中应用最广的材料,钢铁显微组织复杂,可以通过热处理予以控制,故钢铁的热处理是金属热处理的主要内容。另外,铝、铜、镁、钛等及其合金也都可以通过热处理改变其力学、物理和化学性能,以获得不同的使用性能。

1.7.1　有色金属的退火

与钢铁材料相比，基于固态相变的退火在有色金属材料的热处理中并不占有重要的地位，因为许多实际应用的有色合金，例如单相黄铜、青铜和电工镍合金等，它们在同态下基本上不存在可供利用的相变。但在一些有色合金中，基于固态相变的退火仍然得到了一定的应用。根据相变类型的不同，有色金属材料中基于固态相变的退火大体有两类：基于固溶度变化的退火和重结晶退火。

一、多相化退火

一些有色合金，其固溶度随温度变化而变化。若固溶度随温度升高而减小，则加热时有第二相的析出，冷却时发生第二相的溶解。在发生脱溶的情况下，脱溶相的尺寸与脱溶温度有关。在一定温度下，与一定浓度的固溶体基体相平衡的第二相应具有一定的尺寸。根据上述原理，可以通过合适的热处理工艺，使复相合金中获得不同大小和分布的第二相，以得到所需的性能，这就是所谓多相化退火。

工业上应用的许多有色金属材料，例如硬铝、镁铝合金、铍青铜以及镍铬系合金等，都是以固溶体为基体的复相合金。它们的共同特点是：固溶度随温度降低而减小，在缓慢冷时有第二相从固溶体中析出，而加热时有第二相溶解。第二相的相对量一般不超过整个合金体积的 $10\% \sim 15\%$，第二相溶解或析出时不会引起合金组织的根本改变，因为基体的晶体结构不会由于加热或冷却而发生变化，这与钢铁材料不同，但适当地控制加热和冷却工艺，可以获得不同浓度的基体相，并能改变第二相的大小、形状和分布，从而使合金得到不同的性能。如果设法使固溶体基体达到尽可能低的浓度，第二相粒子及其间距又足够大，则合金将发生软化，即多相化软化。为达到这种软化目的而采取的热处理工艺就是多相化退火。

许多可热处理强化的合金，由于基体固溶体的浓度随温度降低而减小，当合金以较快的速度冷却时可能产生淬火硬化效应。对于这些合金，原则上均可采用多相化退火，使合金软化。

多相化退火工艺分完全退火和不完全退火两种。完全退火是将已产生部分淬火硬化的合金加热至相变临界点以上的温度保温，使合金变成单相固溶体，然后缓慢冷却（一般为随炉冷却）。不完全退火则是加热至相变临界点以下的某一适当温度保温，然后较快冷却（一般为空冷）。完全退火可以最大限度地消除淬火硬化，使合金完全软化；不完全退火只能部分消除淬火硬化，使合金部分软化。

完全退火和不完全退火的具体加热温度、保温时间以及冷却速度可通过实验确定。若温度太低，淬火硬化不能充分消除，合金的强度仍然较高；若温度过高，由于强化相的溶解和随后冷却时的不充分析出，固溶体的浓度较高，也会减弱退火软化的作用。许多合金均采用多相化退火来达到软化的目的。

二、重结晶退火

重结晶是指多型性转变和共析转变时晶体结构类型的变化，由于该变化，金属材料的组织、结构也可能发生根本的改变。尽管有色金属合金中基于重结晶退火工艺的应用远不如钢铁材料那样普遍，但在有些情况下也有应用。

一些纯金属、固溶体和金属化合物中都有多型性转变。例如，除了 Fe 之外，有色金属中的 Ca,Co,Li,Sn,Ti,U,Zr 等都可发生多型性转变（即同素异型转变）。

如果将具有多型性转变的金属加热至相变临界点以上使之发生多型性转变，然后又冷却至临界点以下使之发生逆转变，这种热作用的循环并不会改变金属在一定温度下所应具有的晶体结构，但多型性转变也是形核和长大的过程，像再结晶一样，只要适当控制加热和冷却操作，就可能使金属的组织（晶粒大小）发生符合人们需要的变化。据此，可以运用重结晶退火来消除某些纯金属和固溶体合金的铸件和加工件的粗大晶粒，以改善其性能。不过，若多型性转变时新、旧两相的比容差别小。在加热时相变不足引起再结晶，则重结晶退火就并不能使晶粒细化。

其他由具有多型性转变的金属或固溶体合金制成的制品（特别是加工制品），在重结晶退火时也会发生再结晶，有时甚至再结晶对材料的最终性能起决定性的作用，某些钛合金的"β退火"就是如此。

需要特别注意的是，重结晶退火时，由于热应力和相变应力以及高温的综合作用，无论是加工制品或铸件，都可能导致晶粒的明显粗化。因此当采用重结晶退火时，应恰当地控制工艺参数，特别是加热温度和冷却速度。

1.7.2 淬火

淬火是将合金在高温下所具有的状态以过冷、过饱和状态固定至室温，或使基体转变成晶体结构与高温状态不同的亚稳状态的热处理形式。根据淬火时合金组织、结构变化的特点将淬火分为两类：无多型性转变合金的淬火和有多型性转变合金的淬火。两类合金淬火本质上有很大差别。

淬火通常要快冷，以抑制扩散相变，这是淬火与基于固态相变的退火的根本区别。基体固溶体在冷却过程中不发生多型性转变的淬火，合金的室温组织为单相过饱和固溶体，又称为固溶处理。

淬火后大多数合金得到亚稳定的过饱和固溶体。因为是亚稳的，所以存在自发分解趋势，有些合金室温就可以分解，但它们中的大多数要加热到一定温度，增加原子的热激活几率，分解才得以进行。这种室温保持或加热以使过饱和固溶体分解的热处理称为时效或回火。

固溶处理后性能的改变与相成分、合金原始组织及淬火状态组织特征、淬火条件、预先热处理等一系列因素有关，不同合金性能的变化大不相同。一些合金固溶处理后，强度提高，塑性降低，而另一些合金则相反，经处理后强度降低、塑性提高。还有一些合金强度与塑性均提高。此外，有很多合金固溶处理后性能变化不明显。

在基体不发生多型性转变的合金中，经固溶处理后，基本上未发现急剧强化及明显降低塑性的现象。变形合金处理后最常见的情况是在保持高塑性的同时提高强度，其塑性可能与退火合金的塑性相差不大。有少数合金固溶处理后与退火状态比较，强度降低而塑性升高，例如铍青铜（QBe，见表 1—3）。因此，像铍青铜这种类型的合金，在半成品生产过程中，为提高冷变形塑性往往采用淬火而不用退火。

固溶处理对强度及塑性的影响，取决于固溶强化程度及过剩相对材料的影响。若过剩相质点对位错运动的阻滞不大，则过剩相溶解造成的固溶强化必然会超过溶解而造成的软化，使合金强度提高。若过剩相溶解造成的软化超过基体的固溶强化，则合金强度降低。若过剩相是硬而脆的大尺寸质点，它们的溶解也必然伴随塑性提高。

固溶处理后的主要目的是获得高浓度的过饱和固溶体,为时效热处理作准备。一些合金(如铍青铜和不锈钢 0Cr8Ni9 等)可用固溶处理作为冷变形之前的软化手段,即起中间退火作用。一些合金用作最终热处理,以给予产品所需的综合性能,固溶处理所得到的单相固溶体强度、塑性和耐蚀性都显著地提高。故该合金的最终热处理采用固溶处理。

有色金属合金淬火的目的是把合金在高温的固溶体组织固定到室温,获得过饱和固溶体,以便在随后的时效中使合金强化。影响固溶处理的主要因素是加热温度、保温时间和冷却速度。加热温度一般又称淬火温度。淬火温度越高,保温时间越长,则强化相溶解越充分,合金元素在晶格中的分布也越均匀。同时,晶格中空位浓度增加也越多。最佳的淬火加热温度是能够保证最大数量的强化相溶入基体,但又不引起过烧和晶粒长大的温度。保温时间要保证能溶入固溶体的强化相充分溶入,以得到最大的过饱和度。因此,铸造合金,特别是成分复杂、强化相粗大的铸造合金的保温时间要比变形合金长得多。但保温时间过长,对变形合金和某些铸造过程中形成强烈内应力的多相铸造合金,会引起晶粒长大。

表 1 - 3　几种有色金属合金固溶处理状态的力学性能与退火状态或铸造状态性能

合金	牌 号	QBe		LY11		ZL15		ZM5	
	成分	Cu - 2Be - 0.3Ni		Al - 4Cu - 0.6 - Mg - 0.6Mn		Al - 11Mg		Mg - 8Al - 0.5 - Zn - 0.3Mn	
	性能	σ_b/MPa	δ/(%)	σ_b/MPa	δ/(%)	σ_b/MPa	δ/(%)	σ_b/MPa	δ/(%)
力学性能	铸造状态	—	—	—	—	170	0	160	3
	变形退火状态	550	22	260	12	—	—	—	—
	淬火状态	510	46	310	20	400	12	23.5	9

冷却速度不够快时,固溶体中空位浓度会减小,从而使时效效果降低。淬火冷速小于过饱和固溶体发生分解的"临界冷速"时,不仅晶格中的空位浓度会更大地减小,而且固溶体还会发生不同程度的分解,使时效效果降低得更多。冷却速度过快,又会产生强大的内应力,使塑性较低的合金(如合金化程度高的铸造合金)发生开裂,造成废品。

在选择淬火冷却介质时,应使其产生的冷却速度保证合金处于均一的固溶状态。对大数有色金属合金,淬火冷却介质可选为水。但为了减小淬火应力或破裂,淬火冷却介质也可选为油。

1.7.3　时效处理

合金经固溶处理或冷塑性变形后,保持在室温或稍高于室温,其组织和性能随时间变化的过程。时效可使合金的硬度和强度提高。室温发生的为自然时效,高于室温的为人工时效。时效是铝合金、镁合金、铜铍合金以及马氏体时效钢和沉淀硬化不锈钢的主要强化工艺。

有色金属合金于淬火后形成不稳定组织(亚稳定组织)。这种组织力求更为稳定(稳定组织)而进行固溶体分解和析出过剩溶质原子。在室温下进行的过饱和固溶体的分解称为自然时效。但对多数合金来讲,在室温下进行的这种自然时效过程的速度非常小。对有的合金,这种过程因温度低,也只能完成析出的初步阶段。为了提高固溶体的分解速度,将合金加热到一定的温度(此温度远低于淬火温度),使固溶体分解加速。这种过程称为人工时效或回火。

过饱和固溶体的分解过程取决于发生分解的温度。对大多数合金来讲,在低温下的分解一般经历 3 个阶段。先是在过饱和固溶体中,溶质原子沿基体的一定晶面富集,形成偏聚区,与母相共格,往往呈薄片状。进一步延长时间或提高温度,偏聚区长大并转变为一种中间过渡相,其成分及晶体结构处于母相与稳定的第二相之间的某种中间过渡状态。最后此中间过渡相转变为具有独立晶体结构的稳定的第二相。

开始析出的第二相处于弥散状态,一般呈薄片状。弹性变形的母体(母相)对于其中形成的新相长大的阻碍同新相的形状有关。因此,固溶体析出的新相一般呈片状,因为当新相呈片状时,弹性能最低。进一步延长时间或升高温度,弥散的第二相将聚集粗化。温度越高,粗化越快。

时效强化的效果取决于合金的成分、固溶体本性、过饱和度、分解特性和强化相的本性等。因而有的合金系时效强化效果高,有的合金系则强化效果低。

对同一成分的合金来讲,影响其时效效果的主要工艺因素有时效温度和时间、淬火加热温度和淬火冷却速度以及时效前的塑性变形等。

(1)时效温度对时效强化效果的影响。当固定时效时间,对同一成分的合金在不同温度下进行时效时,合金硬化与时效温度的关系如图 1 - 12 所示。随着时效温度的升高,合金的硬度增大。温度增至某一数值后,达到极大值。进一步升高温度,硬度下降。合金硬度增大的阶段称为强化时效。下降的阶段称为软化时效或过时效。时效温度与合金硬化的这种变化规律同过饱和固溶体分解过程有关。

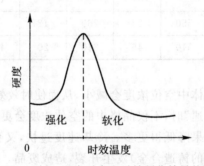

图 1 - 12 时间、温度对合金时效硬化效果的影响

不同成分的合金获得最佳强化效果的时效温度不同。对各种工业合金最佳时效温度的统计表明,所有有色金属合金的最佳时效温度与它们的熔点有关,并具有下列关系:

$$T_a = (0.5 \sim 0.6)T_m \tag{1-15}$$

式中,T_a 为合金获得最佳强化效果的时效温度(绝对温度)。

(2)时效时间对时效强化效果的影响。固定时效温度,对同一成分的合金进行不同时间的时效,其硬度与时效时间和温度的关系如图 1 - 12 所示。在较低的温度下,随时效时间的增加,硬度逐渐上升。当温度上升到 $(0.5 \sim 0.6)T_m$ 后曲线 t_4 出现极大值,并获得最佳的硬化效果。进一步提高时效温度,则合金在较早的时间内即开始软化。而且硬化效果随温度的升高而降低,达不到最佳的硬化效果。时效曲线如图 1 - 13 所示,其变化规律可用过饱和固溶体的分解过程解释。

(3)淬火温度、淬火冷却速度和塑性变形对时效强化效果的影响实验表明,合金淬火温度越高,淬火冷却速度越快,在淬火过程中固定下来的固溶体晶格中空位的浓度越大,则固溶体的分解速度及硬化效果都将增大。淬火冷却速度减慢时,晶格中淬火产生的过剩空位将减少。若冷却速度过低,则固溶体在冷却过程中,还可能发生分解,使过饱和程度降低。无论减少晶体中过剩空位的浓度,或降低固溶体对溶质原子的过饱和度,都将降低合金的时效速率和时效强化效果。

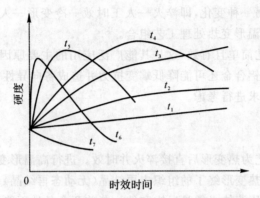

图 1-13　不同温度下时效时间与合金硬度的关系

$t_7 > t_6 > t_5 > t_4 > t_3 > t_2 > t_1$

　　合金淬火后进行冷塑性变形,将强烈影响过饱和固溶体的分解过程。合金淬火后进行冷塑性变形,其作用与高温快速淬火的作用相似,是增加过饱和固溶体的晶格缺陷,从而提供更多的非自发晶核,提高固溶体的分解速度和析出物密度,得到更为弥散的析出物质点,使合金的硬化效果增大。

1.7.4　变形热处理

一、低温形变热处理

　　时效合金的低温形变热处理早在 20 世纪 30 年代就已出现,并已广泛应用在工业上。其基本工艺是:先将合金淬火,再在时效前于室温下进行冷变形。与不经冷变形的合金比较,这种处理能获得较高抗拉强度及屈服强度,但塑性有所降低。

　　时效前进行冷变形使合金中导入大量位错,随后时效时,基体中发生回复,形成亚晶组织,而未经冷变形的合金,时效后基体仍为淬火后的再结晶状态。因此,低温形变热处理首先会因亚结构强化使得强度在时效前处于较高的水平。但更重要的是冷变形对时效过程的直接影响。

　　冷变形对时效过程影响的基本规律较为复杂,它与淬火、变形和时效规程有关,也与合金本性有关。对同一种合金来说,与时效析出相的类型有关。简言之,主要依靠形成弥散过渡相而强化的合金,时效前冷变形会使合金强度提高。这类合金淬火后,经冷变形再加热到时效温度时,脱溶与回复过程同时发生。脱溶将因冷加工而加速,脱溶相质点将因冷变形而更加弥散。与此同时,脱溶质点也阻碍多边形化等回复过程。若多边化程已发生,则因位错分布及密度的变化,脱溶相质点的分布及密度也会发生相应的改变。

　　若冷变形前已进行了部分时效,则这种预时效影响最终时效动力学及合金性质。例如,Al-4％Cu 合金淬火后立即冷变形并于 160 ℃时效只需 8～10 h 达硬度最高值。人工时效的加速可能是由于自然时效后偏聚区对变形时位错运动阻碍所致。此外,在位错附近也存在铜原子富集区,也有利于形核。因此,为加速这种合金的人工时效,变形前自然时效是有利的。这样,就形成了低温形变热处理工艺,即淬火—自然时效—冷变形—人工时效。

预时效也可用人工时效,根据同样原因将使最终时效加速,增加强化效果。这样就形成了低温形变热处理工艺的另一种变化,即淬火—人工时效—冷变形—人工时效。对不同基体的合金,可广泛用不同的低温形变热处理工艺组合。

低温形变热处理工艺简单且有效,这是其能广泛应用的主要原因。但因大多数合金经此种处理后塑性降低,某些铝合金还可能降低蠕变抗力并造成各向异性等弊端,在应用此种工艺时,应综合这些方面的要求进行考虑。

二、高温形变热处理

高温形变热处理工艺为热变形后直接淬火并时效。进行高温形变热处理必须要求所得到的组织满足以下条件:①热变形终了的组织未再结晶(无动态再结晶);②热变形后可以防止再结晶(无静态再结晶);③固溶体必须是过饱和的。若前两个条件不能满足而发生了再结晶,高温形变热处理就不能实现。

进行高温形变热处理时,由于淬火状态下存在亚结构,以及时效时过饱和固溶体分解更为均匀(强化相沿亚晶界及亚晶内位错析出),因而使强度提高。另外,固溶体分解均匀、晶粒碎化及晶界弯折使合金经高温形变热处理后塑性不会降低。对铝合金来说塑性及韧性甚至会有所提高。

若合金淬火温度范围较为狭窄(如 2A12 仅为 5 ℃)则实际上很难保证热变形温度在此范围内。这种合金就不易实现高温形变热处理。

淬火后不发生再结晶的合金,过饱和固溶体分解较为迅速,若这种合金淬透性不高,高温形变热处理时就难以保证淬透,因而也难实现高温形变热处理。

总的来说,高温形变热处理工艺较低温形变热处理工艺应用少得多。作为高温形变热处理的一种改进,在生产中也可以考虑采用高低温形变热处理,即热变形—淬火—冷变形—时效。这种工艺可使材料强度较单用高温形变热处理时有所提高,但塑性会有所降低。

三、预形变热处理

预形变热处理即在淬火、时效之前预先进行热变形,将热变形及固溶处理分成两道工序。虽然这种工艺较高温形变热处理复杂,但由于变形与淬火加热分成两道工序,工艺条件易于控制,在生产中易于实现。实际上,这种工艺早已应用于铝合金半成品的生产。

实现预变形热处理有三个基本条件:①热变形时无动态再结晶;②热变形后无亚动态或静态再结晶;③固溶处理时亦不发生再结晶。满足上述条件,就可达到亚结构强化目的。再通过随后的时效,实现亚结构强化与相变强化有利的结合。

为了保证预形变热处理的实现,首先需要了解各种合金在不同变形条件下可能的组织状态。冷变形程度决定了储能大小以及随后加热时再结晶难易程度,但热变形后储能大小及可能的组织状态与变形程度、变形温度及变形速度有关。加工时热变形程度常达稳定变形阶段,为使分析简化,可忽略变形程度的影响,而只研究变形温度-变形速度-组织状态间的关系。

1.7.5　化学热处理

化学热处理是在金属表面渗入合金元素,从而改变其表面化学成分与组织结构的工艺方法。通过化学热处理,可有效改善金属的使用性能,如耐磨、抗疲劳、耐蚀、抗氧化等。常用的化学热处理包括渗碳、渗氮、碳氮共渗、渗硼及渗硫等,其基本过程如下。

1. 渗剂分解

分解是从活性介质(渗剂)中形成渗入活性原子(离子)的过程。化学热处理是将制件放在含有渗入元素的活性介质中进行的。理论与实践证明,只有活性原子(初生态原子)才易于为金属制件的表面所吸收,因此化学热处理时首先是要得到活性原子。

化学介质在一定的温度下,由于各种化学反应或离子转变(有时是气化)而产生活性原子、无论化学介质是气体、液体或固体,形成活性原子的过程都是在金属表面的气相中进行的。为了增加化学介质的活性,有时还加入催化剂,以加速反应过程,降低反应所需的温度(即化学热处理的加热温度),缩短反应时间。分解的速度主要取决于渗剂的浓度、分解温度以及催化剂的作用等因素。

2. 吸收

吸收是活性原子(离子)在金属制件表面的吸附和溶解于基体金属或与基体中的组元形成化合物的过程。

活性介质原子在金属制件表面的吸附可能只是物理吸附,即活性原子与金属外表层的原子在范德瓦尔斯力的作用下,制件表面形成单原子或多原子吸附层;也可能包括化学吸附,即活性原子与金属制件外表层的原子在吸附过程中产生了化学交互作用。吸附是自发过程,因为吸附时总是放出热量,是自由能降低的过程。

但为使活性原子真正为金属所吸收,渗入元素必须在金属基体中有可溶性,不然吸附过程将很快停止,随后的扩散过程就无法进行,被处理制件就不可能形成扩散层。吸收的强弱主要取决于被处理制件的成分、组织结构、表面状态和渗入元素的性质、渗入元素活性原子的形成速度以及渗入元素的原子向制件内部扩散的速度等因素。

3. 扩散

扩散是活性原子从制件表面向其深处迁移的过程。由于扩散、制件表层形成扩散层,当化学介质可以不断地形成活性原子时,吸附过程是进行得相当快的,而扩散过程则甚为缓慢。因此,化学热处理的快慢、金属制件表面渗入元素的浓度和扩散层的浓度分布、扩散层的深度以及化学热处理的最终结果,在很大程度上是由扩散过程所决定的。

渗入元素活性原子在金属中扩散时,一般是先与金属形成固溶体,然后才形成化合物,这类似于二元相图自左至右的相区变化情况。因此扩散有两种方式:在单相扩散层中的扩散(固溶体扩散)和在多相扩散层中的扩散(相变反应扩散)。

(1)固溶体(单相扩散层)的扩散。固溶体扩散的特点是:在扩散过程中无新相形成,扩散层仍保持基体金属的点阵结构(形成固溶体);扩散(渗入)元素在固溶体中的最大深度(即制件表面渗入元素的浓度)不超过扩散温度下固溶体的极限浓度;渗入元素浓度自制件表面至心部平滑下降。固溶体扩散的典型例子是钢渗碳时,碳在奥氏体中的扩散。

(2)相变反应扩散(多相层中的扩散)。相变反应扩散的特点之一是扩散层为多相。当渗入元素原子在固溶体中的浓度达到饱和之后,继续增加渗入元素的浓度便会出现新相(化合物或别的固溶体),即形成多相扩散层。特点之二是扩散层中渗入元素的浓度呈跳跃式变化。而且,若基体金属为纯组元,扩散层中不会出现两相区,即扩散层由数个浓度突变的单相层组成,每层内渗入元素的含量均与基体金属(渗入元素)状态图相一致。

参 考 文 献

[1] 鲍丙豪,张金卫,肖颖,等. $Bi_4Ge_3O_{12}$晶体光纤磁场传感器的研究[C]∥中国仪器仪表学会.第六届全国信息获取与处理学术会议论文集(1).焦作,2008:8-11.

[2] 师昌绪. 材料辞典[M]. 北京:化学工业出版社,2006.

[3] 刘胜新. 有色金属材料速查手册[M]. 北京:机械工业出版社,2009.

[4] 李美栓. 金属高温腐蚀[M]. 北京:冶金工业出版社,2001.

[5] 胡乔木. 中国大百科全书[M]. 北京:中国大百科全书出版社,1987.

[6] 徐洲,姚寿山. 材料加工原理[M]. 北京:科学出版社,2003.

[7] 哈宽富. 金属力学性质的微观理论[M]. 北京:科学出版社,1983.

[8] Davis J R 等,戴维斯. 金属手册:案头卷[M]. 北京:机械工业出版社,2014.

[9] 王乐安. 模锻工艺及其设备使用特性[M]. 陆济国,金锡志,译. 北京:国防工业出版社,2009.

[10] 中国锻压协会. 特种锻造[M]. 北京:国防工业出版社,2009.

[11] 马卓. 先进焊接技术发展现状与趋势[J]. 科技创新与应用,2013(3):122.

[12] 袁锐波. 有色金属冶炼设备液压技术及其应用[M]. 北京:机械工业出版社,2012.

[13] 马永杰,汪洋. 机械制造基础[M]. 北京:化学工业出版社,2010.

[14] 王群骄. 有色金属热处理技术[M]. 北京:化学工业出版社,2008.

[15] 申荣华. 工程材料及其成形技术基础[M]. 北京:北京大学出版社,2013.

[16] 艾星辉. 金属学[M]. 北京:冶金工业出版社,2009.

[17] 白素琴. 金属学及热处理[M]. 北京:冶金工业出版社,2009.

[18] 西安重型机械研究所,鞍山钢铁大学. 黑色金属冶炼设备[M]. 北京:机械工业出版社,1978.

[19] 陈丽霓,周维国,刘海石. 轻金属冶炼与环境保护[M]. 沈阳:东北工学院出版社,1991.

[20] 刘宗昌,任慧平,郝少祥. 金属材料工程概论[M]. 北京:冶金工业出版社,2007.

第2章 铝及其合金

2.1 铝的基本特性

2.1.1 铝的物理性质

铝是元素周期表中的第三周期ⅢA族元素,是一种重要的轻金属。元素符号为Al,原子序数为13,相对原子质量为26.981 54,化合价为±3。主要同位素为27 Al(稳定的),丰度接近100%。铝原子的电子构型为1s22s22p63s23p1,原子半径为0.143 nm,离子半径为0.057 nm。

纯铝在常温下为固体,具有银白色金属光泽,密度为2.702 g/cm³,熔点为660.37 ℃,沸点为2 467 ℃。具有面心立方格结构,无同素异构转变,具有良好的导电性和导热性。

铝的导电性仅次于银、铜和金,居第四位。虽然铝的电导率是铜的2/3,但其密度只有铜的1/3,输送同量的电,铝线的质量只有铜线的1/2,因此铝在电器制造工业、电线电缆工业和无线电工业中应用广泛。铝是热的良导体,其导热能力比铁大3倍,工业上可用铝制造各种热交换器、散热材料和炊具等。铝的物理和化学性质与其纯度有关。铝纯度越高,其导电性和导热性越好,化学性能越稳定。

铝是非磁性体,一般不受磁的影响,船舶上的罗盘常藏在无磁性的铝合金壳中。

2.1.2 铝的力学性质

工业纯铝的力学性能除与纯度有关外,还与材料的加工状态有关。不同状态的工业纯铝的力学性能如表2-1所示。由表2-1可以看出,铝的硬度较低,强度很低,仅为45 MPa,冷变形加工硬化后强度可提高到100 MPa。由于铝的塑性很好,富有延展性,可通过冷或热的压力加工制成各种型材,如丝、线、箔、片、棒等,这种特性与铝具有面心立方晶格结构有关。铝可以制成厚度为0.000 638 mm的铝箔和冷拔成极细的丝。纯铝的加工温度为400~500 ℃,冷加工时的中间退火温度为350~500 ℃。

表2-1 工业纯铝的力学性能

力学性能	铸 态	压力加工	
		退 火	未退火
抗拉强度 σ_b/MPa	90~120	80~110	150~250
弹性极限 σ_e/MPa	—	30~40	—
屈服极限 σ_s/MPa	—	50~80	120~240

续 表

力学性能	铸 态	压力加工	
		退 火	未退火
延伸率 $\delta/(\%)$	11～25	32～40	4～8
断面收缩率 $\psi/(\%)$	—	70～90	50～60
布氏硬度,HBS 10/500	24～32	15～25	40～55
冲击韧度 $\alpha_k/(J \cdot cm^{-2})$	340	—	—
抗剪强度 σ_τ/MPa	42	60	100
弯曲疲劳强度 σ_{bf}/MPa	—	50	40

2.1.3 铝的化学性质

1.铝在大气中具有优良的抗蚀性

铝与氧的亲和力很大,在室温下即能与空气中的氧化合,表面生成一层厚度为 0.005～0.020 μm 的致密并与基体金属牢固结合的氧化膜,其摩尔体积约为铝的 30 倍,常压下破坏后立即形成,阻止氧向金属内部扩散而起到保护作用。在 pH 值为 4.0～9.0 的水溶液中,此保护膜稳定。

2.与酸碱溶液的反应

铝与大多数稀酸反应而迅速溶解。反应式为

$$2Al+6H^+ = 2Al^{3+} +3H_2 \uparrow \qquad (2-1)$$

常温下铝可用来贮存浓硫酸、浓硝酸、有机酸以及多种其他试剂。这是因为铝在浓硫酸、浓硝酸的作用下会发生钝化,金属表层形成致密氧化膜,阻止进一步反应。但加热条件下浓硫酸(浓硝酸)与氧化膜发生反应:

$$3H_2SO_4 + Al_2O_3 = Al_2(SO_4)_3 + 3H_2O \qquad (2-2)$$

铝的氧化膜可溶于碱液中,进行激烈的腐蚀反应,生成可溶性的碱金属铝酸盐和氢气:

$$2Al + 2OH^- + 6H_2O \rightarrow 2[Al(OH)_4]^- + 3H_2 \uparrow \qquad (2-3)$$

铝是两性的,也能与矿物酸起反应,生成可溶性盐并放出氢气:

$$2Al + 6H_3O + 6H_2O = 2Al[(H_2O)_6)]^{3+} + 3H_2 \uparrow \qquad (2-4)$$

熔融的铝与水发生爆炸性的反应,故熔融的铝不能与潮湿的容器和工具接触。

3.铝热还原金属

在空气中加热铝粉,产生眩目的亮光,生成氧化铝,每摩尔 Al_2O_3 的生成热为 1 075 kJ,因此可用铝来还原多种金属氧化物。这一类反应过程称为铝热还原,在铝热还原反应中生成所需的金属和氧化铝。因此,在冶金工业上可用铝还原高熔点金属(如铬、钨),碱金属和碱土金属(如锂、钙、锶、钡)。

例如真空铝热还原法制备高纯金属锶,其反应式为

$$3SrO(s) + 2Al(l) = 3Sr(g) + Al_2O_3(s) \qquad (2-5)$$

4. 铝的电化学腐蚀

铝的标准电极电位(523 K)为－1.662 V,电化学当量 0.335 6 g/(A·h),与低碳钢接触时发生牺牲性腐蚀。

5. 铝的生物学作用

铝是生命的必须元素,人体中每 70 kg 体重大约含 61 mg 铝。多伦多大学的克拉普尔等研究发现,在衰老症患者脑部神经元的细胞核中铝含量为健康人的 4 倍;给动物中毒剂量的铝时,动物出现衰老症,表明痕量金属铝可能是引起衰老症的一个原因。

2.1.4 铝的重要化合物

1. 氧化铝(Al_2O_3)

氧化铝,又称三氧化二铝,通常称为"铝氧",是一种白色无定形粉状物,俗称矾土,属原子晶体。

不溶于水,能溶解在熔融的冰晶石中。它是铝电解生产中的主要原料。有 4 种同素异构体 β-氧化铝、δ-氧化铝、γ-氧化铝以及 α-氧化铝,主要有 α 型和 γ 型两种变体,工业上可从铝土矿中提取。Al_2O_3 为白色难熔的物质,属两性氧化物。

与酸反应: $Al_2O_3 + 6HCl = 2AlCl_3 + 3H_2O$ (2-6)

与碱反应: $Al_2O_3 + 2NaOH = 2NaAlO_2 + H_2O$ (2-7)

2. 氢氧化铝[$Al(OH)_3$]

氢氧化铝又称水合氧化铝、三羟基铝,是铝的氢氧化物,属于碱;由于显一定的酸性,又可称之为铝酸(H_3AlO_3),但实际与碱反应时生成偏铝酸盐,因此通常将其视作一水合偏铝酸($HAlO_2 \cdot H_2O$)。

$Al(OH)_3$ 为白色不溶于水的胶状物质,是典型的两性氢氧化物。

与酸反应: $Al(OH)_3 + 3HCl = AlCl_3 + 3H_2O$ (2-8)

与碱反应: $Al(OH)_3 + NaOH = NaAlO_2 + 2H_2O$ (2-9)

$$Al_2(SO_4)_3 + 6NH_3 \cdot H_2O = 2Al(OH)_3 \downarrow + 3(NH_4)_2SO_4 \quad (2-10)$$

$$2Al(OH)_3 = Al_2O_3 + 3H_2O \quad (2-11)$$

3. 硫酸铝钾[$KAl(SO_4)_2$]

十二水合硫酸铝钾[$KAl(SO_4)_2 \cdot 12H_2O$],又称明矾、白矾、钾矾、钾铝矾、钾明矾,是含有结晶水的硫酸钾和硫酸铝的复盐。在干燥空气中风化失去结晶水,在潮湿空气中溶化淌水。易溶于甘油,能溶于水,水溶液呈酸性,水解后有氢氧化铝胶状物沉淀,不溶于醇和丙酮。

$$KAl(SO_4)_2 = K^+ + Al^{3+} + 2SO_4^{2-} \quad (2-12)$$

2.2 铝 的 冶 炼

2.2.1 铝的资源

在地壳中铝的含量仅次于氧和硅,是储量最多的金属,丰度为 8.21%。铝通常以化合状态存在。据报道,地球上的某些石英矿脉中以及月球土壤中含有少量自然铝。自然界中的含铝矿物约 250 种,以铝硅酸盐及其风化物最常见。

铝土矿是世界上最重要的铝矿资源,其次是明矾石、霞石、黏土等。目前世界上的氧化铝工业,除俄罗斯利用霞石生产部分氧化铝外,其余几乎所有的氧化铝都是用铝土矿为原料生产的。铝土矿中氧化铝的含量变化很大,低的仅约 30%,高的可达 70% 以上。铝土矿中所含的化学成分除氧化铝外,主要杂质是氧化硅、氧化铁和氧化钛,此外,还含有少量或微量的钙和镁的碳酸盐、钾、钠、钒、铬、锌、磷、镓、钪、硫等元素的化合物及有机物等。其中镓在铝土矿中含量虽少,但在氧化铝生产过程中会逐渐在循环母液中积累,从而可以有效地回收,成为生产镓的主要来源。

铝土矿的主要成分为氧化铝水化合物,按矿物形态分为三水铝石型、一水软铝石型(又称软水铝石)、一水硬铝石型(又称硬水铝石)、混合型石型,如图 2-1 所示。全世界已探明的铝土矿的工业储量约为 25 Gt,远景储量为 35 Gt。衡量铝土矿优劣的主要指标之一是铝土矿中氧化铝含量和氧化硅含量的比值,俗称铝硅比。

图 2-1 铝土矿

(a)三水铝石; (b)软水铝石; (c)硬水铝石

中国铝土矿资源丰度属中等水平,产地 310 处,分布于 19 个省(区)。总保有储量矿石 2.27 Gt,居世界第 7 位。山西铝资源最多,保有储量占全国储量的 41%;贵州、广西、河南次之,各占 17% 左右。铝土矿的矿床类型主要为古风化壳型矿床和红土型铝土矿床,以前者最为重要。古风化壳型铝土矿又可分贵州修文式、遵义式、广西平果式和河南新安式 4 个亚类。从成矿时代来看,古风化壳铝土矿主要产于石炭纪和二叠纪地层之中,为一水型铝土矿。红土型铝土矿床只有一个亚类,称漳浦式红土型铝土矿床,如福建漳浦式红土型铝土矿,是第三纪到第四纪玄武岩经过近代(第四纪)风化作用形成的残积红土型铝矿床,为三水型铝土矿。漳浦式红土型铝土矿床储量很少,仅占中国铝土矿总储量的 1.17%。

目前我国利用的主要是沉积型铝土矿。沉积型储量占 92%,适于坑采的占 45%,完全露采的占 24%,露采与坑采结合的占 30%。坑采成本较高,达到 0.1 Gt 的矿床很少。

到目前为止,我国可用于氧化铝生产的铝土矿资源全部为一水硬铝石型铝土矿,一水硬铝石储量占 98%,其中铝硅值为 7 的占 33%,4~7 之间的占 60%,小于 4 的占 7.42%,全国平均值为 5.5。我国铝土矿资源情况及分布如图 2-2 所示。

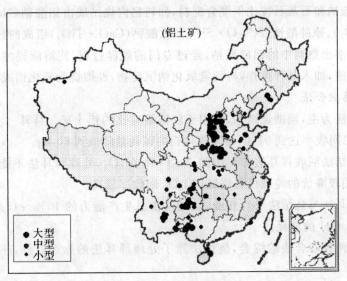

（铝土矿）

● 大型
■ 中型
· 小型

图2-2 中国铝土矿资源情况及分布示意图

2.2.2 铝的冶炼

铝在生产过程中由4个环节构成一条完整的产业链：铝矿石开采—氧化铝制取—电解铝冶炼—铝加工生产。一般而言，2 t铝矿石生产1 t氧化铝，生产1 t金属铝则需要2 t氧化铝。

一、氧化铝的生产方法

迄今为止，已经提出了很多从铝矿石或其他含铝原料中提取氧化铝的方法。由于技术和经济方面的原因，有些方法已被淘汰，有些还处于试验研究阶段。已提出的氧化铝生产方法可归纳为4类，即碱法、酸法、酸碱联合法和热法。目前用于大规模工业生产的只有碱法。

用碱法生产氧化铝时，是用碱（NaOH或Na_2CO_3）处理铝矿石，使矿石中的氧化铝转变成铝酸钠溶液。矿石中的铁、钛等杂质和绝大部分的硅则成为不溶解的化合物。将不溶解的残渣（赤泥）与溶液分离，经洗涤后弃去或进行综合处理，以回收其中的有用组分。纯净的铝酸钠溶液即可分解析出氢氧化铝，经分离、洗涤后进行煅烧，便获得氧化铝产品。分解母液则循环使用来处理另一批矿石。碱法生产氧化铝有拜耳法、烧结法以及拜耳-烧结联合法等多种流程。

1. 拜耳法

拜耳法适用于铝硅比高的铝土矿，流程简单、投资省、能耗低。

拜耳法的原理是用苛性碱（NaOH）溶液溶出铝土矿中的氧化铝，得到铝酸钠溶液。溶液与赤泥分离、净化后，降低温度，加入氢氧化铝晶种，经长时间的搅拌，析出氢氧化铝，洗涤并在高温煅烧成氧化铝成品。

2. 碱石灰烧结法

碱石灰烧结法主要处理铝硅比低的铝土矿。Al_2O_3的总回收率达到90%，每吨氧化铝的碱耗量（Na_2CO_3）约90 kg，而且在生产流程中回收了金属镓，并可利用赤泥残渣生产水泥。

铝土矿、碳酸钠和石灰石按比例混合配料,回转窑内烧结成由铝酸钠($Na_2 \cdot Al_2O_3$)、铁酸钠($Na_2O \cdot Fe_2O_3$)、原硅酸钠($2CaO \cdot SiO_2$)、钛酸钙($CaO \cdot TiO_2$)组成的熟料。

用稀碱溶液溶出熟料中的铝硅酸钠,经过专门的脱硅过程,使溶液提纯。把 CO_2 气体通入精制铝酸钠溶液,加入晶种搅拌,得到氢氧化钠沉淀物,经煅烧为氧化铝成品。

3. 拜耳-烧结联合法

该法以拜耳法为主,辅助烧结法,适用于较低铝硅比的铝土矿。拜耳-烧结联合法生产氧化铝,Al_2O_3 的总回收率达到 91%,每吨氧化铝的碱耗量降低到 60 kg。

串联法用烧结法回收拜耳法赤泥中的 Na_2O 和 Al_2O_3,处理拜耳法不能经济利用三水铝石型的铝土矿,用较廉价的纯碱代替烧碱,Al_2O_3 回收率较高。

并联法是拜耳法与烧结法平行作业,烧结法占总生产能力的 10%~15%,产生的 NaOH 补充拜耳法的 NaOH 的消耗。

混联法是前两种联合法的综合,烧结法除了处理拜耳法的赤泥以外,还处理部分低品位矿石。

采用什么方法生产氧化铝,主要是由铝土矿的品位(即矿石的铝硅比)来决定的。从一般技术和经济的观点看,矿石铝硅比为 3 左右通常选用烧结法,铝硅比高于 10 的矿石可以采用拜耳法,当铝土矿的品位处于二者之间时,可采用联合法处理,以充分发挥拜耳法和烧结法各自的优点,达到较好的技术经济指标。

二、铝电解

目前工业生产原铝的唯一方法是霍尔-埃鲁铝电解法。由美国的霍尔和法国的埃鲁于 1886 年发明。霍尔-埃鲁铝电解法是以纯净的氧化铝为原料采用电解制铝,因纯净的氧化铝熔点高(约 2 045 ℃),很难熔化,工业上都用熔化的冰晶石(Na_3AlF_6)作熔剂,使氧化铝在 1 000 ℃ 左右溶解在液态的冰晶石中,成为冰晶石和氧化铝的熔融体,然后在电解槽中,用碳块作阴阳两极,进行电解。

重点发展采用大电流预焙阳极电解槽生产技术。原理是直流电通过以氧化铝为原料和冰晶石为溶剂的电解质,在 950~970℃ 下使电解质溶液中氧化铝分解为铝和氧。阴极上析出的铝溶液汇集于电解槽底,阳极上析出 CO_2 和 CO 气体。铝液从电解槽中吸出,净化除去氢气、非金属和金属杂质并澄清后,铸成铝锭。

冰晶石-氧化铝溶液具有离子结构,其中,阳离子有 Na^+ 和少量 Al^{3+},阴离子有 AlF_6^{3-},AlF^- 和 $Al-O-F$ 络合离子以及少量 O^{2-} 和 F^-。在 1 000 ℃ 下,钠的析出电位比铝小约 250 mV。阴极上离子的放电不存在很大的过电压,因此

阴极反应: $Al^{3+}(络合的) + 3e \rightarrow Al$ (2-13)

阳极反应: $6O^{2-}(络合的) + 3C - 12e \rightarrow 3CO_2$ (2-14)

铝电解过程的总反应: $2Al_2O_3 + 3C \rightarrow 4Al + 3CO_2$ (2-15)

冰晶石-氧化铝溶液中,Al_2O_3 的含量一般保持在 3%~5%。工业铝电解槽大体上可以分为侧插阳极自焙槽、上插阳极自焙槽和预焙阳极槽三类。由于自焙槽技术在电解过程中电耗高、不利于环保,该技术正在被逐渐淘汰。必要时可以对电解得到的原铝进行精炼而得到高纯铝。

2.3　铝及铝合金的加工

铝加工业指将原铝加工为铝制品的过程。目前生产铝及铝合金材料的方法主要有铸造法、塑性成形和深加工法。

铸造法是利用铝及铸造铝合金的良好流动性和可填充性,在一定的温度速度和外力条件下,将铝合金熔体浇注到各种模型中以获得具有所需形状与组织性能的铝及铝合金铸件和压铸件的方法。

铝及铝合金的塑性成形法就是利用铝及铝合金的良好塑性,在一定的温度速度条件下,施加各种形式的外力,克服金属对于变形的抵抗使其产生塑性变形,从而得到各种形状、规格尺寸和组织性能的铝及铝合金板、带、条、箔、管、棒、型、线和锻件等的加工方法。

铝合金的深加工就是采用剪切、连接(焊接、粘接、铆接等)、变形(冲压、弯曲等)、机械加工(车、铣、刨、磨等)、表面加工(腐蚀、喷涂、阳极氧化等)等方法将铸锭、板材等半成品制造成成品零件的过程。

铝加工产品已系列化,品种有 7 个合金系,可生产板材、带材、箔材、管材、棒材、型材、线材和锻件(自由锻件、模锻件)等 8 类产品。

2.3.1　铝及铝合金铸锭的生产

1. 块式铁模铸锭法

该法适应于小型铝加工厂,多采用对开水冷模,也有的采用对开厚壁铁模。

2. 普通立式直接水冷半连续铸锭法

该技术被广泛采用,热顶铸造技术可获得较好的表面质量,分为普通热顶铸造、水平热顶铸造、气体加压热顶铸造和气滑热顶铸造。电磁铸造法的溶体不与结晶器接触,铸造表面质量高、晶粒细、成分均匀、组织致密、铸造速度快。

3. 铝合金连续铸造法

该法分为静模连续铸造法和动模连续铸造法,后者多与连轧机组成连轧机列。连续铸造法的结晶器由两个冷却的旋转铸轧辊组成,在很短的铸轧区和 2～3 s 的时间内,液态金属在辊缝间完成凝固和热轧两个过程。

2.3.2　铝及铝合金型材、棒材的生产

铝及铝合金型材、棒材的品种、规格近 4 万种,尺寸、表面品质要求严,大部分用挤压法生产。其中应用最广泛的方法为正向挤压法和反向挤压法,此外还有连续挤压法、侧向挤压法、联合挤压法、静液挤压法,以及由正向挤压法发展而来的冷挤压法、宽展挤压法、润滑挤压法和异型挤压法等。

铝型材挤压过程中,被挤压铝材在变形区能获得比轧制、锻造更为强烈和均匀的三向压缩应力状态,可充分发挥被加工铝材本身的塑性。因此,用挤压法可加工那些用轧制法或锻造法加工有困难甚至无法加工的低塑性难变形铝合金。铝合金型材如图 2-3 所示。

图 2-3 铝合金型材

铝型材产品技术主要有:①推广计算机应用,采用模拟挤压和模具制造计算机辅助设计技术,发展大吨位挤压机,实现多根挤压以及大断面型材生产;②采用反向挤压、多位换模机构、固定挤压垫、预应力整体机架等新技术、新工纹和氟碳涂层等技术;③热处理采用气垫式连续热处理技术等。

铝压产品技术主要有:①液压成形和金属注射成形技术;②采用半热室、热室液压机取带油压机进行液压造生产;③研究和开发真空压工艺,生产可焊接、可热处理的汽车零部件。

2.3.3　铝及铝合金管材的生产

壁厚 5~35 mm 的厚壁管主要用热挤压法生产,大型挤压机生产的最大管壁厚可达 65 mm 以上。壁厚 0.5~5 mm 的薄壁管可用热挤压、冷轧制、冷拉伸及其他冷变形法制造。旋压法和焊管法可生产壁厚 0.1 mm 的管材。最广泛的是挤压配合其他冷加工的方法,用挤压法生产铝合金管材及管毛料,产品品质高、生产效率高、成本低。铝合金管材如图 2-4 所示。

图 2-4　铝合金管材

2.3.4　铝板带箔产品技术

该技术主要包括:①热轧开坯加多机架热连轧技术;②钢带式(或履带式)连铸连轧技术;③高速连铸轧技术——大宽幅、大型化、高速化、专业化和连续化的冷轧技术;④大宽幅、大卷重、高速度的箔轧技术。

铝板带制品如图 2-5 所示。

图 2-5 铝板带制品

热轧设备采用计算机控制,带有 CVC 辊、DSR 辊、VC 辊等系统;冷轧和箔轧设备采用液压压下、液压弯辊、轧辊分段冷却、X 射线测厚、激光测速、EPL 对中、CVC 辊、DSR 辊、TV 辊、快速换辊、全油润滑和二氧化碳自动灭火等控制手段,实现厚度和板型闭环自动控制(AGC 和 AFC)。

2.3.5 铝合金锻件的生产

铝合金可在锻锤、机械压力机、液压机、顶锻机、扩孔机等各种锻造设备上锻造,可以自由锻、模锻、顶锻、滚锻和扩孔。

尺寸小、形状简单、偏差要求不严格的铝合金锻件,在锻锤上锻造;变形量大、要求剧烈变形的铝合金锻件,则采用水压机;大型复杂的铝合金锻件,必须采用大型模锻水压机;等温模锻、超塑性模锻、半固态模锻只能用液压机。

2.3.6 铝粉和铝镁合金粉的生产

铝粉和铝镁合金粉在国防、航天、冶金、化工、建材等领域有广泛的应用,需求量不断增加。

铝粉的制取方法有雾化法、气相金属凝固法、电沉积、球磨法等,其中雾化法是各国普遍采用的方法,英、法等采用冷风(空气)喷雾,美国采用热风(空气)喷雾,俄罗斯采用可燃气体(天然气)喷雾,德国用 200~250 ℃的过热蒸汽作雾化介质。

我国主要采取雾化法喷制铝粉、球磨法生产铝粉和铝镁合金粉。铝粉的显微照片如图 2-6 所示。

图 2-6 铝粉的显微照片

2.4 铝合金的分类及合金化原理

2.4.1 铝合金的分类

铝合金的有限固溶型共晶相图如图 2-7 所示。从图 2-7 可以看出,以 D 点成分为界可将铝合金分为变形铝合金和铸造铝合金两大类。D 点以左的合金为变形铝合金,其特点是加热至固溶线 DF 以上得到均匀的单相 α 固溶体组织,塑性好,适于压力加工(锻造、轧制等);D 点以右的合金为铸造合金,其组织中存在共晶体,适于铸造。变形铝合金又分为可热处理强化和不可热处理强化的铝合金,溶质成分位于 F 点以左的合金,其固溶体成分不随温度而变化,不能借助于时效处理强化,称为不可热处理强化的铝合金;溶质成分位于 F,D 两点之间的合金,其固溶体成分随温度发生变化,可进行时效沉淀强化处理,称为可热处理强化的铝合金。

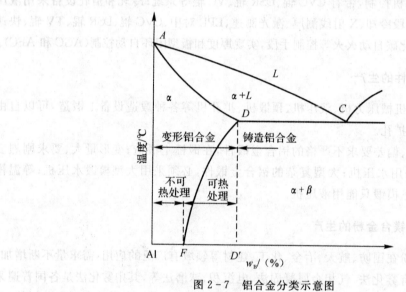

图 2-7 铝合金分类示意图

2.4.2 铝的合金化原理

一、铝合金的合金化特点

铝合金的强化是以 Al 与合金元素间形成的金属间化合物在 α 固溶体中的溶解度变化为基础的。因此,Al 虽能同许多金属形成合金,但有高的溶解度和能起显著强化作用的元素,却只有 Zn,Mg,Cu,Si 四种。Ag,Ge,Li 的极限溶解度虽很大,但由于它们是稀贵金属,作铝合金的主要合金元素而大量加入是有困难的。这 4 种主要合金元素与 Al 组成的二元($CuAl_2$,Mg_2Si,$MgZn_2$)和三元化合物(Al_2CuMg,$Al_2Mg_3Zn_3$),在 Al 中的溶解度能随温度的降低而极剧减小,故可通过热处理的办法来提高强度。能形成这种化合物或强化相的合金有 Al-Cu、Al-Cu-Mg、Al-Mg-Si、Al-Zn-Mg 和 Al-Zn-Mg-Cu 系,可称之为"热处理强化型铝合金"。还有些合金如 Al-Mg、Al-Si 和 Al-Mn 等,加入的合金元素虽然也有明显的溶解度变化,但热处理强化效果不大,只能以退火或冷作硬化状态应用,故称之为"非热处理强化型"或"热处理不强化型"铝合金。

有些合金元素,例如 Cr,Mn,Zr 等在 Al 中的溶解度虽然很小,但对合金强度和抗蚀性的改善作用却很明显。因为这些过渡元素能明显地抑制再结晶和细化晶粒,有再结晶抑制剂或晶粒细化剂之称。还有些元素,它们的极限溶解度虽很低,但加入极微量($0.005\%\sim0.15\%$)就能显著改变合金的形核和沉淀过程,因而能有效提高时效硬化效应。

二、铝合金中主要元素及作用

铝合金常加入的元素主要有 Cu,Mn,Si,Mg,Zn 等,此外还有 Cr,Ni,Ti,Zr 等辅加元素。Al 与 Zn,Mg,Cu,Mn,Ni,F 在靠 Al 一边形成共晶反应,和 Fe,Ti 形成包晶,在 Al-Pb 系中出现偏晶反应。在铝中固溶度以 Zn,Mg,Cu 最大,Mn,Si,Ni,Ti,Cr 次之,Pb 最小。合金中的 Cu,Li,Si 等元素及合金中的化合物 Mg_2Si,$MgZn_2$,$S(CuMgAl_2)$相随温度变化固溶度有较大变化,经淬火及时效后合金显著强化。

1. Mg

最重要的合金元素之一,在铝中的最大固溶度为 $17.4wt\%$,变形铝合金的镁含量为 $2\sim9wt\%$。Al-Mg+微量 Mn 系合金有优良的抗腐蚀性,称为防锈铝。

除作为 Al-Mg 系合金的第一位元素合金外,其他绝大多数铝合金的第二位元素都是镁,如 Al-Cu-Mg+其他、Al-Zn-Mg+其他、Al-Si-Mg+其他等合金系。

镁与铝、铜、锌、硅等可形成 Mg_5Al_8,$S(Al_2CuMg)$,$T(Al_2Mg_2Zn_3)$,$\eta(MgZn_2)$,Mg_2Si 等时效强化相,而这些时效强化相对合金性能的影响有很大差别。

2. Zn

最重要的元素之一,Al-Zn-Mg+其他合金系的第一位合金元素,含量在 $3\sim7.5wt\%$,可与铝、镁等形成 $MgZn_2$,$Al_2Mg_2Zn_3$ 等沉淀强化相,有很高的沉淀强化效果,但降低抗腐蚀性,此类合金中一般加入少量铬、锰,其应用在不断增长。

3. Cu

最重要的合金元素之一,Al-Cu 系合金含铜 $2\sim10wt\%$,其中含铜 $4\sim6wt\%$时强度最佳。主要合金系有 Al-Cu-Mg+其他、Al-Cu-Mn+其他、Al-Cu-Ni+其他等,铜与铝、镁、锰、镍等可形成 $\theta'(CuAl_2)$,$S(Al_2CuMg)$,$TMn(Al_2Mn_2Cu)$,$TNi(Al_6CuNi)$等沉淀强化相,构成不同的性能特点,其共同特点是强度较高、耐热性好、抗腐蚀性中等。

4. Si

电解铝的主要杂质,也是铝合金的最重要合金元素之一。Al-Si 系合金铸造性最佳。硅与镁可形成 Mg_2Si 相,有中等时效强化效果,伴有停放效应。硅量 $5wt\%$左右的铝合金阳极化为黑色,用于制造装饰品。

5. Sc

可净化熔体、改善铸造组织、抑制再结晶,提高强度、韧性、耐热性、可焊性,抗中子辐射损伤,但其价格极高。

6. Li

重要的合金元素,每加入 $1wt\%$,提高弹性模量 6%,降低比重 3%,Al-Li 合金是铝合金中比重最低和刚度最高的。锂有损于普通铝合金的腐蚀性能、焊接性等。

7. Ni

合金元素之一,一般与铁按 1∶1 加入,可形成耐热性好的 Al_9FeNi 相,提高耐热性,降低热膨胀系数,提高纯铝的强度,降低塑性,促进点腐蚀。

8. Fe

是电解铝的第一位杂质,又是耐热铝合金的元素之一,如 $Al-Cu-Mg-Ni-Fe$ 等合金。一般应严格限制铁量,通常含铁的粗大针状化合物对铝合金的性能有害。

9. Ag

在铝中的固溶度为 55wt%,因成本高,仅作微量元素应用,微量银可改善 $Al-Zn-Mg$,$Al-Cu$,$Al-Cu-Li$ 系合金的性能。

10. Mn

Mn 是常见杂质之一,可降低电导率。也作为合金元素,$Al-Mn+$其他系合金具有良好的抗蚀性。细小弥散的含锰金属间化合物阻碍再结晶和晶粒长大,可使含铁针状化合物稍圆。铸造时形成的含锰粗大化合物将有损合金性能。

11. Zr

很有效的控制晶粒结构元素,与铝形成细小弥散的 Al_3Zr,有强的阻碍再结晶和晶粒长大作用,有降低钛、硼,细化铸造组织的效果。

12. Sn

铝基轴承合金的主加元素,$Al-Sn$ 系合金。微量锡可提高 $Al-Cu$ 系合金强度、抗腐蚀性,改善 $Al-Cu$、$Al-Zn$ 系铸造合金的切削性,降低纯铝抗蚀性,增大高镁量铝合金的热裂倾向。

13. Ti

最重要的铸造细化剂,一般与硼同用,形成 TiB_2。降低纯铝电导率,加入焊条合金,可改善焊缝组织和防止裂纹。

2.5 铝合金的热处理及时效强化理论

2.5.1 铝合金热处理强化特点

铸造铝合金热处理强化的原理和铁碳合金的热处理原理不同,钢、铁是以共析和同素异构转变为基础的,而铝合金淬火加热时不发生同素异构转变,是以合金组元或金属间化合物在铝的固溶体中溶解度的变化为基础的。铝合金强化热处理主要是通过固溶处理或固溶处理加时效来实现的。

(1)固溶处理(淬火):首先将合金加热到固溶线以上、固相线以下,获得成分均匀的固溶体组织;然后将工件快冷到较低温度,得到过饱和单相固溶体。

(2)时效:使过饱和的固溶体中析出细小弥散沉淀相的过程。

一、固溶-淬火处理

合金元素与铝形成有限固溶体,导致晶格畸变,增加位错运动阻力,提高了铝合金的强度,这种方法称为固溶强化。

从铝和其他元素的二元相图可知:凡是合金组元或金属间化合物在 α 固溶体内的溶解度随温度的下降而减小,从而析出第二相的合金,理论上都可以进行淬火(固溶强化处理)。溶解度的变化愈大,则固溶强化的效果愈显著。铝铜合金相图如图 2-8 所示。

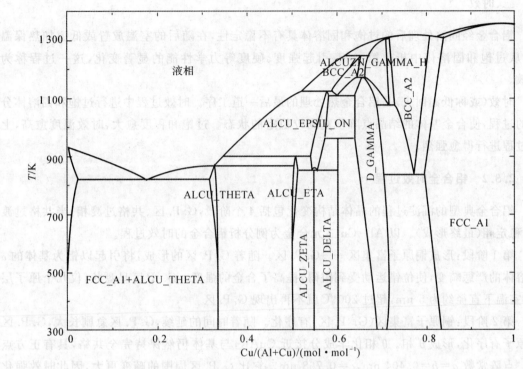

图 2-8　铝铜合金相图

固溶强化实质是将工件加热到尽可能高的温度,在该温度下,保持足够长的时间,使强化相充分溶入 α 固溶体,随后快速冷却(淬入水或油中),使高温时的固溶体呈过饱和状态保留到室温,从而使固溶体获得强化。因而固溶化处理又称为淬火。溶质和空位的双重过饱和固溶体如图 2-9 所示。

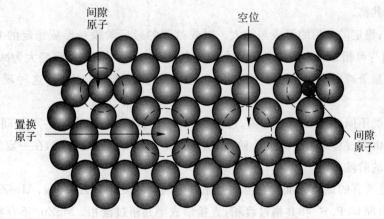

图 2-9　溶质和空位的双重过饱和固溶体

除硅以外,铝合金的合金元素属于置换式溶质,对面心立方铝基体产生球对称畸变,固溶强化效果有限。

二、时效

铝合金经固溶处理后的过饱和固溶体具有不稳定性,在随后的室温放置或低温加热保温时,从过饱和固溶体中析出第二相,引起强度、硬度等力学性能的显著变化,这一过程称为时效。

时效(或称低温回火)是铝合金热处理的最后一道工序。时效过程中进行过饱和固溶体分解的过程,使合金基体的结晶点阵恢复到较稳定的状态。过饱和程度愈大,时效温度愈高,上述过程进行得愈强烈。

2.5.2　铝合金时效过程

铝合金典型的沉淀过程的晶体结构变化包括 4 个阶段,G. P. 区、共格过渡相、半共格过渡相、稳定相(最终形成)。以 Al-Cu 二元合金为例分析铝合金的时效过程。

第 1 阶段:形成铜原子富集区——G. P. 区。随着 G. P. 区的形成,将引起以铝为基体的 α 固溶体的严惩畸变,使位错运动受到阻碍,提高了合金的强度。G. P 区呈盘状,仅几个原子层厚,室温下直径约为 5 nm,超过 200 ℃就不再出现 G. P. 区。

第 2 阶段:铜原子富集区(G. P. 区)有序化。随着时间的延续,G. P. 区急剧长大,G. P. 区铜原子有序化,形成 θ'' 相。θ'' 相化学成分接近 $CuAl_2$,与基体仍然保持完全共格,具有正方点阵。点阵常数 $a=b=0.404$ nm,$c=0.768$ nm。它比 G. P. 区周围的畸变更大,因此时效强化作用更大。

第 3 阶段:θ' 相的形成。随着时间的延续,铜原子继续富集,在第 2 阶段中所形成的 θ'' 将逐渐达到的 $CuAl_2$ 化学成分,并部分与母相 α 固溶体的晶格脱离联系,而形成一种过渡相——θ'。θ' 是正方点阵,成分也接近 $CuAl_2$。随着 θ' 相的形成,α 固溶体的晶格畸变将减轻,对位错的阻碍亦将减少,于是合金强度、硬度开始降低,合金此时处于过时效阶段。在此阶段,完全共格转变为局部共格。

第 4 阶段:稳定的 θ 相的形成与长大。时效过程的最后阶段是形成稳定的 $CuAl_2$—θ 相。在此阶段,θ 相与母相 α 固溶体的晶格完全脱离联系,使 α 固溶体的晶畸变大为减轻,时效所产生的强化效果显著减弱,合金发生软化,合金的强度、硬度进一步下降,这种现象称为"过时效"。

合金的种类不同,形成的 G. P. 区、过渡相以及最后析出的稳定相各不相同,时效强化效果也不一样。沉淀过程虽可分为几个阶段,但往往是相互交叠并竞争的,在一定的温度和时间下有一个主要的阶段。

另外,不是所有的铝合金沉淀过程都遵循以上四个阶段。如 Al-Mg,Al-Zn 合金在较高温度时效,不出现 G. P. 区 和共格过渡相,直接形成半共格过渡相。$MgZn_2$ 不存在共格过渡相阶段,Mg_2Si 的过渡相阶段可忽略。Al-Li 合金 δ'(Al_3Li)首先沉淀出非化学计量比有序相,随后转变为化学计量比有序相 Al_3Li。一些铝合金析出过程的各个阶段如表 2-2 所示。

表 2-2　一些合金析出过程的各个阶段

合金系	析出过程的各个阶段
Al - Cu	G. P. 区 → θ'' → θ' → θ(CuAl$_2$)
Al - Ag	G. P. 区 → γ' → γ(AlAg$_2$)
Al - Mg	G. P. 区 → β' → β(Al$_3$Mg$_2$)
Al - Cu - Mg	G. P. 区 → S' → S(Al$_2$CuMg)
Al - Cu - Mg - Fe - Ni	G. P. 区 → S' → S(Al$_2$CuMg)
Al - Mg - Si	G. P. 区 → β' → β(Mg$_2$Si)
Al - Zn - Mg - Cu	G. P. 区 → η' → η(MgAl$_2$)

2.5.3　铝合金的相组成

铝合金良好的综合性能取决于它的化学元素组成和微观结构。铝合金铸造热处理过程中出现的物相组成及其作用如图 2-10 所示。

图 2-10　铝合金的相组成及其作用

（1）粗大金属间化合物：尺寸大于 0.5 μm，一般在凝固或均匀化过程形成，受载时，粗大金属间化合物与基体的界面处出现位错塞积，成为裂纹源，严重危害疲劳性能。

（2）尺寸 0.005～0.050 μm 的金属间化合物，主要有含 Cr，Mn，Zr 的 Al$_{20}$CuMn$_3$，Al$_{12}$Mn$_2$Cr，Al$_3$Zr 等，可在均匀化或过时效过程形成。其尺寸细小和弥散分布时，可阻碍再结晶和晶粒长大；其尺寸和间距较大时，则促进再结晶形核。

（3）尺寸小至 0.01 μm 的沉淀物，亦称时效强化相，在时效过程形成，铝合金相组成中最重要的，是时效强化的基本条件。

θ(CuAl$_2$)：Al - Cu，Al - Cu ＋其他系合金中的主要沉淀强化相，在自然时效时形成 G. P. 区，人工时效至 θ'' 与 θ' 的过渡阶段对应强度峰值，强化效果和耐热性均好，但使抗腐蚀性降低。

S(Al$_2$CuMg)：Al - Cu - Mg 系合金的主要沉淀强化相，自然时效形成 G. P. 区，人工时效至过渡相为强化峰值，强化效果和耐热性好，但使抗腐蚀性降低。

Mg_2Si：$Al-Mg-Si$系合金的主要沉淀强化相,强化效果一般,有停放效应,通常采用人工时效。$\eta(MgZn_2)$和$T(Al_2Mg_2Zn_3)Al-Zn-Mg$系合金的主要沉淀强化相,人工时效,过渡相的强化效果很好,耐热性不佳,使抗腐蚀性下降较大。

$TMn(Al_2Mn_2Cu)$,$TNi(Al_6CuNi)$分别为$Al-Cu-Mn$和$Al-Cu-Ni$系合金沉淀强化相,人工时效,耐热性很好。$\delta(Al_3Li)$是$Al-Li$系合金的主要时效强化相,$L1_2$结构,与基体共格,呈球状,强化效果好,易被位错切截,出现共面滑移。

2.5.4 影响时效强化的主要因素

固溶淬火后铝合金的强度、硬度随时间延长而显著提高的现象,称为时效。铝合金的时效机构是一个十分复杂的物理-化学过程,目前普遍认为时效硬化是溶质原子偏聚形成硬化区的结果,它不仅取决于合金元素的组成、时效工艺,还取决于合金在生产过程中所产生的缺陷状态,特别是空位、位错的数量和分布等,一般来说,铝合金的时效主要受以下因素的影响。

一、合金化学成分的影响

一种合金能否通过时效来强化,首先取决于组成合金的元素能否溶解于固溶体以及固溶度随温度变化的程度。如硅、锰在铝中的固溶度比较小,且随温度变化不大,而镁、锌虽然在铝基固溶体中有较大的固溶度,但它们与铝形成的化合物的结构与基体差异不大,强化效果甚微。因此,二元铝-硅、铝-锰、铝-镁、铝-锌通常都不采用时效强化处理;而有些二元合金,如铝-铜合金,及三元合金或多元合金,如铝-镁-硅、铝-铜-镁-硅合金等,它们在热处理过程中有溶解度变化和固态相变,则可通过热处理进行强化。因此,产生时效强化的合金化条件,即合金元素能够有限固溶;固溶度随温度降低而大为减小;析出相的强化作用大。

$Al-Cu$合金经550℃固溶热处理、淬火得到α过饱和固溶体,然后在130℃时效时的硬度变化曲线如图2-11所示。由X射线衍射分析和电子显微镜观察证明,性能变化和析出的沉淀相有关。对于含铜较高的$Al-Cu$合金,在较低的时效温度下,时效分解的序列是:G.P.区→θ''→θ'→θ。

因此,产生时效强化的合金化条件,即合金元素能够有限固溶,固溶度随温度降低而大为减小,析出相的强化作用大。

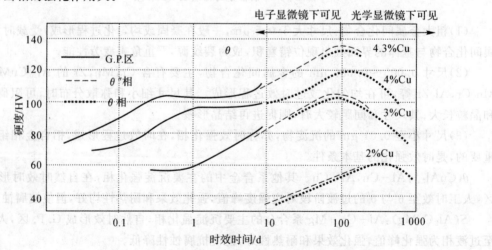

图2-11 在130℃时效时铝铜合金的硬度与时间关系

二、合金的固溶处理工艺影响

淬火温度越高,淬火冷却速度越快,转移时间越短,过饱和程度越高,时效强化效果也越好。

为了获得良好的时效强化效果,在不发生过热、过烧及晶粒长大的条件下,淬火加热温度应高一些,保温时间也要长一些,以使强化相充分固溶,这有利于获得最大过饱和度的均匀固溶体;另外在淬火冷却过程中不能析出第二相,否则在随后时效处理时,已析出相将起晶核作用,造成局部不均匀析出而降低时效强化效果。

为了防止淬火变形开裂,一般采用 20~80 ℃水冷却。

三、时效工艺的影响

时效强化效果与加热温度和保温时间有关。时效温度是影响过饱和固溶体脱溶速度的重要因素。时效温度越高原子活性就越强,脱溶速度也就越快。但是随着温度升高,化学自由能差减小,同时固溶体的过饱和度也减小,使得脱溶速度降低,甚至不再脱溶。

在不同温度时效时,析出相的临界晶核大小、数量、成分以及聚集长大的速度不同,若温度过低,由于扩散困难,G. P. 区不易形成,时效后强度、硬度低,当时效温度过高时,扩散易进行,过饱和固溶体中析出相的临界晶核尺寸大,时效后强度、硬度偏低,即产生过时效。因此,各种合金都有最适宜的时效温度。

在获得 θ'' 相形成的时间内进行时效处理,可获得最大强度(见图 2-12)。因此在一定时效温度下,还要有最佳时效时间。

时效时间与硬度变化曲线如图 2-13 所示,温度一定时,随时效时间延长,时效曲线出现峰值,超过峰值时间,析出相聚集长大,强度下降,为过时效。

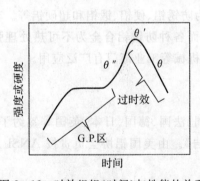

图 2-12　时效组织(时间)与性能的关系

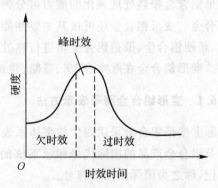

图 2-13　时效时间与硬度变化曲线

四、铝合金的回归现象

经淬火自然时效后的铝合金(如铝-铜)重新加热到 200~250 ℃,然后快冷到室温,则合金强度下降,重新变软,性能恢复到刚淬火状态;如在室温下放置,则与新淬火合金一样,仍能进行正常的自然时效,这种现象称为回归现象。在理论上回归处理不受处理次数的限制,但实际上,回归处理时很难使析出相完全重溶,造成以后时效过程中析出相呈局部析出,使时效强化效果逐次减弱。同时在反复加热过程中,固溶体晶粒有越来越大的趋势,这对性能不利。因此回归处理仅用于修理飞机用的铆钉合金,即可利用这一现象,随时进行铆接,而对其他铝合金很少有使用价值。

2.5.5 铝合金的热处理工艺

一、铝合金的退火

(1)再结晶退火:再结晶温度以上保温、空冷,消除加工硬化,提高塑性,以便继续成形加工。

(2)低温退火:消除内应力,适当增加塑性,通常在 180～300 ℃保温后空冷。

(3)均匀化退火:消除铸锭或铸件的成分偏析及内应力,提高塑性,高温长时间保温后空冷。

二、固溶处理

固溶热处理以在固相间元素扩散为基础,因此只有温度高时有利,但是,如果超过规定的最高温度,共晶体就溶化,从而合金物理性能下降。此外,过度的加热能使金属表面剧烈地产生气孔。如果温度比规定的最小值还低,则不能达到完全固溶化,也不能获得最大的机械性能。将铝合金加热到固溶线以上保温后快冷,使第二相来不及析出,得到过饱和、不稳定的单一 α 固溶体。淬火后铝合金的强度和硬度不高,具有很好的塑性。

2.6 变形铝合金

变形铝合金按热处理强化的能力可分为两大类,即热处理非强化型铝合金和可热处理强化型铝合金。变形铝合金还可按其主要性能特点分为防锈铝、硬铝、锻铝和超硬铝等。其中硬铝合金、超硬铝合金、锻造铝合金可进行热处理强化,而各种防锈铝合金为不可热处理强化的铝合金。变形铝合金在航空、汽车、造船、建筑、化工、机械等工业部门有广泛应用。

2.6.1 变形铝合金牌号表示方法

国际上变形铝合金采用四位数字体系表示。美国、法国、德国、日本、英国等签约了《推荐变形铝及铝合金产品的国际代号标示系统的协议公告》。由美国铝协会负责按 ANSI H35.1 标准登记,称之为国际四位数牌号。

我国变形铝合金牌号的编制依据是国家标准 GB 3190—82,采用 4 位字符牌号,即铝合金用汉语拼音字头"L"加表示合金组别的汉语拼音字母及顺序号表示。其主要分类如表 2-3 所示。

表 2-3　GB 3190—82 铝及其合金的分类与代号

分　类	代　号	合金系
工业高纯铝	LG	Al
工业纯铝	L	Al
包覆铝	LB	—

续表

分　类	代　号	合金系
防锈铝	LF	Al-Mn, Al-Mn-Mg, Al-Mg, Al-Mg-Mn
硬铝	LY	Al-Cu-Mn, Al-Cu-Mg
锻铝	LD	Al-Mg-Si, Al-Mg-Si-Cu, Al-Cu-Mg-Fe-Ni
超硬铝	LC	Al-Zn-Mg-Cu, Al-Zn-Mg
特殊铝	LT	不属上述类型的变形铝合金
钎焊铝	LQ	芯板 Al-Mg 合金包覆层 Al-Si 合金
轴承铝合金		Al-Sn-Cu, Al-Ni, Al-Mg-Sb, Al-Cu-Si

　　我国参照四位数牌号及其状态代号制定了 GBT16474—1996 和 GBT16475—1996 两个国标,1997 年 1 月 1 日进入新旧牌号和状态代号同时使用的过渡期,暂未规定过渡时间。

　　牌号的第一位数字表示组别,用 2□××～ 8□×× 表示。后两位数字是区别同一组不同的铝合金。第二位字母表示原始合金的改型情况,A 表示原始合金;B～Y 表示原始合金的改型合金。国际 4 位数牌号与汉语接音牌号对比如表 2-4 所示。

表 2-4　国际 4 位数牌号与汉语拼音牌号对比

四位数牌号	合金系	对应汉语拼音牌号
1×××系	纯铝	LG×,L×,LT××
2×××系	Al-Cu+其他	LY××,LD××
3×××系	Al-Mn+其他	LF××
4×××系	Al-Si+其他	LQ××,LT××
5×××系	Al-Mg+其他	LF××
6×××系	Al-Mg-Si+其他	LD××
7×××系	Al-Zn+其他	LC××
8×××系	Al+其他(如 Li,Sn)	—
9×××系	备用	

2.6.2　纯铝

　　纯铝有 3 种牌号,即牌号 L×,LG× 和 LT×(特殊铝)。对应国际四位数牌号的 1××× 系合金。

　　(1)工业纯铝:含铝量 99.0wt%～98.0wt%,L1～L7 纯度依次降低;

　　(2)工业高纯铝:含铝量 99.9wt%～99.85wt%,LG5～LG1,数字越大,纯度越高。

（3）高纯铝：含铝量 99.996wt%～99.93wt%，L05～L01，数字越大，纯度越高。

纯铝具有优良的抗腐蚀性、高导热性、高导电性、可加工性。通常采用的热处理形式为 350～500℃退火（再结晶温度约 200℃），常用冷变形提高其强度。

纯铝中存在的杂质主要是铁和硅，其次铜、锌、镁、锰、镍、钛等。铁、硅杂质，均有损于塑性；所有杂质均降低纯铝的电导率，以硅、钛、锰最为显著。

纯铝应用广泛，包括化工设备、反射器、热交换器、导电器、电容器、食品包装、装订镶边等。

2.6.3 防锈铝合金

防锈铝合金主要是 Al - Mn(3A××) 和 Al - Mg(5A××) 系合金。

Mn 和 Mg 主要作用是提高抗蚀能力和塑性，并起固溶强化作用。

防锈铝合金锻造退火后组织为单相固溶体，抗蚀性、焊接性能好，易于变形加工，但切削性能差。不能进行热处理强化，常利用加工硬化提高其强度。

常用的 Al - Mn 系合金有 LF21(3A21)，其抗蚀性和强度高于纯铝，用于制造油罐、油箱、管道、铆钉等需要弯曲、冲压加工的零件。常用的 Al - Mg 系合金有 LF5(5A05)，其密度比纯铝小，比 Al - Mn 合金强度高，在航空工业中得到广泛应用，例如制造管道、容器、铆钉及承受中等载荷的零件。防锈铝合金的应用举例如图 2 - 14 所示。

(a)   (b)

图 2 - 14 防锈铝合金的应用举例
(a)卫星天线(LF2)； (b)汽化器(热交换管为 LF21)

2.6.4 硬铝合金

硬铝合金主要是 Al - Cu - Mg 系合金，并含少量 Mn，牌号 2A××。硬铝合金分为三类：①低强度硬铝，如 2A01，2A10 等合金；②中强度硬铝，如 2A11 等合金；③高强度硬铝，如 2A12 等合金，2A12 是使用最广的高强度硬铝合金。硬铝合金强度、硬度高，加工性能好，耐蚀性低于防锈铝。

硬铝合金可进行时效强化，也可进行变形强化。强化相为金属间化合物 θ(CuAl$_2$)，S(CuMgAl$_2$)为强化相，S 相的强化效果最高。硬铝合金经时效处理后具有高硬度、强度，优良的加工性和耐热性，但塑性、韧性低，耐蚀性差。硬铝合金含 Cu，Mg 低，强度较低而塑性高；反之，强度高而塑性低。

硬铝合金热处理的特点为：①要严格控制淬火温度；②转移时间尽量短（＜30 min），航空件小于 15 min；③冷速要快，热水淬；④常用自然时效。

常用硬铝合金如 LY11（2A11），LY12（2A12）等，用于制造冲压件、模锻件和铆接件，如飞机大梁，空气螺旋桨、铆钉及蒙皮等。LY12 硬铝合金金相组织图如图 2-15 所示，硬铝合金的应用（飞机翼梁）如图 2-16 所示。

表 2-5　几种常用铝合金的淬火温度

牌　号	正常淬火温度/℃	过烧温度/℃
2A02	495～505	510～515
2A10	510～520	540
2A12	495～500	507

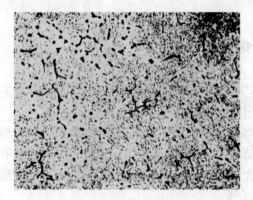

图 2-15　LY12 金相组织图

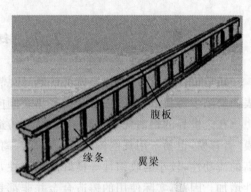

图 2-16　飞机翼梁（腹板为硬铝合金）

2.6.5　超硬铝合金

超硬铝合金主要属 Al-Zn-Cu-Mg 系，用 7A＋顺序号表示。该类合金的优点是室温强度最高，为 500～700 MPa，热态塑性好；缺点是耐蚀性差、疲劳强度低，通常在小于 120 ℃ 的温度下使用。其淬火温度范围较宽，一般为 450～480 ℃。采用人工分级时效方式，即先在 120 ℃时效 3 h，再在 160 ℃时效 3 h，形成 G. P. 区和少量的 η' 相，达到最大强化状态。时效强化效果超过硬铝合金，强化相为 $MgZn_2/Al_2Mg_3Zn_3$。

常用超硬铝合金有 LC4，LC9 等，主要用于工作温度较低、受力较大的结构件，如飞机大梁、起落架等。

2.6.6　锻铝合金

Al-Mg-Si-Cu 系合金，用 6A 或 2A 加顺序号表示。常用的锻铝合金有 6A02，2A14 等。其力学性能与硬铝相近，但热塑性及耐蚀性较高，具有优良的锻造性能。

主要强化相是 Mg_2Si。具有自然时效倾向，淬火后应立即人工时效。

Al-Cu-Mg-Si 系合金可锻性好，力学性能高，用于形状复杂的锻件和模锻件，如喷气发动机压气机叶轮、导风轮等。Al-Cu-Mg-Fe-Ni 系耐热锻铝合金，常用牌号有 LD7，LD8，

LD9等,多用于制造150～225℃下工作的零件,如压气机叶片、超音速飞机蒙皮等。锻铝合金制造的压气机叶片如图2-17所示。

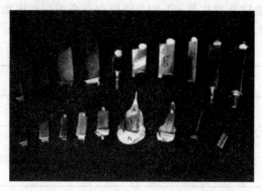

图2-17　锻铝合金制造的压气机叶片

2.7　铸造铝合金

铸造铝合金具有低熔点、流动性好、传热快、化学性稳定、铸件表面光泽度好、流动性好和表面缺陷少等特点,许多铝合金没有热裂倾向,应用较为广泛。

在全世界的铝消耗中,15%～25%为铸造铝合金,铸件成型一般采用压模、硬模、砂模、熔模、石膏模,也易于用真空铸造、低压铸造、离心铸造等,以压模铸造最多。铸造铝合金应具有高的流动性,较小的收缩性等良好的铸造性,共晶合金应最佳,但容易有大量硬脆化合物,使脆性增加。因此,实际使用的铸造合金并非都是共晶合金。

2.7.1　铸造铝合金的牌号

1. 汉语拼音牌号(GB1173—74):ZL□□□

第一位数字□是合金系别:1为Al-Si系合金;2为Al-Cu系合金;3为Al-Mg系合金;4为Al-Zn系合金。第二、三位数字□□是合金的顺序号。例如ZL102表示2号Al-Si系铸造合金。

2. 四位数牌号

采用4个数字,在第三个数字后加一个小数点,如×××.×。第一个数字表示合金系。随后的两个数字,纯铝表示纯度,铝合金表示顺号;小数点后的数字,0表示铸件,1表示铸锭,如表2-5所示。

表2-5　铸造铝合金4位数牌号与汉语拼音牌号对比

四位数牌号	合金系	对应的汉语拼音牌号
1××.×	Al,≥99.00%	—
2××.×	Al-Cu+其他	ZL-2××
3××.×	Al-Si和/或Cu+其他	ZL-1××,ZL-2××

续　表

四位数牌号	合金系	对应的汉语拼音牌号
4××.×	Al - Si 二元系	ZL - 1××
5××.×	Al - Mg + 其他	ZL - 3××
6××.×	空缺	—
7××.×	Al - Zn + 其他	ZL - 4××
8××.×	Al - Sn + 其他	—
9××.×	空缺	—

2.7.2　铸造铝合金分类与应用举例

据主要合金元素差异有五类铸造铝合金：①铝硅系铸铝合金；②铝铜系铸铝合金；③铝镁系铸铝合金；④铝锌系铸铝合金；⑤铝稀土系铸铝合金。铸造铝合金的分类如表 2 - 6 所示。

表 2 - 6　铸造铝合金的分类

分　类	合金系	性能特点	示　例
简单铝硅合金	Al - Si	铸造性能好,不能热处理强化,力学性能较低	ZL102
特殊铝硅合金	Al - Si - Mg	铸造性能良好,可热处理强化,力学性能较高	ZL101
	Al - Si - Cu		ZL107
	Al - Si - Mg - Cu		ZL105,ZL110
	Al - Si - Mg - Cu - Ni		ZL109
铝铜铸造合金	Al - Cu	耐热性好,铸造性能与抗蚀性差	ZL201
铝镁铸造合金	Al - Mg	力学性能高,抗蚀性好	ZL301
铝锌铸造合金	Al - Zn	能自动淬火,宜于压铸	ZL401
铝稀土铸造合金	Al - Re	耐热性能好	—

一、Al - Si 系铸造铝合金

铝硅系铸造合金又称硅铝明。其中 ZL102(ZAlSi12)是含 12% Si 的铝硅二元合金,称为简单硅铝明。特点是流动性最好,比重轻,铸造收缩率小,焊接性、耐蚀性优良,致密度较小,但强度低,这类合金只适应于制造形状复杂但对强度要求不高的铸件,如飞机、仪表、电动机壳体,汽缸体、箱体和框架等[3]。

Al - Si 合金二元相图如图 2 - 18 所示。根据该相图,在普通铸造条件下,ZL102 组织几乎全为共晶体,由粗针状的硅晶体和 α 固溶体组成,有少量块状初生硅。强度和塑性都较差。

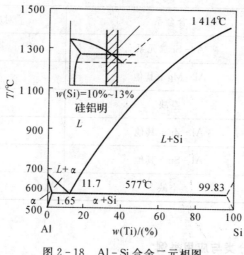

图 2-18 Al-Si 合金二元相图

生产上通常用钠盐进行变质处理,即浇铸前向合金液中加入占合金质量 2%~3% 的变质剂(常用钠盐混合物:2/3NaF+1/3NaCl)以细化合金组织,显著提高合金的强度及塑性。变质处理后,力学性能显著提高,强度和伸长率由原来的 σ_b=140 MPa,δ=3% 提高到 σ_b=180 MPa,δ=8%。

ZL102 的变质处理前后组织形貌如图 2-19 所示。可以看出,经变质处理后的 ZL102 组织硅晶体由粗大的片状变成细小均匀的共晶体(α+Si)+初生 α+ Si$_{II}$ 组织,从而改善了合金性能。

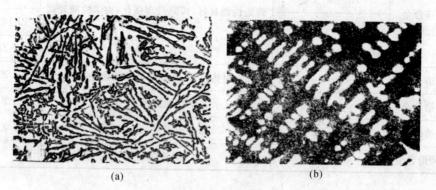

(a)   (b)

图 2-19 ZL102 的变质处理前后组织形貌

(a)未变质处理; (b)经变质处理

铝硅系合金有良好铸造性能和耐磨性能,热胀系数小,在铸造铝合金中品种最多,是用量最大的合金,含硅量在 10%~25%。在该合金基础上加入适当合金元素 Cu,Mn,Mg,Ni 等,发展成能时效强化的铝合金称为特殊硅铝明,具有良好的铸造性、较高的抗蚀性和足够的强度,如 ZL108,ZL109 等,此类合金广泛用于制造活塞等部件。铝硅系合金应用举例如图 2-20 所示。

图 2 - 20　铝硅系合金应用举例

(a)汽油发动机铝活塞；　(b)发动机专用铝硅合金缸；　(c)活塞

二、Al - Cu 系铸造铝合金

铝铜合金强化相是 $CuAl_2$ 有较高的强度和热稳定性，是所有铸造铝合金中耐热性最高的一类合金。其强度低于 Al - Si 系合金。

随着铜含量的增加，合金热强性提高，但耐蚀性降低，脆性也相应增加，铸造性能变差。因此 Cu 含量需控制在 14％以下。含铜 4.5％～5.3％合金强化效果最佳，适当加入锰和钛能显著提高室温、高温强度和铸造性能。为了改善铸造性能，提高流动性，减少铸后热裂倾向，常加入一定量的硅。

常用牌号有 ZL201，ZL202，ZL203。主要用于制造在较高温度下工作的高强零件，如内燃机汽缸头(见图 2 - 21)、汽车活塞等。

图 2 - 21　汽缸头(铝铜合金)

图 2 - 22　鼓风机密封件(ZL102,ZL301)

三、Al - Mg 系铸造铝合金

Al - Mg 系铸造铝合金是典型的共晶型合金，又称耐蚀铸造铝合金，具有比重轻，强度和韧性较高，优良的耐蚀性、切削性和抛光性等优点。

铝镁合金是密度最小(2.55 g/cm^3)、强度最高(355 MPa 左右)的铸造铝合金，含镁 12％时强化效果最佳。铝镁合金由于熔点低导致热强度较低，其工作温度小于 200 ℃。铸造性较差，结晶温度范围较宽，故流动性差，形成疏松倾向大。

Al-Mg 合金多用于制造承受冲击振动载荷和耐海水、大气腐蚀、外形简单的重要零件，如舰船配件、氨用泵体、泵盖等，典型的应用合金有 Z301，ZL302 两种牌号。Al-Mg 可用作鼓风机密封件，如图 2-22 所示。

四、Al-Zn 系铸造铝合金

Al-Zn 系合金铸造性能好，强度较高，可自然时效强化，是最便宜的铸造铝合金。经变质处理和时效处理后，强度高但耐蚀性差。为了改善性能常加入硅、镁元素，称为"锌硅铝明"。在铸造条件下，该合金有淬火作用，即"自行淬火"，不经热处理就可使用，经变质热处理后，铸件有较高的强度。经稳定化处理后，尺寸稳定。

锌在铝中有很大的溶解度，固溶的锌起固溶强化作用，极限溶解度为 31.6%，不形成金属间化合物。铝合金中 Zn 可达 13%，在铸造冷却时不发生分解，可获得较大的固溶强化效果，显著提高合金的强度。

常用牌号为 ZL401（ZAlZn11Si7），ZL402（ZAlZn6Mg）等，主要用于制作工作温度在 200℃以下、形状复杂的汽车及飞机零件、医疗机械和仪器零件，如图 2-23 所示。

五、Al-RE 系铸造铝合金

稀土铝合金，主要指 Al-RE 系合金，是以铝为基体元素、以稀土元素为第一位或主要合金元素或微量合金元素组成的合金。工业 Al-RE 系合金主要是含有 4.4%～5%稀土的铸造铝合金，如 Al-RE-Cu-Si-Mn-Ni-Mg 合金，含有多种过渡元素，成分、组织复杂。

工作温度可达 400 ℃，是广泛使用的热强性最好的铸造铝合金。室温力学性能低，铸造工艺性能良好，可用于砂型、金属型铸造，用来生产形状复杂的高温下长期工作的零件，如发动机附机壳体、阀门等。

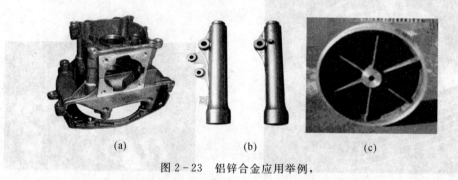

(a)　　　　　　　(b)　　　　　　　(c)

图 2-23　铝锌合金应用举例，

(a)箱体；　(b)摩托车减震筒；　(c)大型空压机活塞(ZL401)

2.7.3　铸造铝合金的热处理

铸造铝合金热处理的目的是提高其力学性能和耐腐蚀性能，稳定尺寸，改善切削加工性和焊接性等工艺性能。因为许多铸态铝合金的力学性能都不能满足使用要求，除 Al-Si 系的 ZL102，Al-Mg 系的 ZL302 和 Al-Zn 系的 ZL401 合金外，其余的铸造铝合金都要通过热处理来进一步提高铸件的力学性能和其他使用性能。

消除铝铸件残余应力的热处理规范有退火、稳定化回火、人工时效和自然时效等。有强度要求的,需经热处理强化的铝铸件,消除残余应力以人工时效为宜。

铸造铝合金在热处理工艺上,具有以下特点:

(1)铸件形状较复杂、壁厚相差较大时,加热及冷却时容易发生变形且较难校正。为减少变形或过热,最好在 350 ℃以下低温入炉,随炉缓慢加热。

(2)由于铸件组织较粗大,晶内成分均匀性较差,热处理加热时间和保温时间相对长一些。保温时间一般在 15～20 h。

(3)淬火温度应该高一些,淬火介质一般用 60～100 ℃的水。

(4)如需时效,一般采用人工时效。

2.8　铝 锂 合 金

在铝中添加 1wt％ Li,可使合金密度降低 3％,并增加弹性模量约 6％,形成的 Al₃Li 强化相,有良好的时效强化效果。由于铝锂合金具有低密度、高比强度、高比刚度、优良的低温性能、良好的耐腐蚀性能和卓越的超塑成形性能,用其取代常规铝合金,可使构件质量减轻 10％～15％,刚度提高 15％～20％,特别是其价格比先进复合材料便宜得多,受到航空、航天工业领域高度重视,已在美国、西欧、俄罗斯的多种航空器、航天器上应用。

2.8.1　铝锂合金的分类

铝锂合金是航空技术一种新材料。工业铝锂合金系包括 Al - Mg - Li - Zr 系、Al - Cu - Li - Zr 系和 Al - Li - Cu - Mg - Zr 系合金。

按性能铝锂合金可大致划分为中强型、耐损伤型及高强型,随着铝锂合金工业的发展,铝锂合金以其综合性能又可分为以下 4 种。

(1)中强可焊型铝锂合金:室温强度 400 MPa 以上,焊接性好,工作温度低;

(2)中强损伤容限型铝锂合金:室温强度 400 MPa 以上,断裂韧性较好;

(3)高强铝锂合金:室温强度达 500 MPa;

(4)超高强可焊铝锂合金:室温强度 600 MPa 以上,最高达 760 MPa。

2.8.2　铝锂合金的生产方法

锂是最轻的金属元素,是元素周期表中处于氢、氦之后的第三位元素,密度只有 0.536 g/cm³。

锂在铝中溶解度高,容易组成合金。为了达到最大程度减重的目的,铝锂合金中锂的含量为 1.8％～2.8％,镁的含量为 1％～6％。

由于锂的存在,铝锂合金的生产工艺和工艺设备比较特殊。世界各国生产铝锂合金的主要方法有铸锭熔炼法、粉末冶金法和电解法。

铸锭熔炼法是目前铝锂合金的主要生产方法,它基本延续了传统的铝合金生产工艺,可用于生产大规格铸锭。镁、锂的化学活性非常高,锂在高温状态下易被氧化并有毒性,遇水剧烈发生反应并有可能发生爆炸,因此熔炼过程中要采用真空除气和惰性气体(高纯氩气)保护。除此之外在半连铸或连铸时,对于大型的铸件还要采取诸如冷却剂等防爆措施。

粉末冶金法(PM)是一种可以制备复杂形状结晶型产品的生产技术,也是生产铝锂合金的重要方法。由于冷却速度比较高,很大程度上提高了合金元素的溶解度,使得微观组织均匀细小,减少了偏析,从而改善了合金的塑性,提高了合金的强度。但该工艺存在流程较长、粉末易氧化、铸锭尺寸小、成本较高等问题。

铝锂合金的热变形工艺等其他加工与传统铝合金基本相同,不需修改工艺标准即可进入流水线。

2.8.3 铝锂合金的发展与应用

按时间顺序和性能特点可将铝锂合金划分为下述 3 代(见表 2-8):

第一代:以 1957 年美国 Alcoa 公司研究成功的 2020 合金为代表,其塑韧性水平低。

第二代:20 世纪 70~80 年代发展起来的,具有密度低、弹性模量高等优点,1420 是目前最为成熟的铝锂合金。

Al - Li 合金分类及其发展见表 2-7。

表 2-7 Al - Li 合金分类及其发展

发展阶段	合金牌号	研制时间	研制国家	分 类
初期	Seleron	1924	德国	
第一代合金	2020	1957	美国	Al - Cu - Li - Mn
	BAⅡ23	1961	苏联	
第二代合金	1420	1965	苏联	中强型
	2090	1984	美国	高强型
	2091	1984	法国	Al - Li - Cu - Mg
	8090,8091	1984	英国	Al - Li - Cu - Mg
第三代合金	1441,1450,1460	1989	前苏联	高强型
	Weldalite 049 系列	1989	美国	高可焊性
	2097,2197	1989	美国	高韧性
	2198,2196	20 世纪 90 年代	加拿大	高强可焊

第三代:20 世纪 90 年代以后,针对第二代铝锂合金存在的各向异性、不可焊性、塑韧性及强度水平较低等问题,开发出新型铝锂合金。

一、第一代铝锂合金

从 20 世纪 20~60 年代,美、苏、德、英等国相继进行了铝锂合金的研发。

1924 年,德国研制出含 0.1% 锂的铝锌锂合金(Al - 1.2Zn - 3Cu - 0.6Mn - 0.1Li)。但这时杜拉冶金厂刚刚制造出杜拉铝即硬铝,并迅速应用到了航空领域,冷落了难熔炼的铝锌锂合金。

1957 年,美国 Alcoa 公司研制成含 1% 锂的 X - 2020 铝锂合金,用于美国的舰载攻击机 RA - 5C 的机翼和水平尾翼蒙皮,比原有的合金减重 6%,取代 7 050 合金。经过 20 多年飞行,证明这种铝锂合金没有产生疲劳破坏和应力腐蚀。

苏联在 20 世纪 60 年代成功研制了 BAⅡ23(1230)合金,这一合金在成分与性能上与

X-2020相似。

但是研究发现,第一代铝锂合金具有延展性低、缺口敏感性高,在加工过程中产生应力集中而发生疲劳断裂的倾向大,加工生产工艺困难等,无法满足航空生产及性能要求。第一代铝锂合金的发展进入停滞阶段,没能取得进一步的应用。

二、第二代铝锂合金

由于能源危机的冲击以及复合材料的迅速发展对原有航空铝合金行业的威胁,铝锂合金开始重新发展,进入新的发展阶段。

1965 年,苏联研制成功以 Al-Mg-Li-Zr 系为基的 1420 铝镁锂合金,含约 2%锂,密度为 2.476 g/cm³,是最轻的铝合金,代替了原有的铝合金,其刚性提高 6%,重量减轻 20%~25%。这一合金的发展引起世界范围的注意,美、英、法也开始大规模研究铝锂合金。

1983 年的巴黎航空博览会上,世界最大的三家铝合金公司都展出了自己的铝锂合金系列展品(美国的 Alcoa 公司开发的 2090 合金、英国 Alcan 公司开发的 8090 和 8091 合金以及法国的 Pechiney 公司研制的 2091 合金)。

1985 年的巴黎航空博览金上,法国展出了铝锂合金机身隔框和机翼接头等大型零件。

美国的 F15 战斗机拟使用 8090 铝锂合金代替 2124 铝合金制造机翼蒙皮。

波音公司拟选用 2090 铝锂合金制造波音 747 飞机的前起落架支柱接头。

空中客车公司 A300,A310,A320,A340 上拟分别使用 250~850 kg 铝锂合金,其使用了 2099,2199,2196 等铝锂合金作为 A380 飞机的地板梁,如横梁、座椅滑轨、座舱以及应急舱地板结构、电子设备安装架及角形物,此法有效减轻了机身重量。

西方已可供应 20 多种牌号的铝锂合金,用量较大的是 2090 和 8090,主要拟用于制造机身和机翼蒙皮、控制舵面、桁条、机身框架、导弹壳体等。

航天工业更重视使用铝锂合金,用于制造燃料贮箱、卫星结构件和空间站等。"发现号"航天飞机上,2195 铝锂合金制成的外贮箱直径 8.4 m、长度 46.7 m,减轻重量达 3.6 t。第二代铝锂合金(1420 铝锂合金)的应用示例如图 2-24 所示。

图 2-24　使用 1420 铝锂合金制成舷窗配架

三、第三代铝锂合金

20 世纪 90 年代后,美、法、俄三国加强了铝锂合金的研制,促进了具有特殊优势的第三代铝锂合金的发展。第三代铝锂合金主要有 Weldalite 系列合金,高韧 2097,2197,C-155 合金,经特殊真空处理的 XT 系列合金和高强可焊的 01460 等元素。

与第二代铝锂合金相比,在合金成分设计上,第三代铝锂合金降低了 Li 含量,增加了 Cu 含量,并且添加了 Ag,Mn,Zn 等元素。

第三代铝锂合金具有密度小、模量高;良好的强度-韧性平衡;耐损伤性能优良;各向异性小;热稳定性好;耐腐蚀、加工成形性好等优点。在性能水平上,也有较大幅度的提高,不仅优于第二代铝锂合金,也明显比航空航天领域使用的传统铝合金要突出。其中,尤以低各向异性铝锂合金和高强可焊铝锂合金最引人注目。

1997 年 12 月,美国"奋进号"航天飞机外贮箱用 Weldalite 049 合金取代 2219 合金,使航天飞机的运载能力提高了 3.4 t。C-17 军用运输飞机上使用了重达 2 846 kg 的 2090-T83 薄板、T86 挤压件,用在飞机的隔框、地板、襟翼蒙皮、垂直尾翼上。

F-22 战斗机每架约 1.6 亿美元,限制了该飞机的生产数量,美军方提出研制买得起的飞机——21 世纪的"空中霸主"JSF,即联合攻击战斗机 F-35,提出了高性能和全寿命周期低成本的双重目标。F-35 与 F-22 在用材比例上有重大区别,采用了大量的复合材料、高强度铝锂合金。

2197 及 2097-T861 铝锂合金已经用在 F-35 上,洛·马公司一直从事将 100 mm 的铝锂合金厚板用于 F-35 隔框工作。零件及试样的试验表明其寿命高出 2124 合金 4 倍以上,密度降低 5%,新设计可使重量减少 5%～10%,且在某些应用如翼梁及隔框中,其疲劳性能与钛相当,而成本仅为其 1/4。

2.9　先进铝基结构材料

高性能铝基结构材料中,最具代表性的是为适应航空航天器高机动性、高载荷、高抗压、高耐疲劳、高速及高可靠性要求而研制的高强高韧铝合金,主要包括 2×××系和 7×××系的传统熔铸铝合金(IM),以及在此基础上发展起来的 PM 粉末冶金铝合金、SD 喷射成型铝合金、铝基复合材料、超塑性铝合金等。本节主要介绍粉末冶金铝合金、喷射成型铝合金、铝基复合材料、超塑性铝合金等新型高性能铝合金。

2.9.1　粉末冶金铝合金

通过制粉、压实、脱气、烧结热压等工艺制取坯锭,再用塑性变形加工方法制成的变形铝合金,具有很好的综合性能,是有广阔发展前景的新型铝合金。当前国内外研究和应用的粉末冶金铝合金类型主要可以分成两大类:普通粉末冶金铝合金和高性能粉末冶金铝合金。

一、粉末冶金的普通铝合金

普通粉末冶金具有与铸造铝合金相应的成分,采用常规压制、烧结工艺制得。常用的合金成分主要有三种:①Al-Cu-Mg 系,对应于合金 2014;②Al-Mg-Si-Cu 系,对应于合金 6061;③Al-Zn-Mg 系,对应于合金 7075。

用粉末冶金法制造的 2×××系、7×××系等铝合金,不改变合金成分,但显著提高了合金的力学性能、抗应力腐蚀性能等[13],同时具有低比重和高导热导电的优点。主要应用于一般工业,如汽车工业、仪表工业等。

二、粉末冶金高温铝合金

发展高温粉末冶金铝合金必须满足如下两点:①合金元素在铝中固溶度很低;②元素在铝中的扩散速度很慢。

因此,高温 PM 铝合金要求至少有一种元素是过渡族金属元素。粉末冶金法制造的高过渡元素含量铝合金主要有:

1)Al - Fe 系,含 Zr,Co,Mo,Cr,Ni,Mn,以 Al - Fe - Ce,Al - Fe - V - Si 较为成熟,工作温度可达 370 ℃;

2)Al - Ti 系,部分含 Ce,V,工作温度 400 ℃,比重低;

3)Al - Mn 系,另含有 Co,Ni;

4)Al - Cr 系,含有 Mn,Fe,Co,Ni,Cr,Ce;

5)Al - RE(Gd,Nd)系。

三、粉末冶金铝锂合金

Al - Li,Al - Be 系合金均属于低密度高强度粉末冶金铝合金。国外已开发出 Al - Mg - Li 系合金。美国 1991 年报道,若波音 747 零件全部用铝锂合金代替,机身可减轻 45 t。

粉末冶金 Al - Li 合金不仅密度低、强度、刚度高,而且具有良好的疲劳性能、超塑性、耐蚀性。可通过提高锂含量,降低比重,又可获得弥散分布过渡元素化合物获得高温强化效果。但对如锂的强氧化倾向导致高氧量等技术问题要求较高,多数研究者认为采用快速冷凝粉末冶金是改善铝锂合金性能的最佳方法。

所谓快速冷凝是指将熔融铝锂合金以较大的冷却速度(大于 10 ℃/S)进行凝固。快速冷凝改善了铝锂合金的组织特征,使晶粒尺寸减小,偏析得到消除或者减小,扩大锂和其他合金元素在铝中的固溶度,细化了沉淀相并改善其分布。

借助于粉末冶金方法,使用快速冷凝方法可以使铝锂合金的延性和断裂韧性明显得到改善。

四、粉末冶金高强度、高抗蚀铝合金

高强度、耐腐蚀 PM 铝合金是最早发展的合金之一,其合金成分是在 2×××和 7×××系列上发展起来的。近期的研究工作主要集中在 Al - Zn - Mg - Cu 的基础上添加 Fe,Ni,Co,Zr 或 Mn 等元素,产生具备高强、耐蚀性能的新合金,如 709D,7091 和 CW67。

粉末冶金发制备的高耐蚀 Al - Mg - Cr 系合金等,依靠急冷形成大量弥散含铬化合物,获得高强度、高抗蚀性、良好韧性和焊接性。

用粉末冶金法制备的高强铝合金,室温强度 600MPa 以上,个别合金的强度达到 700MPa,高于传统铸造铝合金。多数以 Al - Zn 系合金为基础,Zn 量一般大于铸锭法的 Al - Zn 系合金,约 6%~9%,如 Al - Zn - Mg - Cu - Co 系,Al - Zn - Fe(Mn) 系合金等。

粉末冶金高强度铝合金的抗应力腐蚀和断裂韧性优于普通超硬铝,适用于制造承受压应力的高强度零件如汽车的发动机连杆等。

目前采用 PM 法制造的超高强铝合金虽然成本较高,产品尺寸小,但可以生产 IM 法无法

生产的高综合性能合金。国外已开发的 PM 超高强铝合金有 7090,7091 和 CW67 铝合金等，它们的强度均达到了 700 N/mm² 以上，其强度和抗应力腐蚀开裂(SCC)性能均比 IM 合金的好，特别是 CW67 合金的断裂韧性最好。现在美国可生产重达 650kg 的坯锭，加工出来的挤压件和模锻件已应用到飞机、导弹以及航天器具上。

粉末冶金 CW67 高强度高耐蚀铝合金与目前其他铝合金牌号的性能对比如表2.8所示。

表 2-8　粉末冶金(PM)铝合金与铸锭合金(IM)的典型性能

合金牌号及状态		测试方向	屈服强度/MPa	抗拉强度/MPa	延伸率/(%)	应力腐蚀强度/MPa
挤压件	7075-T73(IM)	L	434	503	13	290
	CW67-T7(PM)	L	579	614	12	310
	7090-T7E(PM)	L	579	621	9	310
	7091-T7E(PM)	L	545	593	11	310
模锻件	7075-T735(IM)	L	456	530	13	—
		LT	447	520	12	—
		ST	441	510	8	290
	CW67T7×2(PM)	L	579	606	14	—
		LT	572	606	15	—
		ST	531	572	9	310
	7090-T7E80(PM)	L	565	613	12	—
		LT	552	613	13	—
		ST	520	579	7	310
	7090-T7E78(PM)	L	524	586	13	—
		LT	541	596	13	—
		ST	476	545	7	310

2.9.2　耐磨铝合金

目前开发的耐磨铝合金主要是过共晶 Al-Si 合金，又称低膨胀耐磨铝硅合金，常用急冷凝固法制备以消除初生硅，显著细化共晶硅，增大 Cu,Mg,Fe,Ni 等含量，提高耐磨性，其他性能也可保持较好的水平，从而满足汽车发动机、压缩机中一些零件的性能要求。

Al 中添加 Si 可以提高合金的强度和磨性，同时降低线膨胀系数。高性能粉末冶金 Al-Si 合金与铸造 Al-Si 不同，不存在因为 Si 含量过大(大于 15%)而导致的初晶 Si 粗大问题，因此合金性能不会受到损害。

2.9.3　喷射沉积铝合金

喷射沉积法(Spray Deposition,缩写为 SD)是介于 DC 铸造和 PM 粉末冶金之间的一种新型的快速凝固技术，由熔融金属的气体雾化、雾化熔滴的沉积等连续过程组成。

以 2×××,7×××,Al-Li,Al-Si 系合金为基体，利用喷射沉积技术可以获得一系列高性能铝合金材料。即高强铝合金(如 Al-Zn 系超强铝合金)，高比强、高比模的 Al-Li 合金,低膨胀、耐磨铝合金（Al-Si 系高强耐磨铝合金）,高温铝合金（如 Al-Fe-V-Si 系耐热铝合金）,颗粒增强相铝基复合材料等。

喷射沉积法获得的铝合金材料具有快速凝固技术的优点,晶粒细小、组织均匀、能够抑制宏观偏析。同时从合金熔炼到最终成型可以一步完成,目前对铝材的产业化应用技术已经很成熟。

SD 法与 PM 法相比,生产工艺简单,成本低,金属含氧化物少（仅是 PM 法的 1/3～1/7）,制锭重量大（可达 1 000 kg 以上）,可批量生产。与 IM（传统熔铸铝合金）法相比,最大的优点是可以制备 IM 法无法生产的高合金化铝合金,而且还可以生产颗粒复合材料。即使是生产普通合金,也具有铸锭晶粒极其细微、加工材综合性能好等特点。采用此方法开发制造具有高性能的超高强铝合金,有着非常好的发展前景。

2.9.4　铝基复合材料

铝基复合材料是金属基复合材料中研究得最多和最主要的复合材料。目前开发的铝基复合材料主要有 B/Al,BC/Al,SiC/Al,Al2O3/Al 等。添加的增强剂可分为颗粒、晶须、短纤维和长纤维,其中 SiC/Al 复合材料是最有发展前途的,原因是它不需要用扩散层包覆纤维,成本低。

铝基复合材料的特点是密度小、比强度和比刚度高、比弹性模量大、导电导热性好、抗腐蚀、耐高温、抗蠕变和耐疲劳等。美国用其制造的 10m 多长的型材和管材已经用在了各种航天器上,并且已经成为铝合金,甚至 Al-Li 合金的重要竞争对手。此外,铝-钢、铝-钛等层压式铝基超高强复合材料在近年来也得到了发展。

一、连续纤维增强铝基复合材料

连续纤维增强铝基复合材料是一种以连续纤维作为增强相,铝及铝合金为基体相制备而成的具有金属特性的材料。材料本身具有各向异性,而且制造成本高、工艺复杂,使其发展应用受到了限制。但具有比强度、比刚度高,导电、导热性好,轴向拉伸强度、层间剪切强度高,不吸湿、不老化以及良好的耐磨性等优点,是近几十年铝基复合材料的主要研究方向之一。

常用的制备方法包括液态金属浸渗、扩散连接以及等离子溅射单层薄带的扩散连接、挤压铸造。

金属基复合材料的性能在很大程度上取决于纤维的性能。增强纤维有很多种,目前应用最多的有 B 纤维、SiC 纤维、C 纤维、Al_2O_3 纤维等;基体为 6×××,2×××,5×××,7×××合金。

二、晶须或短纤维增强铝基复合材料

这类合金特点是在室温和高温下弹性模量有较大提高,但线膨胀系数有所下降,耐磨性改善,并具有良好的导热性。

主要制备方法是挤压铸造和粉末冶金,前者的成本低,后者的基体性能好。SiC 晶须、Al_2O_3 纤维、SiO_2 纤维、C 纤维等为增强体。Al_2O_3 短纤维增强铝基复合材料已批量用于柴油油机活塞,C 短纤维增强铝基复合材料是一种有前途的电磁屏蔽材料。

三、颗粒增强铝基复合材料

颗粒增强铝基复合材料特点具有优异的性能,工艺简单、成本低、可批量生产复杂形状件。制备方法可选用粉末冶金法、混合铸造法(半熔态加入增强颗粒)、压铸法、机械合金化法等。

增强颗粒主要是 Al_2O_3,SiC 等。碳化硅增强的铝复合材料,随它的含量增加,其抗拉强度和弹性模量都增加。而氧化硅增强铝基复合材料的比强度和比刚度高。Al_2O_3 短纤维增强铝基复合材料照片如图 2-25 所示。

四、自生纤维强化铝基复合材料

自生纤维强化铝基复合材料是一种通过定向凝固法使 Al-Ni,Al-Cu,Al-Si 系共晶合金生成沿长度方向的细长化合物纤维,最大特点是纤维与基体的界面稳定和结合牢固。

制备自生纤维强化铝基复合材料的关键技术即是原位合成技术,是一种基于粉末冶金技术而提出的定向凝固技术。该技术的工作原理是在共晶合金单向凝固时,通过控制固液界面的推进速度、界面前沿液相的温度梯度以及合金成分等,使固液界面以平界面形式向前推进,从而获得自生纤维复合材料。

此类复合材料有许多明显的优点,如优良的高温性能,包括弯曲强度、屈服特性等。

图 2-25 Al_2O_3 短纤维增强铝基复合材料照片

五、Arall 层压铝基复合材料

由铝合金薄板与充满 armid 纤维的环氧树脂板粘接压成,具有高的疲劳抗力、抗蚀性、防光性,已用于制造飞机蒙皮等构件。Arall 层压铝基复合材料如图 2-26 所示。

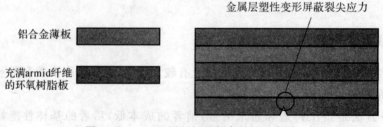

图 2-26 Arall 层压铝基复合材料示意图

六、铝-塑复合材料

铝-塑复合板是一种新型的家居装饰材料,已批量用于建筑装饰、汽车蒙皮、家具等。该材料由铝板与塑料板,经涂覆、挤压、粘接等工艺复合而成,具有一系列优异的性能。

铝-塑复合管是一种新型的化工建材,是最早替代铸铁管的供水管。其基本构成为五层,由内到外依次为聚乙烯-热塑性黏合剂-铝管-热塑性黏合剂-聚乙烯,具有耐压、耐腐蚀、可弯曲等优点,用于冷热水管、煤气管、化学液体输送管等。铝-塑复合板结构如图 2-27 所示。

2.9.5　非晶铝合金和局部纳米晶铝合金

常见的非晶铝合金的组成一般为铝-前过渡族元素-后过渡族元素、铝-过渡族元素-镧系元素系合金,$Al_{70}Ni_{20}Zr_{10}$,$Al_{90}Fe_5Ce_5$,$Al_{89}Ni_{17}Y_4$ 等,弹性模量较低,屈服强度可超过 1 000MPa,可制备成薄带、丝材。

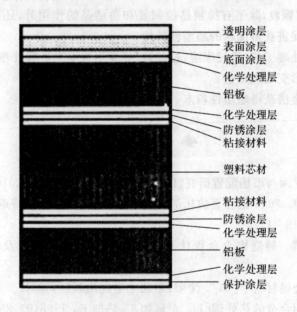

图 2-27　铝-塑复合板结构

当成分适当时,通过淬火产生部分纳米晶,强度更高、弹性模量更大,屈服强度可达 1 500 MPa。1990 年,Inoue 等人利用急冷法得到纳米准晶颗粒均匀分布在非晶基体上的局部纳米晶铝合金,其强度和韧性均超过了对应的铝基非晶合金。而且铝基非晶合金在纳米非晶化后表现出了疲劳强度与抗伸强度的良好结合的特性。

目前制备铝基非晶合金主要采用急冷法(RS)和机械合金化法(MA)。急冷法即快速凝固法,是现在铝基合金常用的制备方法,其中主要有单辊旋转快凝法(MS)、气体雾化法、表面熔化及强化法三种工艺。机械合金化法是制备传统非晶合金的有效方法,其生产设备简单、易于工业化,合金成分范围宽,可使固态粉末直接转化为非晶态。

2.9.6　超塑性铝合金

所谓超塑性铝合金是指在 400～600℃ 温度范围以规定的速度行高温拉伸,至少能伸长

300％以上，具有超塑性特性的铝合金材料[20]，可以像塑胶那样很容易地进行加工成形，可制成整体成形的、形状复杂的制品或者大型制品，已逐步用作建筑镶板和飞机部件等。

纯铝，Al－Ca－(Zn)，Al－Cu－(Zr)，Al－Mg－(Si)，Al－Ni，Al－Si－(Mg)，Al－Zn－Mg－(Cu)，Al－Li，Al－Cu－Li，Al－Mg－Li，Al－Cu－Mg－Li 等合金都有超塑性。要求小于 $10\mu m$ 的等轴晶组织，晶粒尺寸和形状在高温变形过程保持稳定。

获得此类组织的方法主要有以下几种。

(1)添加 Zr，Ti，Cr，Fe，Sb，Zn 等晶粒细化剂，以 Zr 的效果最好；

锌(Zn)具有细化铝合金晶粒，加工变形时容易发生动态再结晶的作用，还具有在高温下促进晶界移动和滑移的作用，由此确保获得一定的超塑性特性。锑(Sb)具有促进锆在铝合金基体中均匀析出的作用，从而能够进一步加强锆所具有细化铸造组织、抑制晶粒回复和再结晶以及抑制晶粒在热变形中粗大化的作用，进而提高合金的超塑性特性[21]。锆 Zr 可以细化铸造组织，并且锆在 $\alpha(Al)$ 中呈过饱和状态，在热处理或者热变形加工中从过饱和固溶体中析出亚稳态的 $ZrAl_3$ 弥散颗粒，除了有抑制晶拉回复和再结晶的作用外，还有抑制热变形中晶粒粗大化的作用，从而促进获得优越的超塑性特性。

(2)采用形变热处理工艺，经过固溶、过时效、冷变形或温变形等处理工艺。例如高强铝合金 7075 合金晶粒的形变处理工艺。

(3)采用粉末冶金法获得超塑性粉末，再通过热轧等工艺进行处理。

参 考 文 献

[1] 韩霞. 中国铝资源与市场配置研究[D]. 北京:中国地质大学，2010.

[2] 王国军，吕新宇. 7055 铝合金的化学成分、物相组成及其性能特点[J]. 上海有色金属，2008，29(3):118－122.

[3] 熊艳才，刘伯操. 铸造铝合金现状及未来发展[J]. 特种铸造及有色合金，2004(4):1－5.

[4] 林肇琦. 有色金属材料学[M]. 沈阳:东北工学院出版社，1991.

[5] 赵步青. 铸造铝合金的热处理[J]. 金属加工:热加工，1998(9):25－25.

[6] 董明. Al－Li 合金及其应用前景[J]. 材料开发与应用，1998(3):42－45.

[7] 潘肃. 铝锂合金的发展及其工艺特性[J]. 航天制造技术，1994(5):40－45.

[9] 孙中刚，郭旋，刘红兵，等. 铝锂合金先进制造技术及其发展趋势[J]. 航空制造技术，2012(05).

[9] 李劲风，郑子樵，陈永来，等. 铝锂合金及其在航天工业上的应用[J]. 宇航材料工艺，2012(1):13－19.

[10] 张君尧. 铝合金材料的新进展(2)[J]. 轻合金加工技术，1998，26(6):1－8.

[11] 赵玉谦，方世杰. 粉末冶金高强铝合金在汽车工业中的应用[J]. 汽车工艺与材料，2004(9):1－5.

[12] 张春芝，边秀房. 粉末冶金铝合金的研究现状和发展趋势[J]. 特种铸造及有色合金，2008(S1):55－57.

[13] 刘伟. 铝锂合金的快速冷凝粉末冶金[J]. 兵器材料科学与工程，1987(10).

[14]　朱平,张力宁.粉末冶金铝合金[J].粉末冶金技术,1994(1):50-56.

[15]　唐华生.粉末冶金铝合金材料的应用和发展[J].材料工程,1988(3):45-47.

[16]　马力,陈伟,翟景,等.喷射沉积铝合金材料研究现状与发展趋势[J].兵器材料科学与工程,2009(2):120-124.

[17]　崔岩.碳化硅颗粒增强铝基复合材料的航空航天应用[J].材料工程,2002(6):3-6.

[18]　李传福,张川江,辛学祥.铝基非晶合金的研究与发展[J].齐鲁工业大学学报:自然科学版,2008,22(4):12-14.

[19]　姜柯.超塑性铝合金[J].安徽科技,1994(4):25-26.

[20]　毛广湘,李政.含锑超塑性铝合金及其生产工艺[J].铝加工,1999(5):9-12.

第3章 铜及其合金

3.1 铜的基本特性

铜是人类最早认识和使用的金属。据考古资料证实,早在1万年以前,生活在西亚的人们就像用铜来制作装饰件等物品。随着铜在生产和生活中日益广泛的应用,人类文明从石器时代步入了铜器时代。公元前2750年,在埃及的基厄普斯金字塔内发现了铜水管,说明当时铜在工程上已得到了重要应用。约在公元前2500年,发现了铜和锡形成的合金,生产出比纯铜更坚硬耐用的青铜器和青铜工具,进入了青铜器时代。中国的青铜器时代在距今3000~3500年的商、周年代达到了鼎盛时期。此后,该技术逐步传入西方,最后到达英国。

铜的原子序数29,相对原子质量为63.54,占据元素周期表ⅠB族的第一个位置。铜的原子核有29个质子和34~36个中子,周围环绕着29个电子。纯铜的部分物理性质如表3-1所示。

表3-1 纯铜的物理性质

性 质	数 值
晶体结构	面心立方
点阵常数 a/nm	0.360 8
最小原子间距/nm	0.2551
主滑移面	[111]
孪生面	[111]
密度/(kg·m^{-3})(固态)	8.90
熔点/℃	1083
沸点/℃	2500
热导率(0~100℃)/[W·(m·K)$^{-1}$]	399
电导率(IACS)/(%)	100~103
电阻率/($\mu\Omega$·m)(20℃)	0.016 73

铜与金、银在元素周期表中同属一族,具有与贵金属相似的优异物理和化学性能。铜及铜合金具有良好的导电性、导热性和抗蚀性,容易加工,并且具有高比强度和疲劳抗力,铜合金是现代工业中广泛应用的金属材料之一。一般来说,铜和铜合金没有磁性,很容易进行软钎焊和硬钎焊,许多种类的铜及铜合金可以用各种气焊、弧焊和电阻焊等方法进行焊接。具有特殊颜色的标准铜合金可以作为装饰性零件。铜合金可以研磨抛光成几乎满足各种需求的纹理和光

泽,它们可以进行镀膜,可以用有机材料进行包覆,也可以进行化学染色。可以使铜合金表面精制的方法十分多样化。铜的主要特性如图 3-1 所示。

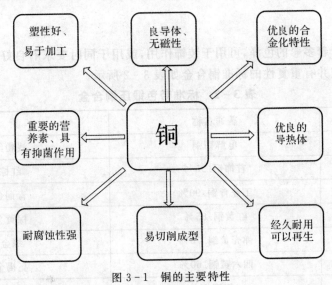

图 3-1　铜的主要特性

纯铜广泛用作电缆、电线、电接触器件和其他各种可以导电的电器元件,铜、黄铜、青铜和铜镍合金等广泛用于汽车的散热器、热交换器、家用供暖系统、太阳能吸收板以及各种要求通过或者沿着断面进行迅速热传导的地方。因为它们具有优良的抗蚀性,所以铜、黄铜、某些青铜和铜镍合金常用作输送白开水、处理水或其他水溶液的系统中的管道、阀门和配件。

3.1.1　抗蚀性

铜是周期表中贵金属族的一员。但铜不像金及其他贵金属那样不活泼,普通的试剂和环境下可以腐蚀铜。

在大多数腐蚀条件下,铜的抗蚀性是相当好的,但在某些环境中会发生氢脆或者应力腐蚀开裂,这使得铜及其合金的应用受到限制。

在韧铜和含氧化亚铜的合金中经常观察到氢脆,因此在还原气氛下工作的工件通常选用脱氧铜而不选用韧铜。大多数铜合金都经过脱氧,不会发生氢脆现象。

在氨或各类胺中工作的黄铜最易产生应力腐蚀开裂(季节开裂)。含锌超过 15% 的黄铜最敏感。铜和大多数不含锌或锌含量低的铜合金对应力腐蚀开裂通常是不敏感的。应力腐蚀开裂需要拉应力和特定的化学介质,只有当上述两个条件同时存在时,铜(合金)才会发生腐蚀开裂。因此消除两者其一都可阻止应力腐蚀开裂。工件成型后退火或去应力常可阻止应力腐蚀开裂,因为工件冷加工时的残余应力是它使役时的主要应力来源。去应力仅对使役时不受弯曲或应变的零件是有效的,否则弯曲或应变又会产生新的应力。

3.1.2　电导率和热导率

铜和铜合金是电和热的良导体。事实上,铜在导电、导热方面的应用比任何其他金属都多。合金化必定会降低导电性和导热性,因此当需要高的导电性或导热性时,则应选用纯铜或铜含量很高的合金,而不选用合金总量超过百分之几的铜合金。由于合金化而引起的导电性或导热性下降的程度,非合金元素本身的导电性、导热性或其他整体性能所决定,而只取决于在铜晶格中存在的特定外来原子的作用。

3.1.3 颜色

铜及铜合金有着多彩的色泽,可用于装饰作用,或用于同时要求有良好的机械、物理性能的场合。颜色恒定并有重复性的标准铜合金如表 3-2 所示。

表 3-2 标准带色锻压铜合金

编　　号	普通名称	颜　　色
C11000	电解韧铜	浅粉红色
C21000	首饰铜.95%	红棕色
C22000	工业青铜.90%	青铜金色
C23000	红黄铜.85%	棕黄金色
C26000	弹壳黄铜.70%	绿金色
C28000	四六黄铜.60%	亮褐金色
C61200	铝青铜	褐金色
C65500	高硅青铜 A	浅紫褐色
C70600	同镍合金.10%	浅紫色
C74500	镍银.65-10	灰白色
C75200	镍银.65-15	银色

3.1.4 易加工性

对给定的铜或铜合金可以采用多种普通方法来成型加工,得到所需的形状和尺寸,尽管对给定的铜和铜合金而言,某一具体加工方法有一定的限制,铜和铜合金通常可以冷轧、冷冲、冷拉;还可以在高温下轧制、挤压、锻造和成型。任一类铜和铜合金中都有铸造合金。

3.1.5 其他

铜是人体健康和动植物生长不可缺少的微量元素,溶于水中的铜还有显著的杀菌和抑菌作用。

3.2 铜的资源和冶炼

3.2.1 铜的资源

铜在地壳中元素含量排行第 23 位,平均含量约为 0.007%。1999 年美国地质调查局估计,世界陆地铜资源量为 1.6 Gt,深海结核中铜资源估计为 0.7 Gt,世界上含铜矿物约为 280,具有经济开采价值的矿物主要有铜的硫化物、氧化物、硫酸盐、碳酸盐、硅酸盐等矿物,深海结核中铜的含量约为 0.5%；地球上铜储量最丰富的地区为环太平洋带，储量最大的国家是智利和美国，中国铜的储量占世界第七。中国陆地铜资源储备并不贫乏，但是大型铜矿少、品位低，矿产铜远不能满足国民经济迅速发展的需求。为了满足对铜的需求，中国正不断推进技术进步，加强找矿工作，同时不断增加铜精矿、粗铜、精铜、废杂铜的进口，我国已成为重要的原料进口国。世界铜储量和储量基础（1998 年）如表 3-3 所示。

表 3-3　1998 年世界铜储量和储量基础　　　　　　（单位：10^4 t）

国　家	储　量	储量基础	国　家	储　量	储量基础
智利	8 800	16 000	墨西哥	1 500	2 700
美国	4 500	9 000	印度尼西亚	1 900	2 500
秘鲁	1 900	4 000	加拿大	1 900	2 300
中国	1 800	3 700	澳大利亚	700	2 300
波兰	2 000	3 600	哈萨克斯坦	1 400	2 000
赞比亚	1 200	3 400	其他国家	5 000	10 500
俄罗斯	2 000	3 000	世界总计	34 000	65 000

在铜的资源中，人们越来越注重工业用铜废料的回收和利用，铜的可贵之处在于铜的各种废料回收十分简单，各种工业零件报废之后，只需经过分拣就可以重新熔化成有用的铜原料，有的可以直接生产各种铜合金加工材，有的可以通过电解精炼的方法生产阴极铜，因此各类铜的废料是宝贵的资源。各国铜的消费量中，有 20%～40% 来自再生铜。发展和利用再生铜技术，是铜工业中极为重要的技术经济问题，再生铜是满足对铜日益增长需求的重要来源。

3.2.2　铜的冶炼

铜存在于硫化物、碳酸盐和硅酸盐等多种类型的矿床中，还可以作为纯的"自然"铜存在。地质工作者探查出含铜矿床后，根据铜的含量、储量及其地质分布等特点，通过技术、经济、环境和法律等方面的综合分析，决定是否进行采矿。含铜矿石从地下开采出来后，经破碎和选矿处理，成为铜精矿。此外铜还可以从岩石或矿石中浸取出来。

铜冶炼技术的发展经历了漫长的过程，但至今铜的冶炼仍以火法冶炼为主。

一、火法冶炼

火法冶炼一般是先将含铜百分之几或千分之几的原矿石，通过选矿提高到 20%～30%，作为铜精矿，在密闭鼓风炉、反射炉、电炉或闪速炉进行造锍熔炼，产出的熔锍（冰铜）接着送入转炉进行吹炼成粗铜，再在另一种反射炉内经过氧化精炼脱杂，或铸成阳极板进行电解，获得品位高达 99.9% 的电解铜。该流程简短、适应性强，铜的回收率可达 95%，但因矿石中的硫在造锍和吹炼两阶段作为二氧化硫废气排出，不易回收，易造成污染。近年来出现了如白银法、诺兰达法等熔池熔炼以及日本的三菱法等，火法冶炼逐渐向连续化、自动化发展。

粗铜火法冶炼的原料：除了铜精矿之外，废铜做为精炼铜的主要原料之一，包括旧废铜和新废铜，旧废铜来自旧设备和旧机器，废弃的楼房和地下管道；新废铜来自加工厂弃掉的铜屑（铜材的产出比为 50% 左右）。一般废铜供应较稳定，废铜可以分为：①裸杂铜——品位在

90%以上;②黄杂铜(电线)——含铜物料(旧马达、电路板)。由废铜和其他类似材料生产出的铜,也称为再生铜。粗铜火法冶炼的工艺流程如图3-2所示。

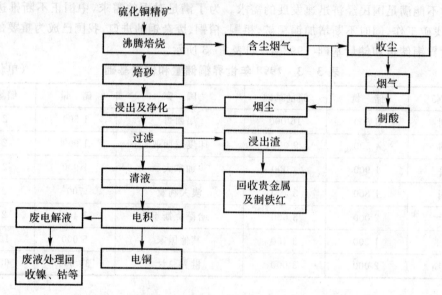

图 3-2　粗铜火法冶炼的工艺流程

二、湿法冶炼

现代湿法冶炼有硫酸化焙烧-浸出-电积,浸出-萃取-电积,细菌浸出等方法,适于低品位复杂矿、氧化铜矿、含铜废矿石的堆浸、槽浸选用或就地浸出。湿法冶炼技术正在逐步推广,预计21世纪末可达总产量的20%,湿法冶炼的推出使铜的冶炼成本大幅降低。粗铜湿法冶炼的工艺流程如图3-3所示。

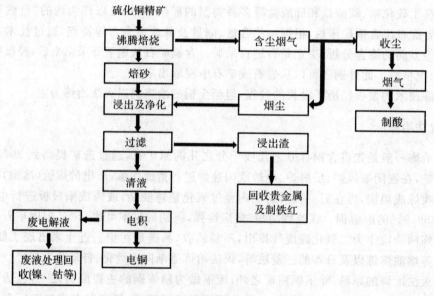

图 3-3　粗铜湿法冶炼的工艺流程

根据两种工艺的特点比较火法和湿法生产工艺:①湿法冶炼设备更简单,但杂质含量较高;②湿法冶炼受制于矿石的品位及类型;③火法冶炼的成本比湿法冶炼高。

可见,湿法冶炼技术具有极大的优越性,但其适用范围有限,并不是所有铜矿的冶炼都可采用该种工艺。不过通过技术改良,近年来已经有越来越多的国家,包括美国、智利、加拿大、澳大利亚、墨西哥及秘鲁等,将该工艺应用于更多的铜矿冶炼上。湿法冶炼技术的提高及应用的推广,降低了铜的生产成本,提高了铜矿产能,短期内增加了社会资源供给,造成社会总供给的相对过剩,对价格有拉动作用。

3.3 铜及铜合金的加工

铜及铜合金以管、棒、型、线、板、带、条、箔、锻件、粉末等多种半成品形式应用于国民经济和科学技术各部门,这些半成品的生产方法与技术统称为铜加工技术,这些产品中 90% 以上使用压力加工方法生产,压力加工方法也可称为塑性加工,该方法不但能够获得人们所需要的形状、尺寸,还可以改变材料的金属组织,提高铜及铜合金的力学和物理化学性能。

铜加工的主要方法有:合金感应熔炼、真空熔炼、半连续铸锭、连续铸锭、铁模铸锭、水平连铸、上引铸造、连续连轧、热轧、热挤、孔型轧制、热锻、冷轧、冷拉、冷挤、温轧、电解沉积、粉末雾化、艺术铸造等。

3.3.1 铜合金半成品主要加工方法

1.铜(紫铜)、无氧铜板带材

(1)感应熔炼→半连续铸锭→热轧→高精冷轧→精整。

(2)水平连铸卷坯→高精冷轧→精整。

2.铜合金板带

(1)感应熔炼→半连续铸锭→热轧→铣面→初轧→中间退火→高精中轧→中间退火→成品轧制→成品退火。

(2)水平连铸卷坯(锡青铜、锌白铜)→铣面→均匀化退火→初轧→中间退火→高精冷轧。

3.纯铜(紫铜)、无氧铜管材

(1)感应熔炼(竖炉熔铜)→半连续铸锭(连续铸锭)→热挤压→周期轧制→盘拉→成品退火→精整。

(2)水平连铸管坯→铣面→行星轧管→盘管拉伸→在线退火→内螺纹成型→成品退火→精整。

4.铜合金管材

感应熔炼→半连续铸锭→热挤压→周期式轧管→中间退火→直线式拉伸→精整→成品退火。

5.铜及铜合金棒材、型材

(1)感应熔炼→半连续铸锭→热挤压→直线式拉伸→精整。

(2)水平连铸(或上引方法)→直线式拉伸。

6.纯铜线材生产方法

(1)竖炉熔铜→连铸连轧→多模线材拉伸。

（2）反射炉熔铜→连铸连轧→多模线材拉伸。

（3）上引线坯→多模线材拉伸→连续挤压铜扁线。

7. 铜合金线材生产方法

（1）水平连铸线坯→多模拉伸。

（2）上引连铸线坯→多模拉伸。

3.3.2 铜加工技术

铜加工技术正沿着高效、节能、环保、自动化、连续化方向迅速发展，与之相适应的现代加工装备和在线质量检测技术也有很大发展，具有代表性的铜加工技术步骤如下：

（1）传统的三段式铜及铜合金生产方式正在被打破，生产工艺流程缩短，为节能和提高生产效率提供了广阔的发展空间。经典的铜加工分为熔炼与铸造、热加工、冷加工三段式。目前热加工工序正不断地被压缩和取代，卧式水平连铸卷坯-高精冷轧铜带，上引连铸管坯-拉伸，水平连铸管坯-行星轧制-盘拉，水平连铸线坯-高精拉伸，上引连铸线坯-高精拉伸等方法已被普遍采用，并成为空调管、内螺纹管、合金线材、锡青铜带材等热点产品的主要生产方法。对我国铜加工节能、降低产品成本、节省项目投资起到重要作用。

（2）光亮铜线杆连铸连轧技术和机列是铜加工材连续化生产的最成功范例。现已成为线坯生产的主导方法，取代了坯锭铸造、横列式（黑杆）的高能耗、高铜耗、低质量、污染环境的陈旧工艺和装备。我国光亮铜杆生产技术包括有：轮式连铸、履带式连铸、上引连铸等多种。合金熔炼包括有感应熔炼、竖炉熔炼、反射炉熔炼等，满足了不同的生产要求。

（3）高精板带材带式生产取代了块式法生产，对提高产品质量、生产效率和改善环境取得显著效果。高精板带卷式生产法典型和工艺流程是：大铸锭热轧获得卷坯（或水平连铸卷坯）→双面高精铣屑→高精冷中轧→保护性气体罩式炉退火→高精成品预精轧制→展开式保护气体退火→高精成品轧制→展开式保护气体退火→板材横剪、带材纵剪。带式法取代块式法，是一种革命化的变革，实现了铜板带生产的自动化、现代化，达到了生产高效、节能、节材、环保等目的。特别是卷坯的表面铣屑和保护性气体退火不但提高了产品质量，而且使长期存在的以消除氧化皮为目的的酸洗工序得以取消，从而在很大程度上改善了环境。

（4）管材卷式生产法已成为我国一项代表性的先进技术。其中空调器用盘管和高效散热内螺纹铜管生产技术已走在世界前列。我国铜盘管生产技术的特点是管坯生产方式多样化，主要有 3 种：大锭热挤-高速轧管法，水平连铸-行星轧制法，上铸法（又称上引方法）。这 3 种已经完全产业化，适应不同的产品品种，投资和生产规模，推动了铜管生产的技术进步。

（5）铜加工材生产过程中重要工艺参数和产品质量的在线检查技术迅速发展，使铜加工材的尺寸精度、表面和内在质量水平显著提高。

3.4　铜合金的分类及其合金化原理

3.4.1　铜合金的分类

铜合金的分类方法有以下 3 种。

（1）按合金系划分，可分为非合金铜和合金铜。非合金铜包括高纯铜、韧铜、脱氧铜、无氧铜等,习惯上,人们将非合金铜称为紫铜或纯铜,也叫红铜,而其他铜合金则属于合金铜。我国和俄罗斯把合金铜分为黄铜、青铜和白铜,然后在大类中划分小的合金系(见本章 3.5～3.7 节)。

(2)按功能划分,有导电导热用铜合金(主要有非合金化铜和微合金化铜)、结构用铜合金(几乎包括所有铜合金)、耐蚀铜合金(主要有锡黄铜、铝黄铜、各种不白铜、铝青铜、钛青铜等)、耐磨铜合金(主要有含铅、锡、铝、锰等元素复杂黄铜、铝青铜等)、易切削铜合金(铜-铅、铜-碲、铜-锑等合金)、弹性铜合金(主要有锑青铜、铝青铜、铍青铜、钛青铜等)、阻尼铜合金(高锰铜合金等)、艺术铜合金(纯铜、简单单铜、锡青铜、铝青铜、白铜等)。显然,许多铜合金都具有多种功能。

(3)按材料形成方法划分为铸造铜合金和变形铜合金。事实上,许多铜合金既可以用于铸造,又可以用于变形加工。通常变形铜合金可以用于铸造,而许多铸造铜合金却不能进行锻造、挤压、深冲和拉拔等变形加工。铸造铜合金和变形铜合金又可以细分为铸造用紫铜、黄铜、青铜和白铜。

3.4.2　铜合金的合金化原理

一、铜合金的组织与相变

铜能够与许多元素形成合金,这是铜极为重要的宝贵性质。

铜及合金材料的成分和加工过程决定着金属组织,而组织又对性能具有重大影响。铸造组织一般由柱状晶、等轴晶所组成,经压力加工后铸造晶粒被破裂,并沿着加工方向被拉长,在热加工和热处理中,在金属材料中发生多边化、再结晶、集聚再结晶过程,同时在铜合金材料中还伴随着固态相变,材料的晶粒大小、均匀程度、晶粒的取向、晶粒集团的取向、合金相的组成、相的分布、相的形态、化学成分的均匀程度等对材料的性能有着决定性的影响。一般规律是:晶粒和析出化合物细小、均匀、没有方向性,则材料的综合性能良好,反之材料性能变坏,并且各向异性。纯铜材料的金属组织由晶粒和晶界所组成,合金的晶粒由不同性质的合金相组成,晶界处还有各种析出物。常见的合金相有固溶体、中间化合物;铜基固溶体相多为置换式固溶体,即铜的晶格结点处铜原子被溶质元素原子所取代,而晶格结构与铜的一致、原子尺寸相差越小、电子浓度低,则有利于形成铜基固溶体、铜与镍、金、锰等元素,固态下可无限互溶,形成连续固溶体,锌、铝、锡等元素在铜中有很大的固溶度。重要的铜合金元素在铜中常温下的固溶体 如表 3-4 所示,铜基固溶体随着温度的变化,元素在铜中的固溶度会发生重大变化,固溶度变化是通过在固溶体中析出单质溶质和化合物来实现的,与此同时合金性能会发生重大变化,最具代表性的变化是合金强度和电导率提高,人们正是利用这个原理进行铜合金材料的热处理。典型的热处理工艺是:高温下淬火(通常是 900～950 ℃,淬水),获得过饱和固溶体。此时合金塑性优良,适合进行压力加工,经过一定变形程度的冷加工,获得人们所希望的制品,然后进行时效处理(一般为 400～500 ℃),此时发生溶质元素的析出,材料的强度和电导率提高,人们往往把电导率的回升程度,作为热处理是否到位的重要指标。有些铜基固溶体在一定温度下还会发生有序化转变,同时伴随着强度、导电、磁性的变化;铜合金中的中间相是铜与金属和非金属相形成的化合物,其中包括有正常价化合物、电子化合物、原子尺寸因素化合物,常见的铜合金中间相如表 3-5 所示,这些化合物均为硬脆相。它们的形态、分布严重地影响着铜合金的性能。

表 3-4　重要合金元素在铜中固溶度

元素名称	最大固溶度	室内固溶度	元素名称	最大固溶度	室内固溶度
氧	1 050 ℃,0.008	≤0.002	锌	454 ℃,39.0	≤33
硫	800 ℃,0.002	0	锡	320 ℃,15.8	≤1.2
砷	689 ℃,8.0	6.0	铝	565 ℃,9.4	≤9.4
银	779 ℃,8.0	0.85	硅	552 ℃,4.65	≤2.0
镉	650 ℃,4.5	0.5	铍	866 ℃,2.7	≤0.2
铅	954 ℃,0.05	≤0.02	铬	1 070 ℃,0.65	<0.03
磷	714 ℃,1.75	≤0.6	锆	965 ℃,0.15	<0.01
铁	1 094 ℃,4.0	≤0.1	铋	800 ℃,0.01	<0.001

表 3-5　重要二元系铜合金中金属间相(稳定相)

合金系	相的代号	相结构	晶体结构	合金系	相的代号	相结构	晶体结构
Cu-Zn	β	CuZn	体心立方	Cu-Al	γ_2	Al_4Cu_9	复杂立方
	β'	CuZn	有序体心立方	Cu-Be	β	$BeCu_2$	体心立方
	γ	Cu_5Zn_8	有序体心立方		γ	$BeCu_2$	有序立方
Cu-Sn	β	Cu_5Sn	体心立方	Cu-Zr	β	Cu_5Zr	复杂立方
	δ	$Cu_{31}Sn_8$	复杂立方		γ	Cu_4Zr	复杂立方
	ε	Cu_3Sn	体心立方	Cu-Mg	β	$CuMg_2$	—
Cu-Al	β	$AlCu_3$	体心立方		γ	Cu_2Mg	有序面心立方

铜合金相变的研究是合金材料研究的基础,它以合金相图为基础,铜合金相图有二元、三元、四元和多元,按其相变类型又可把二元相图分为多种形式。铜合金按照合金成分和不同温度发生的主要相变过程如下:

液相向固相转变过程中有固溶体析出、共晶、包晶等相变,液相向固相转变均为形核长大过程,初生相随着温度下降,成分也在不断地变化着,成分的变化一般通过原子扩散来实现,由于工程条件不可能达到平衡条件的要求,所以晶内偏析、区域偏析固相,Cu-Ag,Cu-As,Cu-Mg,Cu-P,Cu-Ti,Cu-Zr,Cu-Te,Cu-Cr,Cu-Cd 等合金相图均存在着共晶转变;包晶反应是一定成分的液相和确定成分的固相在确定的温度下发生反应,生产一种具有确定成分的固相,Cu-Zn,Cu-Al,Cu-Sn,Cu-In 等为典型的包晶反应相图。

铜合金固态下相变主要有:

(1)固溶体分解,其过程是过饱和固溶体→G.P.区→亚稳定相→稳定相,固溶体分解是通过从过饱和固溶体中析出单质和化合物来完成的,此类相变普遍存在于高铜合金中。

(2)共析转变,是一种成分的固相,在确定的温度下,同时分解成两种新的固相。

(3)包析反应,是一种成分固相,在确定温度下与另一种成分固相发生反应产生一种新成分固相的过程。

共析与包析反应存在于 Cu-Zn,Cu-Al,Cu-Sn 等重要铜合金系中。

(4)共格分解,又称斯皮诺达分解(Spinodal),是一种固溶体,在确定温度范围内发生分解,形成晶格相图,而合金成分不同的固溶体,如 Cu - Mn 合金系。

(5)马氏体转变,是一种非扩散型转变,只有晶体结构的变化而无成分变化,在 Cu - Zn - Al,Cu - Al - Mn 合金中,当发生热弹性马氏体转变时,合金表现有记忆性能和超弹性。

二、铜的合金化原则

元素对铜的性能和组织的影响是不同的,为了研制出具有优良性能的铜合金,人们积累了丰富的经验,许多重要的合金化原则是不能违反的。

(1)所有元素都无一例外地降低铜的电导率和热导率,凡元素固溶于铜中,造成铜的晶格畸变,使自由电子定向流动时产生波散射,使电阻率增加,相反在铜中没有固溶度或很少固溶的元素,对铜的导电和导热影响很少,特别应注意的是有些元素在铜中固溶度随着温度降低而激烈地降低,以单质和金属化合物析出,既可固溶和弥散强化铜合金,又对电导率降低不多,这对研究高强高导合金来说,是重要的合金化原则,这里应特别指出的是铁、硅、锆、铬四元素与铜组成的合金是极为重要的高强高导合金;由于合金元素对铜性能影响是叠加的,其中 Cu - Fe - P,Cu - Ni - Si,Cu - Cr - Zr 系合金是著名的高强高导合金。

(2)铜基耐蚀合金的组织都应该是单相的,避免在合金中出现第二相引起电化学腐蚀。为此加入的合金元素在铜中都应该有很大的固溶度,甚至是无限互溶的元素,在工程上应用的单相黄铜、青铜、白铜都具有优良的耐蚀性能,是重要的热交换材料。

(3)铜基耐磨合金组织中均存在软相和硬相,因此在合金化时必须确保所加入的元素除固溶于铜之外,还应该有硬相析出,铜合金中典型的硬相有 Ni_3Si、FeAlSi 化合物等。近年来开发的汽车同步器齿轮合金中的 α 相为软相,β 相为硬相,α 相不宜大于 10%。

(4)固态有孪晶转变的铜合金具有阻尼性能,如 Cu - Mn 系合金,固态下有热弹性马氏体转变过程的合金具有记忆性能,如 Cu - Zn - Al,Cu - Al - Mn 系合金。

(5)铜的颜色可以通过加入合金元素的办法来改变,比如加入锌、铝、锡、镍等元素,随着含量的变化,颜色也发生红—青—黄—白的变化,合理地控制含量会获得仿金材料和仿银合金,如 Cu - 7Al - 2Ni - 0.5In 和 Cu - 15Ni - 20Zn 合金系分别是著名的仿金和仿银合金。

(6)铜及合金的合金化所选择的元素应该是常用、廉价和无污染的,所加元素应该本着多元少量的原则,合金原料能够综合利用,合金应具有优良的工艺性能,适于加工成各种成品和半成品。

3.5　黄　铜

3.5.1　黄铜的牌号及表示方法

Zn 含量低于 50% 的 Cu - Zn 合金呈金黄色($Zn \leqslant 20\%$)或淡黄色($Zn = 30\% \sim 45\%$),故称黄铜。黄铜具有良好的工艺性能、机械性能、耐蚀性能、导电和导热性,还具有价格便宜色泽美丽的优点,是有色金属中应用最广的合金材料之一。

简单的 Cu - Zn 合金称普通黄铜或二元黄铜,加入 Al,Sn,Pb,Si 等第三种元素的黄铜称特殊黄铜或多元黄铜。黄铜按其生产工艺可分为压力加工黄铜和铸造黄铜。

黄铜用拼音字母 H、元素符号和 Cu 含量来表示牌号，H80，H70 和 HPb59 - 1 即表示 Cu 含量分别为 80％和 70％的二元黄铜和含 59％Cu，1％Pb 的特殊黄铜或 Pb 黄铜。铸造用黄铜的牌号用拼音字母"Z"再加铜的化学符号和主添元素的化学符号及含量表示，例如 ZCuZn38 表示："Cu"为基体元素，"Zn"为主要合金元素，"38"为锌的平均质量含量（％）。

常用铸造黄铜和加工黄铜的牌号及化学成分分别如表 3 - 6、表 3 - 7 所示。

表 3 - 6　常用铸造黄铜牌号及主要化学成分

类　别	牌　号	主要化学成分/（％）（质量）		
		Cu	其他成分	Zn
铸造黄铜	ZCuZn38	60.0～63.0	—	余量
	ZCuZn25Al6 Fe3Mn3	60.0～66.0	Al：4.5 7.0 Fe：2.04.0 Mn：1.54.0	余量
	ZCuZn40Mn3Fe1	53.0～58.0	Fe：0.51.5 Mn：3.04.0	余量

表 3 - 7　常用加工黄铜牌号及主要化学成分

合金名称	牌　号	主要化学成分/（％）（质量）			杂质总量/（％） ≤
		Cu	其他成分	Zn	
普通黄铜	H96	95.0～97.0	—	余量	0.2
	H68	67.0～70.0	—	余量	0.3
	H62	60.5～63.5	—	余量	0.5
	H59	57.0～60.0	—	余量	0.9
锡黄铜	HSn70 - 1	69.0～71.0	Sn：1.0～1.5	余量	0.3
	HSn62 - 1	61.0～63.0	Sn：0.7～1.1	余量	0.3
铝黄铜	HAl59 - 3 - 2	57.0～60.0	Al：2.5～3.5 Ni：2.0～3.0	余量	0.9
镍黄铜	HNi65 - 5	64.0～67.0	Ni：5.0～6.5	余量	0.3
硅黄铜	HSi80 - 3	79.0～81.0	Si：2.5～4.0	余量	1.5
	HSi65 - 1.5 - 3	63.5～66.5	Si：1.0～2.0 Pb：2.5～3.5	余量	0.5
铅黄铜	HPb74 - 3	72.0～75.0	Pb：2.4～3.0	余量	0.25
锰黄铜	HMn58 - 2	57.0～60.0	Mn：1.0～2.0	余量	1.2
	HMn55 - 3 - 1	53.0～58.0	Mn：3.0～4.0 Fe：0.6～1.2 Al：0.1～0.4 Sn：0.3～0.7	余量	1.3

续 表

| 合金名称 | 牌　号 | 主要化学成分/(%)(质量) | | | 杂质总量/(%) |
		Cu	其他成分	Zn	≤
铁黄铜	HFe59-1-1	57.0～60.0	Mn:0.5～0.8 Fe:0.6～1.2 Al:0.1～0.4 Sn:0.3～0.7	余量	0.25
	HFe58-1-1	56.0～58.0	Sn:0.3～0.75 Fe:0.7～1.3 Pb:0.3～1.3	余量	0.50

3.5.2　普通黄铜

一、普通黄铜的相组成及各相的特性

Cu-Zn 系二元状态图如图 3-4 所示,是个复杂的状态图,相组成物也比较多,但与工业用黄铜组织有关的只有 α,β 和 γ 3 个相。

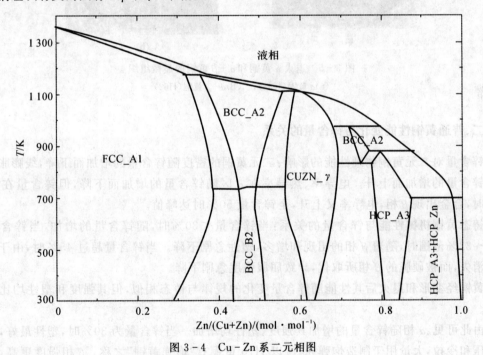

图 3-4　Cu-Zn 系二元相图

α 相是一次固溶体,属面心立方晶格,$a=0.360\,8\sim0.369\,3$ nm,Zn 在室温的最大溶解度达 38%～39%,温度升高,溶解度降低,在 902 ℃(905 ℃)降到 32%。α 相的塑性极高,适于冷、热加工,并有优秀的锻接、焊接和镀 Sn 能力。

β 相是以电子化合物 CuZn 为基的固溶体,电子浓度为 2/3,是体心立方晶格。454～468

℃的连线是 β 相的有序转变温度,高于连线,β 相是无序固溶体,塑性极高,适于热变形,在连线以下。是有序固溶体,多以 β' 表示,塑性低,冷变形较困难。γ 相是以电子化合物 Cu₅Zn₈ 为基的固溶体,电子浓度为 21/13,是复杂立方晶格。低于 270 ℃是有序固溶体(γ'),性极脆,不能塑性加工,工业黄铜很少出现这种组织。

从图 3-4 可以看出,Zn≤50% 的黄铜,退火组织是 α,α+β 或 β 相。因此,按组织黄铜可分为 α,α+β 和 β 黄铜三大类。α 黄铜(H68)和 α+β 黄铜(H62)的显微组织如图 3-5 所示。随 Zn 含量升高,β 相(暗黑色)逐渐增多。Zn 含量升高到 45%～49%,组织全由粗大的 β 相组成。α 黄铜的显微组织与纯 Cu 相同,有大量孪晶存在。

按 Cu-Zn 状态图,Zn 含量为 38% 的黄铜(H62)应为单相的 α 组织,但在工业生产条件下,Zn 得不到充分扩散,仍有部分 β 相保存下来,形成亚稳定的 α+β 组织(见图 3-5)。

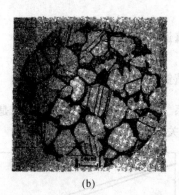

(a)   (b)

图 3-5　退火 α 黄铜和 α+β 黄铜的显微组织
(a)α 黄铜(H68);　(B)α+β 黄铜(H62)

二、普通黄铜性能变化与锌含量的关系

锌含量对二元黄铜物理性能的影响:二元黄铜的密度随锌含量的增加而下降,线膨胀系数则随锌含量的增加而上升。电导率、热导率在 α 区随锌含量的增加而下降,但锌含量在 39% 以上时,合金出现 β 相,电导率又上升,至锌含量 50% 时达峰值。

铸态黄铜机械性能与锌含量的关系:当锌含量<30% 时,随锌含量的增加,当锌含量在 30%～32% 范围时,随着 β' 相的出现和增多,塑性急剧下降。当锌含量超过 45% 时,由于 α 相全部消失,而被硬脆的 β' 相所取代,导致屈服强度急剧下降。

黄铜经变形和退火后其性能随锌含量变化的规律与铸态相似,但其强度和塑性均比铸态稍高。

由此可见:α 相随锌含量的增加其强度、塑性均增加。当锌含量为 30% 时,塑性最好,适于深冲压和冷拉,大量用于制造炮弹壳,所以 H70 黄铜有"炮弹黄铜"之称。β 相强度更高,但室温下呈有序状态,塑性很低。γ 相在室温下则更硬而脆。

α 黄铜具有良好的塑性,适于冷、热加工。所有黄铜在 200～600 ℃温度范围内均存在中温低塑性区,这主要是由于微量杂质(铅、锑、铋等)的影响而造成的,它们与铜生成低熔点共晶最后凝聚在晶界上,形成低熔点共晶薄膜,从而造成热加工过程的"热脆"。然而黄铜的塑性会随温度升高而重新显著增长,表明这些杂质在高温时的溶解度明显增加。脆性区温度范围与锌含量有关,具体温度要看含锌量。

黄铜在大气、淡水或蒸汽中有很好的耐蚀性,腐蚀速度约为 0.002 5～0.025 mm/a,在海水中的腐蚀速度略有增加,约为 0.007 5～0.1 mm/a。脱锌和应力腐蚀破坏(季裂)是黄铜最常见的两种腐蚀形式。

脱锌常在含锌较高的 α 黄铜,特别是 $\alpha+\beta$ 黄铜中出现,由于锌的电极电位远低于铜的电极电位,所以黄铜在中性盐水溶液中产生电化学反应时,电极电位低的锌首先被溶解,铜则呈多孔薄膜残留在表面,并与表面下的黄铜组成微电池,使黄铜成为阳极而被加速腐蚀,通常采用加 As(0.02～0.06%As)来防止脱锌。

黄铜的应力腐蚀通常称"季裂"或"自裂",是指黄铜产品存放期间产生自动破裂的现象。这种现象是产品内的残余应力与腐蚀介质氨、SO_2 及潮湿空气的联合作用产生的。黄铜含 Zn 量越高,越容易自裂。

三、普通黄铜中杂质的影响

微量的杂质会对黄铜的加工性能产生严重的影响,黄铜中常见的杂质有铅、铋、锑、磷、砷和铁等。

1. 铅

铅在 α 单相黄铜中是有害杂质,由于它熔点低,几乎不溶于黄铜中,主要分布在晶界上。铅含量大 0.03% 时,黄铜在热加工时便出现热脆;但对冷加工性能无明显影响。在($\alpha+\beta$)两相黄铜中,铅的容许含量可比 α 黄铜高一些,因为两相黄铜在加热和冷却过程中,会发生固态相变($\alpha+\beta \rightarrow \beta$),可使铅大部转入晶内,减轻其危害性。少量铅可提高两相黄铜的切屑性能,使加工件表面获得高的光洁度。

2. 铋

铋常呈连续的脆性薄膜分布在黄铜晶界上,既产生热脆性,又产生冷脆性,对黄铜的危害性远比铅为大,在 α 及 $\alpha+\beta$ 黄铜中要求不大于 0.002%Bi。

减轻 Pb 和 Bi 有害影响的有效途径是加入能与这些杂质形成弥散的高熔点金属化合物的元素,例如 Zr 可分别与 Pb、Bi 形成高熔点稳定化合物 Zr_xPb_y(熔点 2 000 ℃)和 Zr_xBi_y(熔点 2 200 ℃)。

3. 锑

随着温度下降,锑在 α 黄铜中的溶解度急剧减小,甚至锑含量小于 0.1% 时,就会析出脆性化合物 Cu_2Sb,它呈网状分布在晶界上,严重损害黄铜的冷加工性能。锑还促使黄铜产生热脆性,因锑在固态铜中的共晶温度为 645 ℃,故锑是黄铜中的有害杂质。

加入微量锂可与锑形成高熔点的 Li_9Sb(熔点 1 145 ℃)从而减轻锑对黄铜塑性的有害影响。

4. 砷

室温时砷在黄铜中的溶解度<0.1%,过量的砷则产生脆性化合物 Cu_3As,分布在晶界上,降低黄铜塑性。黄铜中加入 0.02%～0.05%As,可防止黄铜脱锌。砷使黄铜制品表面形成坚固的保护膜,提高黄铜对海水的耐蚀性。

四、普通黄铜的成分、性能和用途

二元黄铜性能变化规律为:其导电、导热性随 Zn 含量的增加而下降,而机械性能(抗拉强

度、硬度)则随 Zn 含量的增加而上升,因此,二元黄铜在工业上的应用主要根据其性能来
选择。

低锌黄铜 H96,H90 和 H85 具有良好的电导率、热导率和耐蚀性,并有足够的强度和良好
的冷、热加工性能,被大量采用来制作冷凝管、散热管、散热片、冷却设备及导电零件等。

三七黄铜 H70,H68 具有高的塑性和较高的强度,冷成型性能特别好,适于用冷冲压或深
拉法制造各种形状复杂的零件。

H62 是($α+β$)双相黄铜,有很高的强度,在热态下塑性良好;冷态下塑性也比较好,切削加
工性好,耐蚀,易焊接,以板材、棒材、管材、线材等供工业大量使用,应用广,有"商业黄铜"
之称。

高锌 H59 黄铜强度高,由于含锌量高,所以价格便宜,能极好地承受热态压力加工有一般
的耐蚀性,多以棒材和型材应用于机械制造业。

3.5.3 特殊黄铜

为了提高黄铜的耐蚀性、强度、硬度和切削性等,在铜-锌合金中加入少量(一般为 1%~
2%,少数达 3%~4%,极个别的到 5%~6%)锡、铝、锰、铁、硅、镍、铅等元素,构成三元、四元
甚至五元合金,即为复杂黄铜。

一、锌当量系数

特殊黄铜的组织,可根据黄铜中加入元素的"锌当量系数"来推算。在铜-锌合金中加入少
量其他合金元素,会使铜-锌系中的 $α/(α+β)$ 相界向左移动(缩小 $α$ 区)或向右移动(扩大 $α$
区)。因此,特殊黄铜的组织通常即相当于简单黄铜中增加(或减少)锌含量的合金组织。实验
指出:在铜-锌合金中加入 1%硅之后的组织,即相当于铜-锌合金中增加 10%锌的合金组织,
故称硅的"锌当量系数"为 10。硅的锌当量系数为正值,急剧缩小 $α$ 区。若在铜-锌合金中加
入 1%镍,则合金的组织相当于在铜-锌合金中减少 1.5%锌的合金组织,故镍的"锌当量系数"
为−1.5,镍的锌当量系数是负值,使 $α$ 区扩大。各元素的"锌当量系数"如表 3-8 所示。

表 3-8 合金元素在黄铜中的"锌当量系数"

元素	硅	铝	锡	镁	铅	镉	铁	锰	钴	镍
锌当量系数	10	8	2	2	1	1	0.9	0.5	−0.1~−1.5	−1.3~−1.5

铜-锌合金中加入其他元素后产生的相区移动,大致可用下式来推算:

$$x = \frac{A + \sum C_i K_i}{A + B + \sum C_i K_i} 100\% \qquad (3-1)$$

式中,x 为 Cu-Zn 合金中加入其他组元后,相当于 Cu-Zn 二元合金中的锌含量(%),又称
"虚拟锌含量",由此可找出该合金的组织在 Cu-Zn 二元相图中相应的位置;A,B 分别为合金
中锌和铜的实际含量(%)。$\sum CK$ 为除锌外的合金元素实际含量(C)与该元素锌当量系数
(K)的乘积总和(%)。

例如,HAl66-6-3-2(66%Cu-6%Al-3%Fe-2%Mn,余为锌)的"虚拟锌含量"为

$$x=\frac{23+(6\times6+3\times0.9+2\times0.5)}{23+66+16\times6+3\times0.9+2\times0.5}\times100\%\approx48.6\% \tag{3-2}$$

从 Cu-Zn 二元相图可知:含 48.6%Zn 的合金具有单相 β 组织,实际 HAl66-6-3-2 在显微镜下也是单相 β 组织。

二、工业上广泛应用的几种特殊黄铜

1. 锡黄铜

在普通黄铜中加入 0.5%~1.5%Sn,可提高合金的强度和硬度以及在海水中的腐蚀性。此外,能改善黄铜的切削加工性能。锡黄铜主要以管材、棒材、板材等形式大量用于舰艇制造工业,如冷凝管、船舶零件、船舰焊接件的焊条等,故有"海军黄铜"之称。锡虽然提高了黄铜的耐蚀性能,但不能从根本上消除应力腐蚀破裂倾向,可采用低温退火(440~470 ℃)提高应力腐蚀抗力。

2. 铝黄铜

黄铜中加入少量铝(0.7%~3.5%)可在合金表面形成致密并和基体结合牢固的 Al_2O_3 氧化膜,提高对气体、溶液,特别对海水的耐蚀性。铝有细化晶粒的作用,可防止退火时晶粒粗化,还可提高合金的硬度和强度。但铝使黄铜铸造组织粗化,Al 超过 2%时塑性、韧性下降。含 2%Al,20%Zn 的铝黄铜具有最高的热塑性,所以 HAl77-2 合金得到广泛应用。此外,铝缩小铜锌合金包晶反应温度间隔,而显著改善黄铜的铸造性能。含铝的特殊黄铜焊接比较困难,且有高的应力腐蚀破裂倾向,必须进行充分的低温退火加以消除。

3. 镍黄铜

添加镍可扩大 α 相区,双相黄铜添加适当的镍可转变为单相黄铜。镍能提高黄铜的强度、韧性、耐蚀性及耐磨性。镍黄铜适合于冷、热加工。镍黄铜具有小的应力腐蚀破裂倾向,可用来制造海船工业的压力表及冷凝管等,还可作为锡磷青铜的代用品。

4. 硅黄铜

普通黄铜中加入 1.5%~4.0%Si,能显著提高黄铜在大气及海水中的耐蚀性能以及应力腐蚀破裂能力,改善合金的铸造性能,并能与钢铁焊接。HSi80-3 硅黄铜显微组织为 $\alpha+\beta$,它具有较高的力学性能和优良的耐蚀性能,适宜冷、热加工或压铸。且在超低温(−183℃)仍具有较高的强度和韧性。主要用于舰船制造和其他工业中的耐蚀零件和接触蒸汽的配件等。HSi65-1.5-3 硅黄铜有足够的强度、耐磨性和耐蚀性,并具有优良的热轧、挤压和锻造性能,可作为耐磨锡青铜的代用品。

5. 铅黄铜

铅黄铜分单相 α 及双相($\alpha+\beta$),HPb74-3 是单相 α 铅黄铜,铅呈细小质点分布在晶界;而 HPb59-1 是双相($\alpha+\beta$)铅黄铜。铅在 α 黄铜中溶解度小于 0.03%。它作为金属夹杂物分布在 α 黄铜枝晶间,引起热脆。但其在双相($\alpha+\beta$)黄铜中,凝固时先形成 β 相,随后继续冷却,转变为($\alpha+\beta$)组织,使铅颗粒转移到黄铜晶内,铅的危害减轻。

α 铅黄铜有足够高的强度、耐磨性和耐蚀性以及良好的切削性能。因此,适用于冷变形和切削加工,可用作钟表机芯的基础部件、汽车、拖拉机等机械零件,如衬套、螺钉、电器插座等。HPb59-1 为易切削黄铜,其强度高、热加工性能好,适用于制造各种零件和标准件。

6. 锰黄铜

黄铜中加入一定量的锰有细化晶粒的作用,并能在不降低塑性的条件下,提高合金的强度、硬度和在海水及热蒸汽中的耐蚀性能。因而,含 1%～4% Mn 的锰黄铜得到了广泛的应用。如 HMn58-2 用于制造海船零件及电讯器材。锰黄铜具有良好的冷、热加工性能,含铁或铝的锰黄铜广泛用于造船等工业,如 ZCuZn40Mn3Fe1 锰黄铜可用于制造螺旋桨,其显微组织为 β 相基体上分布着 α 相,在 α 相边缘或中间分布着星形富铁相。

7.铁黄铜

微量的铁能细化黄铜的铸造组织,并抑制退火时的晶粒长大。铁在 α 相中的溶解度为 1.0%,且溶解度随锌含量的增加而减小。由于铁的溶解度随温度而变化,因而能造成黄铜具有析出硬化效果,提高了黄铜的强度、硬度和改善了黄铜的减摩性能。但含铁化合物 $FeZn_{10}$ 的析出对黄铜的耐蚀性能不利,为了消除铁的这种有害作用,铁常与锰配合使用,易改善耐蚀性。铁黄铜用于制造船舰工业和电信工业的摩擦件、阀体及旋塞等。

3.6 青 铜

3.6.1 青铜的牌号及表示方法

青铜是人类历史上最早应用的一种合金。青铜最早指的是铜锡合金。但近数 10 年来,在工业上应用了大量的含铝、硅、铍、锰、铅的铜基合金,这些也称为青铜。为了加以区别,通常把铜锡合金称为锡青铜(普通青铜),其他称为无锡青铜(特殊青铜)。

青铜牌号的表示方法是:拼音字母"Q"加上第一个主加元素的化学符号及含量再加上其他合金元素的含量。例如 QSn4-3 表示含 4% Sn,3% Zn 的锡青铜;QAl5 表示含 5% Al 的铝青铜。铸造青铜的牌号为:"Z"表示铸造,"Cu"表示铜基体元素符号,例如 ZCuPb30 表示铸造铅青铜,铅的平均质量含量为 30%。

常用加工青铜和铸造青铜的牌号及主要化学成分分别如表 3-9 和表 3-10 所示。

表 3-9 常用加工青铜牌号及主要化学成分

合金名称	牌 号	主要化学成分/(%)(质量)					杂质总量/(%)
		Sn	Al	Be	其他成分	Cu	≤
锡青铜	QSn4-3	3.5～4.5	—	—	Zn:2.7～3.3	余量	0.2
	QSn4-4-2.5	3.5～5.0	—	—	Zn:3.5～5.0 Pb:1.5～3.5	余量	0.2
	QSn6.5-0.1	6.0～7.0	—	—	—	余量	0.1
	QSn7-0.2	6.0～8.0	—	—	—	余量	0.15
铝青铜	QAl7	—	6.0～8.0	—	—	余量	1.6
	QAl9-2	—	8.0～10	—	Mn:1.5～2.5	余量	1.7
	QAl9-4	—	8.0～10	—	Fe:2.0～4.0	余量	1.7
	QAl10-3-1.5	—	8.5～10	—	Mn:1.0～2.0 Fe:2.0～4.0	余量	0.75

续 表

合金名称	牌 号	主要化学成分/(%)(质量)					杂质总量/(%)
		Sn	Al	Be	其他成分	Cu	≤
铍青铜	QBe2	—	—	1.8~2.1	Ni:0.2~0.5	余量	0.5
	QBe1.9-0.1			1.8~2.1	Ni:0.2~0.4 Ti:0.10~0.25 Mg:0.07~0.13	余量	0.5
	QBe1.9			1.8~2.1	Ni:0.2~0.4 Ti:0.10~0.25	余量	0.5
	QBe1.7	—	—	1.6~1.85	Ni:0.2~0.4 Ti:0.10~0.25	余量	0.5

表 3-10 常用铸造青铜牌号及主要化学成分

合金名称	牌 号	主要化学成分/(%)(质量)				
		Sn	Al	Pb	其他成分	Cu
铸造锡青铜	ZcuSn3Zn11Pb4	2.0~4.0	—	3.0~6.0	Zn:9.0~13.0	余量
	ZCuSn5Pb5Zn5	4.0~6.0	—	4.0~6.0	Zn:4.0~6.0	余量
	ZCuSn10Pb1	9.0~11.5	—		—	余量
	ZCuSn10Zn2	9.0~11.0	—		Zn:1.0~3.0	余量
铸造铅青铜	ZCuPb10Zn10	9.0~11.0	—	8.0~11.0		余量
	ZCuPb15Zn8	7.0~9.0	—	13.0~17.0		余量
	ZCuPb17Sn4Zn4	3.5~5.0	—	14.0~20.0	Zn2.0~6.0	余量
	ZCuPb30	—	—	27.0~33.0	—	余量
铸造铝青铜	ZCuAl8Mn13Fe3		7.9~9.0	—	Fe:2.0~4.0 Mn:12.0~14.5	余量
	ZCuAl8Mn13Fe3 Ni2		7.0~8.5	—	Fe:2.5~4.0 Mn:11.5~14.0 Ni:1.8~2.5	余量
	ZCuAl9Mn2		8.0~10.0	—	Mn:1.5~2.5	余量
	ZCuAl10Fe3		8.5~11.0	—	Fe:2.0~4.0	余量

3.6.2 锡青铜

Cu-Sn 系合金称锡青铜,有较高的强度、抗蚀性和优秀的铸造性能,长久以来广泛应用于各种工业部门。为了节约 Sn 或改善铸造、机械和耐磨性能,Sn 青铜还常常加入 P,Zn 和 Pb 等。Sn 是比较缺少和昂贵的金属,除特殊情况外,一般很少使用锡青铜。当前国内外多用价格便宜和性能更高的特殊青铜或特殊黄铜来代用。

一、二元锡青铜的组织

铜锡二元合金相图如图 3-6 所示。它是由几个包晶转变和共析转变所组成的,其转变产物有 $\alpha,\beta,\gamma,\delta,\varepsilon$ 等相。

α 相是 Sn 固溶于 Cu 中的固溶体,是面心立方晶格。Sn 在室温的溶解度极低,在 520 ℃ (共析转变温度)的最大溶解度可升高到 15.8%,但在 798 ℃(包晶转变)又降低到 13.5%。此外,由室温到 520 ℃间的固溶体分解过程极慢,只有在强烈变形和长时间退火后才能分解,在实际应用时可以不考虑。

β 相是以体心立方晶格的 β 电子化合物 Cu_5Sn(电子浓度为 3/2)为基的固溶体,只在高温中稳定,温度降低即迅速发生共析(586 ℃)分解:$\beta \rightarrow \alpha + \gamma$。

γ 相是以 CuSn 化合物为基的固溶体,只在 520 ℃以上稳定,温度降低立即发生共析分解 $\gamma \rightarrow \alpha + \delta$。$\gamma$ 相也可以认为是一种有序固溶体。

δ 相是复杂立方晶格的 γ 电子化合物 $Cu_{31}Sn_8$,电子浓度为 21/13。在室温极端硬脆,不能塑性加工。在 350 ℃发生的 $\delta \rightarrow \alpha + \varepsilon$ 共析分解极慢,在实际生产条件下室温只能看到 δ 相,很难见到 ε 相。

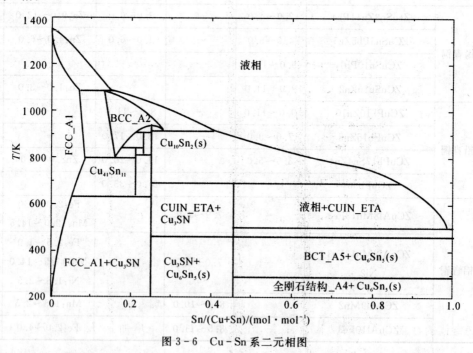

图 3-6 Cu-Sn 系二元相图

Sn 含量再增高,还可以出现 ε(Cu_3Sn)和 η(Cu_6Sn_5)相,两者均极硬脆,在常用的青铜(4%~12%Sn)中可以不考虑。

锡青铜的组织变化较复杂,合金的结晶温度区间较宽,易于偏析,单相 α 合金也会出现 δ 相。结晶温度区间宽的合金,铸锭表层的枝状初晶很发达,在降温过程中因收缩而在柱状枝晶间形成空隙,铸锭心部残余的富 Sn 低熔点液体,在负压作用下而被吸入空隙内,甚至于被挤出铸锭表面,出现许多富 Sn 颗粒,一般称之为"锡汗"(Tin Sweat)。铸件表层平均 Sn 含量比内部高的偏析现象与正常偏析(心部溶质浓度高)相反,故称"反(逆)偏析"现象。QSn6.5 - 0.1铸锭的心部组织,几乎全部是枝状 α 固溶体,由枝状 α 固溶体和亮白色多角形状的共析组织组成。

金相腐蚀剂对 Sn 青铜的铸态组织反应也不同,用 8％氨水腐蚀,含 Cu 含的树干变黑色,含 Sn 高的共晶组织和枝晶空隙部分呈亮白色。例如用含 3％$FeCl_3$ 的 10％HCl 水溶液腐蚀,含 Cu 高的树干和共析组织呈亮白色,Sn 高的枝晶空隙部位呈暗黑色。

Sn 含量≤5％～6％的青铜变形和退火(600～700℃)后的组织是由带孪晶的 α 相晶粒组成。Sn 含量位于 7％～14％间的合金,在 700～800℃退火 3～5h,共析组织即消失,变成单相 α 组织。但应指出,在 520℃以下 δ 相自 α 固溶体的析出速度极慢,Sn 含量＜14％的青铜,退火组织都是单一 α 组织。

锡青铜加入的少量 P 和 Zn 全部固溶于 α 相,不形成独立的相;加入的 Pb 不溶解,呈独立的质点分布于组织中,无须腐蚀便可以用显微镜辨认出来。

二、二元锡青铜的性能

1. 铸造性能

铜-锡合金的结晶温度间隔大(有的可达 150～160℃),流动性差,同时锡在铜中扩散慢,熔点相差大,因而枝晶偏析严重,枝晶轴富铜,呈黑色;基底富锡,呈亮色,在金相图片上很易区分。所以,铸锭在进行压力加工之前要进行均匀化退火;即使如此,偏析仍不易消除,只有经过多次压力加工和退火之后,才基本上消除枝晶偏析。

锡青铜凝固时不形成集中缩孔、只形成沿铸件断面均匀分布在枝晶间的分散缩孔,导致铸件致密性差,在高压下容易渗漏,不适于铸造密度和气密性要求高的零件。

体积收缩小是锡青铜的突出优点,其线收缩率为 1.45％～1.5％,热裂倾向小,有利于获得断面厚薄不等,尺寸要求精确的复杂铸件和花纹清晰的工艺美术品,因此工艺美术铸件均采用锡青铜。

锡青铜有"反偏析"倾向,铸件凝固时富锡的易熔组分在体积收缩和析出气体的影响下,由中心往四周移动,在铸件中出现细小孔隙和化学成分不均匀。当"反偏析"明显时,在铸件表面上会出现灰白色斑点或析出物形状的所谓"锡汗"。这些析出物是脆性的,含锡 15％～18％,主要由 δ 相晶体组成,对铸件质量不利。

2. 机械性能

锡青铜的性能与含锡量及组织有关,在 α 相区,Sn 含量增加 δ_b 及塑性均增大,大约在 10％附近,塑性最好,在 21％～23％附近 σ_b 最大。δ 相($Cu_{31}Sn_8$)硬而脆,随着 δ 相的增多,σ_b 起初升高,其后也急剧下降。工业用合金中,锡的含量为 3％～14％,变形合金的含锡量则在 8％以下,并且往往含有磷、锌或铅等合金元素。

3. 抗蚀性能

锡青铜在大气、水蒸气和海水中具有很高的化学稳定性,其在海水中的耐蚀性比紫铜、黄铜优良。所以,对那些暴露在海水、海风和大气中的船舶和矿山机械,广泛应用锡青铜铸件。但锡青铜怕酸,无机酸,特别是盐酸和硝酸,强烈腐蚀锡青铜。锡青铜在钠碱溶液中的腐蚀很厉害；在氨溶液及甲醇溶液中腐蚀也比较强烈。

三、多元锡青铜

二元锡青铜易偏析，不致密，机械性能得不到保证，故很少应用。为了改善二元锡青铜的工艺和使用性能，几乎全部工业用锡青铜都加有锌、磷、铅、镍等元素，组成多元锡青铜。现在分别介绍合金元素的作用及各种锡青铜的性能。

1. 磷的作用及锡磷青铜

锡青铜熔炼过程一般用磷脱氧，同时微量的磷（0.3％左右）能有效地提高合金的机械性能。在压力加工合金中，含磷量不超过 0.4％，这样的锡青铜具有最好的机械性质和工艺性能，有高的弹性极限、弹性模量和疲劳极限，广泛用于制作弹簧、弹片及弹性元件，是工业中应用最广的锡青铜。

磷在锡青铜中溶解得很少，并且随锡含量的增加和温度降低，溶解度显著减少。室温时磷在锡青铜中的极限溶解度约为 0.2％。含磷过多将形成熔点为 628℃ 的三元共晶，在热轧时磷化物共晶处于液态，造成热脆，只能冷加工。磷能增加青铜的流动性，但加大反偏析程度。

磷化物有高的硬度、耐磨。磷化物 δ 相作硬相，为轴承合金创造了所必需的条件，所以在铸造耐磨锡青铜中，磷含量可达 1.2％。

2. 锌的作用及锡锌青铜

锌能缩小锡青铜的结晶温度间隔，减少偏析，提高流动性，促进脱氧除气，提高铸件密度。锌能大量溶入固溶体中，改善合金的机械性能。含锌的加工锡青铜均具有单相 α 固溶体组织。锡锌青铜的含锌量在 2％～4％ 时具有良好的机械性能和抗蚀性能，用于制造弹簧、弹片等弹性元件、化工器械、耐磨零件和抗磁零件等。

3. 铅的作用及锡铅青铜

铅实际上不固溶于青铜，以纯组元状态存在，呈黑色夹杂物分布在枝晶之间，可以改善切削和耐磨性（降低摩擦因数）。含铅低时（例如 1％～2％）主要为了改善切削性，含铅高时（4％～5％）用作轴承材料，降低摩擦因数。锡铅青铜用以制造耐蚀、耐磨、易切削零件或轴套、轴承内衬等零件。

微量的 Zr，B，Ti 可细化晶粒，改善锡青铜的机械性能和冷热加工性能。而 As，Sb，Bi 则降低锡青铜的塑性，对冷热加工性能有害。

3.6.3 特殊青铜

加 Sn 以外的 Be，Ti，Mn，Si，Cr，Cd，Al 等元素的 Cu 基合金称特殊青铜，是电工和精密仪器用的重要材料。

一、铝青铜

铝青铜是特殊青铜的一种，强度和抗蚀性比黄铜和 Sn 青铜还高，是应用最广的一种 Cu 合金，也是锡青铜的重要代用品，但铸造性能和焊接性能较差。铝青铜常分为简单铝青铜和复杂铝青铜两类，简单铝青铜是只含铝的铜-铝二元合金；复杂铝青铜是除铝外还含有铁、镍、锰等其他元素的多元合金。

　　二元铝青铜的相组成如图 3-7 所示。从图 3-7 可以看出，Cu-Al 系状态图的富铜部分含 Al 小于 7% 的合金在所有温度下均具有单相 α 固溶体组织。与 Cu-Zn 二元系相似，温度下降，Al 的固溶度增加 α 相塑性好，易加工。

　　根据图 3.7，只有 Al 含量大于 9% 的合金才会存在 β 相及其转变产物，但在实际生产条件下，含 7%～8%Al 的合金组织中便有 $(\alpha + \gamma_2)$ 共析体出现。γ_2 是一硬脆相（HV=520），它的出现会使硬度、强度升高，塑性下降。

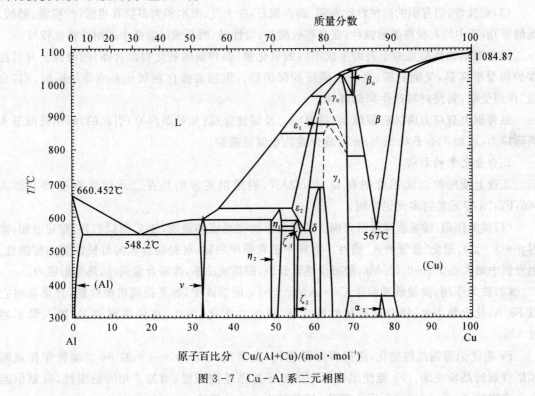

图 3-7　Cu-Al 系二元相图

　　含 9.4%～15.6%Al 的合金缓慢冷却到 565℃ 时，发生 $\beta \rightarrow \alpha + \gamma_2$ 转变，形成共析体组织。共析体组织与钢中的珠光体相似，具有明显的片层状特征。

　　从 β 单相区快速淬火时，共析转变受阻，此时的相变过程为无序 $\beta \rightarrow$ 有序 $\beta_1 \rightarrow \beta'_1$ 或 γ'_1。此时形成的马氏体 β'_1（或 γ'_1）因 Al 的浓度而异。Cu-Al 系的马氏体是热弹性马氏体，具有形状记忆效应。但在 Al 浓度高的 Cu-Al 二元系合金中，即使快速淬火也不能阻止 γ_2 相的析出，不出现热弹性马氏体相交，所以添加 Ni 来抑制 Cu 或 Al 的扩散，使 β 相稳定，以便通过淬火获得热弹性马氏体。此外，加 Ni 也是为了调整马氏体的相变温度，从而发展出今天的 Cu-Al-Ni 系形状记忆合金。

　　1. 二元铝青铜的性能

　　(1) 机械性能：铝青铜的机械性能与铝含量的关系：其强度和塑性随铝含量的增加而升高，塑性在铝含量 4% 左右达最大值，其后下降，而强度在铝含量 10% 左右达最大值。工业上实际应用的铝青铜含铝量在 5%～11% 范围内。铝青铜具有机械性能高、耐蚀、耐磨、冲击时产生火花等优点。α 单相合金塑性好,能进行冷热压力加工。$(\alpha+\beta)$ 两相合金能承受热压力加工,但主要用挤压法获得制品,不能进行冷变形。

(2)铸造性能:铝青铜液相线与固相线间的垂直距离(即结晶温度间隔)很小,仅 $10\sim80$ ℃,流动性很好,几乎不生成分散缩孔,容易获得致密铸件,成分偏析也不严重,但易生成集中缩孔,容易形成粗大柱状晶,形成"弱面",使压力加工变得困难。铝青铜冷变形性能差与晶粒粗大有关;为防止铝青铜晶粒粗大,除严格控制铝含量外,同时采用复合变质剂(如 $Ti+V+B$ 等)使晶粒细化,加 Ti 和 Mn 能有效改善其冷、热变形性能。

(3)耐蚀性:铝青铜的耐蚀性比黄铜、锡青铜好,在大气、海水和大多数有机酸(柠檬酸、醋酸、乳酸等)溶液中均有很高的耐蚀性,在某些硫酸盐,苛性碱、酒石酸等溶液中的耐蚀性也较好。

铝青铜耐蚀性高是由于表面生成牢固的氧化膜(铝和铜的氧化物混合体)的缘故。并且此保护膜受损坏后,又能自医,重新生成新的保护膜。但当表面存在氧化夹渣等缺陷时,则"自医"作用受阻,易使材料产生局部腐蚀。

铝育铜也有应力腐蚀破裂倾向,是由应力及腐蚀介质(如氨蒸汽等)引起的,采用低温退火消除应力,或加入小于 0.35% Sn 可减少或防止腐蚀破裂。

2.合金元素的影响

工业上使用的二元铝青铜有 QAl5,QAl7,但使用更多的是在二元铝青铜基础上加入 Mn,Fe,Ni 等元素的多元铝青铜。

(1)锰的作用:锰显著降低铝青铜 β 相的共折转变温度和速度,使 C 曲线右移,稳定 β 相,推迟 $\beta\rightarrow(\alpha+\gamma_2)$,避免"自发回火"脆性。溶解于铝青铜中的锰,可提高合金的机械性能和耐蚀性。铝青铜中加入 $0.3\%\sim0.5\%$ Mn,能减少热轧开裂,提高成品率,改善合金的冷、热变形能力。

(2)铁的作用:少量铁能溶于 $Cu-Al$ 合金的 α 固溶体中,显著提高机械性能,含量高时它以 Fe_3Al 化合物析出,使合金机械性能变坏,抗蚀性恶化,因此,在铝青铜中 Fe 加入量不超过 5%。

Fe 能使铝青铜晶粒细化,阻碍再结晶进行,通常加入 $0.5\%\sim1\%$ 的 Fe 就能使单相或两相铝青铜的晶粒变细。Fe 能使铝青铜中的原子扩散速度减慢,增加 β 相的稳定性,抑制引起合金变脆的 $\beta\rightarrow(\alpha+\gamma_2)$ 自行回火现象,显著减少合金的脆性。

因此,含 Fe 的铝青铜广泛用于制造重要用途的各种零件。

(3)镍的作用:镍显著提高铝青铜的强度、硬度、热稳定性、耐蚀性和再结晶温度。加 Ni 的铝青铜可热处理强化,$Cu-14Al-4Ni$ 为具有形状记忆效应的合金。

铝青铜中同时添加镍和铁,能获得更佳的性能。含 $8\%\sim12\%$ Al,$4\%\sim6\%$ Ni,$4\%\sim6\%$ Fe 的 $Cu-Al-Ni-Fe$ 四元合金,其组织中会出现 K 相;当 Ni 含量大于 Fe 含量时,K 相呈层状析出,而当 Fe 含量大于 Ni 含量时,K 相呈块状;仅当 Ni 含量约等于 Fe 含量时,K 相呈均匀分散的细粒状,有利于得到很好的机械性能。所以工业铝青铜中 Fe,Ni 含量相等。QAl10 $-4-4$ 在 500 ℃ 的抗拉强度比锡青铜在室温的强度还高。改变时效温度可以调整其强度和塑性之间的配合。

含镍和铁的铝青铜作为高强度合金在航空工业中广泛用来制造阀座和导向套筒,也在其他机器制造部门中用来制造齿轮和其他重要用途的零件。

常用铝青铜的成分、牌号及机械性能如表 $3-11$ 所示。

表 3 - 11 常用铝青铜的成分、牌号及机械性能

| 合金代号 | 主要成分/(%) | | | | | | 材料状态 | 机械性能 | | |
	Al	Fe	Mn	Ni	Cu			σ_b/(mN·m^{-2})	δ/(%)	HB
压力加工用	QAl5	4.0~6.0	—	—	—	余量	硬	750	5	200
	QAl7	6.0~8.0	—	—	—	余量	硬	980	3	154
	QAl9-2	8.0~10.0	—	1.5~2.5	—	余量	硬	700	4~5	160~180
	QAl9-4	8.0~10.0	2.0~4.0	—	—	余量	硬	900	5	160~200
	QAl10-3-1.5	8.5~10.5	2.0~4.0	1.0~2.0	—	余量	硬	800	9~12	160~200
	QAl10-4-4	9.5~11.0	3.5~5.5	—	3.5~5.5	余量	硬	1000	9~13	180~200
	QAl11-6-6	10.0~11.5	5.0~6.5	—	5.0~6.5	余量	—	—	—	—
	QAl9-5-1-1	8.0~10.0	0.5~1.5	0.5~1.5	4.0~6.0	余量	—	—	—	—
	QAl10-5-5	8.0~11.0	4.0~6.0	0.5~2.5	4.0~6.0	余量	—	—	—	—
铸造用	ZQAl9-2	8.0~11.0	—	1.5~2.5	—	余量	砂型	400	20	85
							金属型	450	20	95
	ZQAl9-4	8.0~10.0	2.0~4.0	—	—	余量	砂型	400	10	100
							金属型	500	12	110
	ZQAl10-3-1.5	9.0~11.0	2.0~4.0	1.0~2.0	—	余量	砂型	450	10	110
							金属型	600	20	120

二、铍青铜

铍青铜是加入 1.5%～2.5%Be 的 Cu 合金。Be 是密度低、熔点高、硬和脆的稀有金属，原子直径比铜小，在 Cu 中有较高的溶解度（864℃，2.5wt%，16.4at%），在 Cu－Be 系二元状态图（见图 3－8）中，608℃，6.1%Be 处有一共析转变 $\beta \rightarrow \alpha + \beta'$。故 Cu－Be 合金有强烈的热处理强化效应。

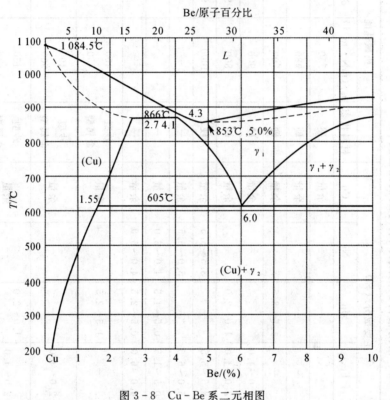

图 3－8 Cu－Be 系二元相图

α 相是 Be 固溶于 Cu 中的固溶体，有明显的溶解度变化，864℃Be 的溶解度为 2.1%（或 2.75%），608℃为 1.55%，室温为 0.16%，有强烈的时效硬化效应。

β 相是无序的 Cu－Be 固溶体，属体心立方晶格，620℃的晶格常数 $a = 0.272$ nm。可通过淬火过冷到室温，性极柔软，可冷变形，缓冷时共析分解：$\beta \rightarrow \alpha + \gamma(\beta')$。

γ 相是以 CuBe 电子化合物为基的固溶体，是有序化的体心立方晶格，有时用 β' 表示，以便于与无序的 β 相区别。

铍青铜是一种极其珍贵的金属材料，强化热处理后 σ_b 可达 1 250～1 500 MPa，HB 可达 350～400 MPa，远远超过任何 Cu 合金，可与高强度合金钢相媲美。此外，铍青铜还有优异的弹性极限、疲劳强度、耐磨性和抗蚀性，电、热传导性也极好，耐热、无磁性，受冲击不发生火花。因此，铍青铜是制造各种重要弹性元件、耐磨零件（如钟表齿轮，高温、高压、高速下工作的轴承）和其他重要零件（如罗盘、电焊机电极和防爆工具等）的重要材料。但 Be 是稀有金属，价格昂贵。使用上受限制，国内外均重视 Be 的节约和代用问题研究。

铍青铜的牌号、主要成分和机械性能如表 3－12 所示。

表 3 - 12　铍青铜的牌号、主要成分和机械性能

牌号	主要成分/(%)			材料状态		E/GPa	σ_b/MPa	HV	δ/(%)
	Be	Ni	Ti						
QBe$_2$	1.9～2.2	0.2～0.5	—	带材 线材	淬火 时效	117 133	450～500 1 250	90 375	40 2.5
QBe$_{2.15}$	2.0～2.3	<0.4	—	条材	淬火 时效	105 134	490 1 210	— HRB,111	50 5
QBe$_{1.7}$	1.6～1.85	0.2～0.4	0.10～0.25	带材 线材	淬火 时效	107 124.5	440 1 150	85 360	50 3.5
QBe$_{1.9}$	1.85～2.1	0.2～0.4	0.10～0.25	带材 线材	淬火 时效	110 131.5	450 1 250	90 380	40 2.5

Be≥1.7%的 Be 青铜通常均在充分热处理状态使用,合适的固溶体化温度为 780～790 ℃,保温 8～15 min,最佳时效温度为 300～330 ℃,时效 1～3 h。Be≤0.5%的高电导电极合金(0.4%Be,1.6%Ni,0.05%Ti),熔点升高,最佳时效温度应提高到 450～480 ℃,保温 1～3 h。

Be 青铜的时效硬化过程与 Al 合金很相似,也是以过饱和固溶体分解为基础。具体分解过程还没有统一的看法,一般认为是按下列程序分解的:$\alpha' \to \gamma'' \to \gamma' \to \gamma$(CuBe)。

Be 青铜的时效是连续分解过程,γ'' 是原子有序排列的过渡相,以{100}面与母相共格,曾有人把它称为 G. P. 区,但它与 Al 合金的 G. P. 区不同,不是溶质富集区。γ'' 沉淀相的密度很高。随着 γ'' 相的长大,共格程度降低,逐渐转变为部分共格的 γ' 相。因 γ'' 相与母相的比容相差最大,共格应力场也最大,所以当 γ'' 相要向 γ' 相转变时,强化效应最高。最后转变为平衡相 γ(CuBe)。

Be 青铜时效温度大于 380 ℃发生过时效时,还会沿晶界发生不连续分解,与 Mg - Al - Zn 合金一样,先沿晶界优先析出 γ' 相,然后逐渐向晶内发展,形成片层状结构或珠光体型分解。这种现象又称晶界反应,是 Be 青铜过时效的组织特征。过时效越严重沿晶界区的暗黑色反应区越大,机械性能也越低。

Be≥2%的高 Be 青铜的淬火组织除 α' 相外,还会出现过冷 β 相。这种 β 相在较低温度(250℃)即能发生 $\beta \to \alpha + \gamma$ 的共析分解,产生高的硬度。但 α' 相在 320 ℃时效 4 h 才能达到最高硬度,此时 β 相已过时效进入软化阶段。

微量元素 Fe,Co,Ni 和 Ti 能缓和过饱和固溶体的分解,抑制 Be 青铜的晶界反应和过时效软化现象。Co 和 Ni 的作用最为明显,并且淬火温度越高效果越大,但 Co 的价格比 Ni 贵,所以国产 Be 青铜均加 Ni,而不加 Co。

Ni 有稳定 α 固溶体和抑制 α 相在淬火过程中发生分解的作用,但加入量应严加限制,因为 Ni 能强烈降低 Be 在 Cu 中的溶解度和时效硬化效应。Ni 的合适加量为 0.2%～0.4%。

低 Be 合金适当增加 Ni 含量对时效和机械性能有好处。含 0.25%Be 的青铜加入 1.6%Ni,在 1 025 ℃固溶处理后淬火,在 450 ℃时效 5 h,布氏硬底可由 50 提高到 250。另外,低 Be

青铜的 Be 含量低，导电性和高温强度高，是高导电和高强度的耐热材料（如 Cu - 0.4Be - 1.6Ni - 0.05Ti 合金），可制造导电的高温受力构件（如接触电焊机的电极）。低 Be 青铜的弹性也很好，在某些情况下可代用高 Be 青铜。

微量 Fe 的作用与 Co，Ni 相似，并有细化晶粒的作用，但加入量不能过高，以 0.15% 最合适，最多不能超过 0.4%，否则会降低时效硬化效果。

微量 Ti(≤0.25%) 对过饱和固溶体分解的抑制作用比 Fe，Ni，Co 还强，能细化晶粒和代替一部分 Be，还能改善工艺性能，提高周期强度和减小弹性滞后现象。因此，我国推荐使用含 Ti 的 Be 青铜 QBe1.9 和 Qbel.7 代替 QBe2.5。

为了节约 Be，还可以用 Co，Mn，Si，Zr 等代替一部分 Be，不会明显降低合金的性能。

三、锰青铜

Cu 与 γ - Mn 同是面心立方晶格，可以无限固溶，没有 CuMn 化合物，工业用 Mn 青铜全是单相固溶体，有良好的热加工性能和耐热性。Mn 的主要作用是固溶强化、提高抗蚀性和再结晶温度但能显著降低电、热传导性。

编入冶标的 Mn 青铜只有 QMn1.5(1.2% ～ 1.55%Mn) 和 QMn5(4.5% ～ 5.5%Mn) 两种，后者的用途比前者多些。QMn5 的抗蚀性高，在中等温度(400 ℃左右)还有较高的机械性能。室温强度 σ_b=360 MPa，δ=40%，但在 400 ℃时，σ_b 仍有 260 MPa，δ 为 25%。因此，这种 Mn 青铜主要以板、带、线等形式应用于蒸气配件和锅炉用耐热零件。

QMn1.5 的主要性能和用途与 QMn5 基本相同，只是强度比后者低些，Mn 青铜不能热处理强化，强度不高，故应用不广。但加入适量的 Pb，可以得到耐磨性极高的材料，是轴承用铅锡青铜的良好代用品。

四、硅青铜

Si 是 Cu 合金常用的脱氧剂，大多数 Cu 合金均含有微量 Si，但 Si 青铜的 Si 含量约为 1% ～4%。这种青铜的机械性能高，强度与软钢相媲美，耐热、耐蚀、耐磨，可冷、热塑性加工，流动性很高，无磁性，冲击时不发生火花，在低温中仍能保持材料的原有特性，可用于化学工业制造各种容器和液化气及汽油的储藏器、弹性元件、耐磨零件等。

硅青铜的牌号、化学成分和机械性能如表 3 - 13 所示。

表 3 - 13 硅青铜的牌号、化学成分和机械性能

牌　号	主要成分/(%)			σ_b/MPa	$\sigma_{0.2}$/MPa	HB	δ/(%)	材料状态
	Si	Mn	Ni					
QSi1 - 3	0.6　1.1	0.1　0.4	2.4　3.4	550	520	130180	15	挤压，热处理
QSi3 - 1	2.75　3.5	1.0　1.5	—	350～400	140	80	50～60	700 ℃，退火 1 h

Cu - Si 系二元状态图(见图 3 - 9)很复杂，Si 在 Cu 中的溶解度比较高，在 852 ℃的最大溶解度可达 5.3%，温度降低，溶解度也有明显的变化，但无明显的时效硬化效应，故二元 Cu - Si 合金一般不进行强化热处理。

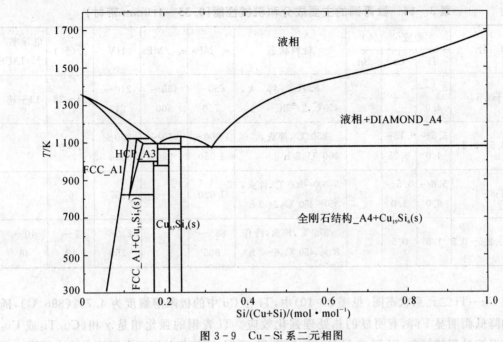

图 3-9　Cu-Si 系二元相图

Si 青铜可用于砂型和金属型铸造,铸造温度为 1 100～1 200 ℃,但铸缩率较大,要求有大的冒口,不过铸造性能仍比 Al 青铜高。Si 含量为 4％的青铜有优秀的塑性加工性能,可在650～800 ℃进行热加工,也可以冷加工。为了改善合金的性能,可加入少量(0.5％～3.0％)的 Mn,Ni,Sn,Zn,Fe,Pb 等元素。一般来说,铸造合金多采用 4.5％Si 和 1％Mn,塑性加工多用 3％Si 和 1％Mn 合金,这类合金的加工性能和耐酸性能与不锈钢相同。

QSi1-3 是含 Ni 的硅青铜,Ni 能大量溶于固溶体,提高强度、硬度和抗蚀性,并且形成 Ni₂Si 化合物,赋予合金以淬火和时效硬化的能力。淬火和退火合金的强度很低,但 Ni₂Si≥4％的合金(与 QSi1-3 相当),在 350～550 ℃时效 1～4 h 后,σ_b 几乎提高一倍。这种合金有高的耐磨性、高温强度和比一般高强度铜合金高的导电性。因此,QSil-3 青铜广泛应用于航空工业制造导向衬筒及其他重要零件,也可生产通信用高强度架空线和送电线。

Si 青铜加 1％Mn 能完全溶解于固溶体中,显著提高强度和抗蚀性。QSi3-1 有极高的塑性,可生产板、棒、线和弹簧等,做磷青铜的代用品。冷作能显著提高屈服强度,可代替 Be 青铜制造弹簧零件。QSi3-1 对 HCl 和氯化物有极高的抗蚀性,在化工、海船、造纸和石油工业也得到广泛的应用。

五、钛青铜

钛青铜是一种新型材料,性能与 Be 青铜相近,有高的硬度、强度、弹性极限和优良的耐磨性、耐热性及抗蚀性,冷热加工性能好,易钎焊和电镀,无磁性,冲击时不发生火花,导电性仅次于 Be 青铜,可用于高强度、高弹性和高耐磨零件的制造,是 Be 青铜最合适的代用品。

钛青铜的主要成分和机械性能见表 3-14。

表 3 – 14　钛青铜的主要成分和机械性能(0.35～1.0mm 带材)

牌　号	主要成分/(%)			材料状态	σ_b/MPa	$\sigma_{0.2}$/MPa	HV	δ/(%)	电导率/(%)IACS
	Ti	Cr	Sn						
QTi3.5	3.5～4.0	—	—	850℃，淬火，450℃,2～3h	650～750	450～500	210～215	24～28	13～18
QTi3.5-0.2	3.5～4.0	0.15～0.25	—	850℃,淬火，400℃,2 h	1 000～1 050	950～980	350～360	7～9	—
QTi6-1	5.8～6.0	0.5～1.0	—	800～850℃,淬火，350～450℃,2～3 h	1 020	—	257	6	—
QTi1.5-2.5-0.5	1.5	0.5	2.5	875 ℃,淬火,冷作80%,450℃,6～8 h	685～805		230～250	7～12	40～48

在 Cu – Ti 二元系状态图(见图 3 – 10)中,Ti 在 Cu 中的极限溶解度为 4.7%(896 ℃),随温度的降低而明显下降,有明显的热处理强化效应。Ti 青铜的强化相是 γ 相(Cu_7Ti_2 或 Cu_3 Ti),但沉淀过程较复杂,因 Ti 含量和时效温度 T_a 不同,沉淀相的形态和沉淀方式也不同。以 Cu – 3Ti 合金为例,低温时效(<400℃)析出正方晶格的过渡相,在 460～620 ℃时效发生不连续分解,析出层状珠光体,其中 γ 相呈片层状,T_a>620 ℃,发生连续式沉淀,形成魏氏组织,γ 相呈细片状。

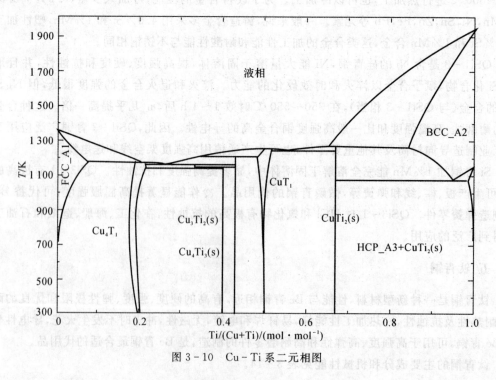

图 3 – 10　Cu – Ti 系二元相图

Cu – Ti 合金加入 0.35% 以上的 Sn 会形成 TiSn 化合物并随 Ti,Sn 含量的增加而增多。

TiSn 相在 α 相中有明显的溶解度变化,故有显著的沉淀硬化效应。尤以 Cu - 1.6Ti - 2.5Sn 合金(QTi1.5 - 2.5 - 0.5)的沉淀硬化效果最高,特别是同时加入 0.5%Cr,能进一步提高机械性能。这种青铜的加工性能极为优秀,900℃淬火后不用中间退火即能进行 90% 的冷加工。冷加工后在 400 ℃时效,不仅强度提高,电导率仍可保持 30% 以上,是中等电导率的高强材料。

3.6.4　电工用特殊青铜

一、电工用青铜的特性与要求

上述特殊青铜,特点是塑性好,强度高,耐磨,有高的抗蚀性,是性能多样化的优秀材料。随着现代化工业技术的发展,对特殊青铜又不断提出更高和更新的要求。例如,高压输电线迫切要求高强度和高导电性的 Cu 合金线;电焊机电极、喷气技术和火箭工业要求有高的耐热性、导热和导电性的特殊青铜。因此,近年来国内外在高强度、高电导率和高耐热性(热强度和热稳定性高)特殊青铜的研制方面,取得了很大进展。

研究这类材料遇到的主要问题是强度(包括高温强度)与电导率间的矛盾。按照合金化理论,合金化程度高,时效温度低,合金的强度就高,但电导率低;反之,电导率升高,强度则降低。因此,Cu - Be 和 Cu - Ti 合金只有当要求高强度时才能应用,因为它们只有中下等电导率($\gamma <$ 40%IACS),要求 80%IACS 以上的电导率时,只能采用低合金化的 Cu - Cd,Cu - Cr 和 Cu - Zr 系合金,但只能得到 600~700 MPa 的中等强度;中等合金化的 Cu - Ni$_2$Si、Cu - Be - Co、Cu - Ti - Sn - Cr等合金只能得到中等的电导率(50%~60%IACS)和强度。

高电导率特殊青铜的强度主要靠冷作硬化和热处理来提高,组织多系单相固溶体(Cu - Cd 和 Cu - Ag 系)或含有少量金属间化合物(如 Cu - Zr 系的 Cu$_3$Zr)质点的多相合金。特别是加入少量难熔金属 Cr、Zr、Ti 或易氧化金属 Si、Be、Ag、Mg 等,形成不含基体金属 Cu 的耐热相 Ni$_3$Al、NiAl、NiBe、Ni$_2$Si、Cr$_2$Zr 和 Cr$_2$Ti 能显著提高热强度和热稳定性(抗氧化),而又不明显降低电、热传导性,并有高的塑性和热处理强化能力。

二、镉青铜与镁青铜

Cd 和 Mg 在 Cu 中有较大的溶解度和溶解度变化,Mg 还能形成 Cu$_2$Mg 化合物,故 Cd、Mg 含量较高时,可以强化热处理。但含量高时导电性和塑性降低,故 Cd 或 Mg 青铜的合金元素含量均较低,不进行热处理强化,主要靠冷作硬化来提高强度。Cd 或 Mg 含量愈高,冷作硬化效果愈大。

Cd 青铜(0.9%~1.2%Cd)和 Mg 青铜是低合金化合金,导电和导热性高,耐磨和抗蚀性良好。前者广泛用作电机整流子片及其他要求高强度的导线,后者是新发展起来的合金,含 0.1%~0.35%Mg 的 QMg0.3 可代替 QCd1.0 制造电机整流子片。含 0.3%~0.7%Mg 的 QMg0.5 及含 0.7%~1.0%Mg 的 QMg0.8 可制造电缆及其他导线材。实验证明,Mg 青铜的再结晶软化温度比 Cd 青铜高,耐热性也比后者优越。

镉青铜和镁青铜的牌号及性能如表 3 - 15 所示。

表 3-15 镉青铜和镁青铜的牌号及性能

牌　号	材料规格	状态	σ_b/MPa	δ/(%)	HB	电阻率/($\mu\Omega\cdot$m)$\leqslant$
QCd1.0	线材,>0.5 mm	软	>280	20	—	0.028
		硬	>500	—		0.030
QMg0.3	—	冷作 90%	530	3	135	
		热挤压	200	48	55	
QMg0.5	ϕ2.5 导线	硬	>540			0.030
QMg0.8	ϕ2.5 导线	硬	>650			0.037

三、铬青铜与锆青铜

Cr 和 Zr 在 Cu 中的溶解度不大,但有明显的溶解度变化,可进行强化热处理。含 0.5%～0.6%Cr 的 Cr 青铜自 1 030 ℃淬火,在 400～500 ℃时效 1.5～80 h 可以得到最高硬度(HV),时效温度愈高,达到峰值硬度的时间愈短。工业用 QCr0.5 铬青铜的淬火温度 T_s=950～980 ℃,T_a=400～450 ℃,时效约 6 h 即能显著提高强度。添加 0.2%Ag 能进一步提高再结晶软化温度。QCr0.5 的耐热性比 QCd1.0 高,工作温度可达 400 ℃,制造电机整流子和电焊机电极比 Cd 青铜优越。

Al 和 Mg 能在 QCr0.5 青铜表面形成熔点高、电阻大、挥发性弱、与基体结合紧密的 Al_2O_3,和 MgO 保护膜,显著提高合金抗高温氧化和耐热性,可作高温导电材料(如 QCr0.5-0.2-0.1)。

Zr 青铜与 Cr 青铜一样,也有明显的时效硬化效应。自 980 ℃(1 h)水淬,无论 Zr 含量高低,HV 的极大值均在 450～550 ℃(500 ℃)附近出现,以 Zr 含量接近 0.2%(0.19%Zr)的合金峰值硬度最高。

Zr 对 Cu 的再结晶软化温度的提高作用比 Cr 还显著,0.05%～0.08%Zr 即能把开始软化温度提高到 550～560 ℃,σ_b 提高到 360～400 MPa,但电导率只降低 10%～15%。QZr0.2 和 QZr0.4(电极用)是蠕变强度、耐热性、导电和导热性高的优秀材料。

Zr 和 Cr 混合加入能进一步提高 Cu 的耐热性和导电性,添加 0.15%～0.35%Cr 和 0.08%～0.25%Zr 的 Cu-Cr-Zr 合金就是电导率可达 90%以上的高强度耐热青铜。自 950 ℃(1.5 h)淬火,冷变形 60%～70%,在 460～470 ℃时效 3～4 h,在 σ_b=460～520 MPa,δ=10%～20%的条件下,电导率达 85%～90%。强度、耐热性和热稳定性均比 Cr 青铜或 Zr 青铜高,可作铝合金 LF6 和低碳钢点焊或滚焊机的电极及电极整流子材料。

Cr 和 Zr 含量进一步提高,如含 0.35%～0.6%Cr 和 0.2%～0.35%Zr 的 Cu-Cr-Zr 合金,热处理强化效果更高,是当前耐热性最好的高电导率材料,电导率可达 70%～90% IACS,缺点是合金熔炼困难。

铬和锆青铜的主要成分和性能如表 3-16 所示。

表 3 - 16　铬和锆青铜的主要成分和性能

牌　号	主要成分/(%)			
	Cr	Zr	Al	Mg
QCr0.5	0.5～1.0	—	—	—
QCr0.5 - 0.2 - 0.1	0.4～1.0	—	0.1～0.25	0.1～0.25
QZr0.2	—	0.15～0.25		

牌　号	σ_b/Mp	HB	δ/(%)	电导率/(%)IACS	材料状态
QCr0.5	230	50～70	30	80～85	软态
	480	130～150	11	—	冷作 50%
QCr0.5 - 0.2 - 0.1	400～450	110～130	18	75～78	1 000～1 020 ℃, 1～1.5 h,淬火, 470～490 ℃时效 4 h
QZr0.2	492	150 (11 V)	10	83	980 ℃,1 h,冷作 90%, 400 ℃时效 1 h

四、稀土元素对电工合金的影响

稀土元素（RE）与 Zr 和 Cr 混合加入 Cu 中,能显著提高电导率和高温强度。RE 在 Cu 中的溶解度极小,对电导率影响不大,但能细化晶粒,提高再结晶温度,并能与 Cu 形成金属间化合物,显著提高青铜的耐热强度。添加 Ce 的 Cu - 0.7Zr - 0.7Ce 分金,电导率可提高到 81% IACS,400 ℃时 σ_b =125 MPa（比纯 Cu 高 3～4 倍）；Gu - 0.98Zr - O. 83Ce 合金,400 ℃时 σ_b =130 MPa,电导率提高到 85%。以 Y 代 Ce,如 Cu - 0.69Zr - 0.53Y 合金,400 ℃时 σ_b = 130 MPa 的条件下,电导率可提高到 86%IACS。显然,Y 的效果比 Ce 好。又如 Cu - 0.3Zr - 0.34Cr - 0.6Y 合金,当 σ_b =530 MPa 时,电导率也可以提高到 86%IACS。

3.7　白　铜

白铜是以镍为主要合金元素的铜合金。白铜具有好的耐蚀性,并具有耐热和耐寒的性能,中等强度,高塑性,能冷/热压力加工,还有很好的电学性能,除用作结构材料外,还是重要的高电阻和热电偶合金。白铜按用途分为结构白铜和电工白铜。

3.7.1　结构白铜

结构白铜具有很好的耐蚀性,优良的机械性能和压力加工性能,焊接性亦优,广泛用于造船、电力、化工及石油等部门中,主要用来制造冷凝管、蒸发器、热交换器和各种高强耐蚀件等。

一、普通白铜

普通白铜即 Cu - Ni 二元合金。由 Cu - Ni 状态图可知,铜与镍形成无限固溶体,故普通白铜的组织为单相固溶体。

冷凝管及热交换器最早是用黄铜及锡黄铜制造,但容易出现脱锌腐蚀,采用铝黄铜腐蚀现象大为减少;但高效机械及电站的发展,要求能在高温高压下工作的冷凝管及热交换器,这就需要采用具有更高强度及更高耐蚀性的 Cu - Ni 系合金。舰艇用冷凝管含 Ni 多为 10%～30%。

二、铁白铜

在普通白铜中加入少量铁,称为铁白铜。铁能显著细化晶粒,提高强度和耐蚀性,特别是显著提高白铜在海水作用下发生冲击腐蚀时的耐蚀性。含 10%Ni 的铜合金中加入 1%～2% Fe,对提高耐流动海水的冲刷腐蚀有显著效果。在含 30%Ni 的合金中加入 0.5%Fe,亦有相同作用。通常白铜中 Fe 的加入量不超过 2%,否则,反而引起腐蚀开裂。

三、锌白铜

锌白铜亦称"镍银"或"德国银"。锌能大量溶于 Cu - Ni 合金中,形成单相 α 固溶体。锌起固溶强化作用,提高强度及抗大气腐蚀能力。BZn15 - 20 应用最广,有高的耐蚀性、美丽的银白色光泽和相当好的机械性能,能良好地在热态和冷态下承受压力加工。用于精密仪器、电工器材、医疗器材、卫生工程用零件及艺术制品。

四、铝白铜

铝能显著提高白铜的强度和耐蚀性,但使合金的冷加工性能变差。这类合金有高的机械性能和耐蚀性,抗寒,有很好的弹性并能承受冷热加工。铝白铜的机械性能和导热性比 B30 还好,耐蚀性接近 B30,焊接性好,是 B30 的良好代用品。

五、锡白铜

锡加入白铜中经高温固溶后在低温时效或形变时效,会产生调幅分解,可以采用热处理强化。当白铜中 $w(Ni)=4\%\sim15\%$,$w(Sn)=4\%\sim8\%$ 时,随镍和锡含量增加,其强度也增高。这种白铜的抗应力松弛性能优于铍青铜,是一种高弹性白铜。

3.7.2 电工白铜

应用最广泛的电工白铜是锰铜、康铜和考铜,现分别作下述介绍。

一、锰铜

BMn3 - 12 锰白铜又称锰铜,具有高的电阻和低的电阻温度系数,电阻值很稳定,与铜接触时的热电势不大,由于上述良好的电气性能,使其广泛用来制作工作温度在 100℃ 以下的标准电阻、电桥、电位差计以及其他精密电气测量仪器仪表中的电阻元件。

二、康铜

BMn40 - 1.5 锰白铜又称康铜,康铜有高的热电动势,低的电阻温度系数和稳定的电阻。康铜相当耐腐蚀、耐热,有高的机械性质并能很好地承受压力加工。康铜与 Cu,Fe,Ag 配对时有高的热电势,因此,铜与康铜配对是在 -100～+300 ℃温区工作的最优秀热电偶。此外,也用来制作滑动变阻器,工作温度在 500 ℃以下的加热器。

三、考铜

BMn43-0.5 锰白铜又称考铜。考铜有高的电阻系数,在与铜、镍铬、铁的配对中,能产生大的热电势,同时温度系数很小(实际上等于零)。这种合金在测温计中广泛用来做补偿导线和热电偶的负极。考铜和镍铬合金配对组成的热电偶,测温范围可由-253 ℃(液氢)到室温,灵敏度极高。

工业用白铜的主要成分和性能如表 3-17 所示。

3.8　铜及铜合金的热处理

铜合金的热处理目的与其他合金一样,通过改善铜合金的组织状态可达到所需要的使用性能和工艺性能。铜及铜合金的最常用的热处理工艺可分为退火(均匀化退火、去应力退火和再结晶退火)、固溶处理(淬火)及时效(回火)或固溶处理后进行形变和时效。

1.均匀化退火

铜合金均匀化退火的目的是为了消除或减少铸锭、铸件枝晶偏析等成分不均匀性。

铝青铜、锰青铜、硅青铜等偏析程度小的合金,一般采用反复冷轧并进行中间退火,就可以消除枝晶偏析,通常不需要进行均匀化退火,而对于锡青铜、锡磷青铜由于偏析程度大,则必须进行均匀化退火。

2.去应力退火与再结晶退火

铜的半成品,例如线材、板材、棒材、管材等铜制品是经过冷加工而成形,经冷塑性变形后产生加工硬化现象。

3.固溶处理(淬火)与时效(回火)

若将合金加热到第二相全部或最大限度地溶入固溶体的温度,保温一定时间后,然后速冷,以抑制第二相重新析出,致使室温下获得过饱和固溶体,这种热处理称为固溶处理或淬火。

固溶处理-时效工艺主要用于热处理可强化的合金,如铍青铜、镉青铜、铬青铜、硅青铜、铝白铜、复杂的铝青铜等、淬火时,合金加热至高于相变点 30~50 ℃,并保温适当的时间,使合金中的强化相充分固溶入基体中,然后快速冷却而获得过饱和固溶体,在随后的时效处理得到强化。

3.8.1　黄铜的热处理

1.中间再结晶退火

目的是消除冷变形加工应力,防止开裂。退火温度通常为 260~300 ℃,保温 1~3 h,空冷。

中间再结晶退火是在连续冷变形加工中间进行的,冷加工使材料产生变形强化,并随着变形程度的增加,在板宽的方向上发生"边裂"。因此,加工黄铜时通常都将冷加工的变形量限制在 50%~70%的范围内轧制,再进行中间再结晶退火使其软化。这样冷轧与退火工序交替反复进行,最终使工件达到规定的厚度。

表 3-17 工业用白铜的主要成分和性能

类别	牌号	主要成分/(%)			比电阻 $\mu/(\Omega\cdot m)$	电阻温度系数 $t/℃$	σ_b/MP	$\Delta/(\%)$	HB
		Ni+Co	Mn	Fe					
普通白铜	B0.6	0.57~0.63	—	—	0.0310	0.0027	250~270	≤50	50~60
	B5	4.4~5.0	—	—	0.070	15×10^{-4}	220~270	≤50	38
	B10	9.0~11.0	0.5~1.0	1.0~1.5	—	—	320	23	85~89
	B16	15.3~16.3	—	—	0.223	0.002679	390	26	70
	B19	18.0~20.0	—	—	0.287	0.00029	400	35	70
	B30	29~33	—	—	—	—	380~550	23~30	—
铁白铜	BFe30-1-1	29~33	0.5~1.0	0.5~1.0	0.42	0.0012	380~400	23~28	60~70
	BFe5-1	5.0~6.5	0.3~0.8	1.0~1.4	0.195	0.0038	260	30	35~50
锌白铜	BZn15-20	13.5~16.5	—	18.0~22.0	0.26	2×10^{-4}	350~450	35~45	70
	BZn17-18-1.8	16.5~18.0	1.6~2.0Pb	余为 Zn	—	—	400	40	—
锰白铜	BMn3-12	2.0~3.5	11.0~13.0	—	0.435	3×10^{-3}	400~550	30	120
	BMn40-1.5	39.0~41.0	1.0~2.0	—	0.48	2.0×10^{-5}	400~500	30	70~90
	BMn43-0.5	42.5~44.0	0.1~1.0	—	0.49~0.50	—	400	35	85~90
铝白铜	BAl10-12	9.0~11.0	0.5~1.0	1.0~1.5	—	—	710$^+$	16$^+$	—
	BAl13-3	12.0~15.0		1.8~2.2Al / 2.3~3.0Al	—	—	800~900*	5*	260*
	BAl6-1.5	5.5~6.5		1.2~2.8Al	—	—	360	28	210*

注：* 为热处理强化后的性能；+ 为 950 ℃，1.5 h，水淬；580 ℃，1.5 h。

2. 最终再结晶退火

是指成品最终一次退火,其目的是改善再结晶组织及均匀性,消除加工硬化,恢复塑性。这种工艺与中间再结晶退火相比,退火温度、加热时间的范围要严格控制,退火必须均匀。常用退火温度为 500～700 ℃,一般保温 1～2 h,空冷或水冷。为防止黄铜零件表面氧化,应在真空炉或保护气氛中进行退火加热。

3. 去应力退火

通常是在制品加工完成后进行的。主要作用是去除铸件、焊接件及冷成型制品的内应力,以防止制品变形与开裂及提高弹性。

常用黄铜的退火温度见表 3-18。

表 3-18 常用黄铜的退火温度

合金名称	牌 号	去应力退火温度/℃	再结晶退火温/℃
普通黄铜	H96	—	540～600
	H90	200	650～720
	H80	260	650～700
	H70	260～270	520～650
	H68	260～270	520～650
	H62	270～300	600～700
	H59		600～6700
锡黄铜	HSn70-1	300～350	560～580
	HSn62-1	350～370	550～650
铝黄铜	HAl77-2	300～350	600～650
锰黄铜	HMn58-2	—	600～650
铁黄铜	HFe59-1-1	—	600～650
铅黄铜	HPb59-1	285	600～650
镍黄铜	HNi65-5	300～400	600～650

3.8.2 青铜的热处理

1. 退火

目的是消除青铜的冷、热加工应力,恢复塑性。对于铸造青铜,为消除铸造应力,改善组织,需进行扩散退火。常用青铜的热处理规范见表 3-19。

表 3-19　常用青铜的热处理规范

牌　号	热处理规范		
QSn4-3	退火 600～650 ℃,1～2 h,空冷		
QSn6.5-0.4	退火 600～650 ℃,1～2 h,空冷		
QSn7-0.2	退火 600～650 ℃,1～2 h,空冷		
QAl5	退火 600～700 ℃,1～2 h,空冷		
QAl9-4	退火 700～750 ℃,1～2 h,空冷		
	淬火 850±10 ℃,2～3 h,水冷;回火 500～550 ℃,2～2.5 h,空冷		
QAl10-3-1.5	退火 650～700 ℃,1～2 h,空冷		
	淬火 900±10 ℃,2～3 h,水冷	回火 300～350 ℃,1.5～2 h,空冷	
		回火 600～650 ℃,2～2.5 h,空冷	
QBe2	淬火 780±10 ℃,15 min,水冷;人工时效 300～350 ℃,3 h,空冷		
	淬火 790±10 ℃,15 min,水冷;人工时效 320～330 ℃,3 h,空冷		
QBe1.9	淬火 780±10 ℃,15 min,水冷	人工时效 280～290 ℃,3 h,空冷	
		人工时效 315～325 ℃,1 h,空冷	

2. 淬火时效

由铍青铜、硅青铜等的相图知道,合金中的化合物在固溶体基体中的溶解量随温度而变。类似于可热处理强化的铝合金,能够通过淬火时效提高其强度和硬度。以铍青铜为例,室温时铍在合金中的溶解量为 0.2%,866 ℃时溶解量达到最大值(2.7%)。淬火时使铍充分溶入固溶体基体中,迅速冷却后获得过饱和固溶体。淬火态铍青铜塑性高,可以进行变形加工。

铍青铜常采用 310～340 ℃人工时效进行强化,保温 1～3 h,空冷。

3. 淬火回火

进行淬火回火强化的常用铜合金是含铝量大于 9%的铝青铜。淬火温度一般为 850～950 ℃,保温 1～2 h,水冷。回火温度根据性能要求确定,要求强度、硬度高时,采用 250～350 ℃低温回火;要求有良好综合机械性能时,采用 500～650 ℃高温回火。

3.8.3　白铜的热处理

白铜铸锭晶内偏析严重,必须进行均匀化退火。白铜均匀化处理工艺见表 3-20。

表 3-20　白铜均匀化退火工艺

牌　号	温度/℃	时间/h
B19,B25	1 000～1 050	3～4
BMn3-12	830～870	2～3
BMn40-1.5	1 050～1 150	3～4
BZn15-20	940～970	2～3

白铜的使用性能在很大程度上决定了热处理工艺。如 BMn3-12 用作精密仪表,应进行去应力退火,使电阻稳定;而 BMn40-1.5 零件在高温下工作时,应在较高温度下进行短时退火,温度可达 750～850℃;用作弹性元件的锌白铜 BZn5-20,则在 325～375℃进行低温退火。白铜加工产品的退火温度如表 3-21 和表 3-22 所示。

表 3-21　白铜加工产品的中间退火温度℃

牌　号	$\delta > 5$ mm	$\delta = 1\sim5$ mm	$\delta = 0.5\sim1.0$ mm	$\delta < 0.5$ mm
B19,B25	750～780	700～750	620～700	530～620
BZn15-20 BMn3-12	700～750	680～730	600～700	520～600
Bal6-1.5 Bal3-3	700～750	700～730	580～600	550～600
BMn4.0-1.5	800～850	750～800	600～750	550～600

表 3-22　白铜棒材、线材成品的退火温度℃

牌　号	规格/mm		半　硬	软
BZn15-20	棒材		400～420	650～700
	线材 $\phi 0.3\sim6.0$			600～620
BMn3-12	线材 $\phi 0.3\sim6.0$		—	500～540
BMn4.0-1.5	线材 $\phi 0.3\sim0.8$			670～680
	线材 $\phi 0.85\sim0.20$			690～700
	线材 $\phi 2.1\sim6.0$			710～730

3.8.4　铜及铜合金热处理应注意的问题

铜和铜合金的热处理应在保护气氛下进行,以避免氧化烧损和保持表面光亮。若铜的热处理温度低于 700 ℃,最好的保护气氛为水蒸气;如果热处理温度高于 700 ℃,水蒸气在 Fe 的催化作用下分解为 H_2 和 O_2,使铜氧化和变脆。纯铜在 CO 中加热,表面氧化物会还原,在 CO_2 中会有轻微氧化。

黄铜在含氧、含硫气体中加热易氧化变色,但形成的 ZnO 和 ZnS 在 600 ℃以下起到保护作用,避免进一步氧化;而在真空条件或保护气氛下有脱锌现象,常用的保护气氛为纯氮。

铝青铜在 400 ℃以下与水蒸气无反应,Cu-Ni,Cu-Ag 可以在 H_2 中进行光亮处理。铜合金退火时常用的炉气类型如表 3-23 所示。

表 3 - 23　铜合金退火时常用的炉气类型

材　料	退火用炉气类型
含 Zn 小于 15%（质量分数）的黄铜、铝青铜	含 H_2 的燃烧氨气或水蒸气或含 H_2 和 CO 为 2%～5%（体积分数）的不完全燃烧炉气
含 Zn 小于 15%（质量分数）的黄铜、锌白铜	强还原性气体
锡青铜及含 Sn 和 Al 的低锌铜合金	不含 H_2S 的中等还原性气氛
铝青铜、铬青铜、硅青铜和铍青铜	纯氢或分解氨

参 考 文 献

[1]　黎文献. 有色金属材料工程概论[M]. 北京：冶金工业出版社，2007.

[2]　司乃潮，傅明喜. 有色金属材料及制备[M]. 北京：化学工业出版社，2006.

[3]　王碧文，王涛，王祝堂. 铜合金及其加工技术[M]. 北京：化学工业出版社，2007.

[4]　赵国权，贺家齐，王碧文. 铜回收、再生与加工技术[M]. 北京：化学工业出版社，2007.

[5]　冶金工业钢铁研究总院. 钢和铁、镍基合金的物理化学相分析[M]. 上海：上海科学技术出版社.

[6]　张生龙，尹志民. Cu-Zn-Cr 合金的时效特性[J]. 稀有金属材料与工程，2003,32(2)：126-129.

[7]　王碧文. 铜及合金研究动向[J]. 铜加工，1996. 3.

[8]　Sua Juanhua, Dong Qiming, Liu Ping, et al. Research on aging precipitation in a Cu-Cr-Zr-Mg alloy[J]. Materials Science and Engineering, 2005(392):422-426.

[9]　中国金属学会高温材料分会. 中国高温合金手册[M]. 北京：中国标准出版社，2012.

[10]　刘培生. 钴基合金铝化物涂层的高温氧化行为[M]. 北京：冶金工业出版社，2008.

[11]　黄乾尧，李汉康. 高温合金[M]. 北京：冶金工业出版社，2002.

[12]　李铁藩. 金属高温氧化和热腐蚀[M]. 北京：化学工业出版社，2003.

[13]　东北工学院金相教研室. 有色合金及其热处理[M]. 北京：中国工业出版社，1961.

[14]　有色金属及其热处理编写组. 有色金属及其热处理[M]. 北京：国防工业出版社，1981.

[15]　重有色金属材料加工手册编写组. 重有色金属材料加工手册：第一分册[M]. 北京：冶金工业出版社，1979.

[16]　航空材料手册编写组. 航空材料手册：上册[M]. 北京：国防工业出版社，1972.

[17]　王笑天. 金属材料学[M]. 北京：机械工业出版社，1987.

[18]　崔昆. 钢铁材料及有色金属材料[M]. 武汉：机械工业出版社，1980.

[19]　左汝林. 金属材料学[M]. 重庆：重庆大学出版社，2008.

[20]　刘淑云. 铜及铜合金的热处理[M]. 北京：机械工业出版社，1990.

第4章 钛及其合金

1791 年英国人 W. Gregor 在黑磁铁矿中发现了钛元素,1910 年美国科学家 M. Hunter 使用钠还原 $TiCl_4$ 制取了纯钛,1940 年科学家 W. J. Kroll 用镁还原 $TiCl_4$ 制得了纯钛,镁还原法和钠还原法成为生产海绵钛的工业方法,1948 年杜邦公司首先开始工业化生产纯钛,推动了钛合金在诸多领域的应用,时至今日,钛与其合金的应用范围正在逐渐扩大。

钛及其合金具有密度低、比强度高、耐蚀性好、耐温区宽、膨胀系数低、热导率低、无磁无毒、生理相容性好、表面可装饰性强、储氢、超导、形状记忆、超弹和高阻尼等特点,使其在生物医学、航空航天工业、舰艇、兵器、石油工业、化学工业、冶金工业等多方面得到了广泛应用,近几十年来发展极为迅速。

4.1 钛及钛合金的基本特征

钛位于元素周期表ⅣB族,原子序数 22,相对原子质量为 47.90。原子核由 22 个质子和 20~32 个中子组成,原子核半径 5×10^{-13} cm,核外电子结构排列为 $1s^2 2s^2 2p^6 3s^2 3d^2 4s^2$。像许多其他金属(如 Ca,Fe,Co,Zr,Sn,Ce,Hf)一样,钛也能结晶形成不同的晶体结构。但是每一种晶体结构仅能在特定的温度范围内保持稳定。从一种晶体结构完全向另一种晶体结构的转变被称为同素异构转变,对应的转变温度称为同素异构转变温度。钛在固态下具有同素异构转变,在 882.5 ℃以下为 α-Ti,具有密排六方晶格;在 882.5 ℃以上直至熔点为 β-Ti,具有体心立方晶格。由于 α-Ti 结构中的 c/a 比值(1.587)略小于密排六方晶格的理想值 1.6333,具有多个滑移面及孪晶面,α-Ti 仍有良好的塑性。密排六方的 α-Ti 与体心立方的 β-Ti 的晶体结构示意图如图 4-1 所示。

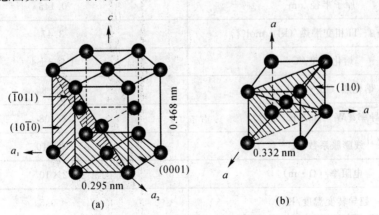

图 4-1 密排六方的 α-Ti 与体心立方的 β-Ti 的晶体结构示意图
(a)密排六方的 α-Ti; (b)体心立方的 β-Ti

4.1.1 物理性能

钛是银白色金属,熔点为$(1\,668\pm4)$ ℃,沸点为$(3\,260\pm20)$ ℃,其相对密度为 4.54,比铝重,但比钢轻 43%。钛及钛合金的强度相当于优质钢,因此钛及钛合金比强度很高,是一种很好的热强合金材料。钛的热导率和线膨胀系数均较低,钛的热导率只有铁的 1/4,是铜的 1/7。钛无磁性,在很强的磁场下也不会磁化,用钛制造的人造骨和关节植入人体内不会受雷雨天气的影响。当温度低于 0.49 K 时,钛呈现超导电性,经合金化后,超导温度可提高 9~10 K。上述良好的物理性质使钛合金在很多方面都有不可替代的优势,钛合金在生物医学和生活中的应用示例如图 4-2 所示。

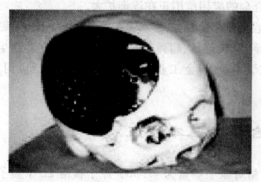

图 4-2 钛合金造人体骨和钛合金自行车

钛的基本物理性能数据如表 4-1 所示,与其他几种常见的金属物理性能对比如表 4-2 所示。

表 4-1 钛的基本物理性能数据

名　称	数　值
相对原子质量	47.9
原子半径/nm	0.145
α-Ti→β-Ti 相变潜热/$(kJ \cdot mol^{-1})$	3.47
熔化温度/℃	$1\,668\pm4$
熔化热/$(kg \cdot mol^{-1})$	18.8
热导率/$[W \cdot (m \cdot K^{-1})^{-1}]$	22.08
线膨胀系数/K^{-1}	7.35×10^{-6}
电阻率/$(\Omega \cdot m)$	4.2×10^{-8}
超导转变温度/K^{-1}	<0.5
比密度	4.505(20 ℃),4.35(870 ℃),4.32(900 ℃)

表 4-2　纯钛与几种常用金属的物理性能比较

物理性能	Ti	Mg	Al	Fe	Ni	Cu
密度/(g·cm^{-3})	4.54	1.74	2.7	7.8	8.9	8.9
熔点/℃	1 668	650	660	1 535	1 455	1 083
沸点/℃	3 260	1 091	2 200	2 735	3 337	2 588
线膨胀系数/(10^{-6}℃)	8.5	26	23.9	11.7	13.3	16.5
热导率/(10^2 W·m^{-1}·K^{-1})	0.146 3	1.465 4	2.177 1	0.837 4	0.594	3.851 8
弹性模量 E/MPa	113	43.6	72.4	200	210	130

4.1.2　力学性能

高纯钛的塑性很好，强度不高，其等轴 α 组织的 $\sigma_b=216\sim255$ MPa，$\sigma_{0.2}=118\sim167$ MPa，$\delta=50\%\sim60\%$，$\psi=70\%\sim80\%$，$\alpha_k=2.45$ MJ。一般来讲，纯钛强度低，不宜作结构材料。通常提高钛合金性能的方式主要有两种，即合金化和加工工艺。

一、强度影响因素

合金化是提高材料强度的基础（如固溶强化、时效强化），同时可以获得有序结构（如 TiAl 金属间化合物），也决定了合金的大多数物理性能（如密度、弹性模量、热膨胀系数），并在很大程度上控制了材料的化学抵抗能力（腐蚀、氧化）。

工业中应用的纯钛均含一定量的杂质，称为工业纯钛。人们通过在纯钛中添加杂质元素，使钛的性能得到提高，按在晶格中存在形式区分，杂质元素与钛可形成间隙式或置换式固溶体。形成间隙固溶体的杂质主要有氧、碳、氢等，杂质可造成严重的晶格畸变，强烈阻碍位错运动，提高硬度。形成置换式固溶体的杂质主要有铁、硅等。工业纯钛在冷变形的过程中，没有明显的屈服点，其屈服强度与强度极限接近，在冷变形加工过程中有产生裂纹的倾向。工业纯钛具有极高的冷加工硬化效应，因此可以利用冷加工变形工艺进行强化。当变形度大于 $20\%\sim30\%$ 时，强度增加速度减慢，塑性几乎不降低。工业纯钛与高纯钛相比强度明显提高，而塑性显著降低，二者的力学性能数据如表 4-3 所示。

表 4-3　工业纯钛与高纯钛的力学性能对比

性　能	高纯钛	工业纯钛	性　能	高纯钛	工业纯钛
抗拉强度 σ_b/MPa	250	300~600	正弹性模量 E/MPa	1.08×10^5	1.12×10^5
屈服强度 $\sigma_{0.2}$/MPa	190	250~500	切变弹性模量 G/MPa	4.0×10^4	4.1×10^4
伸长率 δ/(%)	40	20~30	泊松比 μ	0.34	0.32
断面收缩率 ψ/(%)	60	45	冲击韧性 α_k/(MJ·m^{-2})	≥2.5	0.5~1.5
体弹性模量 K/MPa	1.26×10^5	1.04×10^5			

加工工艺可以使材料的性能达到很好的平衡。通过热加工处理，钛合金可以得到不同的

显微组织,以便获得最优的强度(固溶强化、弥散强化、细晶强化、织构强化)、塑性、韧性、超塑性、抗应力腐蚀性能和抗蠕变性等,这取决于应用中的某些特殊性能的要求。例如工业纯钛退火后的抗拉强度(550～700 MPa)约为高纯钛的(250～290 MPa)的两倍。经冷塑性变形可显著提高工业纯钛的强度,例如经40%冷变形可使工业纯钛强度从588 MPa提高至784 MPa。

二、高温低温性能

钛合金的比强度高于其他金属材料,多数钛合金屈强比趋于0.70～0.95上限,纯钛和某些钛合金具有良好高温性能和低温性能。钛在高温下仍能保持比较高的比强度,作为难熔金属,钛熔点高,随着温度的升高,其强度逐渐下降,但是其高的比强度可以保持到550～600℃。适当合金化后,高温钛合金长期使用温度已达600 ℃,用于航空发动机的高压压气机部件,蒸汽透平机的转子及其他高温工作的部件。美国战斗机的用钛量由20世纪50年代的2%上升到20世纪90年代的41%(F-22)。重型轰炸机B1-B的单机用钛量约90 t。航空发动机上各种材料用量的变化趋势如图4-3所示,钛合金是航空材料中不可缺少的重要材料,在未来具有很大的发展空间。

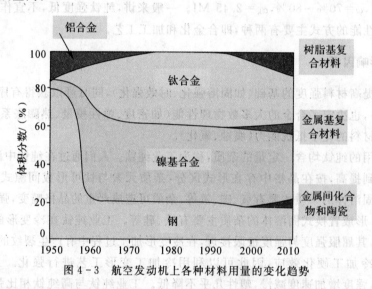

图4-3 航空发动机上各种材料用量的变化趋势

在低温下,钛仍然有良好的力学性能,强度高,可保持良好的塑性和韧性。陈鼎等对钛与钛合金的力学性能测试表明,钛和钛合金随着温度降低,强度性能大幅度提高,但延伸率、冲击韧性和断裂韧性下降,而高循环次数疲劳寿命特性有所提高。工业纯钛的低温力学性能如表4-4所示。

表4-4 工业纯钛的低温力学性能

温度/℃	σ_b/MPa	$\sigma_{0.2}$/MPa	δ/(%)	ψ/(%)
20	520	400	24	59
-196	990	750	44	68
-253	1280	900	29	64
-269	1210	870	35	58

三、疲劳性能

材料的疲劳性能是材料在循环载荷条件下的行为。损伤的累积过程通常划分为疲劳裂纹萌生和疲劳裂纹扩展两个阶段。钛的疲劳性能特点与钢类似,有比较明显的物理疲劳极限。纯钛的对称旋转弯曲疲劳极限约为$(0.4\sim0.6)\sigma_b$,反复弯曲疲劳极限为$(0.6\sim0.8)\sigma_b$。

影响钛合金疲劳性能的因素有很多,包括合金的化学成分、显微组织、环境、试验温度以及承载条件,如载荷幅度、载荷频率、载荷顺序或平均应力等。一般来说,钛合金抵抗疲劳裂纹萌生的能力随其显微组织的粗化而逐渐降低,也就是说细小等轴状组织的疲劳强度高于粗大层片状组织。通过热加工处理获得的极其细小的等轴组织具有最高的疲劳强度,而铸态的粗大层片状组织的疲劳强度最低。因此,可以通过合适的热处理使合金的疲劳性能得到提高。

4.1.3　化学性能

钛在空气中长时间暴露后会略为发暗,但不会生锈。钛是很活泼的金属,很容易和氧、氮、氢、碳等元素起反应,特别是钛在高温下具有高度的化学活性。经过氧化处理的钛,由于氧化膜结构厚度的变化,钛会呈现出各种美丽的色彩。钛在 550 ℃以下空气中能形成致密的氧化膜,并具有较高的稳定性,即使氧化膜遭到机械破坏,也会很快自愈或再生,表明钛是具有强烈钝化倾向的金属。但温度高于 550 ℃后,空气中的氧能迅速穿过氧化膜向内扩散使基体氧化,这是目前钛及钛合金不能在更高温度下使用的原因之一。

钛耐蚀性优良,特别是对氯离子具有很强的抗蚀能力。这是因为在钛表面易形成坚固的氧化钛钝化膜,膜的厚度为几十纳米到几百纳米。钛在有机化合物中,除温度较高下的 5 种有机酸(甲酸、乙酸、草酸、三氯乙酸和三氟乙酸)外,都有非常好的稳定性,是石油炼制和化工中优良的结构材料。钛属活性金属,有良好的吸气性能,是炼钢中优良的脱气剂,能化合钢冷却时析出的氧和氮。钢中加入少量的钛($<0.1\%$)可使钢坚韧而富有弹性。

钛最突出的特性是对海水的抗腐蚀性很强,在大多数情况下,具有极好的耐蚀性。同不锈钢、铝、钢、镍相比,钛具有优异的抗局部腐蚀性能。钛在海水中的抗腐蚀性与其他金属的对比如表 4-5 所示。

表 4-5　各种材料在海水中的相对耐蚀性

腐蚀类型 \ 材料类型	海军黄铜	铝黄铜	90-10Cu-Ni	70-30Cu-Ni	不锈钢	钛
均匀腐蚀	2	3	4	4	5	6
磨蚀	2	2	4	5	6	6
点蚀(运转中)	4	4	4	5	6	6
点蚀(停止中)	2	2	5	4	1	6
高速流水	3	3	4	5	6	6
入口磨蚀	2	2	3	4	6	6
蒸汽腐蚀	2	2	3	4	6	6
应力腐蚀	1	1	6	5	4	6

4.2 钛的资源和冶炼

4.2.1 钛资源及分布

钛是地壳中分布最广和丰度较高(6.320×10^{-3})的元素之一,占地壳质量的 0.61%,居第 9 位。钛资源则仅次于铁、铝、镁而居第 4 位,比常见的铜、铅、锌金属储量的总和还多,是制取钛渣、人造金红石、钛白、海绵钛、钛金属及钛材、焊条、涂料的重要原料。钛矿物种类繁多,地壳中含钛 1% 以上的矿物有 80 多种。一般来说,由于钛与氧的结合能力比较强,在自然界很难发现钛的单质,其赋存态主要是氧化物,TiO_2 含量大于 1% 的钛矿物有 140 多种,有工业利用价值主要是金红石和钛铁矿,其次是白钛石、锐钛矿和红钛铁矿等。已探明的经济性钛储量近 20Gt,78% 属钛铁矿类型,22% 为 TiO_2 类型。钛矿石 90% 用于生产钛白粉,5% 用于生产金属钛,其余用于生产电焊条、陶瓷和化学制品等。中国已探明的钛储量为 0.87GT,约占世界总储量 48%,主要为钛铁矿(占 98.9%),金红石仅占 1%。在钛铁矿中岩矿占据 93%,提取冶炼困难,综合利用难度大。

提取金属钛的主要原料含钛矿石,根据其形成过程,主要分为岩矿和砂矿两大类,岩矿是原生矿,结构比较致密,储量相对较大,但多是复合共生矿,故钛矿物的品质较低,提取难度大;砂矿属于次生矿,结构比较疏松,由于经过多年的风华和水流的冲刷,矿物相对富集,品味较高。从分布状况看,前者主要出现在北半球,如中国、美国、加拿大等,后者主要出现在南半球,如澳大利亚、新西兰、印度等国家。中国提供的有关世界钛资源的分布数据如表 4-6 所示。

表 4-6 钛资源分布(按 TiO_2 计) 单位:10^4t

地 区	储 量			储量基准		
	钛铁矿	金红石与锐钛矿	小 计	钛铁矿与白钛矿	金红石与锐钛矿	小 计
北美	22 675	907	23 582	72 560	1 541.9	74 374
南美	1 088.4	36 280	37 187	1 269.8	5 079.2	5 0792
欧洲	33 559	1 451.2	35 373	47 164	4 535	51 699
非洲	30 838	4 625.7	35 373	37 187	5 442	42 629
亚洲	41 722	4 535	46 257	60 769	5 260.6	66 211
澳洲	13 605	4 807.1	18 140	15 419	5 442	20 861
合计	145 120	52 606	199 540	235 820	72 560	308 380

中国的钛资源现居世界之首,占世界已开采储量的 64% 左右。储量约占世界钛储量的 48%,共有钛矿床 142 个,其分布于 20 个省区,主要产地为四川、河北、海南、湖北、广东、广西、山西、山东、陕西、河南等省。钛铁矿占我国钛资源总储量的 98%,金红石仅占 2%。我国钛矿床的矿石工业类型比较齐全,既有原生矿也有次生矿。在钛铁矿型钛资源中,原生矿占 97%,砂矿占 3%;在金红石型钛资源中,绝大部分为低品位的原生矿,其储量占全国金红石资源的

86%,砂矿为 14%。我国钛铁矿岩矿主要以钒钛磁铁矿为主,主要分布在四川省的攀枝花和红格、米易的白马、西昌的太和,河北省承德的大庙、黑山、丰宁的招兵沟、崇礼的南天门,山西省左权的桐峪,陕西省洋县的牛机沟,新疆的尾亚、哈密市香山,甘肃的大滩,河南省舞阳的赵案庄,广东省兴宁的霞岚,黑龙江省的呼玛,北京昌平的上庄和怀柔的新地。我国钛资源的地区分布如表 4-7 所示。

表 4-7　我国钛资源的地区分布

地　区	金红石总储量/(%)	钛铁矿总储量/(%)	原生钛铁矿总储量(按 TiO_2 计)/(%)
华北	18.01		2.69
东北		0.06	0.12
华东	2.92	3.27	0.03
中南	78.09	81.37	0.23
西南		14.40	96.49
西北	0.98	0.90	0.44

4.2.2　钛的冶炼

钛的产品主要是两类:第一类是海绵钛,它可以进一步加工制备各类钛材;第二类是钛白粉,它可以广泛应用在涂料、油漆等化工行业中。一般的含钛矿物,其 TiO_2 含量是比较低的,含有大量脉石、含铁矿物等成分,直接提取会增加成本,并且会增大后续分离、净化和处理副产物的工序负担,无法适应现行的钛白粉和海绵钛的生产工艺。因此,生产中通常需要将含钛矿物作进一步的富集处理。富钛料就是指钛铁矿等钛精矿经过富集处理后获得的含钛品位较高的物料,其 TiO_2 含量一般大于 85%(质量分数),富钛料主要包括人造金红石和高钛渣。

钛铁矿一般成分复杂,理论分子式为 $FeTiO_3$,它实际上是 $FeO-TiO_2$ 组成的固溶体,属于一般的刚玉结构。在与某种试剂作用时,由于铁的氧化物比钛的氧化物更活泼,更容易与试剂反应而被去除,而钛的氧化物比较稳定,往往被富集在残渣中。这是富钛料生产的基本理论依据。

长期以来,世界各国均在不懈地研究、生产富钛料。各国根据不同的原料条件和环境条件,不断地研制出各种各样的生产富钛料的新工艺。富钛料生产所有可能的途径如图 4-4 所示,每种方法都各有其特点。在选用工艺方法时,首先要考虑各地区的原料情况,同时又要兼顾到产品的用途、成本低、富集的品位高、铁副产品能够综合利用和公害少等因素。

在钛铁矿的富集方法中,大致可分为以干法为主(以下称"干法")和以湿法为主(以下称"湿法")两大类。其中,干法包括电炉熔炼法、选择氯化法、等离子法等;湿法包括各种各样的酸、碱浸出法。目前获得广泛应用的工业方法有电炉熔炼法、酸浸法、还原锈蚀法和选择氯化法,下面将对这几种方法进行简要介绍。

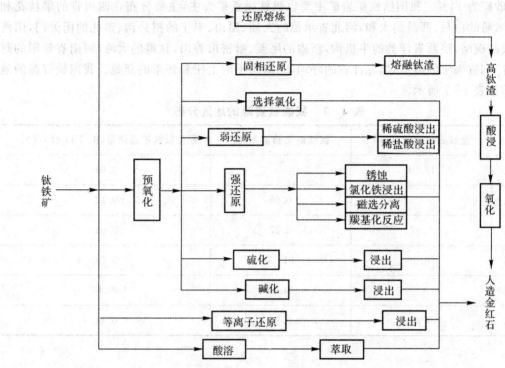

图 4-4　富钛料生产的所有可能途径

一、电炉熔炼法

电炉熔炼法是一种较成熟的富钛料生产工艺。该工艺相对比较简单,工厂占地面积小,"三废"少,是一种有效的冶炼方法,但能耗很大(每生产 1 t 钛渣大约需要耗电 2 000～3 500 kW/h),尤其适用于水电资源比较丰富的地区,如我国的攀西地区。其主要的工艺是以无烟煤或者石油焦作还原剂,与钛铁矿粉经过混捏、造球,然后在矿热式电弧炉内 1 600～1 800 ℃高温下进行还原熔炼。整个还原过程大部分在熔融状态下进行,产物为凝聚钛的金属铁和钛渣,根据二者密度不同进行物理分离。主要副产品金属铁可以直接利用,不产生固体和液体废料,另一副产品——电炉煤气也可以回收利用。处理不同类型的钛铁矿可获得各种用途的钛渣和高钛渣。通常把 TiO_2 含量大于 90% 的钛渣称为高品位钛渣或简称高钛渣,把 TiO_2 含量小于 90% 的产品称为钛渣。该工艺一直是富集钛铁矿冶炼的主要方法之一,电炉熔炼法工艺流程如图 4-5 所示。

近年来随着氯化法钛白粉的迅速发展,对高品位富钛料的需求量日益增长,使电炉熔炼法获得了进一步的发展。我国在钛渣冶炼方面起步较晚,与国外技术存在较大差距。从国外的情况看,技术发展总体形成了以加拿大、乌克兰和南非为代表的一体化技术设备,其技术核心是围绕电炉设备大型化和环境保护两大主题展开,并开发了各具特色的配套技术,解决了设备大型化后机电配套和计算机控制问题,大大提高了钛渣冶炼效率。从钛渣冶炼技术近几年发展趋势来看,主要体现在以下四方面:①电炉大型化:主要表现在电炉功率和炉容量的不断加大,单炉功率均超过 20 000 kV·A;②电炉密闭化:加炉盖以及烟道限定煤气流向,防止散热;③加料连续化:连续化加料适应了大型化电炉的需要,有利于生产效率的提高;④工艺控制计算机化:与现代化技术密切结合,解决了工序衔接和质量控制问题。

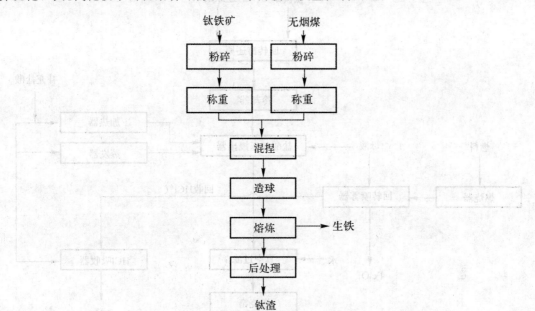

图 4 - 5　电炉熔炼法工艺流程

二、酸浸法

该方法酸浸前对钛铁矿一般要进行不同程度的还原(因此该法又称为还原浸出法),然后用酸作浸出剂,浸出钛铁矿中的还原产物,制取人造金红石。该法可有效地除去杂质铁和大部分 CaO,MgO,Al_2O_3,MnO 等其他杂质,获得含 TiO_2 90%～96%的高品位人造金红石。典型的酸浸法有稀硫酸浸出法、BCA 稀盐酸循环浸出法、浓盐酸浸出法、选—冶联合稀盐酸加压浸出法、稀盐酸流态化浸出法。下面简要介绍采用较普遍的 BCA 稀盐酸循环浸出法。

BCA 稀盐酸循环浸出法是由美国 Benilite 公司开发的,该工艺采用重油作为钛铁矿的还原剂,用盐酸将 Fe,Ca,Mg 等漂洗出来。目前美国的科美基(Kerr - McGee)公司、印度的稀土有限公司都使用该工艺生产人造金红石。该工艺通常采用含 TiO_2 54%～65%的钛铁矿为原料,最佳品位是 TiO_2 含量大于 60%。首先用重油在回转窑中将钛铁矿中的 Fe^{3+} 还原成 Fe^{2+},反应温度为 870 ℃,产物金属化率达 80%～95%;还原料冷却后加入球形回转压煮器中用 18%～20%的盐酸浸出,浸出过程将 FeO 转化为 $FeCl_2$,且溶解掉钛铁矿中的一系列杂质,将 18%～20%的盐酸蒸气注入压煮器以提供所必需的热量,避免了水蒸气加热引起的浸出液变稀的问题;浸出之后,固相物经带式真空过滤机进行过滤和水洗后,在 870 ℃下锻烧成人造金红石。浸出母液中的铁和其他金属氯化物,采用传统的喷雾焙烧技术再生,用洗涤水吸收分解出来的 HCl,形成浓度 18%～20%的盐酸,返回浸出使用。BCA 盐酸循环浸出法具有可以除去大多数杂质,获得高品位人造金红石,并且全部废酸和洗涤水都能再生和循环使用等优点。但该工艺盐酸回收系统成本高,同时生产设备需要专门的防腐材料制造。BCA 盐酸循环浸出法的工艺流程如图 4 - 6 所示。

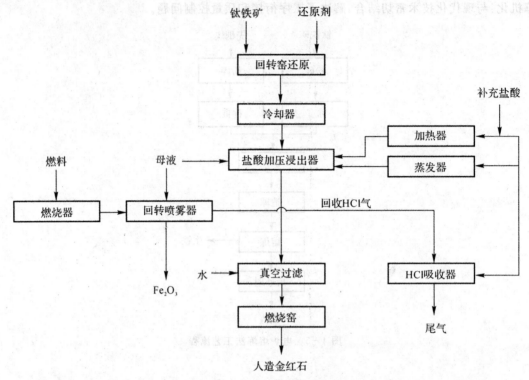

图 4-6　BCA 盐酸循环浸出法

三、还原蚀法

还原锈蚀法是最先由澳大利亚提出和研制成功,并在工业上得到应用的方法。澳大利亚在 20 世纪 60～70 年代用此法先建成一座 $1×10^4$ t/a 人造金红石厂,后来扩建成 $3×10^4$ t/a 的人造金红石厂。加拿大 1972 年建成一座 $2×10^4$ t/a 的工厂。其原则性工艺流程如图 4-7 所示。

此法主要过程是:首先将含 58%～63%TiO_2 的钛铁精矿砂矿首先氧化焙烧,然后用无烟煤将矿中的氧化铁全部深度还原为金属铁,冷却后磁选分离出非磁性的焦煤返回利用,再在酸化水溶液中使铁锈蚀,最后用旋流器或摇床分离人造金红石和赤泥(氧化铁)。

预氧化时形成的假板钛矿,使 Fe^{2+} 转变成 Fe^{3+}:

$$2FeO \cdot TiO_2 + 0.5O_2 = TiO_2 + Fe_2O_3 \cdot TiO_2 \tag{4-1}$$

预氧化的作用是使原矿中的铁由低价转变成高价时得以活化,并可在下一步预还原时提高铁的还原速度和还原率,减少烧结现象的发生。

预氧化一般在回转窑内进行,烧重油(或天然气、煤气),窑尾(进料端)温度 450 ℃,窑头(落料端)温度 1 030 ℃。氧化后矿中 FeO 含量约 2%～5%。

预还原也在回转窑中进行,用煤作燃料和还原剂。在窑炉中还原过程分两步进行:第一步是在 1 000～1 200 ℃温度下使假板钛矿重新转变为钛铁矿:

$$Fe_2O_3 \cdot TiO_2 + TiO_2 + CO = 2FeTiO_3 + CO_2 \tag{4-2}$$

第二步在低于 1 100 ℃温度下将钛铁矿还原成金属铁并游离出 TiO_2:

$$FeTiO_3 + CO = Fe + TiO_2 + CO_2 \qquad (4-3)$$

窑炉中要维持还原性气氛,落料区温度 ≤1 200 ℃,还原后的物料在筒外壁喷淋冷却水的回转冷却筒中迅速冷至室温。为避免空气进入引起金属铁被再氧化,冷却圆筒落料口应维持微正压(5~10 Pa)。

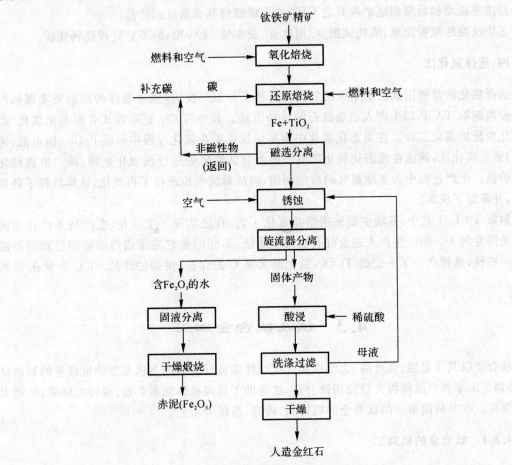

图 4-7　还原锈蚀法工艺流程图

冷却料经双层回转筛筛选出 +16 目的碳返回还原用,−16 目的料进磁选机,选出的非磁性部分为碳和灰分的细粉,弃之。磁性部分为还原钛铁矿去锈蚀处理。还原料中的金属铁呈网状微孔结构,颗粒内部表面积很大。在含 1.5%~2.0% 的 NH_4Cl 溶液(初始 pH6~7,NH_4Cl 起电化腐蚀催化剂的作用)充气搅拌浸出。此时,金属铁粒作为微电池的阳极发生电化学腐蚀:

$$2Fe = 2Fe^+ + 4e^- \qquad (4-4)$$

矿粒外部作为微电池的阴极区产生 OH^- 离子:

$$O_2 + 2H_2O + 4e^- = 4OH^- \qquad (4-5)$$

锈蚀生成的 Fe^{2+} 从孔隙中扩散到颗粒表面,与 OH^- 结合形成 $Fe(OH)_2$。总反应式为

$$2Fe + O_2 + 2H_2O = Fe(OH)_2 \qquad (4-6)$$

$Fe(OH)_2$ 又被氧化成水合三氧化二铁析出:

$$2Fe(OH)_2 + 0.5O_2 = Fe_2O_3 \cdot H_2O \downarrow + H_2O \tag{4-7}$$

锈蚀温度可达 80 ℃（靠锈蚀反应放热维持），锈蚀时间 13～14 h。锈蚀毕，在四级旋流器中逆流分离并洗涤。分离出的人造金红石中铁氧化物小于 0.2%，TiO_2 纯率为 98%～99.5%。再经 2%的稀硫酸溶液酸浸处理除去残留的铁和锰，干燥后得人造金红石产品。氧化铁部分经浓密机增稠后泵到尾矿坝弃之不用，或干燥煅烧制成铁红副产品。

还原锈蚀法流程简单、消耗试剂少、用电省、成本低、无污染，但不宜处理高钙镁矿。

四、选择氯化法

选择氯化法是利用钛铁矿中铁的氧化物更易于与氯气反应，通过条件的控制来实现铁与钛的分离制取 $TiCl_4$，以生产人造金红石的一种方法。其中 $TiCl_4$ 制取方式有流态化氯化、熔盐氯化和竖炉氯化三种。在流态化氯化中为避免钛铁矿在氯化过程中形成 $FeCl_2$（熔点低、沸点高）恶化流化床，该法在流态化氯化之前一般要对钛铁矿先进行预氧化处理，将二价铁转化成三价铁。生产过程中为实现氯气的再生利用，该法对废气也进行了再氧化，这样减轻了环境污染，并降低了成本。

制取 $TiCl_4$ 工艺中，苏联主要采用熔盐氯化工艺，且已实现了工业化，生产技术已相当成熟。美国专利 4629607 生产人造金红石也属于此法，不同的是它先采用熔炼或预处理的办法去掉一些铁，这样产生了一定的 Ti_2O_3，氯化时无需 C 的存在，得到的产品 TiO_2 含量在 95% 以上。

4.3 钛及钛合金加工

钛合金以其质量轻、强度高、力学性能及抗蚀性能良好而成为飞机及发动机理想的制造材料，特别是未来新型战机将大量使用钛合金，这有助于提高机体的耐热性、减轻机体质量、增大机体强度。本节将简单介绍钛合金的机加工、铸造、连接等工艺。

4.3.1 钛合金的机加工

由于钛合金材料导热系数低、塑性低、硬度高、弹性模量低、弹性变形大等特点，造成钛合金材料切削加工性差，长期以来在很大程度上制约了它的应用。钛及钛合金的机加工在很大程度上也遵循常规金属材料的加工规范。可是，与高强钢相比由于钛特殊的物理和化学性能，其机加工存在以下一些限制：①钛的热导率低，阻碍了机加工过程中所产生热量的迅速散失，从而加速刀具的磨损；②钛的弹性模量低，导致其在载荷作用下发生变形后产生极大的回弹，从而引起钛件在机加工过程中偏离刀具；③钛的硬度较低、化学活性较高，导致钛与刀具之间产生咬焊。

因此，要成功地机加工出钛件应遵循以下通用准则：①工件应尽可能短，并安装在加工设备的夹具中以免出现振动；②应采用锋利的刀具替代出现磨损迹象的刀具，因为刀具出现少量的初始磨损后会迅速发生破坏；③要求采用刚性的加工设备和夹具；④钛件必须采用大量的切削液进行有效冷却，由于钛粉、切屑或碎片容易引发火灾，从而切削液冷却不仅可以迅速散热，而且能够防止火灾，切削液可以采用水溶性油以及气相亚硝胺型防锈液；⑤应采用低的切削速度和高的进给速率，当刀具和工件动态接触时不要停止进刀，因为停止进刀将促进刀具的污染和粘接,加速刀具的损坏;⑥机加工前应采用喷砂处理或在含 2％氢氟酸和 20％硝酸的溶液中酸洗去除硬的表面氧化皮。

钴基高速钢刀具由于其适应性好、成本低,几乎都能用于钛的机加工。然而,进给速率高或表面粗糙时,应采用特殊品质的硬质碳化物或硬质合金刀具。

由于钛与刀具之间存在污染和咬焊倾向,从而钛的铣削加工比车削加工更困难。通常,顺铣由于可以最大限度地降低加工前沿产生的切屑瘤对铣刀的破坏以及切屑与切削刃的焊合程度,从而优于逆铣。加工钛时端面铣刀的后角应比加工钢时的大,并且必须采用锋利的刀具。钛的立铣最好采用短铣刀,它们必须具有充足的出屑槽间隙以防止切屑堵塞。

钻削时,工件应尽可能地夹紧,通常禁止手工钻削。钻头最好采用含钴的高速钢短钻头,并应磨尖和进行清理。钛钻削时,必须采用较高的进给速率,但要求较低的加工速度。为了避免产生过度的摩擦,要求采用氯化物切削油进行冷却。钻头应装紧,且应频繁地退出钻头以便及时去除钻屑。为了使切屑自由流动,钻头的前角必须足够大,以免钻头和工件焊合。

在螺纹加工过程中要特别注意的是钛的磨损和粘接倾向。因此,建议采用具有化学活性的润滑剂如含硫的切削油或含四氯化碳、硫化钼或石墨的混合物。为了保证良好的出屑效果,所钻孔必须整齐、干净。为了避免对刀具产生不必要的磨损而缩短其寿命,螺纹应尽可能不采用手动加工。由于板牙的磨损将影响螺纹质量,从而外螺纹必须在车床上加工,且螺纹深度应逐步增加。加工内螺纹时,应采用具有高强度钻芯和短刃口的钻头,且螺孔钻头应非常尖和齿侧面凸出。

钛可以采用传统的带锯或电动钢锯进行锯削加工。由于钛的散热能力差,锯削速度应降低到加工钢时的 1/4。另外,还必须保证合适的冷却速度,最好采用硫化物或氯化物油冷却。锯条的接触压力必须比较大,且采用硬质合金刀具可以提高锯削速度。由于硬的表面氧化皮将会增加锯条的磨损,从而锯削加工前应采用喷砂、打磨处理或化学试剂去除。

在表面磨削过程中,钛的热导率低是最显而易见的。磨削介质和钛表面甚至会发生化学反应,导致相互污染,或产生强烈的火花而引起火灾。因此,降低砂轮速度至传统加工速度的 1/3～1/2 和使用充足的冷却液对钛获得高加工质量至关重要。氧化铝和碳化硅砂轮以及树脂结合金刚石砂轮用作磨削介质是成功的。对于粗糙度低的光滑表面,应采用包括亚硝胺基液体在内的乳化油作润切液。

4.3.2　钛及钛合金的铸造

铸件是由熔融金属铸成的接近产品形状的物品,具有原材料的成品率高,节省切削加工费,容易得到复杂的曲面和形状等与经济有直接联系的很多优点。由于从坯料加工成最终零件的机加工过程中通常会去掉大量的金属,且钛材料的价格相对较高,从而铸造显示出了高的节约成本能力。另外,铸件无需进行后续加工。铸造常常能生产出形状复杂的零件,而这些零件采用其他传统方法制造时工艺太复杂或成本太高。可是与锻件相比,铸件必须牺牲部分强度和塑性,而其可以通过具体铸件的灵活设计而至少得到部分弥补。这里主要介绍石墨捣实型铸造和熔模铸造两种铸造方法。

石墨捣实型铸造类似于砂型铸造,是一种低成本、特别适于制备大件的铸造工艺。铸型采用木模、环氧塑料模或金属模成形。型芯为生产中空铸件提供了可能性。用于成形零件外形的铸型分成两半,接着单独制作的型芯通过型芯座放入其中。浇口和冒口的位置必须适合各种铸件的设计。整个铸型放置在铸造工作台上进行离心铸造,其中已成功生产出重达 2 750 kg 的铸件。铸造甚至能生产更大的结构,但也可以通过采用两个或多个分离的铸件焊接在一起。同时,铸型可以采用石墨块块加工而成的永久模。为了防止金属铸型在浇铸过程中反应以及凝固件与铸型发生粘接,必须采用喷雾型涂料。永久模适合用于简单、对称的具有大平面的薄壁件如板或弹翼。

熔模铸造比石墨模铸造更适于生产公差小、壁薄、拔模斜度小和表面光洁度高的零件。由于液态钛的活性大,从而铸造过程必须在真空中进行且采用水冷坩埚。由于失蜡铸造工艺生产的零件表面质量和尺寸精度高,从而优先选用。这些零件经常不需要进行特殊的后续加工就能直接装配应用。首先,蜡模由尺寸稳定的金属型如铝制成,由于石蜡和钛合金都会收缩,从而应考虑蜡模必须比钛铸件成品大。接着,将蜡模组合成模组、涂上陶瓷黏合液并烘干。然后,将陶瓷生坯放在高压釜中脱蜡。通过燃烧法可以使陶瓷坯在实际铸造过程中保持稳定,同时去除了剩余的石蜡残留物。

随后在自耗型电极加热真空电弧炉中进行铸造(见图 4-8)。钛合金熔滴滴入水冷铜坩埚内,形成薄壁钛壳并充当坩埚。离心铸造用于填充最终铸型。铸件冷却后,通过破碎陶瓷铸型(失蜡)将铸件与铸型分离,去掉型座、浇口和浇道后就可得到铸件成品。由于钛和陶瓷铸型之间存在相互反应,铸造过程中会形成薄壁反应区而对力性能产生不利的影响,因此必须采用酸洗去除。为了消除不可避免的气孔,生产中常采用稍低于 β 转变温度、约 100 MPa 压力的热等静压(HIP)技术来制备航空用铸件。

熔模铸造的主要应用领域是航空和民用工业的高性能零件。钛铸件常用作喷气发动机上的静止零件,例如熔模铸造的喷气式发动机叶片座铸件,如图 4-9 所示。此外,钛铸件还应用于汽车工业(阀门、涡轮增压器)、医药工程(植入物)、牙科技术以及电子工业等领域。

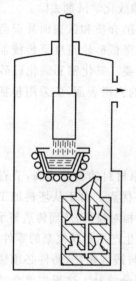

图 4-8　钛熔模铸造原理示意图

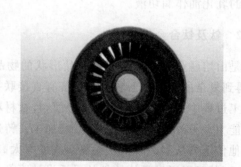

图 4-9　发动机叶片座铸件

4.3.3　钛与钛合金的连接

对于钛合金的连接来讲,主要采用了焊接方法。只有少数在钛与其他金属连接,而且常规熔化焊技术不适合的场合才会用到如螺栓、夹具、铆钉等连接方法。本节重点讨论钛合金的焊接,钛和大多数钛合金都易于焊接,熔化焊、电阻焊、闪光对焊、电子束焊、扩散连接和压力焊技术都可采用,并已广泛应用于实际以加工钛及钛合金接头。上述技术也能用于更大范围条件下钛的焊接,如开放式加工车间、焊接工作室或现场。由于焊接过程中金属局部熔化,必须采取措施以免熔融钛与活性气体包括空气中氧和氮的接触。通常,焊接环境必须干净,以免工件脆化。

一、熔化焊

钨极惰性气体保护焊(TIG)和熔化极惰性气体保护焊(MIG)主要用于压力容器和生产设备结构的焊接。厚大件通常要求采用填充金属和开坡口接头。虽然可以采用 TIG 或 MIG 焊接,但是随着板厚增加采用 MIG 方法焊接更为经济。如果采用 TIG 焊接,则必须避免钨电极和熔池接触以免夹钨。焊接钛合金时应采用小直径的钍钨电极。MIG 焊接的焊接速度快,焊接熔池相对较大并存在搅动,因此要求良好的气体保自效果。传统的焊接电源都可用于 TIG 和 MIG 焊接,其中前者采用直流正极性,后者采用反极性。

通常使用的焊丝应与钛母材的性能和成分相匹配。可是,对于商业纯钛而言,可以选用强度比母材金属低一个等级的焊丝,以补偿因大气卷入而引起的几乎不可避免的焊缝轻微硬化现象。

气体保护是保证焊缝质量的主要因素之一。因为钛与大气反应,所以所有的工件在温度高于 300 ℃时都必须采用气体保护。在 TIG 和 MIG 焊接过程中,需要采用露点为 −45 ℃或更低的焊接并用氩气或氦气(纯度 99.99%)进行必要的保护。三路分离的气体管道分别对熔融焊接熔池进行主要保护、冷却过程中的焊缝金属和相关的热影响区进行次要的保护或拖尾保护以及对焊缝背面进行补充保护是非常必要的。同时,使用的氢气必须具有高纯度。为了避免焊接缺陷,焊接区域在焊前应采用喷砂、刷光和去脂等方法去除表面污染粉或在水溶性酸溶液中浸蚀直接去除表面污染物。经过清理工序后,待焊件和填充材料应采用不起毛的手套和布来处理。裸手不允许处理已进行清理的钛,因为即使是手上的汗也会对其产生有害的影响。

小件焊接可以在充气的工作室中进行,此时氩气包围在钛件周围可以保证焊缝不受污染。通常充气工作室是配有焊炬和焊工手操作口的圆穹形大塑料泡。由于氩气比周围的大气重,从而它将沉入工作室底部,迫使大气上浮并由工作室顶部的阀门排出。

钛合金的焊接厚度能够达 20 mm。对于厚度大于 2 mm 的板材而言,通常必须进行两道或多道焊。一旦焊接完成,可用视觉观察其是否存在污染物。焊缝呈亮银灰色时,表明不存在污染物;焊缝呈金色或类似于稻草的颜色,则表明存在一些脆化现象。硬度测试是最安全的测试焊缝质量的手段。与母材相比,焊接良好的焊缝硬度应只有少许增加。通常情况下,不需要采用去应力退火,去应力退火一般只用于多道焊缝的厚件、复杂件。

二、摩擦焊

原则上,摩擦焊是压力焊中的一种。强烈的摩擦导致两焊件局部加热,从而使工件在达到液相之前被最后焊接在一起,因此,摩擦焊可以在空气中进行。通过强烈的摩擦和附加压力的作用,工件表面被加热到发生热变形的温度,即动能转化为热能,并控制其熔化程度。虽然这种方法特别适合于圆柱形工件(如轴或法兰)的焊接,但是最近摩擦焊在生产喷气式发动机压缩机中带叶片的涡轮盘方面引起了特别关注,分离的叶片通过线性摩擦焊连接到压缩机盘上。摩擦焊具有成本优势,尤其对于生产较大的带叶片的涡轮盘更为显著。

三、电子束焊

电子束焊(EB)能获得极好的整体焊缝,多用于焊缝质量要求极高的场合,尤其是航空工业,该方法优于 TIG 和 MIG 焊接。EB 焊与 TIG 焊的效果对比如图 4-10 所示。由于所有的焊接都要采用自动化设备在高真空工作室中进行,致使电子束焊的成本更高,限制了待焊件的尺寸及其在工作室中的自由移动。由于电子束能量密度高,从而产生的热穿透深度较小。所形成的熔化区和热影响区呈现出大的深宽比,导致 EB 焊接结构变形小。同时,电子束焊的焊接速度极高,并能保证焊缝具有极好的重复生产能力。即使是 100 mm 厚的板材也可以不采用填充金属而进行焊接。如果需要添加填充金属,则应采用同种合金作为填充金属。

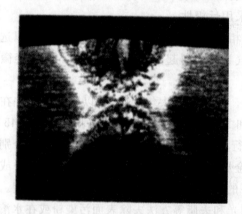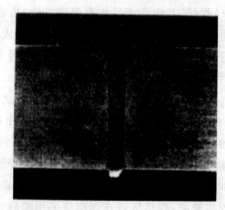

图 4-10 钛合金的 TIG 焊和 EB 焊的比较

四、激光束焊

与电子束焊相似,激光束焊也具有焊速高、自动加工性能好、重复性高、焊缝窄、变形小的优点。并且,激光束焊能在大气中进行,具有复杂形状的大型结构件也易于焊接。可是,与其他熔化焊一样,由于钛与大气会发生反应,从而焊缝必须采用气体保护。此外,由于激光束可以轻易地通过透镜、反射镜或光学纤维发生偏转,从而难以接近的区域也可以采用激光束焊接。钛及钛合金的焊接可以使用 CO_2 激光器和 $Nd:YAG$ 激光器。

4.3.4 钛及钛合金的压力加工

钛合金的热加工变形抗力大,变形温度范围狭窄,采用 $\alpha+\beta$ 加工,大多数钛合金的成品加工温度范围限制在 $800\sim950$ ℃之间。其压力加工主要包括挤压、轧制、钣金加工、等温锻造、超塑成型/扩散连接组合工艺能,现对其进行简单介绍。

挤压是加工钛的长形制品(棒、管)的主要加工手段之一。$\alpha+\beta$ 型钛合金在低于合金 $\alpha+\beta/\beta$ 相变点以下挤压,β 型钛合金通常在 β 相区加热挤压。常用的钛及其合金的挤压比在

3.5～30之间,采用中等速度（50～120 mm/s）进行挤压。轧制是钛材生产的另一种基本加工手段,冷轧工艺主要用来加工钛合金管材、薄板、型材、带材和箔材,而热轧工艺主要用来加工棒材、板材和型材。钣金加工限于强度低、塑性较好的工业纯钛和低合金化钛合金,强度较高的钛合金一般需要加热成型。强度较高的α钛合金在固溶态也可以冷成型,如冷冲压成球形气瓶。

等温锻造利用高温进行低应变速率变形,锻造载荷下降80％～85％,材料利用率高,锻件的表面质量和内部组织均匀性大幅改善。模具材料一般采用镍基合金或TZM钼合金,锻造温度一般为900～950 ℃。钛及其合金具有超塑性和优良的扩散焊接性能,并且其超塑性成形与扩散连接温度相一致,因此可采用超塑成型/扩散连接组合工艺生产大规格钛的组合制品,该工艺不仅有利于降低制造成本,而且也有可能减轻构件质量。

4.3.5 钛的表面处理技术

表面工程技术是通过物理、化学或机械的方法,改变固体金属表面或非金属表面的形态、成分和组织结构,以获得所需要表面性能的系统技术。研究人员结合钛材的特点,将热浸镀、气相沉积、三束改性、转化膜、形变强化、热喷涂、化学镀等技术用于钛的表面处理,给钛赋予了新的性能。

辉光等离子表面冶金技术是徐重发明的先进表面技术,该技术是在离子氮化的基础上发展起来的,开辟了等离子表面冶金的新领域。采用双层辉光等离子表面合金化技术在Ti_2AlNb基合金表面渗碳前后的室温磨痕形貌对比图如图4-11所示,钛合金渗碳之后耐磨性能得到了极大的提高。利用辉光等离子放电技术对钛合金表面进行改性,制备耐磨、耐蚀、抗氧化、热障等不同类型的涂层,扩大了钛合金的应用范围。

钛表面处理技术发展状态受到学术界和产业界的高度关注,该技术正处于起步阶段,着眼技术的发展趋势,主要有如下方向:等离子喷涂、超声速喷涂、冷喷涂、等离子表面合金化、PVD等技术在钛表面处理方面有明显的优势;围绕钛产品,开发新型的适合于钛及钛合金表面处理的技术和涂层材料;在基础研究方面,钛表面生物涂层与生物的相互作用、钛表面处理技术及相关工艺参数与疲劳性能的关系等为近期的研究方向。

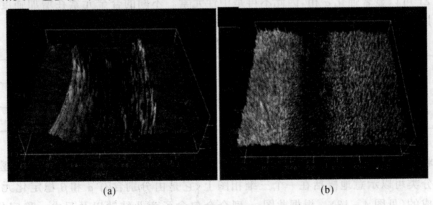

(a)   (b)

图4-11 Ti2AlNb基合金渗碳前后的三维磨痕形貌

(a)未渗碳基体；(b)渗碳试样

4.4 钛合金的分类及其合金化原理

4.4.1 钛合金的分类

钛有两种同素异构体，α-Ti 在 882.5 ℃以下稳定，为密排六方结构（hcp），β-Ti 在 882.5 ℃以上直至熔点之间稳定存在，为体心立方晶格结构（bcc），在 882 ℃两者发生转变。

转变温度的影响，钛的合金化元素可分为中性元素、α 相稳定化元素或 β 相稳定化元素，合金化元素对钛合金相图的影响如图 4-12 所示。α 相稳定化元素除了将 α 相区扩展到更高的温度范围以外，还形成了（α+β）两相区。而 β 相稳定化元素则使 β 相区向较低温度移动，β 相稳定化元素可以细分为 β 同晶型元素和 β 共析型元素。中性元素对 β 转变温度的影响很小。除了常规的合金化元素以外，还有一些以杂质形式存在的主要非金属元素，其浓度一般为几百毫克/千克数量级。

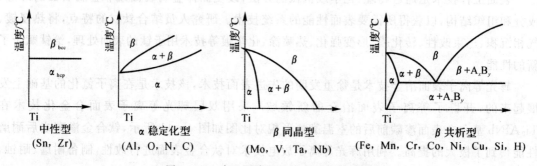

图 4-12 合金元素对钛合金相图的影响

在 Al，O，N，C 等 α 相稳定元素中，Al 是最重要的合金化元素，间隙元素 O，N 和 C 也属于这一类。β 同晶型元素（如 Mo，V 和 Ta）由于在钛中的溶解度高得多而非常重要。另外，即使存在非常少量的（体积分数）β 共析型元素（如 Fe，Mn，Cr，Co，Ni，Cu，Si 和 H），也可以形成金属间化合物。Sn 和 Zr 由于对 α/β 相界（几乎）没有影响，因此被看作中性元素。但就强度而言，Sn 和 Zr 可以显著强化 α 相，因此不再是中性元素。不同的合金元素在增加强度方面对钛合金的作用不同，见表 4-8。

表 4-8 钛中加入 1wt%合金元素增加的强度值

元　素	α 稳定元素	中性元素		β 稳定元素						
	Al	Sn	Zr	Fe	Mn	Cr	Mo	V	Si	Nb
ΔR_m/MPa	50	25	20	5	75	65	50	35	12	15

通常将钛合金划分为 α 型、α+β 型和 β 型合金，进一步细分可以分为近 α 型和亚稳 β 型合金。这种分类可以示意地概括在一个三维相图上，它是由分别含有 α 和 β 稳定化元素的两个相图所构成的（见图 4-13）。根据此图，α 型合金包含了商业纯钛以及只由 α 稳定化元素和/或中性元素合金化的钛合金。如果加入少量的 β 稳定化元素，则称为近 α 型合金。应用最广的 α+β 合金也属于此类。在室温下，此类合金中 β 相的体积分数为 5%～40%。如果 β 稳定化

元素的含量进一步增加到某一水平,使得快淬时 β 相不再转变成马氏体,则合金仍处于两相区内,此时得到亚稳 β 型合金。值得注意的是,这些合金仍然可以形成体积分数大于 50% 的平衡 α 相。单相 β 合金是最后一类传统钛合金。

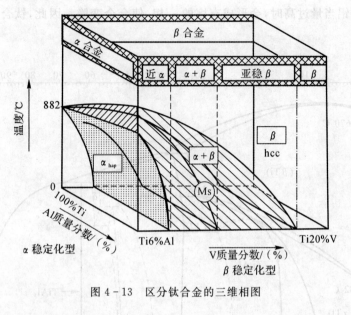

图 4-13　区分钛合金的三维相图

4.4.2　钛合金中元素的分类与作用

钛合金化的主要目的就是利用合金元素对 α-Ti 或 β-Ti 的稳定作用,改变 α 相和 β 相的组成。从而控制钛合金的性能。不同的元素对钛合金性能的影响是不同的,下面将分别讨论钛合金中元素的分类与其在钛合金中的作用。

1. α 稳定元素

α 稳定元素在周期表中的位置离钛较远,与钛形成包析反应,这些元素的电子结构、化学性质等与钛差别较大,能显著提高合金的 β 转变温度,稳定 α 相,故称为 α 稳定元素。

铝是最广泛采用的、唯一有效的 α 稳定元素,钛-铝二元相图如图 4-14 所示。钛中加入铝,可提高熔点和提高 β 转变温度,在室温和高温都起强化作用。此外,加铝也能减少合金的比密度。含铝量达 6%~7% 的钛合金具有较高的热稳定性和良好的焊接性。添加铝在提高 β 转变温度的同时,也使 β 稳定元素在 α 相中的溶解度增大。因此铝在钛合金中的作用类似于碳在钢中的作用,几乎所有的钛合金中均含铝。但铝对合金耐蚀性无益,还会使压力加工性能降低。

铝原子以置换方式存在于 α 相中。当铝的添加量超过 α 相的溶解极限时,会出现以 Ti_3Al 为基的有序 α_2 固溶体,使合金变脆,热稳定性降低。因此,钛合金对铝的最高含量有一定限制,一般铝的添加量小于 7.5%。随着材料科学的发展,已发现 Ti-Al 系金属间化合物的密度小,高温强度高,抗氧化性强及刚性好,这些优点对航空航天工业具有极大的吸引力。铝含量分别为 16% 及 36% 的 Ti_3Al 和 TiAl 基合金是很有前途的金属间化合物耐热合金。国内外已对以 Ti_3Al 和 TiAl 化合物为基的合金及复合材料进行了很多的研究,在采用细化晶粒及适当合金化方法来降低 Ti-Al 系金属间化合物室温脆性的研究方面取得重大进展。

除铝外,镓、锗、氧、碳、氮也是 α 稳定元素,为了衡量 α 稳定元素在钛合金中稳定 α 相的程度,提出了铝当量的概念,即

$$铝当量 = [Al] + 1/3[Sn] + 1/6[Zr] + 10[O] \qquad (4-8)$$

钛合金中的铝当量过高时,会形成有序的 α_2 相,使合金变脆。因此,钛合金中的铝当量一般应小于 9。

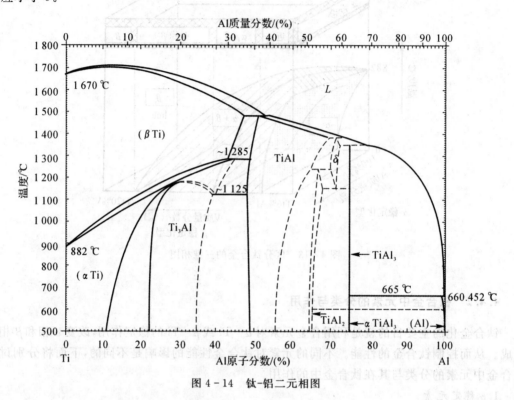

图 4-14   钛-铝二元相图

2. 中性元素

对钛的 β 元素转变温度影响不明显的元素,称为中性元素,如与钛同族的锆、铪。中性元素在 α、β 两相中有较大的溶解度,甚至能够形成无限固溶体。另外,锡、铈、镧、镁等对钛的 β 转变温度影响不明显,亦属中性。中性元素加入后主要对 α 相起固溶强化作用,故有时也可将中性元素看作 α 稳定元素。

钛合金中常用的中性元素主要为锆和锡。锡主要起固溶强化作用,提高耐热性,锡含量过高会增加钛合金的密度,超过一定浓度形成有序相 Ti_3Sn,使塑性及热稳定性下降。锆在 α-Ti 和 β-Ti 中均能形成无限固溶体,起固溶强化作用,提高强度、耐热性、耐蚀性,细化晶粒,改善可焊性,对室温和低温塑性的不利影响小,是高强钛合金、耐蚀钛合金、高温钛合金和低温钛合金的一种常用元素,高温的强化效果不如铝、锡。资源有限,价格高,应控制使用,钛-锆相图如图 4-15 所示。

它们在提高 α 相的同时,也能提高合金的抗蠕变能力,但其强化效果低于铝,它们对塑性的不利作用也比铝小,这有利于压力加工和焊接。适量的铈、镧等稀土元素,也有利于改善钛合金的高温拉伸强度及热稳定性作用。

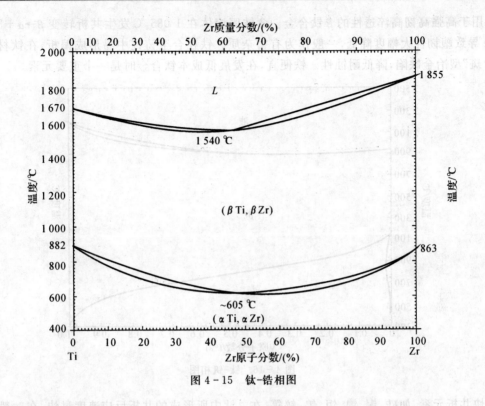

图 4-15　钛-锆相图

3. β 稳定性元素

(1)β 同晶元素。β 同晶元素,如钒、钼、铌、钽等,在周期表上的位置靠近钛,具有与 β 钛相同的晶格类型,能与 β 钛无限互溶,而在 α 钛中具有有限溶解度。由于 β 同晶元素的晶格类型与 β 钛相同,它们能以置换的方式大量溶入 β 钛中,产生较小的晶格畸变,因此这些元素在强化合金的同时,可以保持其较高的塑性。含同晶元素的钛合金,不发生共析或包析反应而生成脆性相,组织稳定性好,因此 β 同晶元素在钛合金中被广泛应用。

钛-钒相图(见图 4-16)是这类相图的典型。钒与 β-Ti 形成无限固溶体,在 α-Ti 中有限固溶,固溶度随着温度下降而略增加,没有过饱和 α 相分解。钒能提高钛合金的室温强度和淬透性,并且不降低其塑性,是中强和高强钛合金、阻燃钛合金最常用的元素之一。冷成形性优良,能降低钛合金的耐热性和耐蚀性,但有毒且价格较贵。

铌在 β-Ti 中无限固溶,是较弱的 β 稳定元素,能提高耐热性、抗氧化性和耐蚀性,降低氢脆敏感性,日益受到重视。铌熔点高,价格较高,应用受到限制。钽对钛合金的耐蚀性和耐热性有益,熔点高,密度大,合金化困难,使钛合金的比强度降低,只在耐硝酸的钛合金和某些实验型高温钛合金中使用。

(2)β 共析元素。β 共析元素,如锰、铁、铬、硅、铜等,在 α 和 β 钛中均具有有限溶解度,但在 β 钛中的溶解度大于在 α 中的,以存在共析反应为特征。按共析反应的速度,又可分为慢共析元素和快共析元素。

慢共析元素有锰、铁、铬、钴、钯等,它们的加入使钛的 β 相具有很慢的共析反应,反应在一般冷却速度下来不及进行,因而慢共析元素与 β 同晶元素作用类似,对合金产生固溶强化作用。铁是最强的 β 稳定元素,添加 1%Fe,α/β 相变点下降约 18 ℃,显著提高钛合金的淬透性,主要用于高强高韧高淬透性的 β 钛合金。含铁固溶体在 1 085 ℃ 发生共析转变 $\beta \rightarrow \alpha + TiFe$。TiFe 导致塑韧性大幅度降低,一般作为有害杂质。铁在合金铸锭中易形成偏析,在钛材中形成"β 斑"型冶金缺陷,降低耐蚀性。铁便宜,在发展低成本钛合金时是一个重要元素。

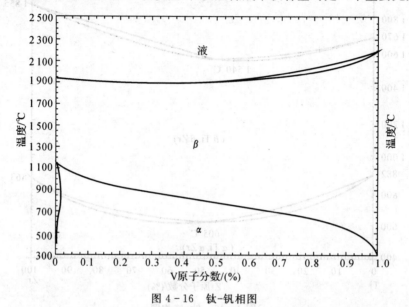

图 4-16 钛-钒相图

快共析元素,如硅、铜、镍、银、钨、铋等,在 β 钛中所形成的共析反应速度过快,在一般冷却速度下就可以进行,β 相很难保留到室温。共析分解所产生的化合物,都比较脆,但在一定的条件下,一些元素的共析反应,可用于强化钛合金,尤其是可以提高热强性。如硅一般看做是降低钛塑性和韧性的有害杂质,在高温钛合金中,微量硅能起固溶强化作用,通过硅化物起弥散强化作用,提高蠕变性能。

β 稳定元素的加入,可稳定 β 相,随其含量增加,β 转变温度降低。当 β 稳定元素含量达到某一临界值时,较快冷却能使合金中的 β 相保持到室温,这一临界值称为"临界浓度",用 C_k 表示。临界浓度可以衡量各种 β 相稳定元素稳定 β 相的能力。元素的 C_k 越小,其稳定 β 相的能力越强。一般 β 共析元素的 C_k 要小于 β 同晶元素。各种 β 稳定元素的 C_k 如表 4-9 所示。

在 β 稳定元素中,锰、铁、铬又对 β 相的稳定效果最大,但它们是慢共析元素,在高温长时工作条件下,β 相容易发生共析反应,因而合金组织不稳定,蠕变抗力差。但如果同时加入钼、钒、钽、铌等 β 同晶元素,则共析反应可受到进一步抑制。

表 4-9 常用 β 稳定元素的临界浓度

合金元素	Mo	V	Nb	Ta	Mn	Fe	Cr	Co	Cu	Ni	W
C_k(质量分数)/(%)	11	14.9	28.4	40	6.5	6.5	5	7	13	9	22

4.5 工业钛合金

工业纯钛按其杂质含量及力学性能的不同,分为 TA1,TA2,TA3 三个牌号。牌号数字增大,杂质含量增加,钛的强度增加,塑性下降。工业纯钛是航空、船舶、化工等工业中常用的一

种 α - Ti 合金，主要用于 350 ℃以下工作、强度要求不高的零件，如石油化工用热交换器、反应器，海水净化装置及舰船零部件。

在工业纯钛中加入合金元素后可以得到钛合金，钛合金的强度、塑性、抗氧化等性能显著提高。工业用钛合金根据钛合金热处理的组织，可分为三大类：α 钛合金，β 钛合金和（$\alpha+\beta$）钛合金。三大类钛合金各有其特点。α 钛合金高温性能好，组织稳定，焊接性能好，是耐热钛合金的主要成分，但常温强度低，塑性不够高。（$\alpha+\beta$）钛合金可以热处理强化，常温强度高，中等温度的耐热性也不错，但组织不稳定，焊接性能良好。β 钛合金的塑性加工性能好，合金浓度适当时，可以通过强化热处理获得高的常温力学性能，是发展高强度钛合金的基础。

三种钛合金的牌号分别以"钛"字汉语拼音"T"后跟 A，B，C 和顺序数字表示。例如TA4～TA6 表示 α 钛合金；TB1 和 TB2 表示 β 钛合金；TC1～TC10 表示（$\alpha+\beta$）钛合金。表 4 - 10 列出了我国常用钛合金的化学成分及主要力学性能。

4.5.1　α 钛合金

主要合金元素是 α 稳定元素 Al 和中性元素 Sn，Zr，起固溶强化作用。α 钛合金有时也加入少量 β 稳定元素。因此 α 钛合金又分为完全由单相 α 组成的 α 钛合金，β 稳定元素的质量分数小于 20％的类 α 合金和能时效强化的 α 合金（如质量分数为 2.5％的 Ti-Cu 合金）。α 钛合金的主要化学成分和力学性能见表 4 - 10。

TA7 合金是强度比较高的 α 钛合金。它是在 5％Al 的 Tl - Al 合金（TA6）中加入 2.5％Sn 形成的，其组织是单相 α 固溶体。由于 Sn 在 α 和 β 相中都有较高的溶解度，故可进一步固溶强化。其合金锻件或棒材经（850±10）℃空冷退火后，强度由 700 MPa 增加到 800 MPa，塑性与 TA6 合金基本相同，而且合金组织稳定，热塑性和焊接性能好，热稳定性也较好，可用于制造在 500 ℃以下工作的零件，例如用于冷成形半径大的飞机蒙皮和各种模锻件，也用于制造超低温用的容器。

TA8 合金是在 TA7 合金中加入 1.5％Zr，3％Cu 形成的一种类 α 合金。中性元素 Zr 在 α 和 β 相中均能无限互溶，既能提高基体 α 相的强度和蠕变抗力，又不影响合金塑性，加入活性共析型 β 稳定元素 Cu，既能强化 α 相，又能形成 Ti_2Cu 化合物，从而提高了合金耐热性，TA8 合金的室温和高温力学性能均比 TA7 合金高，同时具有良好的热塑性、焊接性能和抗氧化性能，可在 500 ℃温度下长期工作，用于制造发动机压气机汽盘和叶片等零件。

α 钛合金的组织与塑性加工和退火条件有关，在 α 相区塑性加工和退火可以得到细的等轴晶粒组织。如果自 β 相区缓冷，α 相则转变为魏氏组织；如果是高纯合金，这种组织还可以出现锯齿状 α 相；当有 β 相稳定元素或杂质 H 存在时，片状 α 相还会形成网篮状组织；自 β 相区淬火可以形成针状六方马氏体 α'。

α 钛合金的力学性能对显微组织虽不甚敏感，但自 β 相区冷却的合金，抗拉强度、室温疲劳强度和塑性要比等轴晶粒组织低。另外，自 β 相区冷却能改善断裂韧性和有较高的抗蠕变能力。α 型钛合金共同的主要优点是焊接性好、组织稳定、抗腐蚀性好，缺点是强度不是很高、变形抗力大、热加工性差，强度低于另两类钛合金，但高温强度、低温韧性及耐蚀性优越。

表 4 - 10 常用钛合金的化学成分及主要力学性能

类型	合金牌号	化学成分(质量分数)/(%)	热处理规范	温室力学性能				高温力学性能		
				σ_b/MPa	δ_5/(%)	ψ/(%)	a_k/(J·cm^{-2})	试验温度/℃	瞬时强度 σ_b/MPa	持久强度 σ_{100}/MPa
α钛合金	TA1	工业纯钛	650~700℃,1h,空冷	350	25	50	—	—	—	—
	TA5	Ti-3.3~4.7Al-0.005B	700~850℃,1h,空冷	450	20	40	—	—	—	—
	TA6	Ti-4.0~5.5Al	750~800℃,1h,空冷	700	10	27	30	350	430	400
	TA7	Ti-4.0~6.0Al-2.0~3.0Sn	750~800℃,1h,空冷	800	10	27	30	350	500	450
	TA8	Ti-4.0~6.0Al-2.0~3.0 Sn-2.5~3.2Cu-1.0~1.5Zr	750~800℃,1h,空冷	1 000	10	25	20~30	500	700	500
β钛合金	TB2	Ti-2.5~3.5Al-7.5~8.5Cr,4.7~5,7Mo-4.7~5.7Zr	淬火:800~850℃,30min 空冷或水冷;时效:450~500℃,8h,空冷	<1 000 / 1 400	18 / 7	40 / 10	20 / 15	— / —	— / —	— / —
(α+β)钛合金	TC1	Ti-1.0~2.5Al-0.7~2.0Mn	700~750℃,1h,空冷	600	15	30	45	350	350	330
	TC2	Ti-1.0~2.5Al-0.8~2.0Mn	700~750℃,1h,空冷	700	12	30	40	350	430	400
	TC4	Ti-5.5~6.0Al-3.5~4.5V	700~800℃,1~2h,空冷	920	10	30	40	400	630	580
	TC6	Ti-5.5~7.0Al-0.8~2.3Cr-2.0~3.0Mo	750~870℃,1h,空冷	950	10	23	30	450	600	550
	TC8	Ti-5.8~6.8Al-2.8~3.0Mo-0.20~0.35Si		1 050	10	30	30	450	720	700
	TC9	Ti-5.8~6.8Al-2.8~3.0Mo-1.8~2.0Sn-0.20~0.4Si	950~1 000 ℃,1 h,空冷 530 ℃±10 ℃,6 h,空冷	1 080	9	25	30	500	800	600
	TC10	Ti-5.5~6.5Al-1.5~2.5Sn-5.5~6.5V-0.35~1.0Fe-0.35~1.0Cu	700~800 ℃,1h,空冷	1 050	12	30	40	400	850	800

4.5.2 β钛合金

β钛合金含有大量的β稳定元素,在水冷或空冷条件下可将β相全部保留到室温。β相系体心立方晶格,故合金具有优良的冷成型性,经时效处理,从β相中析出弥散α相,合金强度显著提高,同时具有高的断裂韧度。β钛合金的另一特点是β相合金含量高,淬透性好,大型工件能够完全淬透。因此β钛合金是一种高强度钛合金(σ_b可达 1 372~1 470 MPa),但该合金的密度大、弹性模量低、热稳定性差,用于 350 ℃以下工作的结构件和紧固件,如飞机压气机叶片、轴、弹簧、轮盘等,图 4-17 所示为β钛合金在工业生活中的应用实例。β钛合金有 TB1 和 TB2 两个牌号,其中 TB2 的化学成分和力学性能如表 4-10 所示。

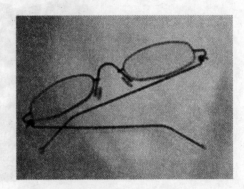

图 4-17　β钛合金棒材与β钛合金眼镜架

TB1 合金(Ti-3Al-8Mo-11Cr)加热至 760~800 ℃,保温 0.5 h,水冷淬火后进行双级时效处理。第一级在 450 ℃或 480~500 ℃保温 12~15 h,获得均匀分布的α相弥散质点;第二级在 560 ℃保温 0.25 h,经过短时间时效,使沉淀相略有长大,以改善塑性,保证合金具有优良的综合力学性能。TB2 合金(Ti-3Al-8Cr-5Mo-5V)的淬火和时效工艺与 TB1 合金基本相同,淬火后得到稳定均匀的β相,时效后从β相中析出弥散的α相质点,使合金强度显著提高,塑性大大降低。

TB1 和 TB2 合金多以板材和棒材供应,主要用来制作飞机结构零件以及螺栓、铆钉等紧固件。

4.5.3 (α+β)钛合金

(α+β)钛合金是同时加入α稳定元素和β稳定元素,使α和β都得到强化。加入质量分数为 4%~6%的β稳定元素的目的是得到足够数量的β相,以改善合金高温变形能力,并获得时效强化能力。因此(α+β)钛合金的性能特点是常温强度、耐热强度及加工塑性比较好,并可进行热处理强化。但这类合金组织不够稳定,焊接性能不及α钛合金。然而,(α+β)钛合金的生产工艺较为简单,其力学性能可以通过改变成分和选择热处理制度在很宽的范围内变化。因此,这类合金是航空工业中应用比较广泛的一种钛合金。(α+β)钛合金的牌号、化学成分及力学性能见表 4-10。这类合金的牌号达 10 种以上,分别属于 Ti-Al-Mg 系(TC1,TC2),Ti-Al-V 系(TC3,TC4 和 TC10),Ti-Al-Cr 系(TC5,TC6)和 Ti-Al-Mo 系(TC8,TC9)等。

其中,Ti-Al-V 系的 TC4 合金是应用最多的一种(α+β)钛合金。该合金经热处理后具有良好的综合力学性能,强度较高,塑性良好。该合金通常在$(\alpha+\beta)$两相区锻造,经 $700\sim800$ ℃$(\alpha+\beta)$相区保温 $1\sim2$ h 空冷退火,可以得到等轴状细晶粒的$(\alpha+\beta)$组织。退火状态下其 σ_b $=931$ MPa,$\delta=10\%$,$\Psi=30\%$,通常可在退火状态下使用。对于要求较高强度的零件可进行淬火加时效处理。淬火温度通常在$(\alpha+\beta)$相区,为(925 ± 10) ℃,保温 $0.5\sim2$ h 后水冷。时效处理为(500 ± 10) ℃,保温 4 h 后空冷。经过淬火和时效后,抗拉强度可进一步提高。合金在 400 ℃时有稳定的组织和较高的蠕变抗力,又有很好的耐海水和耐热盐应力腐蚀能力,因此广泛用来制作在 400 ℃长期工作的零件,如飞机压气机叶片(见图 $4-18$)、火箭发动机外壳、航空发动机压垂机盘和叶片以及其他结构锻件和紧固件。

图 4-18　飞机压气机叶片

4.6　钛合金的相变及其热处理

为满足钛合金制品的各种不同性能的要求,必须使其有相应的组织。这种组织的形成可以通过对合金所进行的加工和热处理来实现。因此,了解合金的相变规律,掌握和应用这些规律来控制材料组织,从而控制材料性能是极为重要的,对于对于新型钛合金的设计和开发也具有重要的指导意义。

钛合金固态相变的特点是具有多样性和复杂性,金属中所发生的各类相变,在钛合金中都可能出现。多年来,冶金工作者对于钛合金的相变进行了大量的研究工作,得出了许多的重要结论。

4.6.1　钛及其合金的相变特点

一、同素异构转变

同素异构转变是钛合金中各种相变的基础。纯钛在固态时有两种同素异构体,其转变温度称为 β 相变点,高纯钛的 β 相变点为 882.5 ℃,对成分十分敏感,该温度是制定钛合金热加工工艺规范的一个重要参数。纯钛自高温缓慢冷却至 882.5 ℃时,体心立方晶格的 β 相转变为密排六方晶格的 α 相,即发生如下的同素异构转变,有

$$\alpha \xrightarrow[\substack{}]{882.5℃} \beta$$

$$\underset{\text{密排六方}}{\alpha} \xrightarrow{882.5℃} \underset{\text{体心立方}}{\beta} \qquad (4-9)$$

从体心立方晶格转变为密排立方晶格的过程如图 4-19 所示。

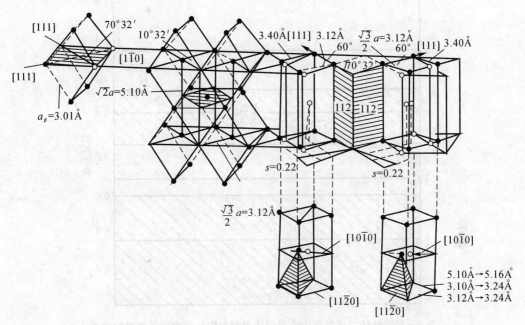

图 4-19　纯钛由体心立方的 β 晶格改组为密排六方 α 晶格示意图

（图中的数字为 Ti 的晶胞尺寸）

图的左边是一个 β 相的体心立方晶胞，$(1\bar{1}0)_\beta$ 呈水平位置。左二是 5 个从体心立方晶胞，从中可以分离出来一个体心正方晶胞，正方体的上下两个底平面为 $\{110\}_\beta$，侧平面为 $\{211\}_\beta$。这些侧平面沿图 4-19 中箭头所示方向，即 $(1\bar{1}2)_\beta$ 与 $(112)_\beta$ 分别在 $[1\bar{1}1]_\beta$ 及 $[11\bar{1}]_\beta$ 方向滑移一个很小的距离，同时晶胞在一个方向上发生膨胀，在另一个方向上发生收缩，即得到图 4-19 右下方所示的六方晶胞。

纯钛的 $\beta \rightarrow \alpha$ 转变的过程容易进行，相变是以扩散方式完成的，相变阻力及所需的过冷度均很小。冷却速度从每秒 4 ℃增至 1 000 ℃时，转变温度下降，从 882.5 ℃降至 850 ℃。冷却速度大于 200 ℃/s 时，以无扩散发生马氏体转变，试样表面出现浮凸，显微组织中出现针状 α'。

添加合金元素后，同素异构转变开始温度发生变化，转变过程不在恒温下进行，而是在一个温度范围内进行。转变温度会随所含合金元素的性质和数量的不同而不同。

合金元素的原子直径对与钛形成的固溶体的类型的关系如图 4-20 所示，图中注明了钛和其他元素的原子直径，它是由配位数为 12 的密排点阵计算得到的。间隙和代位固溶体区域用斜线表示，形成代位固溶体的区域边界，原子直径比应该提高到约为 1.2，因为铅可以溶解于钛之中，镁虽然位于可能形成代位固溶体的区域内，但在钛中的溶解度却很小。除原子直径外，原子的化学键和元素在周期表中的位置，也都对溶解度和相平衡有影响。

研究合金元素对转变温度的影响与周期表中族号的关系可以看出，过渡族元素使 β/α 转变温度降低，较轻的元素使转变温度升高或变化不大，而较重的元素在大多数情况下使 β/α 转变温度降低,稀土元素使钛的 β/α 转变温度稍许提高。

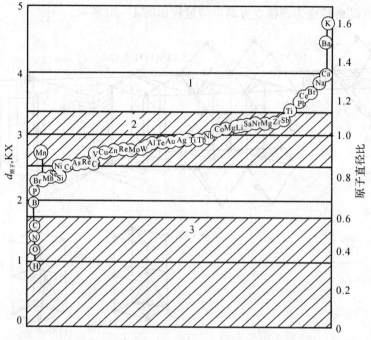

图 4-20 钛的二元相图中的固溶体类型与假如元素原子直径的关系

1—不能溶解； 2—代位固溶体； 3—间隙固溶体

　　与铁的同素异晶转变相比,钛和钛合金的同素异晶转变具有下列特点：①新相和母相存在严格的取向关系,如在冷却过程中, α 相以片状或针状有规则的析出,形成魏氏组织。②由于 β 相中原子扩散系数大,钛合金的加热温度超过相变点后, β 相的长大倾向特别大,极易形成粗大晶粒。这一点在制定钛合金的加热工艺时必须考虑。③钛及钛合金在 β 相区加热造成的粗大晶粒,不能像铁那样,利用同素异晶转变进行重结晶使晶粒细化。实践表明,钛及钛合金只有经过适当的形变再结晶消除粗晶魏氏组织。这是因为钛的两个同素异晶体的比容差小,仅为 0.17% ,而铁的同素异晶体的比容差为 4.7% ,同时钛的弹性模量小,在相变过程中不能产生足够的形变硬化,不能使基体相发生再结晶。另外,钛进行同素异构转变时,各相之间具有严格的晶体学取向关系和强烈的组织遗传性。以上因素均可导致同素异构转变过程中晶粒不能细化。

二、连续冷却中的相变

　　钛合金加热到 β 相区后,自高温冷却时,根据合金成分和冷却条件不同可能发生下列转变：

$$\beta \rightarrow \alpha + \beta; \quad \beta \rightarrow \alpha + Ti_x M_y; \quad \beta \rightarrow \alpha' + \alpha'', \quad \beta \rightarrow \omega \qquad (4-10)$$

1. 马氏体转变

　　钛与 β 同晶元素组成的相图如图 4-21 所示,含 β 稳定元素的合金自 β 相区缓慢冷却时,将从 β 相中析出 α ,其成分随温度下降沿 AC 曲线变化; β 相的成分沿 AB 曲线变化。在快速冷却过程中,由于 β 相析出 α 相的过程来不及进行,但是 β 相的晶体结构,不易为冷却所抑制,仍然发生了改变。这种原始 β 相的成分未发生变化,但晶体结构发生了变化的过饱和固溶体是马氏体。如果合金的浓度高,马氏体转变点 M_s 从降低至室温以下,β 相将被冻结到室温,这种 β 相称过冷 β 相或残留 β 相。若 β 相稳定元素含量少,转变阻力小,β 相由体心立方晶格直接转变为密排六方晶格,这种具有六方晶格的过饱和固溶体称六方马氏体,一般以 α' 表示。若 β 相稳定元素含量高,晶格转变阻力大,不能直接转变为六方晶格,只能转变为斜方晶格,这种具有斜方晶格的马氏体称斜方马氏休,一般以 α'' 表示。

马氏体相变开始温度 M_s 与相变终了温度 M_f 和合金的化学成分关系密切。在钛合金中经常加入的合金元素有 $Al,Sn,Zr,V,Mo,Mn,Fe,Cr,Cu,Si$ 等,其中 Al,Sn,Zr 加入后将扩大 α 相区,使 β 相变点升高,其他元素加入后将缩小 α 相区(扩大 β 相区),使 β 相变点降低。β 型钛合金和 $\alpha+\beta$ 型钛合金均含有较多的 β 稳定元素。由于在 β 相中原子扩散系数很大,钛合金的加热温度一旦超过 β 相变点,β 相将快速长大成粗晶组织,产生所谓的“β 脆性”,故钛合金淬火的加热温度一般均低于其 β 相变点。β 相稳定元素含量越高,相变过程中晶格改组的阻力就越大,因而转变所需的过冷度越大,M_s,M_f 点越低。

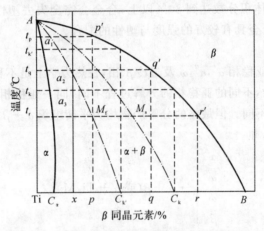

图 4 - 21　钛与 β 同晶元素组成的相图

六方马氏体有两种组织形态。合金元素含量少时,M_s 点高,形成块状组织,在电子显微镜下呈板条状马氏体。合金元素含量高时,M_s 点降低,形成针状组织,在电子显微镜下为针状马氏体。板条马氏体内有密集的位错,基本上没有孪晶。针状马氏体内则有大量的细孪晶。

钛合金的马氏体相变属无扩散型相变,在相变过程中不发生原子扩散,只发生晶格重构,具有马氏体相变的所有特点。其动力学特点是转变无孕育期,瞬间形核长大,转变速度极快,每个马氏体瞬间长到最终尺寸。但是,恒温转变时的新相增加量不是主要因素,相变的持续进行主要是依靠不断冷却中增加体积分数,在晶体切变过程中完成晶格重构。其晶体学特点是马氏体晶格与母相 β 相之间存在严格取向关系,而且马氏体总是沿着 β 相的一定晶面形成。其热力学特点是马氏体转变的阻力很大,转变时需要较大的过冷度,而且马氏体转变的持续进行只能在越来越低的温度下进行。

2.ω 相的形成

当合金中元素含量在临界浓度附近时,快速冷却,将在合金组织中形成一种新相——ω 相。ω 相尺寸很小,高度弥散、密集,体积分量可达 80% 以上。ω 相具有六方晶格,其晶格常数

为 $a=0.4607$ nm，$c=0.2821$ nm，$c/a=0.613$。与母相共生，并有共格关系，它们的取向关系为 $[0001]_\omega // [111]_\beta$，$(11\bar{2}0)_\omega // (1\bar{1}0)_\beta$。

ω 相的形态与合金元素的原子半径有关，当其原子半径与钛原子半径相差很小时，ω 相与 β 相的晶格吻合较好，由共格引起的应变能很低起作用的是表面能，ω 相呈椭圆形。当原子半径相差较大时，对 ω 相形状起作用的是界面应变能，ω 相呈立方体形。ω 相十分细小，在电镜下才能观察到，并且高度弥散。

ω 相不仅可以在淬火时形成，淬火后获得的亚稳定 β 相在 500 ℃ 以下回火时也可转变为 ω 相，将回火形成的 ω 相加热到较高温度，ω 相会消失。所以，可以认为，ω 相是 α 与 β 之间的一种中间过渡相。其体积分数可以通过改变化学成分或回火工艺予以控制。ω 相的形核是无扩散相变，晶格构造以无扩散的共格切变方式由体心立方改组为六方晶格。但 ω 相的长大要依靠原子的扩散。因此，可以认为，回火 ω 相的形成是介于扩散及无扩散相变之间的一种转变。

ω 相硬度很高（HB≈500），脆性极大（$\delta \to 0$），位错不能在其中移动，能显著提高合金的强度、硬度、弹性模量，但使塑性急剧下降。ω 相对合金力学性能的影响程度与其在合金中的体积分数有关。当 ω 相的体积分数达到 80% 以上，合金会完全失去塑性；如果 ω 相的体积分量控制适当（50% 左右），合金具有较好的强度与塑性的配合。

3. 时效的相变

钛合金淬火形成的亚稳相 α'、α''，ω 及过冷 β 相，在热力学上是不稳定的，加热时会发生分解，其分解过程比较复杂，不同的亚稳相的分解过程不同，同一亚稳相因合金成分和时效规范的不同分解过程也有所不同。但最终的分解产物均为平衡组织 $\alpha + \beta$。若合金有共析反应，则最终产物为 $\alpha + Ti_x M_y$，即

$$\left.\begin{array}{r} \alpha' \\ \alpha'' \\ \omega \\ \beta_{亚} \end{array}\right\} \to \alpha + \beta（或 \alpha + Ti_x M_y） \qquad (4-11)$$

在时效分解过程的一定阶段，可以获得弥散的（$\alpha + \beta$）相，使合金产生弥散强化，这就是钛合金淬火时效强化的基本原理。钛合金的时效温度一般为 450～600 ℃，4～12 h。含共析 β 稳定元素的钛合金时效时间较短。亚稳定 β 相的分解要经历三个阶段：① 合金元素偏聚分为贫化 β' 和富化 β，② β' 中析出 α'' 或 ω 相；③ α'' 或 ω 相分解为 $\alpha + \beta$ 相。

4.6.2　钛及其合金的热处理工艺

在不同的加热、冷却条件下，钛合金中会出现各种相变，得到不同的组织。适当的热处理可控制这些相变并获得所希望的显微组织，从而改善合金的力学性能和工艺性能。

钛合金热处理的特点：① 马氏体相变不引起合金的显著强化。这个特点与钢的马氏体相变不同，钛合金的热处理强化只能依赖淬火形成的亚稳相（包括马氏体相）的时效分解。② 应避免形成 ω 相。形成 ω 相会使合金变脆，正确选择时效工艺（如采用高一些的时效温度），即可使 ω 相分解平衡。③ 同素异构转变难于细化晶粒。④ 导热性差。导热性差可导致钛合金，尤其是（$\alpha + \beta$）合金的淬透性差，淬火热应力大，淬火时零件易翘曲。由于导热性差，钛合金变形时易引起局部温升过高，使局部温度有可能超过 β 相变点而形成魏氏组织。⑤ 化学性活泼。热处理时，钛合金易与氧和水蒸气反应，在工件表面形成具有一定深度的富氧层或氧化皮，使

合金性能变坏。钛合金热处理时容易吸氢,引起氢脆。⑥β 相变点差异大。即使是同一成分,但冶炼炉次不同的合金,其 β 转变温度有时差别很大(一般相差 $5 \sim 70$ ℃)。这是制定工件加热温度时要特别注意的特点。⑦ 在 β 相区加热时 β 晶粒长大倾向大。β 晶粒粗化可使塑性急剧下降,故应严格控制加热温度与时间,并慎用在 β 相区温度加热的热处理。

以上特点,在钛合金热处理工艺的制定与实施过程中,必须给予充分注意。

一、退火

退火的目的是消除内应力,提高塑性及稳定组织。常见的钛合金的退火方式有去应力退火、再结晶退火、双重退火、真空去氢退火等,各种方式的退火温度范围如图 4-22 所示。

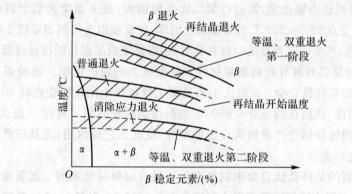

图 4-22　钛合金各种方式退火温度范围示意图

(1)消除应力退火:去应力退火消除冷变形、铸造及焊接等工艺过程中产生的内应力,如不消除,工件容易发生应力腐蚀开裂等现象,故应进行去应力退火。退火温度较低,低于合金的再结晶温度,一般在 $450 \sim 650$ ℃之间。保温时间决定于工件的截面尺寸、加工历史及所需消除应力的程度。机加工件一般保温 $0.5 \sim 2$ h,焊接件为 $2 \sim 12$ h。退火过程主要发生回复,组织中空位浓度下降,发生部分多边化,形成亚结构。去应力退火不能完全消除内应力,保温时间越长,应力去除越彻底。退火后,合金的屈服强度有所降低,其他力学性能基本不变。

(2)再结晶退火:再结晶退火为了消除加工硬化、稳定组织和提高塑性,可选用完全退火,这一过程主要发生再结晶,故也称再结晶退火。退火温度一般高于或接近再结晶终了温度,介于再结晶温度和相变温度之间,超过相变点温度,形成粗大的魏氏体组织使合金性能恶化。退火保温时间跟工件厚度有关系。厚度小于 5 mm 的工件,保温时间少于 0.5 h;厚度大于 5 mm,随厚度的增加,保温时间延长,但一般不超过 2 h。保温后炉冷至一定温度后出炉空冷。

对于 α 型和低合金化的($\alpha+\beta$)型合金,其退火温度为 $650 \sim 800$ ℃,冷却方式采用空冷。对于合金化程度较高的($\alpha+\beta$)型合金,应注意退火后的冷却速度,因冷却速度不同会影响 β 相的转变方式,空冷后的强度明显高于炉冷。对于亚稳 β 型合金,退火温度较高,冷却方式采用快冷,因慢冷会导致 α 相的析出,降低合金的塑性。

再结晶退火过程中,变形晶粒转变为等轴晶粒,同时存在 α 相、β 相在组成、形态和数量上的变化,大部分 α 和 $\alpha+\beta$ 型钛合金都是在完全退火状态下使用。退火后合金的性能取决于晶粒尺寸、初生 α 相数量及再结晶程度等。再结晶后合金的强度低于普通退火,但塑性高于普通退火。

(3) 等温退火：等温退火可获得最好的塑性和热稳定性。此种退火适用于 β 稳定元素含量较高的两相钛合金，这类合金 β 相稳定性高，空冷不能使 β 相充分分解，故需采用缓慢冷却。等温退火采用分级冷却的方式，即加热至再结晶温度以上保温后，立即转入另一较低温度的炉中（一般 $600 \sim 650\ ℃$）保温，而后空冷至室温。等温退火可使 β 相充分分解，并有一定聚集。经退火后组织的热稳定性及塑性均很高，但强度低于双重退火。等温退火可用双重退火代替。

(4) 双重退火：为了改善合金的塑性、断裂韧性和稳定组织可采用双重退火。退火后合金组织更加均匀和接近平衡状态。耐热钛合金为了保证在高温及长期应力作用下组织和性能的稳定，常采用此类退火。双重退火是对合金进行两次加热和空冷。第一次高温退火加热温度高于或接近再结晶终了温度，使再结晶充分进行，又不使晶粒明显长大，并控制初生 α 相的体积分数。空冷后，组织还不够稳定，需进行第二次低温退火，退火温度为低于再结晶温度的某一温度（约低于 β 相变点 $300 \sim 500\ ℃$），保温较长时间，使高温退火得到的亚稳 β 相充分分解，使组织更接近平衡状态，产生一定程度的时效强化效果，以保证成品在长期服役过程中组织稳定。

(5) β 退火：目的是得到具有较高断裂韧性和蠕变抗力的魏氏组织。这种退火只适用于要求高温蠕变性能好的某些钛合金。β 退火工艺是将工件加热至比 β 相变点高 $20 \sim 30\ ℃$ 的温度，保温后空冷或油冷，然后在约 $500 \sim 600\ ℃$ 加热保温较长时间。可见，β 退火与 β 相区的固溶时效相近。因 β 相区加热会严重损害合金的塑性，故此工艺应慎用，尤其应严格控制加热温度，以免 β 晶粒过度长大。

(6) 真空退火：目的是降低钛合金中的氢含量。钛合金极易吸氢而引起氢脆。当氢含量超过规定值时，可用真空退火除氢。真空退火温度为 $600 \sim 890\ ℃$，保温 $1 \sim 6\ h$，要维持 $0.013\ Pa$ 的真空度。在这种条件下，合金中的 TiH 化合物发生分解，氢可从合金中逸出。

二、淬火（固溶）

钛合金的退火伴随着加工硬化效果的丧失，相当于一种软化处理。双重退火有弱强化作用，但与加工硬化或强化热处理相比，所获得的强度仍然较低。淬火时效是钛合金热处理的主要方式，利用相变产生强化效果，故又称强化热处理。

固溶处理是把钛及钛合金加热、保温并快速冷却到室温的作业。为了达到快速冷却，必须采用淬火方法，故有时也称为淬火。

固溶的目的就是为了获得并保留亚稳定相。对于近 α 和 $(\alpha + \beta)$ 合金，固镕处理目的是为了保留马氏体 α'，α'' 或少量 β' 相。固溶处理的温度通常选择低于 $(\alpha + \beta)/\beta$ 相变点 $40 \sim 100$ ℃。冷却方式一服用水淬，也可采用油淬。但是，这两类合金在淬火时一定要迅速进行。延误淬火时间，工件温度迅速降低，α 相将首先在原始 β 相晶界形核并长大，影响淬火状态的力学性能。一般要求淬火延误时间不得超过 $10\ s$，对薄板则要求更高。此外对形状复杂的工件或薄板还要注意防止淬火变形。

亚稳定 β 型合金固溶处理的目的是为了保留亚稳定 β 相。固溶处理通常选择在 $(\alpha + \beta)/\beta$ 相变点以上 $40 \sim 80$ ℃。冷却方式可采用空冷或水冷，为了防止淬火变形和提高经济效益一般采用空冷。

对于 $\alpha +$ 化合物合金，固溶处理的目的是为了保留过饱和 α 固溶体。固溶处理温度选择在刚刚低于共析温度。如 Ti - 2Cu 合金，共析温度为 $798\ ℃$，固溶处理选择 $790\ ℃$，冷却方式为空冷。

此外,与钢材等有所差异的是,钛及钛合金的淬透性不是指淬火后的硬化深度,而主要是指保留亚稳定 β 相的深度。

固溶处理温度的选择很重要,因为它对钛材性能影响很大,如图 4 - 23 所示,故需要选择准确合适的固溶处理温度。

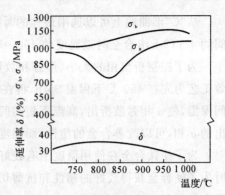

图 4 - 23　固溶处理温度对 TC4 合金
力学性能的影响

三、时效

时效处理就是将钛合金工件淬火后再加热至适当的温度保温并冷却的工艺。进行时效的目的就是促进固溶处理的亚稳定相按一定方式发生分解,达到强化。

钛合金固溶所得到的 α',α'',ω 和 β' 相都是亚稳定相。一旦加热(时效),这些相即发生分解,析出(新)相,发生的分解过程称为脱溶转变。分解获得的最终产物与相图上的平衡组织相对应。对于含同晶系的 β 合金,其分解产物为 $\alpha+\beta$。对于共析型 β 合金,其分解产物为 $\alpha+Ti_x M_y$(化合物),该分解反应为 $\beta \rightarrow \alpha+Ti_x M_y$。因此,脱溶对这些亚稳定相的分解过程可概括为发生了相转变,见式(4 - 11)。

在脱溶分解的某一阶段,可以获得弥散的($\alpha+\beta$)相组织,使合金显著强化。

确定一个合金的时效工艺是按试验获得时效硬化曲线,它描述了该合金不同时效温度下力学性能和时效时间的关系。力学性能可以用室温抗拉性能(或硬度)等来表示;时效温度和时间的选择应以获得最佳的综合性能为准。一般,上述曲线呈"C"形,所以称之为"C"形曲线,它可以描述时效过程"时间-温度-转变"的关系。该曲线的"C"形依合金成分不同而改变如图 4 - 24 所示。

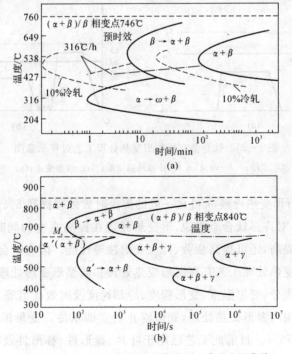

图 4 - 24　($\alpha+\beta$)合金和可热处理 β 合金"C"曲线
(a)Ti - 11.5Mo - 6Zr - 4.5Sn; (b)Ti - 4.5Cr;γ 相是 TiCr$_2$

从"C"形曲线上可以选用最佳的时效工艺。一般$(\alpha+\beta)$合金时效温度约 $500\sim600$ ℃,时间约 $4\sim12$ h,β 合金时效温度约 $450\sim550$ ℃,时间约 $8\sim24$ h。冷却方式均为空冷。

为了控制析出相的大小、形态和数量,某些合金还可采用多级时效处理。如 TBl 合金,时效工艺为先在 450 ℃下保温 35 h,再在 560 ℃下保温 15 min。用阶梯式升温,在低温下长时间保温,使 α 相弥散析出,高温下短时间保温,使 α 相集聚长大。这样,该过程容易获得均匀析出的 α 相,可以改善合金的塑性,而强度略有降低。

为了使钛合金在使用温度下有较好的热稳定性,往往采用使用温度以上的时效温度。有时为了使合金获得较好的韧性和抗剪切性能,也采用较高温度的时效。这种时效有时也称为稳定化处理。

另外,时效前的冷加工和低温预时效都加速了亚稳定 β 相的分解速度,并使 β 相弥散度增加。有时,也可通过冷变形后时效处理的方式提高 β 合金的抗拉强度和弹性模量。

四、形变热处理

除淬火时效外,形变热处理(也称热机械处理)也是提高钛合金强度的有效方法。形变热处理是将压力加工变形和热处理结合起来的一种工艺(见图 4-25)。在这种工艺过程中,变形终了时立即淬火,使压力加工变形时晶粒内部产生的高密度位错或其他晶格缺陷全部或部分地保留至室温,在随后的时效过程中,作为析出相的形核位置,使析出相高度弥散,并均匀分布,从而显著增强时效强化效果。在时效前预先对合金进行冷变形,也可在组织中造成高密度位错及大量晶格缺陷,随后进行时效,可获得同样效果。

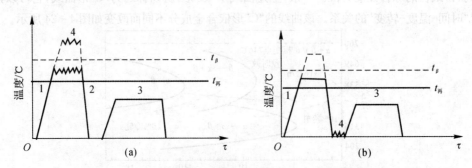

图 4-25 钛合金常用的形变热处理工艺过程示意图

(1—加热; 2—水冷; 3—时效; 4—冷或低温变形; t_β—β 相变点;$t_{再}$—再结晶温度)

对两相钛合金进行形变热处理,σ_b 可比一般的淬火时效处理提高 5%～10%,σ_b 提高 10%～30%。比较可贵的是,对许多钛合金来说,形变热处理在提高强度的同时,并不损害塑性。甚至还会使塑性有一定提高,还可提高疲劳、持久及耐蚀等性能。但有时会使热稳定性下降。

常用的钛合金形变热处理工艺有高温形变热处理和低温形变热处理两种。影响其强化效果的主要因素是合金成分、变形温度、变形程度、冷却速度及时效规范等。

两相钛合金多采用高温形变热处理,变形终止后立即水冷。变形温度一般不超过 β 相变点。变形度为 $40\%\sim70\%$。目前此工艺已用于叶片、盘形件、杯形件及端盖等简单形状的薄壁锻件,强化效果较好。

β钛合金可采用高温或低温形变热处理，也可将两者综合在一起。β钛合金淬透性较好，高温变形终止后可进行空冷，高温变形温度对其影响不如对两相钛合金的敏感。因此，在生产条件下，β钛合金更容易采用高温形变热处理工艺。

五、(α＋β)两相钛合金的显微组织

非淬火组织按其形态特征可分为魏氏组织、网篮组织、等轴组织和双态组织。

1. 魏氏组织

在β相区进行加工(一般变形程度小于50%)或者在β相区退火可得到魏氏体组织。魏氏体组织的特征是具有粗大等轴的原始β晶粒。在原β晶界上有完整的α网，在原β晶界内有长条形α，在α条内为β，最后整个β晶粒转变为长条α＋β。按α条的形态和分布，魏氏体组织可分为平直并列、编织状和混合组织。

两相钛合金在β相区变形所得到的魏氏体组织形成过程示意图如图4-26所示。

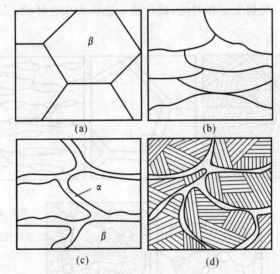

图 4-26　β相区变形及冷却过程中魏氏体组织形成过程

(a)β相区加热时；　(b)变形小于50%；　(c)冷却至两相区；　(d)继续冷却至室温

魏氏体组织的优点是断裂韧性高。这是因为晶界α的存在使晶间断裂比例减小；在魏氏体组织中，断裂往往沿α，β相界面发展，这是因为各α束域取向不同，使裂纹扩散受阻的缘故。魏氏体组织的另一个优点是在较快冷却(如室冷)状态下，其蠕变抗力和持久强度较高。此外，魏氏体组织是β相区热加工的产物，在β相区压力加工时，变形抗力小，容易加工变形。

魏氏体组织的突出特点是塑性低，尤其是断面收缩率低于其他类型的组织。其原因是原始β晶粒比较粗大，而且存在网状晶界。

魏氏体组织虽然有很多优点，但由于塑性低这个缺点，其广泛应用受到了限制。

2. 网篮组织

钛合金在(α＋β)/β相变点附近变形，或在β相区开始变形，但在α＋β两相区终止变形，变形量为50%～80%时，使原始β晶粒及晶界α破碎，冷却后α条的尺寸减小，α条变短，且各丛

交错排列,有如编织网篮的形状,称为网篮组织。

网篮组织的塑性及疲劳性能高于魏氏体组织,但断裂韧性低于魏氏体组织。在实际应用中,高温长期受力部件往往采用网篮组织代替魏氏体组织,因为网篮组织的塑性、蠕变抗力及高温持久等综合性能较好。

3.等轴组织

钛合金在$(\alpha+\beta)$相区热加工时,由于湿度较高,在变形过程中α相和β相相继发生了再结晶,获得了完全等轴的$\alpha+\beta$。若变形温度低,再结晶不发生或部分发生,随后进行再结晶退火,也可得到等轴组织。等轴程度的大小与变形程度、加热温度和保温时间有关。总的趋势是随此三者的增加,等轴化程度增加。

4.双态组织

两相钛合金在两相区上部温度变形,或者在两相区变形后,再加热到两相区上部温度而后冷却,可得到双态组织。双态组织是指组织中α有两种形态,一种是等轴状的初生α,另一种是β转变组织中的片状α。与初生α相对应,此片状α也称为次生片状α。双态组织的形成过程如图4-27所示。

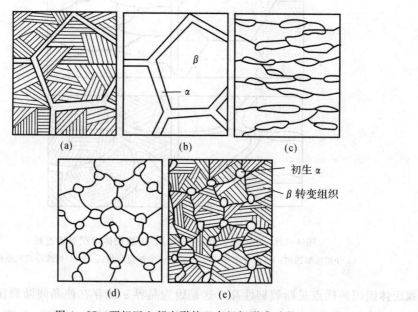

图4-27 两相区上部变形的双态组织形成过程

(a)原始组织; (b)两相区上部加热; (c)变形,两相拉长; (d)再结晶,变形结束; (e)冷却,$\beta \rightarrow$次生α

双态组织和等轴组织的性能特征大致相同,仅随所含初生α数量不同而有一定差异。这两种组织的性能特点与魏氏体组织相反,具有较高的疲劳强度和塑性。

4.7　钛合金的发展

钛是20世纪50年代发展起来的一种重要的结构金属,钛合金因具有强度高、耐蚀性好、耐热性高等特点而被广泛用于各个领域。世界上许多国家都认识到钛合金材料的重要性,相继对其进行研究开发,并得到了实际应用。第一个实用的钛合金是 1954 年美国研制成功的 Ti-6Al-4V 合金,由于它的耐热性、强度、塑性、韧性、成形性、可焊性、耐蚀性和生物相容性均较好,从而成为钛合金工业中的王牌合金,其使用量已占全部钛合金的 75%～85%。其他许多钛合金都可以看作是 Ti-6Al-4V 合金的改型。20 世纪 50～60 年代,主要是发展航空发动机用的高温钛合金和机体用的结构钛合金;20 世纪 70 年代开发出一批耐蚀钛合金;20 世纪 80 年代以来,耐蚀钛合金和高强钛合金得到进一步发展。耐热钛合金的使用温度已从 20 世纪 50 年代的 400 ℃ 提高到 90 年代的 600～650 ℃。当前,结构钛合金向高强、高塑、高强高韧、高模量和高损伤容限方向发展。目前,世界上已研制出的钛合金有数百种,最著名的合金有 20～30 种,如 Ti-6Al-4V,Ti-5Al-2.5Sn,Ti-2Al-2.5Zr,Ti-32Mo,Ti-Mo-Ni,Ti-Pd、SP-700,Ti-6242,Ti-10-5-3,Ti-1023,BT9,BT20,IMI829,IMI834 等。

4.7.1　高温钛合金

耐热钛合金通常是指可在 400 ℃ 以上长期工作的钛合金。主要用做航空发动机的压气机盘和叶片等,用它代替部分钢,可使发动机减重,提高报重比。推重比越高,要求压气机的压缩比和钛合金的使用温度越高。

20 世纪 50 年代以来,随着航空航天事业的发展,钛合金的使用温度逐步提高。表 4-11 列出了美国、英国、俄罗斯和我国的主要高温钛合金及其使用温度。目前,高温钛合金的应用温度已达到 600 ℃,国际先进的高温钛合金主要有:美国的 Ti.6242S 和 Ti.1100,英国的 IMI834,俄罗斯的 BT36 以及中国的 Ti-60 和 Ti-600 等合金。

英国高温钛合金的研究起步较早,Rolls·Royce 公司研制的 IMI 系列高温钛合金综合力学性能良好,已获得广泛应用。该系列合金具有非常好的抗拉强度、疲劳强度和抗高温蠕变性能。IMI834 合金是该系列合金的突出代表,已应用于多种高性能发动机的关键部件。如波音 777 飞机使用的 Trent700 大型民用发动机,其高压压气机的所有轮盘、鼓筒和后轴均使用电子束焊接的 IMI834 合金构件。这使得 Trent700 成为新型民用航空发动机中首次采用全钛高压压气机转子的发动机。欧洲研制的 EJ200 发动机和美国惠普公司的 PW30 发动机上也使用了 IMI834 合金。

20 世纪 50 年代,美国研制成功第一个高温钛合金 Ti-6Al-4V。该合金为 $(\alpha+\beta)$ 型,最高使用温度为 300～350 ℃,为后续高温钛合金的研究奠定了基础。该合金曾广泛应用于美国的航天飞机、洲际导弹和卫星上,由于使用温度限制,只应用于一些普通结构件中。1960 年,采用 Mo 固溶强化的方法开发了 Ti-6242 合金,使用温度提高到 450 ℃。该合金具有较高的高温蠕变强度和瞬时强度,低周疲劳性能高于 Ti-6Al-4V。Ti-6242 合金曾应用于美国大型运输机涡轮发动机上的非高温部件。1970 年,Ti-6242S 合金研究成功,该合金在 550 ℃ 下具有高强度、高刚度、抗蠕变和好的热稳定性,广泛应用于涡轮发动机部件。1988 年,美国研究开发成功了著名的 Ti-1100 高温钛合金。该合金优化了 Ti-6242 合金中 Al,Mo,Sn 等合金元素的含量,使用温度达到了 600 ℃。目前,Ti-1100 合金已成功应用于制造莱康明公司的 T552712 发动机的高压压气机轮盘和低压涡轮叶片等零件。高温钛合金的使用温度及化学成分如表 4-12 所示。

表 4 - 11　高温钛合金的使用温度及化学成分

国家	合金	时间/年	工作温度/℃	化学成分						
				Al	Sn	Zr	Mo	Nb	Si	其他
美国	Ti64	1 954	300	6						4V
	Ti811	1 961	425	8			1			1V
	Ti6246	1 966	450	6	2	4	6			
	Ti6242	1 967	450	6	2	4	2			
	Ti6242S	1 974	520	6	2	4	2		0.1	
	Ti1100	1 988	600	6	2.7	4	0.4		0.45	
英国	IMI550	1 956	425	6	2	4			0.5	
	IMI679	1 961	450	2	11	5	1		0.2	
	IMI685	1 969	520	6	5		0.5		0.25	
	IMI829	1 976	580	5.5	3.5	3	0.3	1	0.3	
	IMI834	1 984	590	5.5	4	4	0.3	1	0.5	0.06C
俄罗斯	BT3 - 1	1 957	400~450	6.5			2.5		0.3	0.5Fe1.5Cr
	BT8	1 958	500	6.5			3.5		0.2	
	BT9	1 958	500~550	6.5	2		3.5		0.3	
	BT18	1 963	550~600	8		8	0.6	1	0.22	0.15Fe
	BT18Y		550~600	6.5	2.5	4	0.7	1	0.25	
	BT25	1 971	500~550	6.8	2	1.7	2		0.2	
	BT25Y			6.5	2	4	4		0.2	1.0W
	BT36		600	6.2	2	3.6	0.7		0.15	5W
中国	TC4	1 965	300~400	6						4V
	TC6		450	6			2.5		0.3	0.5Fe1.5Cr
	Ti811		425	8			1			1V
	TC9		500	6.5	2.5		3.5		0.3	
	TC11	1 979	500	6.5		1.5	3.5		0.3	
	Ti55	1 995	550	5	4	2	1		0.25	1Nd
	Ti53311S		550	5.5	3.5	3	1	1	0.3	
	Ti60	1 994	600	5.8	4.8	2	1		0.35	0.85Nd
	Ti600		600	6	2.8	2	0.5		0.4	0.1Y

　　俄罗斯在高温钛合金的研究上形成了自己独特的体系。BT 系列合金于 1957 年开始研制,已有 50 多年的研究历史。该系列合金除了添加 Al,Mo,Si 外,还有 Cr 和 Fe。俄罗斯科学

家认为这两种共析型的 β 稳定元素可以有效强化 α 和 β 相,从而提升合金的高温强度和热强性。BT36 合金是俄罗斯目前耐热温度最高的高温钛合金,可在 600 ℃工作。该合金的特点是添加 5% 的 W 元素替代了 1%Nb。研究表明,W 的加入提升了合金在 550~600 ℃的持久强度和抗蠕变性能。在多元合金系基础上添加 W 元素是俄罗斯高温钛合金的特点和发展趋势。

我国高温钛合金的研究起步较晚,但研究成果丰硕,具有自己的特色。目前主要的研究机构是北京航空材料研究院、北京有色金属研究总院、西北有色金属研究院、中国科学院金属研究所等科研单位。研究早期,主要以仿制英美的高温钛合金为主,研制成功了工作温度在400 ℃以下的钛合金 TC4 和 TC17,应用于发动机工作温度较低的风扇叶片和压气机第 1、2级叶片。500 ℃左右工作的高温钛合金 TC11 主要是仿制俄罗斯的 BT9 合金,但在成分和加工工艺上进行了大量创新。TC11 是我国目前航空发动机上用量最大的钛合金,大量应用于我国 WP13,WP14,WS11 等第 2 代航空发动机的高压压气机叶片和机盘。近 20 年来,我国开始自主研究新型的高温钛合金。目前正在研制使用温度高于 600 ℃的高温钛合金,已经报道的有 Ti－55,Ti－60,Ti－600 等。目前,我国在有关高温钛合金的成分研究已经接近世界先进水平,但在组织控制和力学性能平衡上仍存在突出矛盾,获得实际应用的高温钛合金不多。

4.7.2　钛铝化合物为基的钛合金

上述的高温钛合金是以固溶体为基的传统高温钛合金,由于受到内部冶金稳定性和表面氧化性的限制,其使用温度很难进一步提高,对 600~650 ℃以上使用的钛合金,人们把希望寄托于 Ti－Al 金属间化合物为基的合金。

与一般钛合金相比,钛铝化合物为基的 $Ti_3Al(\alpha_2)$ 和 $TiAl(\gamma)$ 金属间化合物的最大优点是高温性能好(最高使用温度分别为 816 和 982 ℃)、抗氧化能力强、抗蠕变性能好和重量轻(密度仅为镍基高温合金的 1/2),这些优点使其成为未来航空发动机及飞机结构件最具竞争力的材料。

目前,已有两个 Ti_3Al 为基的钛合金 Ti－21Nb－14Al 和 Ti－24Al－14Nb－♯v－0.5Mo在美国开始批量生产。其他近年来发展的 Ti_3Al 为基的钛合金有 Ti－24Al－11Nb,Ti25Al－17Nb－1Mo 和 Ti－25Al－10Nb－3V－1Mo 等。$TiAl(\gamma)$ 为基的钛合金受关注的成分范围为Ti－(46~52)Al－(1~10)M(at.%),此处 M 为 V,Cr,Mn,Nb,Mo 和 W 中的至少一种元素。最近,$TiAl_3$ 为基的钛合金开始引起注意,如 Ti－65Al－10Ni 合金。

Ti_3Al 和 TiAl 金属间化合物具有密度低、高温强度高、抗氧化性强和弹性模量高等优点,见表 4－12。在 650~950℃温度范围,它可以与镍基超合金竞争,其主要缺点是室温脆性和加工困难。近年来在改善 Ti－Al 化合物塑性方面已取得了一定的进展,用 Ti_3Al 基合金制成的航空发动机零件已成功地记过试车考验。

在实践上改善塑性比较有效的方法是添加 Nb,Mo,V,Mn 等 β 稳定元素,并通过合理的热加工和热处理以获得均匀细小的等轴组织。采用有利于成分均匀化的快速凝固或其他熔铸工艺,均能改善合金的室温塑性。

加铌能改善 Ti_3Al 基合金的塑性,这是因为铌能细化组织,铌固溶在 α_2 中能激活非基面滑移,从而提高合金塑性。

加锰对改善 TiAl 基合金的塑性有益,未含锰的 TiAl 基合金室温延伸率不到 1%,加锰的合金(Ti-34.5Al-1.5Mn)延伸率提高到3%。这可能与锰减少 γ 相中铝含量和降低晶轴比 c/a 有关。

采用粉末冶金技术制备合金,如用旋转盘雾化法快速凝固制备合金粉末,其后将粉末压制成高致密的坯料,再加工成产品,这样不仅可以保证产品的性能,而且克服了材料加工的困难。

表 4-13　Ti-Al 化合物基合金的特性

材　料	密度/$(10^3 kg \cdot m^{-3})$	拉伸强度/MPa	室温延性/(%)	弹性模量/GPa	抗氧化温度/℃	最高使用温度/℃
钛合金	4.5~4.7	480~1 200	10~20	96~115	600	600
Ti₃Al	4.6~4.7	800~1 140	2~5	120~145	650	815
TiAl	3.7~3.9	450~700	1~2	160~170	1 000	1 040
镍基超合金	8.3		3~5	206	1 090	

4.7.3　Ti-Ni 形状记忆合金

形状记忆效应指合金在一定条件下,变形后仍能恢复到变形前形状的能力。在某一相变温度,存在一对可逆转变的晶体结构。形状记忆合金是 20 世纪 70 年代开发新型功能材料,包括 In-Ti,Ni-Ti,Ti-Ni-Cu,Ti-Ni-Nb 等,其中 Ti-Ni 合金已在航天器件、仪表、控温及医疗机具上的应用,有希望在能源工业中发挥作用。

近等原子比的 Ti-Ni 基记忆合金是最早得到应用的一种记忆合金。由于其具有优异的形状记忆效应和超弹性性能,良好的力学性能、耐蚀性和生物相容性及高阻尼特性,是应用最广泛的形状记忆材料,已涉及航天、航空、机械、电子、交通、建筑、能源、生物医学及日常生活领域。主要有 Ti-Ni-Nb 宽滞后记忆合金、Ti-Ni-Cu 窄滞后记忆合金和 Ti-Ni-Pd(Pt)高温形状记忆合金等,记忆合金管接头、眼镜架用丝、移动电话天线、医用内支架和接骨板、牙齿矫形丝、温控弹簧等。

Ti-Ni 基记忆合金的相变温度对成分最敏感,含 Ni 量每增加 0.1%,就会引起相变温度降低 10 ℃。添加的第三元素对 Ti-Ni 合金相变温度的影响也很大,具有丰富的相变现象、优异的形状记忆和超弹性性能、良好的力学性能、耐腐蚀性、生物相容性以及高阻尼特性。研究最全面、记忆性好、实用性强的形状记忆合金材料,是目前应用最为广泛的形状记忆材料。

Ti-Ni 基记忆合金的特点:①机械性质十分优良,能恢复的形变可高达 10%(一般金属材料<0.1%);②加热时产生的回复应力非常大,可达 500 MPa;③无通常金属呈现的"疲劳断裂"现象;④可感受温度、外力变化并通过调整内部结构来适应外界条件——对环境刺激的自适应性。

Ti-Ni 基记忆合金的应用已遍及航空、航天、机械、电子、能源、医学以及日常生活中。在航天、航空方面,将 Ti-Ni 合金丝在母相状态下制成天线后,冷至低温使其转变为较软的马氏体,折叠成体积很小的团状。待进入太空后,被弹出,在受太阳光辐射升温,温度高于 A_f 后,团状天线便自动展开,恢复其母相的形状即工作状态。钛-镍形状记忆合金制成的人造卫星天线如图 4-28 所示。

　　在电子及机械工程方面的应用有管接头、紧固圈、连接套管、紧固铆钉等。优点:夹紧力大,接触密封可靠,避免了由于焊接而产生的冶金缺陷;适于不易焊接的接头,如严禁明火的管道连接、焊接工艺难以进行的海底输油管道修补等;金属与塑料等不同材料可以通过这种连接件连成一体;安装时不需要熟练的技术。

　　在工程和建筑领域,用 Ti - Ni 形状记忆合金作为隔音材料及探测地震损害控制的潜力已显示出来。已试验了桥梁和建筑物中的应用,因此作为隔音材料及探测损害控制的应用已成为一个新的应用领域。

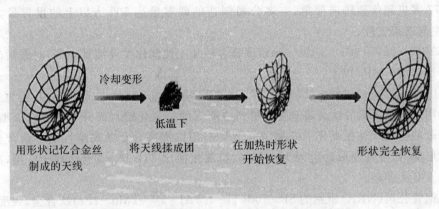

图 4 - 28　钛-镍形状记忆合金制成的人造卫星天线

　　在生物医学方面的应用:①血栓过滤器:将马氏体状态的 Ni - Ti 合金丝通过导管送到静脉中预定位置,去掉合金的束缚,在体温下其恢复到母相的网状,从而将静脉中的血凝块打碎,并阻止其流向心脏。②人工心肌纤维:将 Ni - Ti 丝包裹在弹性体制成的人工心脏外部,周期性地给以电脉冲加热,则可使心脏伸缩运动。

　　在日常生活方面的应用有电加热水壶的手柄控制器、暖气阀门、防烫伤阀、空调调节器、电冰箱自动开关、高温报警装置等。特点:结构简单、可靠性高、成本低。

4.7.4　高强高韧 β 型钛合金

　　钛及钛合金因具有比强度高、耐腐蚀性好等优点,已被广泛应用于在航空、航天、车辆工程、生物医学工程等各个领域。近年来,随着航空航天业对高强度、高断裂韧性的新型结构钛合金的需要越来越迫切,因此研究具有自主知识产权,能够替代超高强度钢并用于航空大型结构件的新型高强高韧钛合金得到世界各国的重视。高强高韧钛合金一般指抗拉强度在1 000 MPa 以上,断裂韧性在 55 MPa·m$^{1/2}$ 以上的钛合金。高强高韧钛合金一般都为 β 钛合金,组织以 β 相为主。这是因为 β 钛合金在固溶处理下的冷成型性和淬透性较好,合金时效后析出次生 α 相($α_s$)可大幅度提高合金强度。

　　β 型钛合金最早是 20 世纪 50 年代中期由美国 Crucible 公司研制出的 B120VCA 合金(Ti - 13V - 11Cr - 3Al),具有良好的冷热加工性能,易锻造,可轧制、焊接,可通过固溶-时效处理获得较高的机械性能、良好的环境抗力及强度与断裂韧性的很好配合。

　　Ti - 1023(Ti - 10V - 2Fe - 3Al)合金是美国 Timet 公司于 1971 年研制成功,迄今为止应用最为广泛的一种高强韧近 β 钛合金。Ti - 1023 的成功应用应归结于它是一种高结构效益、高可靠性和低制造成本的锻造钛合金。为了提高合金的锻造性能和断裂韧性,要求合金中 Fe 的含量低于 2%,O 的含量限制在 0.13% 以下。在同等强度等级下,合金在两相区固溶处理得到的组织具有良好的塑性。合金经热处理后其 R_m 为 965～1 310 MPa,K_{IC} 为 99～33 MPa·$m^{1/2}$,有较好的强韧性匹配关系。Ti-1023 之所以能够作为大型锻件用于结构材料中,主要因为合金具有良好的锻造性能。Ti-1023 合金的出现填补了具有高强度,高断裂韧性和高淬透性结构钛合金的空白。用该合金代替 TC4 合金可以减重 20%,用它代替 30CrMnSiA 时,可减重 40%。它能提供中、高强和高韧性的棒材、板材或截面达 125 mm 厚的锻件。现已应用于波音 777 客机起落架转向架梁,空客公司制造的载客量达 500 人以上的世界最大的客机 A380 的主起落架支柱。

Ti153(Ti-15V-3Cr-3Al-3Sn),该合金冷加工性能比工业纯钛还好,时效后的室温抗拉强度可达 1 000 MPa 以上。

β-21S 合金(Ti-15Mo-2.7Nb-3Al-0.2Si)是美国 Timet 公司在 1989 年为麦道公司提供一种用于航天飞机的钛金属基复合材料中所需的抗氧化箔材而开发的亚稳 β 型钛合金。合金最显著的特点就是在成分中添加了 0.2%Si,用以提高合金的高温性能。该合金具有良好的冷变形能力,冷轧变形量达 72%～85%,抗氧化性比 Ti-15-3 合金高 100 倍,高温性能优于其他 β 型钛合金。

日本钢管公司(NKK)研制的 SP-700(Ti-4.5Al-3V-2Mo-2Fe)钛合金,强度高,超塑性延伸率高达 2000%,超塑成形温度比 Ti-6Al-4V 低 140℃,可取代 Ti-6Al-4V 合金用超塑成型-扩散连接(SPF/DB)技术制造各种航空航天构件。

BT22(Ti-5Al-5Mo-5V-1Fe-1Cr)合金是苏联在 20 世纪 70 年代研制成功的一种高合金化、高强度近 β 型钛合金,其抗拉强度可达 1 105 MPa 以上。俄罗斯的 Su-27、伊尔 IL-76 和图-204 等主干线客机和重型运输机的机体和起落架的大型承力构件和部件中均使用了 BT22 钛合金锻造构件。BT22 合金既可用于制造在 350～400 ℃下长期工作的机身、机翼受力件及操作系统等的紧固件,也可用于制造工作温度不高于 350 ℃的发动机的风扇盘和叶片等。但 BT22 合金的强度范围只能限定在 1 100～1 300 MPa,并不能进一步提高合金的强度。

4.7.5　阻燃钛合金

常规钛合金在特定的条件下有燃烧的倾向,这在很大程度上限制了其应用。针对这种情况,各国都展开了对阻燃钛合金的研究并取得一定突破。美国研制出的 Alloy c(也称为 Ti-1720),名义成分为 50Ti-35V-15Cr(质量分数),是一种对持续燃烧不敏感的阻燃钛合金,已用于 F119 发动机。BTT-1 和 BTT-3 为俄罗斯研制的阻燃钛合金,均为 Ti-Cu-Al 系合金,具有相当好的热变形工艺性能,可用其制成复杂的零件。

常规钛合金用在高速运转的飞行器发动机上容易燃烧,因此阻燃钛合金的研究引起了各国高度重视。长期以来,着火原因、火焰蔓延速度、阻燃机理等许多关键问题尚待进一步研究。我们利用 CALPHAD 技术,通过计算体系的绝热燃烧温度 T_{ab},纯元素及钛合金燃烧过程的综合热效应来研究以上所列关键问题。在研究过程中,绝热燃烧温度 T_{ab} 定义为体系与环境没有物质和能量交换时,燃烧反应达到平衡时的温度。利用 CALPHAD 技术计算得到的若干纯金属的 T_{ab} 如图 4-29 所示,结合图中所示的一些纯金属的导热系数可以看出,纯钛的 T_{ab} 远高于除铝以外的其他金属,而导热系数比其他金属低,仅为铝的 1/10。因此,钛一旦点燃,发热量很大,热量不易散发,燃烧易蔓延。

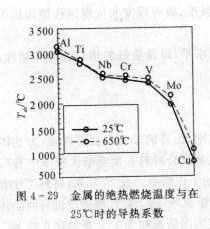

图 4-29　金属的绝热燃烧温度与在
25℃时的导热系数

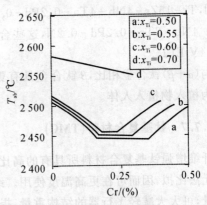

图 4-30　体系绝热燃烧温度随组成变化

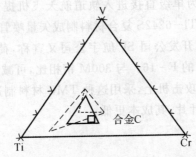

图 4-31　Ti-Cr-V 体系的绝热燃烧温度低谷和美国专利成分范围比较

在钛中加入 V,Cr,Mo 等合金元素,都可以降低其绝热燃烧温度,如图 4-30 所示,在 Ti-Cr-V 三元系中存在低谷。热力学分析表明,产生低谷的原因是该处生成的气相燃烧产物量最大。Ti-Cr-V 体系低谷相应于美国专利的成分范围如图 4-31 所示。通过以上研究,我们搞清了常规钛合金容易发生着火的原因以及阻燃钛合金的阻燃机理,为新型阻燃钛合金的成分选择提供了重要依据。

4.7.6　医用钛合金

钛无毒、质轻、强度高且具有优良的生物相容性,是非常理想的医用金属材料,可用作植入人体的植入物等。目前,在医学领域中广泛使用的仍是 Ti-6Al-4V ELI 合金。该合金会析出极微量的钒和铝离子,降低了其细胞适应性且有可能对人体造成危害,这一问题早已引起医学界的广泛关注。

美国早在 20 世纪 80 年代中期便开始研制无铝、无钒、具有生物相容性的钛合金,将其用于矫形术。在美国,已有 5 种 β 钛合金被推荐至医学领域,即 TMZFTM(Ti-12Mo-Zr-2Fe),Ti-13Nb-13Zr,Timetal21SRx(Ti-15Mo-2.5Nb-0.2-Si),Tiadyne1610(Ti-16Nb-9.5Hf)和 Ti-15Mo。此类钛合金具有高强度、低弹性模量以及优异成形性和抗腐蚀性能,估计在不久的将来,很有可能取代目前医学领域中广泛使用的 Ti-6Al-4V ELI 合金。

日本已开发出一系列具有优良生物相容性的$(\alpha+\beta)$钛合金,包括 Ti-15Zr-4Nb-4Ta-0.2Pd,Ti-15Zr-4Nb-4Ta-0.2Pd-0.20~0.05N,Ti-15Sn-4Nb-2Ta-0.2-Pd 和 Ti-15Sn-4Nb-2Ta-0.2Pd-0.2N,这些合金的腐蚀强度、疲劳强度和抗腐蚀性能均优于 Ti-6Al-4V ELI。

与$(\alpha+\beta)$钛合金相比,β钛合金具有更高的强度水平,以及更好的切口性能和韧性,更适于作为植入物植入人体。

4.7.7 钛基复合材料(TMC)

纤维增强钛基复合材料所具有的高比强度、高比刚度、高的蠕变及疲劳性能,为基体钛合金所无法比拟,因而可在更高温度使用。纤维增强钛基复合材料在航空航天领域中有广阔应用前景,可大大减轻飞行器的结构重量,提高飞行器的工作效率。近 20 年来,材料工作者对其进行了深入的研究,并取得了突破性进展,特别是随着 SCS6 等 SiC 纤维的改进与商品化纤维增强钛基复合材料的一些研究成果开始产业化,如美国国防部和 NASP 资助建立的 SiC 纤维增强钛基复合材料的生产线,为单级直接进入轨道航天飞机提供机翼和机身的蒙皮、支撑衍梁、加强筋等构件。SiC 纤维/Ti-6242S 复合材料制成矢量喷管驱动器活塞在 F119 发动机上获得了应用。荷兰飞机起落架开发公司 SP 航宇公司又宣称,荷兰皇家空军试飞了装有钛基复合材料主起落架下部后撑杆的 F-16。与 300M 钢相比,可减重 40%,成本也已接近战斗机设计认可的指标。F-35 联合攻击机上,采用这种 TMC 材料制造起落架零件,取代 Ti-6Al-4V 合金制造的空心宽弦风扇叶片,其成本更低。

4.7.8 纤维/钛层板

层间混合材料(见图 4-32)因其比强度和疲劳寿命远高于单金属材料且成本远低于纤维增强的复合材料,已引起人们的广泛兴趣。20 世纪 80 年代以来,该材料已经历了第一代 ARALL(芳纶纤维铝合金层板)、第二代 GLARE(玻璃纤维铝合金层板)、第三代 CARE(碳纤维铝合金层板)到第四代 TiGr(石墨纤维钛合金层板)的发展过程。

一航材料院研制的 ARALL 已用于我国歼-8Ⅱ的方向舵上,解决了原铝合金方向舵铆钉孔处裂纹扩展的问题。GLARE 已大面积地用于 A380 机身壁板和尾翼上,而 TiGr 则用于制造 B7E7 的机翼和机身蒙皮。TiGr 还可用于蜂窝夹层的面板。实践表明,自动铺放的 TiGr 层板的性能优于手工铺叠的 TiGr 层板。GLARE 因很难解决碳纤维与铝合金之间的接触腐蚀问题,迄今无商业化产品。而 TiGr 既无电化学腐蚀问题,又可进一步提高综合性能(特别是比强度和高温性能)。

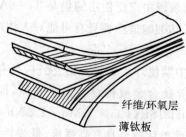

纤维/环氧层

薄钛板

图 4-32 纤维金属层板结构示意图

4.7.9　超塑性钛合金

目前,最新的航空、航天、导弹材料都是钛合金,因为它强度大、比重轻、抗蚀性好。但钛合金的弹性模量低,用一般变形方法生产复杂形状的零件十分困难。为解决这个困难,人们研制成超塑性钛合金,超塑性成形、等温锻造、近等温锻造等先进工艺技术所具有的优越性促进了自身的发展。超塑性钛合金是在 $680 \sim 790$ ℃之间加热,成型压力为 $1.40 \sim 2.10$ MPa,加工时间在 8min 以内。美国利用超塑性模锻钛合金的飞机隔架,只需 22.7 kg 的锻料即可锻出。若用普通锻造法,需锻出 158.8 kg 的毛坯后,再经机械加工制成最后形状。当生产 500 架飞机时,只这一零件就可节约 120 万 $\sim$ 150 万美元。又如利用钛合金的超塑成型工艺制造 B-1 喷气式飞机的舱门、尾舱、骨架,原工艺需 100 个零件,经各种方法连接组装而成。如用超塑性合金,可一次成型做成,使尾舱架的重量减轻 33%,成本降低 55%。目前,美军使用的 F-14 舰载战斗机大部分机件就是用这种质轻而强度高的超塑性钛合金制造的,性能十分优异。

日本推出了 SP700(Ti-4.5Al-3V-2Fe-1Mo)合金。这是第一个以 SP(超塑的英文缩写)为牌号的钛合金。与 Ti-6Al-4V 相比,其等温锻造或超塑成形的温度从 900 ℃降至 780 ℃,最佳超塑条件下的延伸率从 1 000%增至 2 000%。SP700 还具有优于 Ti-6Al-4V 的综合力学性能、热处理淬透性和冷加工性。重要原因之一是在同样工艺条件下 SP700 能获得更细于 Ti-6Al-4V 的晶粒尺寸(分别为 2 和 5 μm)。SP700 已引起各国航空界的密切关注,正在考虑应用于飞机及发动机零件的可能性。

参 考 文 献

[1]　张喜燕,赵永庆,白晨光. 钛合金及应用[M]. 北京:化学工业出版社,2005.

[2]　Leyens C,Peters M. 钛与钛合金[M]. 陈振华,等,译. 北京:化学工业出版社,2005.

[3]　Борисова,Е А. 钛合金金相学[M]. 陈石卿,译. 北京:国防工业出版社,1986.

[4]　朱知寿. 新型航空高性能钛合金材料技术研究与发展[M]. 北京:航空工业出版社,2013.

[5]　张春江. 钛合金切削加工技术[M]. 西安:西北工业大学出版社,1986.

[6]　赵永庆,陈永楠. 钛合金相变及热处理[M]. 长沙:中南大学出版社,2012.

[7]　王金友,葛志明,周彦邦. 航空用钛合金[M],上海:上海科学技术出版社,1985.

[8]　赵永庆,洪权,葛鹏. 钛及钛合金金相图谱[M]. 长沙:中南大学出版社,2011.

[9]　赵浩峰,刘红梅,郭丽娜,等. 镁钛合金成型加工中的物理冶金及与环境的作用[M]. 北京:中国科学技术出版社,2008.

[10]　黄旭,朱知寿,王红红. 先进航空钛合金材料与应用[M]. 北京:国防工业出版社,2012.

[11]　张翥,谢永生,赵云豪,等.钛材塑性加工技术[M].北京:冶金工业出版社,2010

[12]　程序,叶川. 航天医学领域钛合金材料基础研究及应用[M]. 北京:科学出版社,2012.

[13]　周廉,赵永庆,王向东,等. 中国钛合金材料及应用发展战略研究[M]. 北京:化学工业出版社,2012.

[14]　黄虹.钛合金的非航天用途[J]. 稀有金属与硬质合金,2009,146:46-49.

[15]　金和喜,魏克湘,李建明,等. 航空用钛合金研究进展[J].中国有色金属学报,2015,25 (2):280 - 292.

[16]　汉建宏,杨冠军,葛鹏,等. β钛合金工业的研究进展[J],钛工业进展,2008, 25(1): 33 - 35.

[17]　李重河,朱明,王宁,等. 钛合金在飞机上的应用[J].稀有金属,2009, 33(1):84 - 91.

[18]　黄旭,李臻熙,黄浩.高推重比航空发动机用新型高温钛合金研究进展[J].中国材料进 展,2011, 30(6): 21 - 27.

[19]　王震,洪权,赵永庆. 钛合金热变形行为研究[J].钛合金进展,2010,27(3):13 - 17.

[20]　任朋立. 高温钛合金的应用及其发展前景[J]新材料产业,2014,3:56 - 58.

第 5 章 轴 承 合 金

轴承合金又称轴瓦合金,是制造轴承用的合金的总称。对于轴承材料,要求其与轴表面的摩擦因数小,轴颈的磨损少,从而能承受足够大的压比。常用于制造滑动轴承的材料有巴比特合金、青铜、铸铁等。轴承合金的组织是在软相基体上均匀分布着硬相质点,或硬相基体上均匀分布着软相质点。用于制造滑动轴承(轴瓦)的材料,通常附着于轴承座壳内,起减摩作用,又称轴瓦合金。

5.1 轴承合金的基本性能要求和组织特征

5.1.1 轴承合金的发展及减摩理论

锡青铜是人类应用最早的合金,至今已有约 4 000 年的历史。它具有耐腐蚀、耐磨损,有较好的力学性能和工艺性能,能很好地焊接和钎焊,冲击时不产生火花的特性;人类把锡青铜用作减摩零件和滑动轴承使用,可以追溯到 18 世纪中叶的工业革命时期。

最早提出轴承合金概念的是美国人巴比特(I. Babbitt)。1839 年巴比特发明了锡基轴承合金(Sn - 7.4Sb - 3.7Cu),随后又研制成功铅基合金,因此称锡基和铅基轴承合金为巴比特合金(或巴氏合金)。巴比特合金呈白色,故又称为白合金(white metal)。巴比特合金已发展到数 10 个牌号,是各国广为使用的轴承材料。后来业内人士通常称用于制造滑动轴承的铜基减摩合金和巴氏合金为轴承合金。

目前,铜基减摩合金、锡基减摩合金和铅基减摩合金等滑动轴承合金也被称为传统减摩合金。第二次世界大战前夕,德国为了解决铜资源紧缺和高成本的问题,开始寻找锡青铜、铅黄铜及巴氏合金的替代品,启动了新一代滑动轴承合金的研究。1938 年德国成功地使用铸造锌基合金替代锡青铜、铝青铜,使用铸造铝基合金替代了巴氏合金等用来制造轴瓦(套)产品,而且装备到军事坦克和汽车中并取得了良好的效果。1939 — 1943 年,德国铸造锌基合金和铸造铝基合金的年使用总量由 7 800 t 猛增到 49 000 t。

1959 年,国际铅锌组织成员单位联合启动了一项科研计划,命名为"LONG - S PLAN",其宗旨是研发一种比铜基合金和巴氏合金的性能更高、使用寿命更长的新一代减摩合金。1961 — 1963 年间,国际铅锌组织成员单位率先研制出铝基 long - s metal 减摩合金,牌号分别为 AS7,AS12,AS20 等。铝基合金 AS7,AS12 首先被应用在汽车上替代了传统的铜基合金轴瓦,使汽车的高速性能得到了很大提高,促进了汽车工业的快速发展。在此之后铝基合金 AS20 又在大、中型电动机、汽轮机、水轮机、工业泵、鼓风机、压缩机等高速、中低载荷的工况下得到了应用,替代了传统的巴氏合金,促进了装备制造业的快速发展。

20 世纪 70 年代初期,加拿大 Norand Mines Limied 研究中心与美国 Zastern 公司合作,研制出锌基 long - s metal 减摩合金 ZA8,ZA12,ZA27 等,并应用在轧钢机、压力机、齿轮箱、磨煤机、空调、精密机床等低速、重载的工作场合,全面替代了传统的铜基合金减摩材料。

由于 long - s metal 合金具有优良的减摩性、较好的经济性,在制造业领域迅速得到推广并全面替代铜基合金、巴氏合金等传统减摩合金,具有很强的市场竞争力。后来人们称 long - s metal 轴承合金为新型减摩合金。美国 Zastern 公司技术顾问 Bess 在其介绍 *LONG - S PLAN* 的文章中指出:"研制经济型 long - s metal 减摩合金的目的,不仅是要在传统轴承合金能够胜任的场合替代它们,更重要的是通过 long - s 技术,使 long - s metal 应用于铜基合金和巴氏合金在强度、耐磨性不能满足要求的场合。"Bess 当时预测 21 世纪将是 long - s metal 的全盛时期,其生产规模和销售市场将迅速扩大。

1982 年,中国沈阳铸造研究所引进了美国 ASTM B791 — 1979 标准中 long - s metal ZA27 锌基合金,经过近两年的消化吸收,开发出了国产锌基 ZA27 新型轴承合金,国家标准代号为 ZA27 - 2,标志了我国新型减摩合金的发展拉开了序幕。1991 年,中国沈阳轴瓦材料研究所开发了高铝锌基 ZA303 合金材料,解决了 ZA27 - 2 低温脆性等缺点。

2005 年,中国微米纳米技术领域的科研人员将微纳米技术应用在特种减摩合金材料领域,先后开发出了某些单项性能有特殊需求的微晶合金材料,如航空发动机用轻体镁基微晶合金、耐高温的镍基微晶合金、要求高度可靠性的银基微晶合金等。特种微晶轴承材料不仅填补了减摩材料在国内的空白,而且从材料的单项性能方面保持了与世界微晶合金技术的同步发展。

2009 年,中科院沈阳金属研究所、中科院沈阳铸造研究所、东北大学、沈阳理工大学等微纳米技术应用研究领域的专家们,开展产学研联合攻关,研发出一整套微合金化处理及低温急冷等联合熔铸工艺技术(俗称"三次熔炼工艺法"),实现了经济型微晶合金的制备。目前已有四种经济型微晶合金材料在国内实现了批量生产,其中包括具有超低减摩系数的微晶合金 LZA3805,具有较大 PV 值特性的微晶合金 LZA4008,具有超耐磨特性的微晶合金 LZA4205,具有良好抗冲击特性的微晶合金 LZA4510 等。微晶合金可以满足单项性能特殊要求的特性,是区别于传统普通减摩合金的重要标志,为装备制造业实现减摩材料的定制化生产,满足了设备制造的个性化需求,为实现装备制造的高效率、高精度、高可靠性、低成本等方面提供了有力的保障。2010 年,采用微晶合金制造的轴瓦、轴套、蜗轮、滑板、丝母等系列减摩产品,已经成功地在锻压设备制造行业、数控机床制造行业、减变速机制造行业、重型矿山设备制造行业、工程机械制造行业中得到了应用。微晶合金产品以其高可靠性及稳定性成功替代传统减摩合金和新型减摩合金产品,取得了良好的社会效益和巨大的经济效益,标志我国轴承合金进入了微晶合金时代。

常用的轴承合金按照成分可以分为铝基、铅基、锡基合金等,锡基和铅基合金又称为巴氏合金,为低熔点轴承合金。若按照金相特征分类,轴承合金又可分为软基体＋硬质点和硬基体＋软质点。每种轴承合金都有其自身的特点,在一定的条件下使用才能充分发挥其减摩性能。

对于轴承的减摩理论,还没有一个统一的结论。现主要有两种理论:①沙尔滨曾在 1889 年指出,减摩轴承合金的显微组织在软基体上应该分布着硬质点。硬质点的存在对轴颈起着支撑和抗摩的作用,在软相组织被磨损后就会形成沟槽,这有利于存储润滑剂,因此会对轴承起到减摩的作用。这种组织能使轴承与轴颈很快地磨合以保证轴平稳地旋转。这种理论可以很好地解释锡基与铅基轴承合金的减摩机理。但是后来的实践发现铜的轴承合金却与沙尔滨的机理相反。②鲍登和泰伯用锡基巴氏合金与无硬相的锡基软基体合金在同一试验条件下进行对比试验,结果表明两者的摩擦因数和磨损相关不大,故他们认为硬相在合金中的作用不大;随后他们又在硬基体上涂一层塑性好的材料,并与黏性小的材料配对,同样得到较好的减摩效果,再次证实了沙尔滨理论的局限。目前虽然在减摩理论方面还未形成统一的理论,但从材料的摩擦和磨损特性考虑,其关键在于如何减少摩擦面间的分子引力(黏着力)和相互交错的表面微观不平度所产生的机械阻力,以及在不同摩擦状态下产生的疲劳磨损。

在轴承材料研究领域,相关研究证实:

(1)轴承材料的基体应选取对铁互溶性小的元素,如锡、铅、铝、铜、锌等,以便形成化合物,减少对轴颈的黏着性。

(2)金相组织应具有多相结构。软基体镶嵌硬颗粒或硬基体上镶嵌软颗粒,硬颗粒的作用为强化基体。多相结构之间的牢固结合,有利于承受高的疲劳应力,此外多相结构的黏着倾向也较小。

(3)适量的低熔点元素是轴承材料必不可少的。轴承和轴颈摩擦产生高温后,低熔点元素融化,形成一层塑性较好的润滑薄膜层,有利于减少接触点上的压力和减少摩擦接触表面交错峰谷的机械阻力。

5.1.2 轴承合金的性能要求及组织特征

轴承在使用过程中都是直接与轴颈配合使用的,在轴高速转动时,轴瓦的表面承受一定的周期性交变负荷,且与轴发生摩擦。摩擦因数 f 与轴承的工况关系 λ 如图 5-1 所示,其中 λ 为

$$\lambda = \frac{\mu\omega}{P_m} \tag{5-1}$$

式中,μ 为油的动力黏度;ω 为颈轴的角速度;p_m 为所承受的压强。

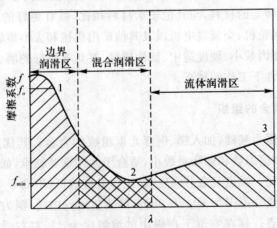

图 5-1　摩擦因数与轴承的工况关系

在理想情况下,轴与轴瓦间存在一层润滑油进行着理想的液体摩擦,而在实际中,多进行干摩擦或半干摩擦。

在低速和重载情况下,润滑并不起太大作用,这时处于边界润滑状态。边界润滑状态意味着金属和金属直接接触的可能性存在(见图 5-2),它会使磨损显著增加(f—1 段);轴的转速逐渐增加时,润滑油膜建立起来后,摩擦因数迅速减小,此时处于半液体润滑状态(1—2 段);油膜刚好盖过滑动表面的不平度时,摩擦因数达到最小值;若 λ 进一步增大,摩擦因数又重新

增大,进入液体润滑状态(2—3 段)。在这种情况下,轴承在宽广的运作范围内稳定工作。

根据轴承的工作条件,轴承合金的性能要求如下:①足够的强度和硬度,以承受轴颈较大的单位压力;②足够的塑性和韧性,高的疲劳强度,以承受轴颈的周期性载荷,并抵抗冲击和振动;③良好的磨合能力,使其与轴能较快地紧密配合;④高耐磨性,与轴的摩擦因数小,并能保留润滑油,减轻磨损;⑤良好的耐蚀性、导热性、较小的膨胀系数,防止摩擦升温而发生咬合。

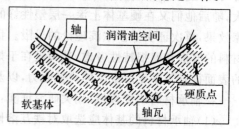

图 5-2 边界润滑状态

轴瓦材料不能选用高硬度的金属,以免轴颈受到磨损;也不能选用软的金属,防止承载能力过低。因此轴承合金应既软又硬,其组织特点如下:在软基体上分布着硬质点,或者在硬基体上分布着软质点。若轴承合金的组织是软基体上分布硬质点,则运转时软基体受磨损而凹陷,硬质点将凸出于基体上,使轴和轴瓦的接触面积减小,而凹坑能储存润滑油,降低轴和轴瓦之间的摩擦因数,减少轴和轴承的磨损;另外,软基体能承受冲击和震动,使轴和轴瓦能很好的结合,并能起嵌藏外来小硬物的作用,保证轴颈不被擦伤。轴承合金的组织是硬基体上分布软质点时,也可达到上述同样目的。

5.2 锡基轴承合金

巴氏合金(包括锡基轴承合金和铅基轴承合金)是最广为人知的轴承材料,由美国人巴比特发明而得名,因其呈白色,又称白合金,具有减摩特性的锡基巴氏合金和铅基巴氏合金是唯一适合相对于低硬度轴转动的材料,与其他轴承材料相比,具有更好的适应性和压入性,广泛用于大型船用柴油机、涡轮机、交流发电机以及其他矿山机械和大型旋转机械等。锡基轴承合金是锡锑铜合金,其摩擦因数小、硬度适中、韧性较好、并具有良好的磨合性、抗蚀性和导热性,主要用于高速重载荷条件下工作的轴瓦。

5.2.1 锡基轴承合金的组织

锡基轴承合金是以锡为基础,加入锑、铜等元素组成的合金。其优点是具有良好的塑性、导热性和耐蚀性,而且摩擦因数和膨胀系数小,适合于制作重要轴承,如汽轮机、发动机和压气机等大型机器的高速轴瓦。缺点是疲劳强度低,工作温度较低(不高于 150 ℃),这种轴承合金价格较昂贵。其中锡的成分范围为 80%～90%,锑为 3%～16%,铜为 1.5%～10%,其组织为典型的软基体+硬质点。锑在室温下在锡中的溶解度为 4%左右,如图 5-3 所示,α 相是 Sb 在 Sn 中的固溶体,为软基体,当 Sb 含量大于 7.5%时合金中出现方块形 β' 相,为硬质点(SbSn 化合物),是一种脆性化合物。由于先结晶的 SbSn 比重相对液态合金的轻,在结晶的过程中会产生偏析,这就是为什么在合金中加入一定量铜的原因。先形成 Cu_3Sn 化合物的针状格架,以防止浇注时 β' 相上浮,有效地减少偏析。同时 Cu_3Sn 相的硬度比 β' 相的高,也起硬质点的作用。

锡锑铜的三相状态图如图 5-4 所示,可以看出,常用的 ZChSnSb11-6 的结晶过程为首先从液体中析出星状及针状 Cu_3Sn,在继续冷却的过程中发生 $L \rightarrow Cu_3Sn + \beta'$ 的共晶转变。先析

出的 Cu_3Sn 会阻止 β' 上浮,因为其比重和液体很近,Cu_3Sn 在结晶时形成树枝状骨架,均匀分布在液相中。如果温度进一步降低,就会发生 $L+\beta' \rightleftharpoons \alpha+Cu_3Sn$ 包共晶转变,最终在室温得到 α 基体上分布硬质 β' 和 Cu_3Sn,如图 5-5 所示,白色方块为 β',亮色星状为 Cu_3Sn 暗色基体为 α 固溶体。硬质相对轴瓦的性能及使用有很大的影响。粗大的 β' 相质点在工作过程中容易剥落,增加合金的磨损。β' 相因为偏析而聚集时,在 β' 相聚集处合金的塑性和韧性显著降低,因而导致轴瓦的过早破坏,这是不可以的。硬质相的影响不像 β' 相那样突出,其含量较少且比较细小。但是 Cu_3Sn 在基体上呈细而短的针状分布是很有益的。为此,这类合金在铸造的时候应严格控制温度、增加冷却速度,以防止 β' 相偏析和组织粗化。合金中的锑和铜的含量增加时,β' 和 Cu_3Sn 硬质点数量增多,合金的硬度和耐磨性提高,脆性增加,锡基合金中锑和铜的含量分别控制在 20% 和 10% 以下。

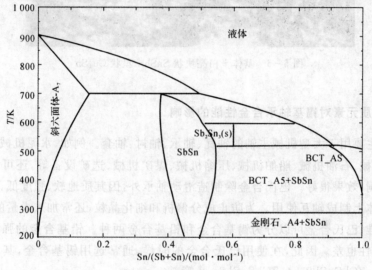

图 5-3 Sn-Sb 二元相图

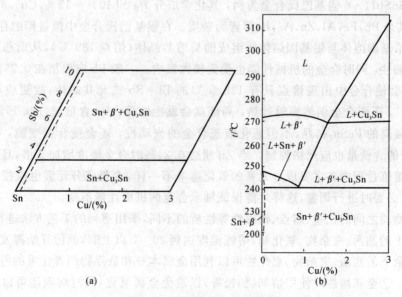

图 5-4 锡锑铜的三相状态图

图 5 - 5　基体＋白亮块状 SnSb＋星状 Cu₃Sn

5.2.2　杂质元素对锡基轴承合金性能的影响

巴氏合金主要用于大型机械主轴的轴瓦、轴承、轴衬、轴套。例如，水泥机械、钢铁机械、化工机械、造纸机械、石油机械、船舶机械、压缩机械、煤矿机械、选矿设备等，还可以用在大型机床上以取代黄铜，效果很好。巴氏合金除制造滑动轴承外，因其质地软、强度低，常将其丝或粉喷涂在钢等基体上制成轴瓦使用。为防止成分偏析和细化晶粒，还常加入少量的砷。

按国家标准，巴氏合金可以分为锡基合金和铅基合金两种。铅基合金的强度和硬度比锡基合金低，耐蚀性也差。因此，在使用巴氏合金的时候，通常选用锡基合金，其常用的牌号有 ZChSnSb11 - 6，ZChSnSb8 - 4，ZChSnSb8 - 8 等。

以 ZChSnSb11 - 6 锡基巴氏合金为例，其化学成分为：Sb10％～12％，Cu5.5％～6.5％，余量为 Sn，其余 Pb，Fe，Al，Zn，As，Bi 等皆为杂质。在锡基巴氏合金中微量铅的存在，会使合金中出现由铅基固溶体与锡基固熔体所组成的易熔共晶体(熔点 189 ℃)，从而恶化合金的耐热性和冲击韧性，同时合金的机械性能也受到较大影响。一般 Pb 应控制在 0.25％ 以下。微量 Bi 的存在会使合金中出现熔点只有 138.5 ℃ 的 Bi - Sb 二元共晶体，故更应严格控制在 0.057％ 以下，否则合金偶然短时过热，局部就会发生熔化。Fe 含量超过 0.1％时，合金中会形成熔点较高的 FeSn₂ 初晶，不但恶化液态合金的流动性，还会使合金变脆，甚至产生裂纹，故合金中的含铁量也应严格控制。当 Zn 超过 0.24％时合金硬度增加 3 倍，且伸长率降低较多。由于熔炼过程中各主要成分元素的氧化速率不一样，主要成分元素也应控制在规定含量的范围内，必要时进行调整，这样才能保证轴承合金的机械性能不变。

利用各物质之间的比重、熔点、铁磁性等性质的不同，采用适当的工艺方法进行清除杂质。①清除切屑中的油污、夹杂物、氧化物，熔炼温度达到 200 ℃ 以上时，油污开始挥发、沸腾，随后燃烧除掉。余下的残渣、夹杂物、氧化物可以利用金属本身和悬浮物两者比重的差异将后者从金属中清除。②金属熔炼时使用熔剂(如松香)以避免金属氧化，同时熔剂还可以用来消除熔化金属中悬浮的杂质、除气或改变金属的成分和结晶组织。③利用铁磁性来清除杂质，如铸铁、钢铁细粒的清除,可利用钢铁属于磁性物质,能被磁场强烈吸引,而锡基轴承合金属于抗磁性物质,被磁场所微弱排斥,若锡基轴承合金切屑和铁屑混合在一起时,可将切屑在熔炼前用强磁场把铁屑清除掉。

5.2.3 常用的锡基轴承合金的成分、性能及用途

我国常用的锡基轴承合金主要可以分为两类:一类是锑含量小于 8% 的合金,主要有 ZChSnSb4 - 4。另一类是锑含量大于 8% 的合金,主要有 ZChSnSb11 - 6。这是机械工业中应用较广的一种锡基轴承合金。它的锡含量较低,铜与锑的含量较高。其性能特点为:有一定的韧性、硬度适中、抗压强度较高、可塑性好、减摩性和抗磨性较好。其抗冲击韧度虽然比ZChSn8Sb4 等差,但是比铅基轴承合金高。此外,还有优良的导热性和耐蚀性,流动性也很好,线胀系数比其他巴氏合金小。缺点是疲劳强度较低,因此不能用于浇铸层很薄和承受较大振动载荷的轴承。此外,工作温度不能高于 110 ℃,使用寿命短。

对于 ZChSnSb4 - 4,这种合金的韧性是巴氏合金中最高的,强度及硬度比 ZChSnSb11 - 6略低,其他性能与 ZChSnSb11 - 6 近似,价格也是最贵。要求用于韧性较大和浇铸层厚度较薄的重载高速轴承。

总之,锡基轴承合金具有小的摩擦因数和线膨胀系数,优良的抗咬合性、嵌藏性、顺应性和耐蚀性,因此广泛应用于工作条件比较严酷的轴承上。这类合金的主要缺点是疲劳强度较低、熔点低,最高工作温度不超过 150 ℃,锡的用途较广,但其价格昂贵,限制了锡基轴承合金的应用,为了节约锡和降低成本,在某些工作条件下可以用铅基轴承合金来代替。

5.3　铅基轴承合金

铅基轴承合金又称铅基巴氏合金,是一种以铅和锑为基的轴承合金。其室温组织为软基体 α 固溶体(锑溶入铅中的固溶体)上分布着硬质点 β 相(铅溶入锑中的固溶体)。为了提高强度、硬度和耐磨性,通常加入 6%~16% 的锡,为了防止比重偏析,常加入 1%~2% 的铜。此外,加入少量砷和镉可以细化组织,提高合金的高温硬度。与锡基轴承合金相比,强度、硬度、耐磨性、冲击韧性均较低,通常制成双层或三层金属结构,用作低速、低负荷或静载下工作的中等负荷的轴承。高速低载荷,温度低于 −150℃ 的轴承。常用牌号有 ZChPbSb16 - 16 - 2,ZChPbSb15 - 5 - 3 和 ZChPbSb15 - 10 等。采用熔融法制备铅基轴承合金。铅基轴承合金是铅锑锡铜合金,其硬度适中、磨合性好、摩擦因数较大、韧性很低,适用于浇注受震较小,载荷较小或速度较慢的轴瓦,主要用于电缆、蓄电池等。

铅基轴承合金按成分可分为两类:一类是成分比较简单的铅-钙-钠合金和铅-锑-铜合金,另一类是成分比较复杂的在铅-锑-锡的基础上添加铜、镍等元素形成的合金。

5.3.1 铅基轴承合金的组织

铅-锑二元相图如图 5 - 6 所示,可以看出,当锑的含量大于 11.2% 时,合金室温组织将由初生 β(以锑为基的固溶体)和共晶体($\alpha+\beta$)组成。β 相的硬度约为 HB30,可起硬质点作用,而共晶体的硬度只有 HB7,可作软基体。因铅的比重(11.34)比锑(6.68)大得多,故合金比重偏析比较严重。因此,加入 1.5%~2% 的铜,可形成难熔的针状化合物 Cu_2Sb,在浇铸的过程中

首先结晶,起防止比重偏析的作用,同时 Cu_2Sb 起硬质点的作用。ZChPbSb17 - 1 合金的组织由 β + Cu_2Sb + 共晶体(α + β)组成。

Pb - Sn - Sb 系轴承合金其三元相图分别如图 5 - 7 和图 5 - 8 所示,由于合金成分变化较大,其组织特征也有很大的差别。当含锑量小于 11%,含锡量小于 6% 时,如 ZChPbSb10 - 5 合金,其成分相当于图(见图 5 - 7 和图 5 - 8)中的 A 点,合金凝固时首先发生 $L \Longleftrightarrow Pb + L_1$ 反应,析出初生铅晶体,而后随温度降低进行 $L_1 \Longleftrightarrow Pb + \beta'$ (SnSb) 二相共晶反应(mE 线),冷却到 240 ℃ 发生 $L_1 \Longleftrightarrow Pb + Sb + \beta'$ 三相共晶反应(E 点),所以合金凝固后最后得到的组织为共晶体基体加树枝状的铅晶体。

当锑含量增加到 15~17%,锡含量为 15%~17% 时,如 ZChPbSb16 - 16 - 2 合金,成分接近于图中的 B 点位置,结晶过程如: $L \Longleftrightarrow L_1 + \beta'$ (SnSb) 反应,从液体析出的初生晶 SnSb,随着温度的降低发生 $L_1 \Longleftrightarrow Pb + \beta'$ (SnSb) 二相共晶反应。

最后室温得到的组织为 $Pb + \beta'$ 共晶体基体,在上面分布着方形或三角形初生 β' 晶体,因合金中含有铜,所以组织中还有针状 Cu_3Sn 或 Cu_2Sb 存在。

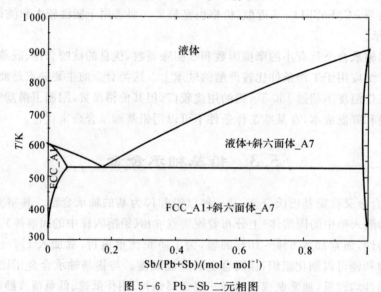

图 5 - 6　Pb - Sb 二元相图

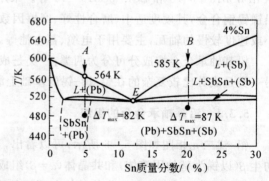

图 5 - 7　Pb - Sb - Sn 三元相图液相面投影图　　　图 5 - 8　Pb - Sb - Sn 三元相图的 70%Pb 垂直截面图

5.3.2　合金元素的作用

铅基合金是以 Pb－Sb 为基的合金，但二元 Pb－Sb 合金有比重偏析，同时锑颗粒太硬，基体又太软，性能并不好，通常还要加入其他合金元素，如 Sn，Cu，Cd，As 等。锑和铜用以提高合金强度和硬度。为了细化晶粒，进一步提高强度和硬度，还加入微量的 Cd 和 As。加入 Cd 的目的是提高合金的耐蚀性能和强度，但是会提高脆性，因此，Cd 的量要予以控制。而 As 能细化 SnSb 化合物，减少偏析，还能改善合金在 100～150 ℃下的强度和硬度，但是 As 对韧性及合金与钢背的粘合力不利，As 的加入量不宜过多。此外还可以加入镍，加镍可提高合金的韧性及耐磨性。钠在铅中也有较大的溶解度，起强化基体的作用。

铅基合金应具有如下性能：①良好的减摩性能。要求由轴承合金制成的轴瓦与轴之间的摩擦因数要小，并有良好的可润滑性能。②有一定的抗压强度和硬度。能承受转动着的轴施于的压力；但硬度不宜过高，以免磨损轴颈。③塑性和冲击韧性良好。以便能承受振动和冲击载荷，使轴和轴承配合良好。④表面性能好。即有良好的抗咬合性、顺应性和嵌藏性。⑤有良好的导热性、耐腐蚀性和小的热胀系数。

5.3.3　常用铅基轴承合金的成分、性能和用途

最常用的铅基轴承合金是 ZChPbSb16－16－2，通常制成双层或 3 层的金属结构。这种合金与 ZSnSb11－6 相比，其摩擦因数较大，硬度相同，抗压强度较高，在耐磨性和使用寿命方面也较为优异，尤其是价格便宜，其缺点是冲击韧度低，在室温下比较脆。当轴承承受冲击负荷的作用时，易形成裂缝和剥落，当轴承受静负荷的作用时，工作情况比较好。适于工作温度小于 120 ℃的条件下承受无显著冲击载荷、重载高速的轴承，如汽车拖拉机的曲柄轴承等。其他常用的铅基轴承合金如表 5－1 所示。

表 5－1　其他常用的铅基轴承合金

合金牌号	化学成分 $w/(\%)$										机械性能		
	Sn	Pb	Cu	Zn	Al	Sb	Fe	Bi	As	Cd	$\sigma_b/$ MPa	$\delta/\%$	HB
ZPbSb16－Sn16Cu2	15～17		1.5～ 2.0	0.15		15～17	0.1	0.1	0.3				30
ZPbSb15－Sn5Cu3Cd2	5～6		2.5～ 3.0	0.15		14～16	0.1	0.1	0.6～ 1.0	1.75～ 2.25			32
ZPbSb15－Sn10	9－11	余 量	0.7	0.006	0.005	14～16	0.1	0.1	0.6	0.05			24
ZPbSb－15Sn5	4～5.5		0.5～ 1.0	0.15	0.01	14～ 15.5	0.1	0.1	0.2				20
ZPbSb－10Sn6	5～7		0.7	0.005	0.005	9～11	0.1	0.1	0.25	0.05			18

5.4　铝基轴承合金

铝基轴承合金是以铝为基础，加入锡等元素组成的合金。这种合金的优点是导热性、耐蚀性、疲劳强度和高温强度均高，而且价格便宜；缺点是膨胀系数较大，抗咬合性差。主要的防治

措施就是增大轴承的间隙、增加表面的光洁度。目前以高锡铝基轴承合金应用最广泛。适合于制造高速(13 m/s)、重载(3 200 MPa)的发动机轴承。常用牌号为 ZAlSn6Cu1Ni1。

几种常用的轴承合金的成分及性能如表 5-2 所示。

(1)成分:可分为 Al-Sn 系(Al-20%Sn-10%Cu)、Al-Sb 系(Al-4%Sb-0.5%Mg)和铝石墨系(Al-8Si 合金+3~6%石墨)3 类。

(2)特点:铝基轴承合金比重小,导热性好,疲劳强度高,抗蚀性和化学稳定性好,且价格低廉。

(3)应用:适用于高速高载荷下工作的汽车和拖拉机、柴油机的轴承。

表 5-2　几种常用的轴承合金的成分及性能

合金系	合金牌号	化学成分/(%)	硬度(HB)	抗拉强度/ (kgf·mm^{-2})	主要用途
锡基合金	ZChSnSb11-6	Sn-11Sb-6Cu	30	9	制造承受高速、大压力和受冲击载荷的轴承
	ZChSnSb4-4	Sn-4Sb-4Cu	20	8	制造汽车发动机和其他内燃机高速轴承
铅基合金	ZChPbSb10-6	Pb-10Sb-6Sn	18	8	制造承受中等载荷或高速低载荷的轴承
	ZChPbSb16-16-2	Pb-16Sb-16Sn-2Cu	30	7.8	用在 pv(压力 x 速度)值低于 60(kgf/dm²·m/s)的条件下工作的轴承
铜基合金	ZQSn10-1	Cu-10Sn-1P	砂型铸 80 金属型铸 90	22 25	用于承受冲击载荷的轴承及其他零件
	ZQPb25-5	Cu-25Sn-5P	砂型铸 45 金属型铸 55	14 15	用于轧钢机、蒸汽机等重载荷机器的轴承
铝基合金		Al-20Sn-1Cu	30		用于轻载荷高速度工作条件下的轴承

5.4.1　Al-Sn 系轴承合金

最近几十年来,铝基轴承合金得到了不断地发展、改进和创新。目的是满足高速高压重载的应用方向发展。很多国家的研究者相继都对铝的固溶体基体上分布硬脆的共晶化合物进行了研究,但是最后发现也存在着一定的缺点,脆硬相易从铝基体上剥落,影响了使用。而添加不固溶或有限固溶的合金元素如锡、铅等,铝基轴承合金的性能得到了很大的改善。Al-Sn 系轴承合金作为轴承材料已经经过了近 70 年的发展,这种合金中含锡量为 5%~50%。而锡含量 5%~10%的又称低锡铝合金,锡含量为 11%~14%的又称为中锡合金,锡含量为 15%~40%的称为高锡铝合金。低锡铝合金含镍、铜、硅等强化合金元素,具有良好的耐腐蚀性能和抗穴蚀能力,同时具有比较高的承载能力,疲劳强度也是 20%锡铝合金的 1.5 倍左右。但是,低锡铝合金抗咬合能力差,其作为滑动轴承时表面通常需要再镀层铅锡或铅铟合金,才能获得较好的嵌藏性、相容性和顺应性。中锡铝合金轴承综合性能好,其应用越来越广泛。中锡铝合金保留了铝基轴承合金耐腐蚀、耐磨损等优良性能,其承载能力与高锡铝合金相比有明显提高,抗疲劳强度值比高锡铝合金提高 20%左右。而且它比低锡铝合金具有很好的抗咬合性。高锡铝合金(20％Sn)轴承最早应用于 20 世纪 50 年代初的英国,后美国和日本相继使用了这种铝合金。这种合金耐磨减摩性、抗咬黏性、耐腐蚀性、顺应性和嵌藏性等都很良好,还易于加工。各种优良特点使其已经广泛应用于中高速汽车、拖拉机的柴油机轴承上,已在许多机器上取代了巴氏合金和其他轴承材料。Al-Sn 系轴承合金的制备方法:为获得具有优良耐磨性能的 Al-Sn 合金,使 Sn 相尽可能的细小均匀且弥散分布在 Al 基体中。AL-Sn 二元相图如图 5-9 所示,可以看出 Al,Sn 为二元互不溶体系,Sn 在 Al 中的固溶度低于 0.09wt％。合金结晶时,首先析出纯 Al 的晶体,后析出 Al-Sn 共晶,Al-Sn 共晶体是围绕 Al 晶体呈连续片状析出,由于连续片状组织分割了铝基体,合金变得非常脆,机械强度很低,不适合做耐磨材料。国内外研究人员和工业界一直在努力寻找更好的制备方法。目前,所用的制备方法主要有铸造法、表面沉积法、强烈塑性变形法、粉末冶金法和机械合金化法等。而铸造法主要有熔铸、连续铸造、搅拌铸造和快速凝固等。这几种铸造方法中,除熔铸法之外都能比较有效地消除 Al-Sn 合金的比重偏析,获得 Sn 颗粒均匀分布于 Al 基体或 Al 晶界的合金组织,而且 Sn 颗粒的大小一般都在 1 μm 以上,快速凝固法中甚至有 Sn 颗粒可以小到 20 nm 左右。表面沉积法主要包括电加热共沉积、磁控溅射、脉冲激光消融和电解沉积法等。强烈塑性变形法是在低温大应力条件下变形实现材料组织的不断细化,其微观结构特征是大角晶界的超细晶结构。粉末冶金法是用 Al 粉和 Sn 粉作原料,通过压制—烧结工艺制造 Al-Sn 合金材料,此法可以制备出 Sn 相细小均匀弥散分布于 Al 基体中的合金粉末。机械合金化法(Mechanical Alloying,简称 MA)是指利用机械能的驱动作用,在固态下实现原子扩散、固态反应、相变等过程,从而制备出合金粉末的一种材料制备法。

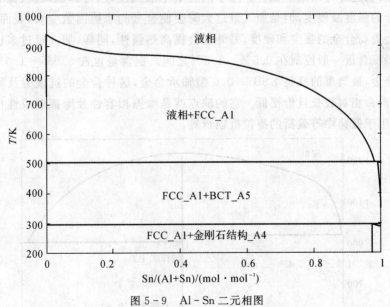

图 5-9　Al-Sn 二元相图

添加合金元素对 Al-Sn 系合金结构性能的影响:合金的化学成分决定其组织结构,从而改变其性能,通过向合金中加入一定含量的 Si,Cu,Pb,Cr,Ti 等合金元素来满足轴承合金不同性能要求。Cu 能够固溶于 Al 基体中,而且还可以提高合金的硬度和强度,Cu 是一种比较好的热处理强化元素。它的加入会降低其嵌藏性和对轴几何形状的适应性。但是铜的含量也不宜过高在含量超过 3％以上时,就会与 Al 基体生成一种脆硬的中间相 CuAl₂,降低合金的变形性能,增大轧制过程中的开裂倾向,同时也会恶化合金的铸造性能。

另外,Cu 也会使合金的耐蚀性变差;Si 是低硅铝锡轴承合金的主要添加元素之一。在一些铝基轴承合金中硅粒子作为硬质相类似于弥散的第二相,有一定的弥散强化作用,对提高第二相本身的硬度有利。且 Si 对铝基体还有一定的固溶强化效果,对提高合金的承载能力也极为有利。Pb 和 Al 几乎不固溶,其分布在 Al 基体中,作为软相为合金提供了良好的嵌藏性及抗咬合性。Cr 添加到合金中能够提高合金的基体强度,还可以提高合金的高温强度,并且还能细化晶粒。

5.4.2　Al-Sb 系轴承合金

这类合金主要是铝-锑-镁合金。铝锑系合金主要是疲劳抗力高、耐磨,但是承载能力不大,用于低载低速下工作的轴承。铝含量大部分在 60%～90% 之间,锑含量在 40%～10% 之间,锑越多越硬,最高可达到 HB35～40°这类合金提高了塑性,改善性能,但是易偏析。这种合金在我国研制的比较早,是一种最早研制的铝基轴承合金。根据铝锑相图(见图 5-10)可以知道,铝和锑在固态是互不固溶,锑含量为 4% 的时候,它们形成的室温组织为($\alpha+\beta$)共晶体,α 为铝,β 为 AlSb。这种共晶体为基体,它的上面分布着初生的 β 晶体。因为在共晶体中,几乎所有的相是 α 相,所以合金组织就是在软的基体上分布着硬质相。添加的镁能改善它的一些性能,镁的加入能提高合金的屈服强度和冲击韧性,而且能使针状的 AlSb 变为片状。但是 β 相和基体 α 的比重差别很大,故而合金在凝固的时候就会产生偏析。所以在浇铸前要搅拌均匀,浇铸后快速冷却来减少偏析。除了向合金中加入镁,还可以加入铜、镍等。铜的添加可以提高合金的强度及硬度,但是加入量过大时会使合金的摩擦因数变大,表面的性能变差。镍的加入也会提高合金的强度和硬度,另外还会提高热强性,同样,加入量过多也会降低合金的冲击韧度。镍含量一般控制在 0.5%～1.5% 之间。铜含量也在 0.5%～1.5% 之间。对于铝锑系轴承合金,最典型的就是 LSB5-0.6 型轴承合金,这种合金的抗疲劳及耐蚀和耐磨性都很好,工作寿命相对较长且价格低。它的缺点就是摩擦相容性及摩擦顺应性比锡基合金的差,因此常适用于低速中等载荷的拖拉机轴承等。

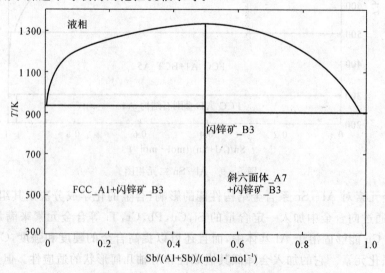

图 5-10　Al-Sb 二元合金状态图

5.4.3 铝石墨系轴承合金

铝石墨系轴承合金具有优良的自润滑作用和减震作用以及耐高温性能,适用于制造活塞和机床主轴的轴承。这种材料是最近几年发展起来的一种新型材料,石墨在铝中的溶解度很小,而且在铸造的时候很容易产生偏析,所以需要采用特殊的铸造方法制造或者以镍包石墨粉或以铜包石墨粉的方法加到合金中。通常的加入量为 $3\%\sim6\%$,这是很适宜的加入量。目前国外在纯铝或者 Al-Si 类合金中加入的是 $1\%\sim2\%$ 的石墨粒。它可以在润滑条件下甚至不加润滑剂的时候,仍维持轴承量度不变。通过足够高的压力,合金中的石墨粒会发生变形,且在摩擦表面形成一层连续的润滑剂薄膜。铝石墨系合金的耐磨性很好,在润滑的条件下摩擦因数与锡基轴承合金很近,因此铝石墨系合金适宜用于制造在十分恶劣的工作条件下长期运作的轴承及活塞等耐磨件。

5.5 其他轴承合金

可作轴承材料的还有铜基合金、镍基合金、铁基合金等。近年来又出现了一种新型的轴承合金——锌轴承合金。

5.5.1 铜基合金

早在公元前 3000 年以前,人们就开始制造和使用铜。但是,由炼铜制成的物件太软,容易弯曲,并且很快就钝;接着人们发现把锡掺到铜里去制成铜锡合金——青铜,其主要包括:Cu43-48 重量份,Zn33-38 重量份,Ni10-15 重量份,Mn3.5-6.5 重量份,Pb0-4 重量份。铜基轴承合金通常有锡青铜与铅青铜。铜基轴承合金具有高的疲劳强度和承载能力,优良的耐磨性,良好的导热性摩擦因数,能在 250 ℃ 以下正常工作,适于制造高速重载下工作的轴承,如高速柴油机航空发动机轴承等,常用牌号是 ZCuSn10P1,ZCuPb30。铜铅合金的突出优点是承载能力大,抗疲劳强度高耐热性好,但磨合性能和耐腐蚀性差,为了改善其磨合性和耐腐蚀性,通常在铜铅合金表面电镀一层软金属而成三层结构轴瓦,多用于高强化的柴油机。锡青铜是以锡为主要合金元素的青铜。含锡量一般在 $3\%\sim14\%$ 之间,主要用于制作弹性元件和耐磨零件。变形锡青铜的含锡量不超过 8%,有时还添加磷、铅、锌等元素。磷是良好的脱氧剂,还能改善流动性和耐磨性。锡青铜中加铅可改善可切削性和耐磨性,加锌可改善铸造性能。这种合金具有较高的力学性能、减磨性能和耐蚀性,易切削加工,钎焊和焊接性能好,收缩系数小,无磁性。可用线材火焰喷涂和电弧喷涂制备青铜衬套、轴套、抗磁元件等涂层。尺寸规格有 $\phi1.6$ mm,$\phi2.3$ mm。具有较高的强度、耐蚀性和优良的铸造性能,长期以来广泛应用于各工业部门中。铅青铜作为一种具有一定强度的耐磨性材料被广泛用来制造轧机和电铲上的轴套等件。有良好的自润滑性能,易切削,铸造性能差,易产生比重偏析。典型的有 ZCuPb30。

5.5.2 镍基合金、铁基合金

镍基合金是指在 650~1 000 ℃ 高温下有较高的强度与一定的抗氧化腐蚀能力等综合性

能的一类合金。按照主要性能又细分为镍基耐热合金,镍基耐蚀合金,镍基耐磨合金,镍基精密合金与镍基形状记忆合金等。高温合金按照基体的不同,分为:铁基高温合金,镍基高温合金与钴基高温合金,其中镍基高温合金简称镍基合金。主要合金元素是铜、铬、钼。该合金具有良好的综合性能,可耐各种酸腐蚀和应力腐蚀。除具有耐磨性能外,其抗氧化、耐腐蚀、焊接性能也好。可制造耐磨零部件,也可作为包覆材料,通过堆焊和喷涂工艺将其包覆在其他基体材料表面。铁基合金(Iron Base Alloys (Fe-based))是指以铁元素为基加入其他合金元素形成的合金,是硬面材料中使用量大而广的一类,。这类材料最大的特点是综合性能良好,使用性能范围很宽,而且材料价格是最低廉的。按不同金相组织可分为:马氏体合金钢、高铬铸铁、奥氏体锰钢、马氏体不锈钢、珠光体钢等。

5.5.3 锌基轴承合金

锌基轴承合金是一种新型的合金。以锌为基加入其他元素组成的合金。常加的合金元素有铝、铜、镁、镉、铅、钛等。锌基合金熔点低,流动性好,易熔焊,钎焊和塑性加工,在大气中耐腐蚀,残废料便于回收和重熔;但蠕变强度低,易发生自然时效引起尺寸变化。熔融法制备,压铸或压力加工成材。按制造工艺可分为铸造锌基合金和变形锌基合金。高铝锌基合金是新型重力铸造锌基合金系列(ZA8,ZA12,ZA27)的代称,其在 1997 年被列入国家推荐标准《铸造锌基合金》后(标准代号:GB/T1175—1997),以 ZnAl27Cu2Mg 即 ZA27-2 为代表并衍生的高铝锌基合金,作为新型轴承合金已取代部分巴氏合金和青铜,用来制造各类轴瓦、轴套、滑板、滑块、蜗轮及传动螺母等减摩耐磨件。与巴氏合金相比,它除了拥有显著的性价比优势外,还具有更高的强韧性、更低的比重和更宽的应用范围等。

锌基轴承合金与青铜相比具有下述特点。

(1)强度、硬度和许用压力与铝青铜相当,广泛超过锡、铅等,许用速度相近。完全能够满足轴瓦等独立减摩耐磨零件使用条件。

(2)对润滑油的亲和力较强,自润滑性更好,加上其冶金特性(熔点低,不易与钢轴发生冶金结合),因此使用中抗黏着性强,减摩耐磨特性更加突出。

(3)摩擦因数低、磨损小,因而使用寿命更长。同等使用条件下,一般在铜瓦的 1 倍以上,从而降低了配件的采购成本。

(4)热导率大(ZZnAl27Cu2Mg,$\lambda=125$;ZCuAl10Fe3,$\lambda=59$),散热快,磨面温升慢且低,对配对摩擦有更好的保护作用。

(5)材料密度低(ZZnAl27Cu2Mg,$\rho=5$ g/cm³),产品质量轻(同型号、同规格质量轻 1/3),安装、维护更加容易、方便。

(6)具有较高阻尼特性,减振抗噪。

滑动轴承合金要求要有一定的强度、延伸率和硬度,最重要的是要求有非常良好的减摩性能。良好的减摩性绝对不是把几种有关的金属成分混合在一起熔炼就可以产生出来的,而是需要完整的工艺来保证其性能的,例如金刚石和石墨,它们具有相同的化学成分,如果采用不同的工艺,则可以生产出金刚石或石墨,金刚石的分子结构是三角形结构,它的特性是坚硬无比,可以用来制作刀具;而石墨的分子结构是平行结构,它的特性是非常柔软,可以用来制作润滑剂。金刚石和石墨成分相同,其性能却是天壤之别。

参考文献

[1]　耿浩然,丁宏生,张景德,等. 铸造钛、轴承合金[M]. 北京:化学工业出版社,2007.

[2]　王雨忠. 低锡轴承合金与浇铸[M]. 北京:机械工业出版社,1960.

[3]　陈玉明,揭晓华,吴锋,等.铝基滑动轴承合金材料的研究进展[J]. 材料研究与应用,2007,1(2):95-98.

[4]　朱俊.车用滑动轴承及常用的合金材料[J].汽车工程师,2009(1):40-42.

[5]　张冰毅,王智民,张冀粤.锌基轴承合金性能的研究[J].特种铸造及有色合金,2001(6):18-19.

[6]　杨彪.锡基轴承合金[J].机械工程师,1990,3:36-38.

[7]　张伟.锡基巴氏合金减摩材料激光重熔组织与硬度的研究[J].热加工工艺,2015,44(8):32-34.

[8]　孙艳明.巴氏合金性能与分析[J].广东化工,2012,39(1):187.

[9]　杨信诚.铅基轴承合金的强化及应用[J].内燃机配件,1992(3):40-46.

[10]　Abibi M,黄抑红.铅基、锡基及铜基轴承合金的晶粒细化[J].国外锡工业,1994(2):16～23.

[11]　王农贤.滑动轴承多层滑动轴承的铅基和锡基铸造合金[J].内燃机配件,1996(1):61-64.

[12]　洪锦钧,冯志祥.高强度铅基轴承合金[J].机械工程材料,1987(2):21-25.

[13]　朱俊.车用滑动轴承及常用的合金材料[J].天津汽车,2009(1):40-42.

[14]　李升,刘志兰,徐掌印,等.新型铝基轴承合金的研制[J].轻金属,1997(1):50-52.

[15]　张崇才,王龙,赵志伟,等.新型铝基滑动轴承合金的摩擦特性研究[J].机械工程材料,2005,29(10):38-40.

[16]　张崇才,王龙,刘召杰.新型铝基滑动轴承合金的性能与应用[J].机械工程材料,2003,27(7):45-49.

[17]　张崇才,王龙,王守峰,等.时效工艺对新型铝基滑动轴承合金组织与性能的影响[J].金属热处理,2005,30(12):31-34.

[18]　Whitney W J,石云山.长奉命发动机用的铝基轴承和轴套[J].国外机车车辆工艺,2001(2):27-30.

[19]　徐瑞.铝合金轴承材料[J].阜新矿业学院学报,1991,10(2):59-63.

[20]　张国兴.现代滑动轴承的复合材料[J].机械工程师,2005(9):114-115.

第 6 章 镍 基 合 金

6.1 高温合金概述

6.1.1 高温合金的性能特征及其用途

高温合金是指以铁、镍、钴为基,能在 600~1 200 ℃及一定应力下长期工作并具有抗氧化或抗腐蚀能力的一类金属材料。凡具有高的抗化学腐蚀性、抗高温氧化性和高温强度的钢及合金,称为耐热钢及耐热合金,或统称为高温合金。高温合金是具有良好的抗氧化性、抗腐蚀性,优异的拉伸、持久、疲劳性能和长期组织稳定性等综合性能的材料。

高温合金通常是以第Ⅷ族元素(铁、钴、镍等)为基,加入大量强化元素而形成的一类合金。高温合金为单一奥氏体基体组织,在各种温度下具有良好的组织稳定性和使用可靠性,基于上述性能特点,加之高温合金的合金化程度很高,在英、美等国被称为超合金。一般高温合金分析元素都在十几种以上,单晶产品则更多。高温合金的力学性能检测指标有室温及高温拉伸性能和冲击性能、高温持久及蠕变性能、硬度、疲劳性能等,服役环境作用关键指标有抗氧化和抗热腐蚀性能等,物理性能检测指标有密度、熔化温度、比热容、线膨胀系数和热导率等。

高温合金主要用于航空发动机,在现代先进的航空发动机中,高温合金材料用量占发动机总材料用量的 40%~60%。在航空发动机中,高温合金主要用于航空涡轮发动机的热端部件和航天火箭发动机的四大高温热端部件,即导向器、涡轮叶片、涡轮盘和燃烧室。除航空发动机外,高温合金还是火箭发动机及燃气轮机高温热端部件不可替代的材料,原因是这类高温合金具有高温高强度特性、高温耐磨和耐腐蚀性能。随着工业化建设的发展,高温合金已推广到能源动力、交通运输、石油化工、冶金矿山和玻璃建材等诸多领域。例如,民用工业一般使用低质燃料而使燃气中含有固体颗粒,高温合金还要与化工物质、熔融介质或其他物体接触而产生摩擦磨损,故要求高温合金应具有耐磨性。另外,还要求民用高温合金的使用寿命长、组织稳定、成本低廉等。

理想的高温合金材料除了应具备上述性能要求外,还要考虑高温合金的退化。合金的退化过程主要有以下三方面:①合金组织在使用时发生变化,即组织不稳定性;②在温度和应力作用下发生变形和裂纹扩展;③表面产生氧化腐蚀。

上述三方面因素相互作用使情况变得极其复杂。由于材料在高温下的各种退化过程均被加速,高温部件的设计和选材需按照机器的使用要求和工作情况,因地制宜,各有侧重地选用合适的高温合金,以满足机器使用性能的要求。

6.1.2 高温合金分类和牌号表示法

高温合金的分类方法包括:①按合金基体元素种类可分为铁基、镍基和钴基合金 3 类。目前使用的铁基合金含镍量高达 25％～60％,这类铁基合金有时又称为铁镍基合金。②根据合金强化类型不同,高温合金可分为固溶强化型合金和时效沉淀强化型合金,不同强化型的合金有不同的热处理方法。③根据合金材料成型方式不同,高温合金可分为变形合金、铸造合金和粉末冶金合金 3 类。其中变形合金的生产品种有饼材、棒材、板材、环形件、管材、带材和丝材等品种,铸造合金则有普通精密铸造合金、定向凝固合金和单晶合金等类别,粉末冶金合金则有普通粉末冶金高温合金和氧化物弥散强化高温合金两种。④按使用特性来分类,高温合金又可分为高强度合金、高屈服强度合金、抗松弛合金、低膨胀合金、抗热腐蚀合金等。以下主要介绍按基体元素种类分类的高温合金。

(1) 铁基高温合金(耐热钢),是以铁元素为基体,加入其他合金元素。按其正火后的组织,又分为珠光体型(如 GH34)、马氏体型(如 1Cr11Ni2W2MoV)、奥氏体型(如 GH36)等 3 种基本类型,以及一些中间型,如奥氏体-铁素体型和奥氏体-马氏体型。

(2)铁-镍基高温合金,习惯上也称为铁基高温合金,是以铁元素为基体,加入较多的镍,并加入其他合金元素,因其含镍量已高达 30％～40％,故单独列出称为铁-镍基高温合金。其基体组织为奥氏体,如 GH30,GH130,GH135 等。

(3)镍基高温合金,是以镍元素为基体,加入其他合金元素,其中钴、铬、铝、钨主要起固溶强化作用,铝、钛、铌、钒等为形成 γ' 强化相元素,硼、镐起强化晶界作用。其基体组织为奥氏体,如 GH33 等。

高温合金有多种类别,目前工业生产中应用的主要是铁基合金和镍基合金。铁基合金是铁、镍、铬组成的奥氏体,镍基合金是由镍、铬组成的奥氏体,二者的基体是相似的。合金中都含有大量的镍,其作用是:①保证合金得到奥氏体和增加奥氏体的稳定性;②足够量的镍能与钛、铝生成合金的主要强化相 $Ni_3(Al,Ti)$;③镍和铬的配合使用,能够提高合金的抗氧化能力。从合金提高晶界强度的方法和强化相的性质看,这两类合金都是用 $Ni_3(Ti,Al)$ 作为强化相,用微量的碳、硼等作为强化晶界元素,用高熔点金属如钨、铝、钒等来提高合金基体的再结晶温度、高温强度及合金的稳定性。但两者相比,镍基合金具有较高的使用温度,稳定性好,如有的涡轮叶片材料的使用温度高达 1 000 ℃左右;铁基合金除了资源丰富、价格便宜等优势外,其高温变形抗力较小,塑性较好,容易成型,适用于锻制大型锻件,其缺点是稳定性较差,不能像镍基合金一样可以加入大量强化元素,否则就要变脆,使合金强度下降。铁基合金即便组织稳定,在高温下随温度上升而强度下降的幅度也较镍基合金大,因此目前铁基高温合金的使用温度都在 850℃以下。

高温合金的编号原则依据国家标准而定,我国高温合金牌号的命名考虑到合金成型方式、强化类型与基体组元,采用汉语拼音字母符号作前缀。高温合金以"GH"表示,"G""H"分别为"高""合"汉语拼音的第一个字母,后接 4 位阿拉伯数字,前缀"GH"后的第一位数字表示分类号,1 和 2 表示铁基或铁镍基高温合金,3 和 4 表示镍基合金,5 和 6 表示钴基合金,其中单数 1,3 和 5 为固溶强化型合金,双数 2,4 和 6 为时效沉淀强化型合金。"GH"后的第 2,3,4 位数字则表示合金的编号。例如 GH4169 为时效沉淀强化型的镍基高温合金,合金编号为 169。铸造高温合金则采用"K"作前缀,后接 3 位阿拉伯数字。K 后第 1 位数字表示分类号,其含义与变形合金相同,第 2,3 位数字表示合金编号。例如 K418 为时效沉淀强化型镍基铸造高温合金,合金编号为 18。粉末高温合金牌号以前缀"FGH"后加阿拉伯数字表示,而焊接用的高温合金丝的牌号用前缀"HGH"后加阿拉伯数字。近些年来,随着成型工艺的发展,新的高温合金大量涌现,在技术文献中常常可见到"MGH""DK"和"DD"等作前缀的合金牌号,它们分别表示机械合金化粉末高温合金、定向凝固高温合金和单晶铸造高温合金。

6.1.3 高温合金的强化

目前使用较为广泛的高温合金为镍基高温合金,此外还有铁基和钴基高温合金。合金强化即把多种合金元素如 Ni,Fe,Co 等加入基体元素中,使之产生强化效应。强化效应包括固溶强化、第二相强化(沉淀析出强化和弥散相强化)、晶界强化以及工艺强化等。工艺强化是通过应用新工艺,或是改善冶炼、凝固结晶、热加工、热处理和表面处理等方式,改善合金的组织结构而使其强化,是一种重要的强化方式。

一、固溶强化

固溶强化是将合金元素加入高温合金使之形成合金化的单相奥氏体,从而将高温合金强化,均布和非均布于基体中的溶质原子均有强化作用。合金元素的固溶强化作用与溶质、溶剂的原子尺寸因素差别有关,也与两种原子的电子因素差别和化学因素差别有关,而上述因素也是决定合金元素在基体中溶解度的因素。合金元素的固溶度越小,其固溶强化作用越强,但小的溶解度会限制元素的加入量,而固溶度大的元素可通过增加其加入量而获得更大的强化效果。

固溶强化作用随温度升高而降低。随温度的升高,原子扩散能力增大,晶格畸变减弱,弹性应变能的作用减小,原子分布更为均匀。由于高温强度比室温强度更依赖于原子的扩散能力,甚至出现扩散型形变,只有可增大原子间结合力而降低扩散系数的元素才能更好地提高高温强度。一般而言,高熔点元素效果更好,高熔点的 W,Mo 比 Cr 更能提高高温持久强度。

同时加入若干种固溶元素进行多元固溶强化是一种有效的强化途径,多元合金化可显著提高高温蠕变强度,该方式一则可使晶格常数变化越来越大,二则可增加扩散激活能。

二、第二相强化

第二相强化的本质是第二相质点与位错的交互作用,它是高温合金的主要强化方式,包括时效析出沉淀强化、铸造第二相骨架强化和弥散质点强化等。高温合金的时效沉淀强化相主要有 $\gamma' Ni_3 (Al, Ti)$,$\gamma'' Nb_x Nb$ 或碳化物的时效沉淀析出。弥散强化相主要有氧化物质点或其他化合物质点。钴基铸造合金常为碳化物骨架强化,镍基高温合金则可获得共格的 $Ni_3 (Al, Ti)$,$\gamma' Nb_3 Al$ 强化,其中 γ' 相是共格析出的主要强化相。$Ni_3 Ti$ 本身不是共格强化相,但在析出 $Ni_3 Ti$ 型 $B_3 A$ 相的合金系中只要含铝,就会在时效时先共格析出 γ' 过渡相。共格应力强化是 γ' 相强化的一个重要方面,故而 γ' 相的大小是一个非常重要的参量,临界尺寸处可获得最大的强化效果。

铁基和钴基高温合金是通过碳化物析出沉淀硬化,碳化物具有硬而脆且非共格析出的特点。不是所有的碳化物都可产生强的时效强化作用,作为主要时效化相的碳化物应具备如下条件:①高温下可溶解,低温下可析出,极稳定的碳化物在高温下不易溶解,故低温下不能有效析出;②结构相似于奥氏体基体,可均匀析出;③具有一定的稳定性,因高温下易长大的碳化物将失去强化效果。

增加碳化物的数量和弥散度可提高强化效果，但碳的饱和度过高又会促成大块碳化物的形成，从而引起脆性。对于较易聚集长大的碳化物，降低元素的扩散能力是至关重要的。

弥散强化高温合金（ODS 合金）则主要是利用氧化物（如 Y_2O_3）或其他与基体固溶体不起作用的第二相强化。

钴基合金的 $M_{23}C_6$ 是主要析出相和强化相（如图 6-1 所示），此碳化物可在凝固结晶过程中形成骨架状，也可在时效处理或使用过程中析出。析出极细的 $M_{23}C_6$ 是锆基合金的重要强化手段，而大块、胞状或连续析出的则会造成合金脆化。钴基合金中的 MC 型碳化物在凝固结晶时往往以块状或汉字骨架状析出，骨架的强化作用类似于复合材料的网状增强剂。此外，MC 在长期使用中会发生不断析出 $M_{23}C_6$ 的退化，从而产生强化效果。$Cr_{23}C_6$ 结构如图 6-1 所示。

铸造合金第二相析出的特点是凝固结晶的偏析造成枝晶干和枝晶间的不均匀析出。在碳化物强化的铸造钴基和铁基合金中，碳化物在枝晶界及晶界上形成骨架，阻碍晶界及枝晶间区的形变。这是一般铸造高温合金的高温蠕变性能优于相同变形合金的重要原因之一，另一重要原因是铸造高温合金的晶粒较大。晶粒大小及其与部件厚度之比对合金的力学性能具有重大影响。大晶粒材料一般有较高的持久强度和蠕变强度、较小的蠕变速率，而小晶粒材料却表现出较高的抗拉强度与疲劳强度。

图 6-1　$Cr_{23}C_6$ 结构

6.1.4　高温合金的韧化

航空工业的发展使航空发动机涡轮前温度不断提高，对高温合金高温强度的要求也越来越高，同时对材料韧化的要求也进一步提高。当然，塑性也影响着材料的疲劳性能。

合金化和工艺改善可提高高温合金的强度，但强度的提高通常会使塑性和韧性降低。造成航空发动机高压涡轮零部件失效，多是由于材料塑性和韧性太低所导致的。在通过各种强化手段来使高温合金得以强化的同时,还须保证高温合金具有足够的塑性和韧性。

为此,应采取如下措施:①控制 tcp 相(拓扑密排相)的析出。在高温合金基体中加入各种合金元素可使合金不断强化,但强度与塑性是矛盾的,强度太高,塑性和韧性就会降低。许多固溶强化元素都是形成 δ,μ,Laves 等 tcp 脆性相的主要成分,其含量越高,合金基体形成 tcp 相的倾向越大。因此,应适当控制固溶强化元素的加入量,以控制 tcp 脆性相的析出。②加入适量的有益微量元素。利用有益微量元素,通过改善晶界状态而改善高温合金的塑性。例如,稀土元素 La(镧)可有效改善高温合金的高温拉伸塑性,微量元素 B 有利于持久塑性和持久时间的提高等。③控制晶粒的尺寸和形状。晶粒尺寸增大后通常会造成高温合金的塑性和韧性减小、室温和中温强度降低以及低周疲劳性能变差。晶粒尺寸减小可增大晶界总面积,进而增加晶界对裂纹形成与扩展的阻力,从而提高材料的韧性与塑性,改善低周疲劳性能。晶粒形状对高温合金韧化也有重要作用。弯曲晶界可有效阻止晶界滑移,推迟裂纹形成与扩展,有利于合金塑性的改善。通过对工艺过程的改善和工艺参数的控制,可获得细晶、微晶甚至纳米晶的高温合金,还可获得弯曲晶界的晶粒、定向结晶及单晶结构。④提高合金的纯度。高温合金的有害杂质元素有 H,O,N,S,P,Si,Sb,Pb,Sn,As 等约 40 种之多。从精选原材料、控制冶炼工艺参数等方面入手,可尽量降低有害杂质含量,改善合金的塑性、韧性和其他力学性能。

6.1.5　高温合金的热处理

高温合金的性能主要取决于其化学组成及组织结构。当合金成分一定的,则影响组织的因素主要有冶炼铸造、塑性变形和热处理等,其中热处理工艺最为突出。不同的热处理工艺,即不同的加热温度、保温时间、冷却速度以及各种特殊的处理方式,可造成合金的晶粒度、强化相的沉淀或溶解、析出相的数量和颗粒尺寸甚至晶界状态等的不同。因此,同一种合金经不同的热处理后会有不同的组织,从而具有不同的性能和用途。高温合金的热处理一般分为固溶处理、中间处理和时效处理等三个阶段。有些合金采用多次热处理来获得更好的综合性能。

固溶处理是将熔体凝固和冷却时的析出相以及塑性变形中的进一步析出相尽量溶入基体,以获得单相组织,为后来的时效沉淀析出均匀细小相提供准备,另外,还可由此得到尺寸合适的均匀晶粒。中间处理是介于固溶处理与时效处理之间的稳定化处理,其处理温度一般低于固溶温度而高于时效温度,中间处理目的是使高温合金晶界析出一定量的各种碳化物相和硼化物相,以提高晶界强度。时效处理亦称沉淀处理,其目的是在合金基体中析出一定数量和大小的强化相。合金的时效温度一般随合金元素含量的增多而提高,通常即为合金的主要使用温度。

钴基高温合金的热处理一般只有一级固溶或时效处理。其主要为碳化物强化,其热处理目的是改善碳化物分布,固溶并重新析出更细小的 $M_{23}C_6$ 颗粒。在 1 150 ℃以上固溶 1~4 h 可使粗大的碳化物大部分固溶,并使铸态组织有一定程度的均匀化。760~980 ℃时效处理可使 $M_{23}C_6$ 颗粒析出更为细小均匀。析出相随时效温度的降低而变小,抗拉强度提高,塑性降低。

变形钴基合金的显微组织一般较为简单,内含碳化物较少,其热处理方式也较简单,通常在固溶条件下进行。铸造钴基合金一般铸态使用,无需热处理,其碳化物的分布及形态主要由浇铸温度和冷却速度控制，并在长期使用中进一步析出。

钴基合金一般不含 Al，Ti 等活性元素，通常在非真空气氛下热处理，其处理规范见表6-1。

表 6-1　钴基高温合金的热处理规范

合金牌号	热处理规范					
	固溶处理			时效处理		
	温度/℃	时间/h	冷却方式	温度/℃	时间/h	冷却方式
变形合金 Haynes(L605)	1230	1	快速空冷	—	—	—
Haynes188	1175	0.5	快速空冷	—	—	—
S-816	1175	1	快冷	760	12	空冷
Stellite6B	1230	1	快冷	—	—	—
铸造合金 FSX-414	1150	4	快冷	980	4	空冷
HS-31(X40)	铸态					
Mar-M302	铸态					
Mar-M509	铸态					
WI-52	铸态					

6.2　镍的基本特性和镍基合金的分类

随着航空、宇航、核能和石油化工工业的兴起，镍及镍基合金现已成为多种工业生产领域不可或缺的重要材料。由于航空涡轮机、电站涡轮机等的工作温度高且处于急冷急热的疲劳环境中，同时还受到燃气介质的热气蚀的作用，镍及镍基合金不仅在高温下具有热强性，在介质作用下还具有高的耐蚀性能，因此，镍及镍基合金得到了广泛应用。目前，在航空发动机上所使用的镍合金材料约占整体结构材料的 60%，包括发动机的燃烧室、火箭叶片、导向叶片等均采用镍基合金的焊接结构，因而镍基合金的焊接技术及其专用焊接材料等在航空结构制造中已占据重要地位。

6.2.1　镍的基本特性

镍是一种化学元素，化学符号为 Ni，原子序数为 28，原子量为 58.69，属周期表Ⅷ族过渡金属，具有冶金学的特性。镍为略带黄色的银白色延展性金属，熔点为 1 455 ℃，沸点为 2 730 ℃，密度为 8.90 g/cm³。在温度低于 340 ℃时有磁性，是一种具有磁性的过渡金属，具有铁磁性和延展性，能导电和导热。镍在空气中发乌，质硬，抗腐蚀能力强，耐热性、可塑性、韧性好均较。

镍的特点是化学活性大，在空气、水、碱及各种酸中会形成抗腐蚀的表面氧化膜而产生钝化作用，稳定性好。常温下，镍在潮湿空气中表面会形成致密的氧化膜，不但能阻止其继续被氧化，而且能耐氟、碱、盐水和多种有机物质的腐蚀，盐酸、硫酸、有机酸和碱性溶液对镍的浸蚀极慢。镍在稀硝酸中缓慢溶解,强硝酸能使镍表面钝化而具有抗腐蚀性。镍和铂、钯一样,钝化时能吸收大量的氢,粒度越小,吸收量越大。

镍的主要可溶性盐包括乙酸镍、氯化镍、硝酸镍和硫酸镍。镍盐溶液通常呈绿色,而无水镍盐一般呈黄色或棕黄色。不溶性镍盐包括草酸镍、磷酸镍(绿色)、3 种硫化镍(NiS(黑色)、Ni_2S_3(青铜黄)和 Ni_3S_4(黑色))。镍还会形成大量配价化合物,例如,脱甲基乙二酰镍 $Ni(HC_4H_6N_2O_2)_2$,这种镍盐在酸性介质中表现为鲜红色,广泛应用于镍检测领域的定性分析。与铁、钴相似,在常温下对水和空气都较稳定,能抗碱性腐蚀,故实验室中可以用镍坩埚熔融碱性物质。

块状镍不会燃烧,细镍丝可燃,特制的细小多孔镍粒在空气中会自燃。加热时,镍与氧、硫、氯、溴发生剧烈反应。细粉末状的金属镍在加热时可吸收相当量的氢气。镍能缓慢地溶于稀盐酸、稀硫酸、稀硝酸,但在发烟硝酸中表面钝化。镍的氧化态为 -1、$+1$、$+2$、$+3$、$+4$,简单化合物中以 $+2$ 价最稳定,$+3$ 价镍盐为氧化剂。镍在粉末状态下会燃烧,形成 NiO 和 Ni_2O_3 两种氧化物和相应的 $Ni(OH)_2$ 和 $Ni(OH)_3$ 两种氢氧化物。氢氧化镍 $[Ni(OH)_2]$ 为强碱,微溶于水,易溶于酸。硫酸镍($NiSO_4$)能与碱金属硫酸盐形成 $MNi(SO_4)_2 \cdot 6H_2O$(M 为碱金属离子)。$+2$ 价镍离子能形成配位化合物。在加压下,镍与一氧化碳能形成四羰基镍 $[Ni(CO)_4]$,加热后它又会分解成金属镍和一氧化碳。

镍的特性和优点:

(1)镍为面心立方结构,组织非常稳定,从室温到高温不发生同素异型转变,常被选作基体材料。奥氏体组织比铁素体组织具有一系列的优点。

(2)镍具有较高化学稳定性,在 500 ℃以下几乎不发生氧化,常温下也不受湿气、水及某些盐类水溶液的作用。镍在硫酸及盐酸中溶解很慢,而在硝酸中溶解很快。

(3)镍具有很大的合金化能力,甚至添加十余种合金元素也不会出现有害相,这为改善镍的各种性能提供潜在的可能性。

(4)纯镍的机械性能不高,室温强度不高,塑性极好,低温性能好,可进行各种冷热加工。

(5)镍在化学工业中可用作加氢反应的催化剂。镍系列产品在能量储存和包括电池的替代能源上发挥重要作用,可应用于通信、航海设备和应急能源。

(6)镍材料的强度、硬度和刚性可使产品更加持久耐用,可用于以下产品:硬币、轨道手推车、涡轮、铸模、街道用设施、建材和轴承等。镍不锈钢和镍合金非常清洁,且容易清洗,使其他金属的损耗也微乎其微,可用于食品加工、食品运输和储存、药剂和水处理、运输和储存。

(7)镍的再生率极高,尽管大多数镍是作为合金的一种成分,纯镍极少,但当含镍产品达到使用年限时,其中的镍仍具有价值,损失也极少。

上述性能决定了镍的用途,不仅是制造镍合金的基础材料,更是其他合金(铁、铜、铝基等合金)中的合金元素。目前,镍及其合金用于特殊用途的零部件、仪器制造、机器制造、火箭技术装备、原子反应堆、生产碱性蓄电池、多孔过滤器、催化剂以及零部件与半制品的防蚀电镀层等,被视为国民经济建设的重要战略物质,其资源的有效开发和综合利用一直为各国所重视。

6.2.2 镍基合金的的分类

一、按合金元素分类

镍基合金是在纯镍中加入 Cu,Cr,Mo,Nb,V 等合金元素的合金。如 Ni - Cu,Ni - Cr -

Fe,Ni - Cr - Mo 和 Ni - Cr - Mo - Cu 系列合金。

Ni - Cu 合金是 Cu 对 Ni 无限固溶的镍基合金,是一种耐蚀合金,也称为蒙乃尔(Monel)合金。它对卤素、中性水溶液、苛性碱溶液、稀硫酸和磷酸等具有良好的耐蚀性。但对氮化物、浓硝酸等耐蚀性不足。在工程上常用的 Monel - 400 合金多用于耐大气腐蚀、耐海腐蚀、洗涤剂工厂的容器和管道结构件。

Ni - Cr 二元合金在镍含量较高时为面心立方点阵型固溶体。融入镍中的铬,使合金的电阻率大幅度升高,电阻温度系数降低。在发生氧化时产物为 NiO 和 Cr_2O_3,二者都具有显著降低氧扩散速度的作用,形成良好的抗氧化保护层,因而合金据有良好的抗高温氧化性。面心立方点阵类型的镍基合金具有较高的高温强度。

Ni - Fe - Cr 合金称为 Incoloy 合金,也常叫铁镍基合金。一般合金中 Ni 含量大于等于30%,而(Ni + Fe)含量大于等于65%。这类铁镍基合金的综合性能良好,尤其是耐介质腐蚀性能更为优良。

因 Incoloy 800 合金是一种含铝钛和含铁较高的 Ni - Fe - Cr 合金。它除具有很高的机械性能外,还具有良好的耐蚀性。多用于压水型反应堆热交换器及其管道结构,沸水堆与气冷堆中的热交换器、核燃料包壳结构。当这种合金含碳量偏高时,在高温高纯度水中(沸水堆)核燃料包壳管道曾发生过晶间应力腐蚀开裂现象。若应用含 Ti/C 比很高的超低碳的"哈斯特洛依(Hastelly)800"型合金时,情况会得到改善。

Ni - Cr - Fe 型合金加入 Mo 而成为 Ni - Cr - Fe - Mo 合金。由于加入较多的 Cr 和 Mo 而成 Hastelly - F 合金,与 Hastelloy - C 合金相比,其在硫酸和盐酸中的对比试验表明,它的耐蚀性能优于 Hastelloy - B 和 Hastelly - C 合金。

此外,对于加 Mo 又加 Cu 的铁镍基合金 0Cr21Ni40Mo12FeCu2Ti,多用于耐硫酸和耐磷酸腐蚀的环境中。加入 Nb 的 0Cr20Ni35Mo2Cu3Nb 合金,对硫酸、硝酸及其混酸均有较高的耐蚀性能,同时也有耐应力腐蚀开裂的能力。

对加入 Ti 和 A1 的 0Cr15Ni40MoCu3Ti3Al 合金,是可沉淀强化的耐蚀铁镍基合金,不仅强度高,硬度也高,在低于 80 ℃的各种浓度硫酸中均有良好的耐蚀性。

Ni - Mo 的 Hastelly - A 合金仅在 70 ℃ 以下的盐酸中可抗腐蚀。后来又发展成为 Hastelly - B 合金,即 0Ni65Mo28Fe5V。同时研制出超低碳的 HastellyB - 2 合金。这种合金应用于沸腾温度下的各种浓度盐酸、硫酸、氢氟酸中均具有良好的耐蚀性。

二、按合金强化方式分

镍基合金的强化方式,主要有固溶强化、沉淀强化、弥散强化等。

1. 固溶强化镍基合金

这类合金是通过加入适量的合金元素,如 Al,Cr,Co,Cu,Fe,Mo,Ti,W,V,Nb 及稀土合金等高温固溶处理方法来提高合金的强度。其中 Al,Cr,Mo,W,Nb 的作用最为显著,而其他元素相对来说影响较小。由于加入合金元素种类不同,有许多种类的固溶强化的镍基合金,如表 6 - 2 所示。

2. 沉淀强化镍基合金

这类合金是加入合金元素之后,采用固溶处理加时效处理来达到提高强度的目的。这类合金适用于高温高应力状态的工作条件。合金含有 Al 和 Ti 而形成 γ''Ni$_3$(Al,Ti)相或 γ''Ni$_3$

(Nb,Al,Ti)相金属间化合物,同时有 W,Mo,B 等元素与碳形成 MC,M₆C,M₂₃C₆ 等碳化物相使之沉淀获得强化。

3. 弥散强化镍基合金

这类合金主要是以氧化钍弥散强化的镍基合金,如 TD - Ni 和 DS - Ni 等。合金中约有 2% 的氧化钍和 98% 的 Ni,氧化物呈弥散分布于合金的基体中,使其抗拉强度有显著的提高。含 Cr 为 20% 左右的 Ni - Cr 型 TD - NiCr 合金与 TD - Ni 合金相比,具有更高的强度和耐蚀性。

综上所述,对于合金的强化方式,不能绝对地划分,例如,有的合金是固溶强化的,有的合金是固溶强化和弥散强化相结合进行的,有的以更为复杂的强化方式来完成对合金的强化处理。当前镍基合金的发展很快,应用最为广泛的是镍基合金,其次是铁镍基合金。铁镍基合金最大的优点是能节省一部分镍,同时铁镍基合金性均能满足航空结构件的要求。

三、按合金成型方式来分

按合金加工成形方式可分为变形镍基合金和铸造成型镍基合金。

1. 变形镍基合金

这类合金主要是以压力加工成型的镍基合金,可轧制成薄板和其他小形轧件等。因此,这种合金的特点是具有较高的热稳定性和热强性。固溶处理后的镍基合金具有良好的塑韧性,可承受高温动载荷,还可进行冲压加工。生产中常用于组成焊接结构件。

2. 铸造镍基合金

采用铸造工艺将镍基合金铸造成有一定形状和尺寸的设备构件。在生产中多是采用精密成型的铸造方法,合金仍具有良好的热强性和焊接性。由于铸造合金的铸造性组织,加上易于出现铸造缺陷,铸造合金的应用没有变形合金广。

6.2.3 镍和镍基合金牌号、特性及用途

镍和镍合金的牌号表示方法是用"N"加第一个主添加元素符号以及除镍基元素外的成分数字组表示,表示方法如图 6-2 所示。

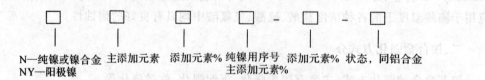

N—纯镍或镍合金 主添加元素 添加元素% 纯镍用序号 添加元素% 状态, 同铝合金
NY—阳极镍   主添加元素%

图 6-2 镍和镍合金的牌号表示方法

例如:NY1 表示一号阳极镍,NSi0.19 表示主加元素为 0.19% Si 的镍硅合金,NMg0.1 表示,主加元素为 0.1% Mg 的镍镁合金,NMn2-2-1 表示主加元素为 2% Mn 及除 Mn 外还含有 2% 和 1% 的其他元素的镍锰合金,亦可表示为 2-2-1 镍锰合金。部分镍及镍基合金的牌号、特性及用途如表 6-2 所示。

表6-2 部分镍及镍基合金的牌号、特性及用途

组 别	牌 号	特 性	用 途
纯镍	N2 N4 N6	熔点高(1 455 ℃),无毒;力学性能及冷,热加工性能好;耐蚀性优良,在大气,海水中化学性质稳定;不耐氧化性酸蚀	机械及化工设备耐蚀结构件,电子管及无线电设备零件
	DV	具备纯镍的特性,还有高的电真空性能	电子管阴极芯
阳极镍	NY1 NY2 NY3	电解镍,可去钝化	NY1用于PH值小且不易钝化的场合;NY2用于PH值大,电镀形状复杂的场合;NY3用于一般场合
镍锰合金	NMn3 NMn5	室温及高温强度高;耐热及耐蚀性好;加工性能优良;热稳定性,电阻率及在高温含硫气氛中耐蚀性均高于纯镍	内燃机火花塞电极,电阻灯泡灯丝,电子管的栅极等
镍铜合金	NCu40-2-1	无磁性,耐蚀性高	抗磁性材料
	NCu28-2.5-1.5	一般情况下耐蚀性好于NCu40-2-1更好;强度及加工工艺性,耐高温性能好;750℃以下在大气中稳定	高强度,高耐蚀性零件;高压冲油电缆,供油槽,加热设备及医疗器械
电子用镍基合金	NMg0.1 NSi0.19	电真空性能和耐蚀性好,缺陷是用在电极管氧化物阴极芯时,氧化层与芯金属接触面上易产生一层电阻的化合物,降低发射能力	用于生产中短寿命无线电真空管氧化物阴极芯
	NW4-0.15 NW4-0.1 NW4-0.07	高温强度和耐震强度好;电子发射性能优良,用它制作的电极管氧化物阴极芯稳定性高	用作高寿命,高性能的无线电真空管氧化物阴极芯
热电合金	NSi3	抗蚀性能高;在600~1 250 ℃时有足够大的热电势和热电势率	用作热电偶负极材料
	NCr10	在0~1 200 ℃时有足够大的热电势和热电势率,测温灵敏,准确且范围宽;电阻温度系数小,电阻率高;电势稳定;耐腐蚀,抗氧化	用作热电偶正极和高电阻仪器材料

6.3 镍基高温合金的成分和组织特征

按制备工艺镍基高温合金分为变形镍基高温合金、铸造镍基高温合金和粉末冶金高温合金三大类。变形镍基高温合金又可分为固溶强化型合金和沉淀强化型合金。固溶强化型合金具有一定的高温强度、良好的塑性、热加工性和焊接性,用于制造工作温度较高、承受应力不大(约几十兆帕)的部件,如燃气涡轮的燃烧室。沉淀强化型合金实际上综合采用固溶强化、沉淀强化和晶界强化三种强化方式,因而具有良好的高温蠕变强度和抗疲劳性能,用于制造高温下承受应力较高($>100 \text{ MPa/mm}^2$)的部件,如燃气涡轮的叶片和涡轮盘等。根据近年来的发展,铸造镍基高温合金又分为普通铸造合金和定向凝固合金、定向单晶合金。

镍基高温合金是具有良好抗氧化和抗腐蚀能力的高温合金。镍基合金是高温合金中应用最广、高温强度最高的一类合金。其主要原因为：①镍基合金中可以熔解较多合金元素，且能保持较好的组织稳定性。②可以形成共格有序的 A_3B 型金属间化合物，$\gamma[Ni_3(Al,Ti)]$ 相作为强化相使合金得到有效的强化。③镍基合金含有十多种元素，含铬的镍基合金具有好的抗氧化和抗腐蚀能力。Cr 主要起抗氧化和抗腐蚀作用，其他元素主要起强化作用。

6.3.1 镍基合金的成分

一、镍基高温合金主加元素的作用

镍基高温合金是以镍为基体金属。因熔点高，致密度高，金属键强，自扩散慢，故再结晶温度高，蠕变的起始温度也高。常温下其表面形成一层致密的阻断氧化的氧化膜（NiO）。但温度高于 800 ℃时，镍基高温合金剧烈氧化。为了提高抗氧化能力，镍基合金是各种金属材料中成分最复杂的合金。镍基高温合金中的主加元素有 Cr，Co，W，Mo，Nb，Ta，Al，Ti，Hf，B，Zr，V，C，Ce，Mg 等，它们溶于镍中所形成的固溶体也叫奥氏体。根据合金元素作用方式可分为：

1. 固溶强化元素（如钨、钼、钴、铬和钒等）

镍是奥氏体的主要组成元素，同时也是强化相 γ' 的形成元素。钨和钼是提高高温强度的主要元素。钼的强化效果大于钨，但随着温度升高，钨的强化作用增大。W，Mo 促进 MoC 型碳化物的形成，一般镍基合金中 W 和 Mo 总量约为 10%，钨、钼的主要作用，是溶于奥氏体，强化奥氏体并提高奥氏体的再结晶温度。钴在合金中降低 Ti，Al 的溶解度，减少晶界碳化物析出，降低基体的堆垛层错能，起固溶强化作用，镍基合金中一般 Co 含量为 10%～20%。钴除起到固溶强化的作用外同时对提高热加工性能和 γ' 相的溶解温度作用也较大。铬在镍基高温合金中必不可少，一般含量为 8%～20%，主要作用是生成表面 Cr_2O_5 保护膜，防止合金高温氧化和腐蚀。Cr 主要固溶于基体，少量则形成 $M_{23}C_6$ 型碳化物，对合金持久性能有一定影响。钒主要作用是形成 VC 碳化物，通过淬火、时效而产生时效强化。

2. 沉淀强化元素（如铝、钛、铌等）

铝、钛的主要作用是形成 Ni_3Al，Ni_3Ti，$Ni_3(Al,Ti)$ 等金属化合物，通过淬火、时效而产生时效强化。其含量多少决定 γ' 相析出总量，因而决定了合金高温强度水平。目前高强度铸造镍基合金的 Al+Ti 约为 10%，γ' 相量达到 60%（体积）以上。Al/Ti＝2 的合金，高温强度和抗热腐蚀性兼有，Al/Ti 比值越大，γ' 相量越多高温愈稳定，强度也高。但塑性不断降低，甚至无法进行热压加工。Al/Ti 比值低，抗热腐蚀性能较好。故"Al+Ti"一般不超过 7%。铌的主要作用是形成 NbC 碳化物，通过淬火、时效而产生时效强化。

铌与碳的亲和力大，在合金中首先形成稳定的碳化物 NbC；其次进入 γ' 相，促进 γ' 相析出，延缓 γ' 相集聚长大。含 Nb 合金抗氧化性能下降。

γ' 相 Ni_3Al 中的铝可以被钛、铌等元素置换形成 $\gamma'Ni_3(Al,Ti,Nb,Ta)$，铌进入 γ' 相中能提高其屈服强度和稳定性，从而提高合金的高温性能。

3. 晶界强化元素（如硼、镁和稀土元素等）

加入适量的 B、Zr 和 Mg 可提高合金的塑性和加工性能，增加持久寿命，降低蠕变速率，改善持久缺口敏感性。一般镍基高温合金中 B 含量为 0.005%～0.015%，Zr 含量为 0.05%～0.10%，Mg 含量以 0.005%～0.015%为宜。

加入微量的晶界强化元素能起显著强化作用。硼和稀土元素主要通过净化晶界（除去晶界低熔点杂质)而提高性能。一定量的铪(1.5%左右)利于改变 MC 的形态(从骨骼状变为块状);铪进入 γ' 相提高其强度,并使之形态变为树枝状,铪的晶界偏聚可清除硫。

二、镍基高温合金的成分持点

(1)含碳量很低,铸造合金含碳量一般不超过 0.2%,变形合金的含碳量一般不超过 0.1%。它们主要通过形成晶界颗粒状碳化物,阻止晶界滑动从而强化晶界。保证合金的高温组织稳定性及焊接性。

(2)含铬量很高(20%~25%),保证优良的抗氧化及热腐蚀能力。从试验结果来看,含铬量为 15%~30% 时达到最佳的高温抗氧化能力。

(3)使用温度较高的合金都含有大量钼或钨,起固溶强化作用,显著地提高了合金热强性。

(4)固溶板材合金中铝、钛含量很高,它们固溶在 γ 基体中;时效板材合金中铝、钛含量稍高,时效处理中析出少量 γ' 相,提高了合金的热强度。

三、变形镍基高温合金

变形镍基高温合金,即用压力加工能使毛坯成型的镍基高温合金。这种合金又分成两类,即固溶强化和时效强化型合金。其化学成分如表 6-3 所示。

表 6-3 常用变形镍基高温合金成分表

类别	牌号	化学成分														
		C	Si	Mn	Cr	Co	W	Mo	V	Nb	Al	Ti	B	Ce	Fe	Ni
固溶强化	GH30	≤0.12	≤0.80	≤0.70	19~22	—	—	—	—	—	≤0.15	0.15~0.35	—	—	≤1.00	其余
	GH39	≤0.08	≤0.80	≤0.40	—	—	1.8~2.8	0.9~1.3	—	—	0.35~0.75	0.35~0.75	—	—	≤3.00	其余
	GH44	≤0.10	≤0.80	≤0.50	—	—	13~16	—	—	—	—	0.30~0.70	—	—	≤4.00	其余
时效强化	GH33	≤0.06	≤0.65	≤0.35	—	—	—	—	—	—	0.55~1.00	2.20~2.80	0.01	0.01	≤1.00	其余
	GH37	≤0.10	≤0.65	≤0.50	—	—	5~7	2~4	0.1~0.5	—	1.70~2.30	1.80~2.30	≤0.02	≤0.02	≤0.50	其余
	GH49	≤0.07	—	—	9.5~11	14~16	5~7	4.5~5.5	0.2~0.5	—	3.70~4.40	1.40~1.00	≤0.02	≤0.02	≤1.50	其余

1. 固溶强化变形镍基高温合金

(1)化学成分和热处理特点。与时效强化变形镍基高温合金相比,固溶强化合金含铬相对较高;含强化相形成元素(钒、铝、铁)相对较低。

固溶强化镍基合金强化相形成元素较少,故其热处理现仅为"固溶处理"。通过固溶处理以达强化的目的。固溶处理后,其组织主要为单相奥氏体,有较好的塑性,便于冷压成型。进行多次冲压时,中间应进行固溶处理,以消除加工硬化,恢复塑性。在冷压、焊接之后,应进行退火处理,以消除应力、稳定尺寸。

(2)常用的固溶强化变形镍基高温合金。常用的固溶强化变形镍基高混合全有 GH30,GH39,GH44,其热处理组织和机械性能如表 6-4 所示。

这类合金的性能特点是由于含铬量高,故抗氧化温度高。如 GH30 达 800 ℃,GH39 达 850 ℃,GH44 达 900 ℃。由于组织基本上为单相固溶体,强化相少,塑性高,室温强度、高温强度都较低。

2.时效强化变形镍基高温合金

(1)化学成分和热处理特点。与固溶强化变形镍基高温合金相比,合金含铬量相对较低。含强化相形成元素(钒、铝、钛)相对较高,以形成较多的化合物强化相,从而提高高温强度。

常用的热处理为固溶处理+时效处理。其目的是使合金在固溶强化的同时,再使合金析出细小强化相[VC,Ni$_3$Al,Ni$_3$Ti,Ni$_3$(Al,Ti)]来提高高温下的强度。

同一合金制成的不同零件,由于其性能要求不同,其时效温度也不同。例如 GH33,当用它制造涡轮叶片时,由于要求较高的持久强度,固溶处理后在 700 ℃时效 16 h。而用它制造涡轮盘由于要求较高的塑性,固溶处理后需在 750 ℃时效 16 h。

通过固溶处理及时效处理后,这类合金的组织为奥氏体加大量化合物强化相。GH37 化合物量为 20%,而 GH49 为 40%。

(2)常用的时效强化变形镍基高温合金。常用的时效强化变形镍基高温合金有 GH33,GH37,GH39。组织结构与热处理规范如表 6-4 所示。

表 6-4　常用变形镍基高温合金热处理方式与组织结构

| 类　别 | 牌　号 | 热处理 | | | | 组织结构 |
| | | 淬火 | | 时效 | | |
		温度	冷切	温度	冷切	
固溶强化	GH30	980～1 020 ℃	空冷	—	—	奥氏体
	GH39	1 050～1 080 ℃	空冷	—	—	
	GH44	1 120～1 060 ℃	空冷	—	—	
时效强化	GH33	1 080 ℃	空冷	700 ℃ 16 h	空冷	奥氏体 + 化合物
	GH37	一淬 1 180 ℃ 二淬 1 000 ℃	空冷	800 ℃ 16 h	空冷	
	GH49	一淬 1 200 ℃ 二淬 1 500 ℃	空冷	900 ℃ 8 h	空冷	

时效强化型镍基合金的性能特点是:含有大量的铬、镍、铝、钛等形成强化相的元素,因此抗氧化温度高(如 GH33 达 700 ℃,GH37 达 800 ℃,GH49 达 900 ℃)的同时,合金的室温强度、高温强度较高,而塑性相对较低。由于强度韧性高,导热性差(只有碳钢的 1/6～1/3)而且加工硬化现象严重,其切削阻力大,容易产生大量的切削热,使刀具温度升高、硬度下降,故切削性很差。为克服难以加工的问题,工厂常采用电解加工。

四、铸造镍基高温合金

1. 常用的铸造镍基高温合金及其化学成分

常用铸造高温合金的化学成分如表 6-5 所示。这类合金由于采用铸造成型,故铝、钛含量较变形镍基合金高,强化相 Ni_3Al,Ni_3Ti,$Ni_3(Al,Ti)$ 较变形镍基合金多。以 K17 为例,铝、钛含量高达 11%,强化相含量高达 67%,奥氏体仅起黏结作用,将大量的强化相黏结起来,使之成为具有一定机械性能的整体。

表 6-5 常用铸造高温合金的化学成分

类 别	牌号	化学成分											
		C	Cr	Co	Ni	W	Mo	V	Al	Ti	B	Ce	Zr
基铸造高温合金	K1	≤0.10	14~17	≤0.70	余	7.0~10			4.5~5.5	1.4~2.0	≤0.12	—	—
	K3	0.11~0.18	10~12	≤0.40	余	4.80~5.50	1.8~2.8		5.3~5.9	2.3~2.9	0.01~0.03	0.01~0.03	0.1
	K5	0.10~0.18	≤0.8	≤0.50	余	4.50~5.20			5.0~5.8	2.0~2.9	0.025~0.026	0.01	0.05~0.10
	K17	0.13~0.22	—		余	4.5~5.5	0.6~0.9		4.8~5.2	4.1~5.2	0.012~0.022	—	0.05~0.09

表中 K1 含铬量较高,具有较好的抗氧化能力。但合金化程度较低,因而热强度较低。常用作 900 ℃以下工作的导向叶片。K3,K5,K17 由于合金化程度较高,故热强度较高,常用作 950 ℃左右工作的导向叶片等零件。但含铬量较低,抗氧化能力较差,往往采用渗铝或其他涂层进行表面防护。

2. 铸造镍基高温合金热处理特点

铸造高温合金的使用温度,通常要比时效强化温度高,加之合金内部已存在大量的化合物,靠时效析出强化相来提高合金的热强度已无实际意义。故有些合金就在铸造状态下使用,不进行热处理,如 K5、K17。

有些合金虽然进行淬火,但其目的是均匀成分、均匀组织、适当粗化晶粒、消除铸造应力。淬火之后亦不进行时效处理,如 K1,K3。

这类合金的组织为镍基奥氏体加大量化合物。化合物量 K3 为 58%,K5 为 60%,K17 为 67%。

常用铸造镍基高温合金的热处理、组织结构如表 6-6 所示。

表 6-6 常用变形镍基高温合金热处理方式与组织结构

类 别	牌号	淬 火		时 效		组织结构
		温 度	冷却方式	温 度	冷却方式	
固溶强化	K1	1 020 ℃,10 h	空冷	—	—	奥氏体＋大量化合物
	K3	1120℃,4h	空冷	—	—	
	K5	—	—	—	—	
	K17	—	—	—	—	

6.3.2 镍基合金的显微组织

典型镍基高温合金的组织由基体 γ 相、沉淀强化相 γ' 相和碳化物（MC，$M_{23}C_6$，M_6C，M_7C_3）所组成。一些铸造合金有 $\gamma+\gamma'$ 共晶相，某些合金在高温使用过程中有 α、μ 和 Laves 相组成。此外合金中还有微量硫化物和 M_3B_2 硼化物，个别合金则有 η 相（Ni_3Ti）和 G 相。

1. γ 相

面心立方晶系。这是以镍为主的奥氏体固溶体。它可溶入大量多种合金元素而不出现有害相。合金元素按对其固溶强化效应递增的顺序为 Co，Fe，Cr，Al，V，Ti，Mo，W，Nb，Ta 等。γ 相作为镍基合金基体非常稳定，无同素异形转变，具有极好的室温和低温塑性化学稳定性，抗湿抗盐类水溶液，耐硫酸和盐酸，500 ℃以下基本不氧化。

2. γ' 相

通常为金属间化合物 $Ni_3(Al,Ti)$ 长程有序的面心立方晶体结构，是合金中的主要强化相。γ' 相晶格常数与基体 γ 相相近，一般相差小于 1%。它与基体 γ 相共格（100）γ'//（100）γ，界面能低，高温稳定。γ' 相强度随温度上升而提高。

纯 γ' 相 Ni_3Al 的熔点 1 385 ℃，Ta、Nb、Ti、W 等元素固溶于 γ' 相使 γ' 相强化。γ' 相量则取决于合金中 Al，Ti 和 Nb 的含量，如图 6-3 所示。γ' 相形态与 $\gamma-\gamma'$ 晶格错配度大小有关。γ' 尺寸与 γ' 颗粒间距对合金性能有较大影响。

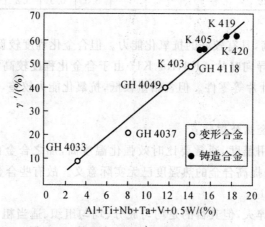

图 6-3　镍基合金的 γ' 总量与成分的关系

3. 碳化物

高温合金含碳量约为 0.05%～0.2%，并含有碳化物形成元素铌、钴、钼、钨及铬，形成各种碳化物。其体积分数不高，约为 1%～2%，但是对合金的机械性能有很大影响。高温合金中的碳化物主要有四种类型 MC，$M_{23}C_6$，M_6C 及 M_7C_3。各种元素所组成的碳化物类型及晶体结构如图 6-4 所示。

M_6C 是 MC 分解的产物，复杂面心立方结构，析出温度范围 850～1 210 ℃，950～1 100 ℃下析出量最多。镍基合金中 Cr 含量高，倾向于 $M_{23}C_6$ 的形成，W 和 Mo 含量高，则倾向于形成 M_6C（见图 6-5）。M_7C_3 容易在 Al，Ti 含量低而 Cr 量高的合金中出现，属斜方晶系，不稳定，在 600～800 ℃使用过程中转变为 $M_{23}C_6$。

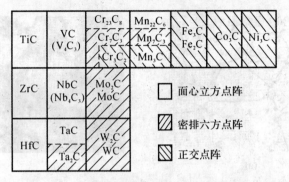

图 6-4　各种元素的碳化物类型及其晶体结构

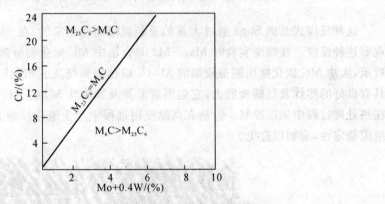

图 6-5　合金中 Cr,W,Mo 含量对碳化物类型的影响

(1)MC 型碳化物。MC 型碳化物由碳与钛族或钒族元素所组成,具有 NaCl 型面心立方的密排结构。MC 型碳化物一般是以 TiC 和 NbC 为基础的碳化物,面心立方晶系,在凝固过程中形成,呈点条状或骨架状分布于晶界和枝晶间隙内。MC 在 760~1 150 ℃内相当稳定,难以溶解于基体内,但能发生分解并转变成 $M_{23}C_6$ 和 M_6C。钼和钨也能置换固溶到 MC 碳化物中,例如 K19 合金中的 MC 碳化物的化学组成式近似为$(Nb_{0.53}Ti_{0.35}W_{0.07}Mo_{0.02})C$,其数量占 1%(质量),呈条状或颗粒状分布在晶内、晶界及枝晶间。K17 合金中 MC 碳化物的化学组成式近似为$(Ti_{0.74}Mo_{0.14}V_{0.12})C$。钛、铌等元素与氮的亲和力很强,因此 MC 碳化物中也可能固溶入相当数量的氮,形成碳氮化物 M(C,N),与其形成元素的关系对碳化物种类影响。

MC 型碳化物主要是在凝固后期形成的初生碳化物。NbC 和 TiC 在基体中的固溶度极低,1 300 ℃以上高温固溶处理仍不能使其充分溶解。MC 型碳化物大都呈颗粒状,均布在晶内或晶界上(见图 6-6(a)),并且数量很少,因此对合金机械性能的影响较小。当其数量过多时。能起到阻碍基体晶粒长大的作用,并且在变形合金中形成带状组织。铸造合晶中有时形成树枝状(或称为汉字形)的 MC 碳化物,如图 6-6(a)和(b)所示。其尖端成为应力集中源,在实际使用中发现疲劳裂纹形核于该部位。

MC 型碳化物的主要影响是其退化反应。在热处理或使用过程中,高碳碳比物 MC 会缓慢地分解,放出碳进入基体中。在许多合金中,主要的碳化物反应可表达为

$$MC+\gamma \rightarrow M_{23}C_6+\gamma' \tag{6-1}$$

或

$$(Ti,Mo)C+(Ni、Cr、Al、Ti) \rightarrow Cr_{21}Mo_2C_6+Ni_3(Al,Ti) \tag{6-2}$$

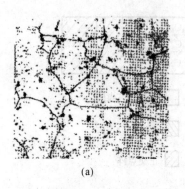 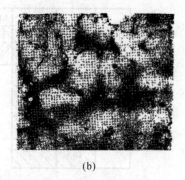

(a)   (b)

图 6-6 镍基变形及铸造合金中 MC 碳化物的形态

(a)Inconel700 合金中的大颗粒 MC； (b)Mar-M200 合金中的汉字型 MC

这种反应式是由 Sims 通过大量的金相观察而提出来的,在 760～980 ℃温度范围内可以观察这种反应。在蠕变实验时 Mar-M246 合金中 MC 碳化物分解产物的显微组织如图 6-7 所示,大块 MC 碳化物周围是较细的 $M_{23}C_6$ 碳化物颗粒及 γ' 相包层。这种反应所生成的 γ' 相具有良好的塑性及抗蠕变能力,它包围着晶界及颗粒状 $M_{23}C_6$ 相。是一种有益的组织并且能在热处理过程中加以控制。但是在高温使用过程中产生退化反应是不可控制的,影响合金的组织稳定性,应加以避免。

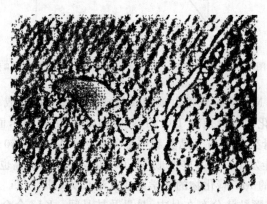

图 6-7 Mar-M246 合金在 815℃蠕变试验后的电镜显微组织

(2)$M_{23}C_6$ 碳化物。$M_{23}C_6$ 为复杂面心立方结构,析出温度为 650～1 100 ℃,870～980 ℃下析出量最多,它们在晶界呈颗粒或链状。含铬量中等或较高的高温合金中,都存在有 $M_{23}C_6$ 碳化物。除有些铸造合金中可能形成部分上 $M_{23}C_8$ 碳化物以外。绝大多数 $M_{23}C_6$ 碳化物都是在 760～980 ℃范围内形成的。在固溶处理冷却、时效处理或使用过程中都有可能形成。当温度高于 1 010～1 040 ℃时,能完全溶解。这种碳化物既可由 MC 型碳化物退化反应生成,也可以直接从基体中析出。

$M_{23}C_6$ 碳化物主要分布在晶界上,偶尔也析出在孪晶界上或晶内。$M_{23}C_6$ 碳化物处于晶界位置上,对于提高合金的持久强度有重大贡献。晶界 $M_{23}C_6$ 碳化物有 3 种形态:不连续的颗粒状或称力链状如图 6-8(a)所示,连续膜状、胞状(见图 6-8(b))。后两种形态起脆化作用,降低合金的室温塑性及高温持久塑性。$M_{23}C_6$ 碳化物的形态与合金中含碳量及时效温度有关;在较低温度下,碳的过饱和度极高,容易产生胞状析出;在时效温度高于 800 ℃,就能避免胞状析出,形成晶界颗粒状 $M_{23}C_6$。颗粒状 $M_{23}C_6$ 能很好地强化晶界,但是蠕变断裂仍然是起始于 $M_{23}C_6$ 颗粒的脆裂或 $M_{23}C_6 - \gamma$ 相界面分离。当采用适当的热处理工艺时,颗粒状 $M_{23}C_6$ 周围形成 γ' 相包层,这层 γ' 相与基体共格,有效地强化晶界,显著提高合金的持久寿命。这种晶界组织只存在于高合金化的高温合金中,晶界析出 $M_{23}C_6$ 后,附近基体中铬、钼和钨等元素贫化,镍、铝和钛的浓度增高达到 γ' 相成分,形成一薄层 γ' 相。相反地,对于合金化程度较低的合金,当晶界析出 $M_{23}C_6$ 时,晶界附近基体中贫铬,因而提高了铝、钛在基体中的溶解度,形成一个无沉淀区(贫铬区)。这种无沉淀区是一个弱区,其高塑性可起到松弛晶界应力集中的作用,提高合金的塑件及持久塑性,消除持久强度的缺口敏感性。

$M_{23}C_6$ 碳化物中的 M 主要代表铬,大多数镍基合金中含钨或钼,它们可以置换铬。$M_{23}C_6$ 碳化物的近似化学组成式为 $Cr_{21}(W,Mo)_2C$。

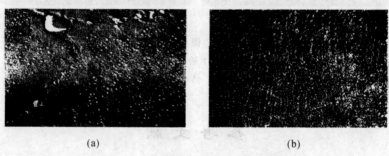

(a)　　　　　　　　　　　　　　(b)

图 6-8　不同镍基高温合基 $M_{23}C_6$ 照片

(a)Inconel 合金的电镜显微组织晶界颗粒 $M_{23}C_6$,周围无 γ' 相析出区;

(b)Nimonic 80A 合金在 650℃时效中形成的胞状 $M_{23}C_6$

4. 拓扑密谁相(TCP)

配位数高于 12、原子排列按正四面体密集堆积的金属间化合物谓之 TCP 相,在镍基高温合金中的 TCP 相主要是 δ 相和 μ 相。δ 相在合金中的形成的析出温度为 $730 \sim 980$ ℃,$815 \sim 870$ ℃析出最快。W,Mo 高的合金易出现 μ 相,析出温度范围为 $800 \sim 1\,140$ ℃左右,δ 相和 μ 相大量析出对合金的塑韧性和持久寿命有害。控制合金中 TCP 相析出的途径是限制合金的成分。其方法为相分计算法(phacomp)。

典型的形变镍基合金的组织为 γ 基体上分布着小块状初生 MC 碳化物和少量颗粒状硼化物,而在晶界上有析出的二次颗粒状 M_6C 或 $M_{23}C_6$。主要强化相 γ' 在光学金相中难以鉴别,只能在电子显微镜中观察到。形变镍基合金 GH49 的光学和电镜照片如图 6-9 所示。

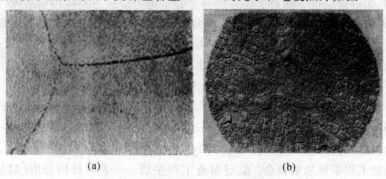

(a)　　　　　　　　　　　　　　(b)

图 6-9　形变镍基合金 GH49 照片

(a)GH49 正常热处理后的组织 1;　(b)GH49 中的 γ' 相

典型的铸造镍基合金的组织为 γ 基体上分布着骨骼状或块状的初生 MC，共晶 $\gamma - \gamma'$、共晶硼化物、硫化物、晶界次生碳化物以及主要强化相 γ'。铸造镍基合金 K9 的组织如图 6-10 所示。

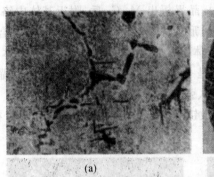 

(a)   (b)

图 6-10 铸造镍基合金 K9 组织

(a)K9 合金长期时效光学照片，γ 基体上有 $\gamma' + MC + M_6C + M_{23}C_6$；

(b)K9 合金电镜照片，热处理态，$\gamma' +$ 晶界 M_6C

参 考 文 献

[1] Betteridge W，Heslop J. The nimonic alloys［M］. London：Edward Arnord Ltd.，1974.

[2] 冶军. 美国镍基高温合金[M]. 北京：科学出版社，1978.

[3] 黄乾尧，李汉康，等. 高温合金[M]. 北京：冶金工业出版社，2000.

[4] Sims C T, Stoloff N S, Hagel W C. 高温合金[M]. 赵杰，朱世杰，李晓刚，等，译. 大连：大连理工大学出版社，1992.

[5] 冶金工业钢铁研究总院. 钢和铁、镍基合金的物理化学相分析[M]. 上海：上海科学技术出版社，313-340

[6] Everhard J L. Engineering properties of Nickel and Nickel alloys[M]. New York：Plenum Press，1971.

[7] Sims C T. A contemporary view of Nickel-base superalloys[J]. Metals，1969. 27.

[8] Burger J A. heat treating Nickel-base superalloys[J]. Metal Progress，1967. 61.

[9] 中国金属学会高温材料分会. 中国高温合金手册[M]. 北京：中国标准出版社，2012.

[10] 刘培生. 钴基合金铝化物涂层的高温氧化行为[M]. 北京：冶金工业出版社，2008.

[11] 黄乾尧，李汉康，等. 高温合金[M]. 北京：冶金工业出版社，2002.

[12] 李铁藩. 金属高温氧化和热腐蚀[M]. 北京：化学工业出版社，2003.

[13] Liu P S，Liang K M，Zhou H Y. High-temperature protective coatings on superalloys[J]. Trans. Nonferrous Met. Soc. China，2002，12(4)：798-803.

[14] 李美栓. 金属的高温腐蚀[M]. 北京：冶金工业出版社，2001.

[15] 航空制造工程手册总编委会. 航空制造工程手册——表面处理分册[M]. 北京：航空工业出版社，1993.

[16] 哈尔滨工业大学金相热处理教研组. 有色金属及其合金[M]. 北京：中国工业出版社，1986：37 - 142.

[17] 陆世英，康喜范. 镍基和铁镍基耐蚀合金[M]. 北京：化学工业出版社，1989：233 - 275.

[18] 吴培英，金属材料学[M]. 北京：国防工业出版社，1981.

[19] 卢光熙，侯增寿. 金属学教程[M]. 上海：上海科学技术山版社，1985.

[20] 吴云书，等. 现代工程合金[M]. 北京：国防工业出版社，1983.

[21] 张宝昌，等. 有色金属及其热处理[M]. 北京：国防工业出版社，1981.

[22] 牛建平. 纯净钢及高温合金制备技术[M]. 北京：冶金工业出版社，2009.

[23] 机械工程手册编委会. 机械工程手册[M]. 北京：机械工业出版社，1978.

[24] 陈国良. 高温合金[M]. 北京：冶金工业出版社，1988.

[25] 高温合金编写组. 高温合金手册[M]. 北京：冶金工业出版社，1982.

[26] 有色金属及热处理编写组. 有色金属及热处理[M]. 北京：国防工业出版社，1981.

[27] Brook C. R. Heat treatment sturcture and properties of nonferrous alloy[M]. ASM，1982.

[28] 东北工学院金相教研室. 有色合金及热处理[M]. 北京：中国工业出版社，1961.

[29] 刘宝骏. 材料的腐蚀及控制[M]. 北京：北京航空航天大学出版社，1989.

[30] 魏宝明. 金属腐蚀理论及应用[M]. 北京：冶金工业出版社，2004.

[31] Logan H I. The stress corrosion metals[M]. John Wiley&Sons Inc. ，1996.

[32] 于福州. 金属材料的腐蚀与防护[M]. 北京：科学出版社，1982.

[33] 常海龙. 深过冷条件下 Pb - Sb - Sn 和 Pb - Sn - Zn 三元共晶的生长规律研究[D]. 西安：西北工业大学，2006.

[34] 王伟丽，代富平，魏炳波. 深过冷 Pb - Sb - Sn 合金中初生相和共晶组织形成规律研究[J]. 中国科学，2007，3：342 - 358.

第7章 镁及其合金

7.1 镁及镁合金的基本特性

镁是一种储量丰富的轻有色金属,其比重约为 1.7 g/cm^3(为铝的 2/3,钢铁的 1/4),是重要的合金元素。它具有质轻、低污染、高阻尼性、可再生等优点,是 21 世纪最具生命力的"新型绿色工程材料"。镁合金在航空工业中的应用较多,可用于制作各种框架、壁板、起落架的轮毂、发动机的机匣、机架、仪表电机壳体和操纵系统中的支架等零件。

7.1.1 纯镁的特性

1.镁的原子结构

镁具有密排六方结构,故其室温塑性很差。在 25 ℃ 时,$a = 0.320\ 2 \text{ nm}$,$c = 0.519\ 9 \text{ nm}$,$c/a = 1.623\ 5$。配位数等于 12 时,原子半径为 0.162 nm,原子体积为 $13.99 \text{ cm}^3/\text{g}$。

2.镁的主要性能

纯镁为银白色金属,熔点 651 ℃,易燃烧。其主要特点是质量轻,比热和膨胀系数较大,比强度和比刚度高(镁的比强度和比刚度均优于钢和铝合金);弹性模量小,刚性好,抗振能力强,不易变形;具有优良的切削加工和抛光性,又由于其屈服强度较低,压力加工制品的性能具有比较明显的方向性。其典型的物理化学性能如表 7-1 所示。

表 7-1　镁的物理化学性质

名　称		数　值	名　称	数　值
原子序数		12	电导率(20 ℃时)/(S·m^{-1})	2.29×10^{-3}
原子价数		2		
相对原子质量		24.32	电阻温度系数(0~100 ℃)	3.86×10^{-3}
原子体积/(cm³·mol^{-1})		13.99		
原子半径/nm		0.16	标准电位/V	−2.38
离子半径/nm		0.074	电化当量/[g·(A·h)$^{-1}$]	0.453
密度/(t·m^{-3})	22℃时 $w(\text{Mg}) = 99.9\%$	1.74	电离势/eV	7.65 和 15.31
	熔点 651 ℃	1.572	结晶收缩率/%	3.97~4.2
	液态 700 ℃	1.544	收缩率(65~20℃)/%	2

续表

名　称		数　值	名　称		数　值
沸点/℃		1107	极限强度/MPa	铸造的	80～120
熔点/℃		651		变形的	200
熔融潜热 (w(Mg)＝99.9%)/(J·mol⁻¹)		8786.4±418.4	屈服点/MPa	铸造的	30
				变形的	90
蒸发潜热 kJ·mol⁻¹	1 107 ℃时	127.6±6.3	相对伸长率/(%)	铸造的	8
	25 ℃时	140.6±8.4		变形的	9
升华热 kJ·mol⁻¹	651 ℃时	142.3±6.2	布氏硬度	铸造的	HB300
	25 ℃时	146.4±8.4		变形的	HB360
熵(25 ℃时)/(J·mol⁻¹)		32.2	法向弹性模数/MPa		45 000
热导率(20℃时) J·(cm·s·℃)⁻¹		1.55	切变模数/MPa		18 200
			泊松比		0.33
线膨胀系数(651～800 ℃ 液态时)/K⁻¹		380×10⁻⁶	表面张力(651 ℃)/(J·m⁻³)		563×10⁻⁷

镁的化学活性很强,故其抗蚀性很差。镁在潮湿大气、淡水、海水及绝大多数酸、盐溶液中易受腐蚀,但在干燥大气、汽油等介质中却很稳定。镁在熔炼和加工过程中容易氧化燃烧,因此其生产难度很大。镁在空气中也能形成有保护性的氧化膜,但这种膜很脆,不致密,远不如铝合金氧化膜坚实,故防护性很差。纯镁不能用于制造零件,常用于制造照明弹及烟火、脱氧剂及镁合金原料。

7.1.2　镁合金的特性

与其他合金相比,镁合金的主要优点是密度小,其密度约为 0.78～1.82 t/m³,是铝的69%,钢的23%。强度高,刚度好,抗震能力强,可承受较大冲击负荷,切削性能良好,是良好的轻型结构材料;不需要磨削和抛光,不使用切削液即可得到光洁的表面。镁合金具有下述性能特点。

(1)比强度高。镁合金的强度虽然比铝合金低,但由于密度小,其比强度比铝合金高。以镁合金代替铝合金,可减轻飞机、发动机、仪表及各种附件的重量。

(2)弹性模量较低。受力时应力分布均匀,能降低应力集中。在弹性围内承受冲击时,所吸收的能量比铝高50%左右。适于制造受猛烈撞击的零件。受冲击或摩擦时不产生火花。

(3)减振性好。镁合金弹性模量小,当受外力作用时弹性变形功较大,具有良好的吸收能量的能力,因此能承受较大的冲击振动载荷,保持设备能安稳工作,特别是用于外壳时。飞机起落架轮毂多采用镁合金制造,就是发挥其减振性好这一特性。

(4)切削加工性好。镁合金具有优良的切削加工性能,可以采用高速切削,也易于进行研磨和抛光。

(5)尺寸稳定性。不需要退火和消除应力就具有尺寸稳定性是镁合金的突出特性。镁合金的体积收缩率为 6%，是最低收缩量的铸造金属中的一种，冷却至室温的线收缩率为 2% 左右，在负载的情况下，又具有好的蠕变强度，这种性能对发动机零件和小型发动机压铸件具有重要意义。

（6）抗冲击和抗压缩性能。镁合金具有吸收弹性的特性，能产生良好的冲击强度与压缩强度的组合。另外，镁合金还有热导率高、无毒性、无磁性、不易破碎等优点。

镁合金的缺点是化学稳定性差，抗蚀能力差；镁元素极为活泼，熔炼和加工过程中极容易氧化燃烧；现有工业镁合金的高温强度、蠕变性能较低；镁合金的强度和塑韧性有待进一步提高；镁合金的合金系列相对很少，不能适应不同的要求，因而其应用尚受一定限制，使用时要采取防护措施，如氧化处理，涂漆保护等。目前镁合金在航空航天技术领域中、现代汽车及精密仪表中得到广泛应用。

7.1.3　镁及镁合金的主要用途

（1）作为生产难熔金属的还原剂，如生产钛、锆、铍、硼等。

（2）镁在铝合金中的应用。铝合金中增加镁，使合金更轻，强度更高，抗腐蚀性能更好，其广泛应用于航空、船舶及汽车工业、结构材料工业、电子技术、光学器材、精密机械工业。

（3）镁在球墨铸铁和钢中的应用。镁在球墨铸铁中起着球化的作用，使铸件强度延展性更高。

（4）镁在钢铁脱硫中的应用。镁对硫有极好的亲和力，镁用于脱硫，不仅改善了钢的可铸性、延展性、焊接性和冲击韧性，而且降低了结构件的重量，这就进一步增加了镁在钢铁工业中的需求量。

（5）作为高储能材料。镁在常压下大约 250 ℃ 和氢气作用生成 MgH_2，但在低压或稍高温度下又能释放氢，故具有储氢的作用。MgH_2 较一般金属氢化物储能高，所以镁可以作为高储能材料。

镁合金的应用也很广泛：用镁合金做电子产品的外壳，不需导电处理就会有良好的屏蔽效果，还能及时散热，提高产品的工作效率和使用寿命。资源、能源和环保问题将会限制人类社会的进一步发展，镁合金有着资源丰富，质轻、比强度比刚度高、导电导热性好、电磁屏蔽、易加工成型和可回收等优点。如能大量应用于航空航天、交通运输、建筑等行业，就可以实现轻量化和绿色化的目标，缓解日益严重的能源问题。

7.2　镁的资源和冶炼

7.2.1　镁的矿物资源

大自然中的镁是非常丰富的，在自然界中镁以化合物形态存在于地壳、海水、盐泉和湖水中。镁在地壳中的储量达到 2.1%～2.7%，是仅次于铝和铁含量居第三位的金属元素；镁在海水、盐湖卤水中的含量非常高，1 m^3 海水中大约含有 1.1 kg 镁；世界各地有很多含镁的盐湖、地下卤水和盐矿床。

镁的矿藏实际上是非常多的，在已知的 60 多种含镁矿物中，具有潜在工业价值的镁矿有：菱镁矿（$MgCO_3$），含镁 28.8%；白云石（$MgCO_3 \cdot CaCO_3$），含镁 13.2%；光卤石（$KCl \cdot MgCl_2$

· $6H_2O$)，含镁 8.8％；以及方镁石(MgO)、水镁石($Mg(OH)_2$ 或 $MgO_2 \cdot H_2O$)、橄榄石(($MgFe_2)_2SO_4$)、水氯镁石($MgCl_2 \cdot 6H_2O$)等。

我国的镁资源丰富，仅次于澳大利亚居世界第二位，其中菱镁矿储量占世界的 60％以上，矿石品位超过 40％。菱镁矿资源总量 31.45 亿 t，符合炼镁要求的Ⅲ级矿占 78％。白云石已探明储量在 40 亿 t 以上，青海盐湖有 16.55 亿 t 氯化镁和 8.54 亿 t 光卤石。

我国虽然具有丰富的镁资源，原镁产能、产量和出口也均居世界首位。但在镁和镁合金的研究和应用领域，与欧美等发达国家的差距大，原镁、镁合金锭的质量差，出口缺乏竞争力。作为结构材料在国内的消耗量少，只能作为初级原料低价出口，国内的镁冶金企业大都处于亏损或面临倒闭。

7.2.2　镁的冶炼

金属镁的冶炼工艺主要有电解法和热还原法两种。20 世纪，在整个世界原镁产量中，80％由电解法生产，20％由热还原法生产，2000 年后热还原法产镁量迅速增加，目前占总产量的 75％以上。我国目前 98％以上的金属镁由热还原法生产。目前多数目家均利用白云石生产金属镁。

一、电解法

电解法是以 $MgCl_2$ 与与 $NaCl$,KCl,$CaCl_2$ 等混合盐为电解质，以铸钢为阴极，石墨为阳极，在直流电作用下，阴极析出金属镁，阳极析出氯气的生产方法。其工艺过程包括：电解法包括氯化镁的生产及电解制镁。该方法又可分为以菱镁矿为原料的无水氯化镁电解法和以海水为原料制取无水氯化镁的电解法。

电解法炼镁的技术发展与技术水平是当代硅热法炼镁(皮江法炼镁，含内热法炼镁、半连续硅热法炼镁)无法比拟的。其工艺要求较高，易实现自动化和规模化生产，但投资高，美国、加拿大、俄罗斯等国家都采用此法，其中最有代表性的有 DOW 工艺、I.G. Farben 工艺、Magnola 工艺等。

在电解法方面以美国道屋(DOW)化学公司自由港镁厂的海水炼镁、苏联的光卤石电解以及挪威希得罗公司的卤水在 HCl 气氛下脱水后的无水氯化镁为电解炼镁代表。

我国电解法镁厂所用原料为菱镁矿。因此菱镁矿颗粒氯化制取熔体氯化镁是现行镁厂电解槽用料的主要方法，它的特点是工艺流较短、设备少、投资省，但氯气消耗高。这样就造成了氯化炉尾气处理困难并且成本也相应提高，电耗也高，氯化镁质量差，影响着电解槽的稳定运行。电解法镁厂的环保问题也十分突出，因为氯化炉尾气和电解槽阴极气体处理效果一直不够理想。但自从引进无隔板电解槽技术后，氯气回收率有所提高，这样大大减少了阴极气体含 Cl_2 量，并采用一些洗涤设备，环境条件也有了一定的改善。

二、热还原法

热还原法炼镁是以硅、铝、碳及碳化钙等作还原剂，从氧化镁中还原金属镁的一种方法。根据还原剂不同，热还原法又分为硅热法、碳化物热还原法和碳热还原法，其中后两种在工业上较少采用。在热还原法炼镁中，硅热还原法占有重要的地位，它是以煅烧白云石为原料，以硅铁作还原剂，在高温和真空条件下通过还原制得金属镁。生产工艺有 Pidgeon 工艺(皮江法）、Magnetherm（马格内姆）工艺以及 Bolzano（波尔扎诺）工艺。皮江法属于外热法，马格内姆工艺和波尔扎诺工艺属于内热法。

1. 皮江法

将白云岩煅烧后与硅铁、萤石混合制成球团，再在真空炉内加热进行还原，生成镁蒸气及其他物质，再将镁蒸气冷凝回收铸成镁锭。其还原反应式为

$$2(CaO \cdot MgO)_固 + Si(Fe)_固 = 2Mg_气 + 2CaO \cdot SiO_2 \ _固 + Fe(Si)_固 \tag{7-1}$$

皮江法炼镁是由加拿大多伦多大学教授皮江在 1941 年研究成功的。皮江法炼镁是以白云石为原料，经过煅烧得到煅白（CaO·MgO），然后在外加热的耐热钢还原罐内于固态下用硅铁还原煅白制取金属镁。

皮江法炼镁用的白云石成分要求为：$w(MgO) \geqslant 20\%$、$w(CaO) = 30\% \sim 33\%$，$w(SiO_2) \leqslant 0.5\%$，$w(Fe_2O_3 + Al_2O_3) < 0.5\%$，$w(Na_2O + K_2O) \leqslant 0.05\%$，$w(ZnO) \leqslant 0.001\%$，$w(Mn) \leqslant 0.005\%$。还原剂硅铁成分要求 $w(Si) \geqslant 75\%$。

首先将白云石破碎至 5～30 mm，以回转窑煅烧成煅白，煅烧温度为 1 150～1 200 ℃。由于物料接触紧密有利于反应进行，故需把物料磨成粉并压成球团。为增大反应速度，还需添加萤石粉，萤石粉 $w(CaF_2) \geqslant 95\%$，粒度为 0.074 mm 左右，添加量为炉料总量的 2%～3%。煅白和硅铁分别磨成粉，粒度为 0.147 mm 左右，根据煅白、硅铁成分和还原反应，确定配料比。其工艺流程如图 7-1 所示。

皮江法工艺简单，投资少，建设周期短、产品质量好等优点。但也存在以下突出问题，如不能连续生产，单炉产量小，单位产品热耗高，生产自动化水平低，合金罐消耗量大，环境污染严重等。近年来国内很多大中小型企业都采用皮江法工艺生产镁，使原镁产量急剧增加。加拿大、日本、中国均建有皮江法生产工厂。

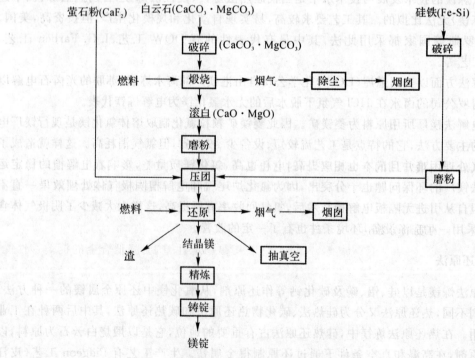

图 7-1　皮江法炼镁的工艺流程图

2. 马格内姆工艺

该方法是在带有炭石墨内衬和装设有固定石墨电极的密封电弧炉中,用硅铁还原制团的煅烧白云石,并添加铝土矿或氧化铝作助熔剂制取金属镁。

马格内姆工艺是 1947 年由法国发展起来的一种炼镁新工艺,也称为半连续熔渣导电法。马格内姆工艺的冶炼设备为一个钢外壳内砌有保温材料及炭素内衬的密封还原,采用电热元件内部加热。炉料中除煅烧白云石和硅铁外,还掺有煅烧铝土,目的是为了降低熔渣的熔点,利用熔渣导电产生的热量加热炉料并保持炉内温度。炉内温度 1 500~1 600 ℃,真空度为 4 600 Pa,连续加料,间断排渣和出镁,为半连续生产。其还原反应式为

$$2(CaO \cdot MgO)(s) + Si(Fe)(s) = 2Mg(g) + 2CaO \cdot SiO_2(s) + Fe(Si)(s) \quad (7-2)$$

马格内姆工艺生产的产品质量差,硅含量高,非生产时间较长。但该工艺具有生产半连续化,原料单耗较低,单台设备产能大,环境污染小等优点。

3. 波尔扎诺工艺

将煅烧白云石和硅铁经过压团放入内热真空还原电炉内,以电加热(还原温度一般为 1 250 ℃),镁金属蒸气在外部冷凝制成金属镁。

相对于皮江法而言,马格内姆工艺和波尔扎诺工艺不需要昂贵的合金罐,同时炉容可以增大。反应温度可以适当提高,从而提高还原反应镁的平衡蒸气压,增加反应区与结晶区镁蒸气压之差,使反应速度加快。缩短还原周期,提高镁的产出率,降低单位产品能耗。

7.3　镁的合金化及热处理原理

纯镁的力学性能很低,不适宜用作结构材料。为了提高纯镁的强度,可以在纯镁中加入一些合金元素,通过加入合金元素,产生固溶强化、过剩相强化、热处理强化和细化组织强化,以提高合金的抗蚀性和耐热性能。通过形变硬化、晶粒细化、热处理、镁合金与陶瓷相的复合等多种方法的综合运用,镁的力学性能也会得到大幅度的改善。但镁的合金化是实际应用中最基本、最常用和最有效的强化途径,其他方法通常建立在镁的合金化基础上。

7.3.1　合金元素的作用

镁合金中常用的合金元素有铝、锌、锰、锆、稀土元素以及钍等元素。

1. 铝(Al)

铝是镁合金中最常用的合金元素,同时它也是压铸镁合金中的主要构成元素之一。铝在固态镁中具有较大的固溶度,其极限固溶度为 12.7%,而且随着温度的降低,固溶度显著减小,在室温时固溶度仅为 2.0% 左右。铝可明显改善合金的铸造性能,提高合金的强度、屈服强度和硬度。铝的质量分数达到 6% 时,可获得令人满意的强度和韧性指标。但含量过高时,强度会迅速下降,且在晶界上析出 $Mg_{17}Al_{12}$,由于其热稳定性差,会降低合金的抗蠕变性能。铝含量越高,耐蚀性越好,但应力腐蚀敏感性也会增加。一般地,在铸造镁合金中铝的质量分数可达到 7%~9%,而在变形镁合金中铝的质量分数一般控制在 3%~5%。

2. 锌(Zn)

锌是镁合金中常用的合金元素之一,常与铝、锆或稀土元素联合使用。锌在镁中的固溶度约为 6.2%,其固溶度随着温度的降低而显著减小。在镁锌系中有金属间化合物 Mg_2Zn_3 和

$MgZn_2$ 等作为沉淀强化相。锌可以提高铸件的抗蠕变性能,提高应力腐蚀的敏感性,明显提高镁合金的疲劳极限。但当锌含量大于 2.5% 时,对合金的防腐性能有负面影响,故原则上锌的质量分数控制在 2.0% 以下。

3. 硅(Si)

镁合金中添加硅,可以提高熔融金属的流动性。也可用来改善合金的热稳定性和抗蠕变性。与铁共同存在时,可使合金的抗腐蚀能力有所减弱。添加硅后生成的 Mg_2Si 具有高熔点、低密度、高弹性模量和低热膨胀系数,是一种非常有效地强化相,通常在冷却速度较快的凝固过程中得到。到目前为止,添加硅的镁合金很少,仅有 AS_{41} 和 AS_{21}。

4. 钙(Ca)

添加钙的目的有两个:①在铸造合金浇注前加入,来减轻金属熔体和铸件热处理过程中的氧化;②钙可细化合金组织,在合金中添加钙可提高合金的蠕变抗力。这是一种成本低廉且可有效地改善合金抗蠕变性能的方法,这主要是因为 Al_2Ca 替代了 $Mg_{17}Al_{12}$,提高了合金的热稳定性。另外,钙还可以改善板材的可轧制性,但其质量分数超过 0.3% 将有损于合金的焊接性。

5. 锰(Mn)

锰在镁中的极限溶解度约为 3.0%。锰可提高镁合金的抗拉强度,但降低塑性。在镁合金中加入 1.5%~2.5% 锰的目的是改善合金的抗应力腐蚀倾向,从而提高合金的耐腐蚀性能和改善合金的焊接性能,原因是铁在镁中严重降低合金的耐蚀性,锰可以和铁形成高熔点化合物,减少铁对镁合金耐蚀性的危害。锰通常不单独使用,经常与其他元素一起加入镁合金中。例如在含铝的镁合金中加锰,可形成 $MnAl$,$MnAl_6$ 或 $MnAl_4$ 化合物,另外还可形成 $MgFeMn$ 化合物,从而减小了铁在镁合金中的固溶度,提高了镁合金的耐热性。

6. 锂(Li)

锂是唯一能减轻镁合金密度的元素,其在镁中的固溶度可高达 5.5%,在室温时锂的固溶度仍保持较大。锂在镁合金中形成的第二相 β 为体心立方结构,使镁合金锻件制品或者出现 $(\alpha+\beta)$ 相,或者出现 β 相。在合金中添加锂可降低强度,但提高韧性,弹性常数也有一定程度的改善。

7. 锆(Zr)

锆在镁合金中的极限溶解度为 3.8%,是高熔点金属,有较强的固溶强化作用,能减少热裂倾向,提高合金的力学性能和耐热性能。锆与镁具有相同的晶体结构,$Mg-Zr$ 合金在凝固时,会析出 $\alpha-Zr$,可以作为非自发形核的核心,故锆可细化晶粒,且添加量添加 0.5%~0.8% 时,其细化效果最好。锆可以添加到含有锌、钍、稀土等元素的镁合金中,发挥良好的细化作用;而不能添加到含有铝或锰的镁合金中,这是由于锆能与铝或锰形成稳定的化合物,显著地抑制了锆的细化作用。

8. 稀土元素(RE)

稀土元素可显著提高镁合金的耐热性,细化晶粒,明显改善合金的高温强度和抗蠕变性能,减少显微疏松和热裂倾向,改善铸造性能和焊接性能,一般无应力腐蚀倾向,其耐腐蚀性能不亚于其他镁合金。常用的稀土元素有铈(Ce)、钕(Nd)。Nd 的综合性能最佳,能同时提高室温和高温强化效应;Ce 次之,有改善耐蚀性的作用,但常温强化效果很弱,对镁合金的应力腐蚀性能无影响。

9.其他元素

铜能提高合金的高温强度,但其质量分数超过 0.05％时将影响合金的耐腐蚀性能。铍(Be)的固溶度很小,其抗氧化能力强,在镁合金熔炼过程中可减少镁的氧化烧损,其会引起晶粒粗大。铁、镍、钴 3 种元素在镁中的固溶度都很小,但均是镁合金熔炼过程中的有害元素,当铁、镍或钴的质量分数大于 0.005％时,就会大大降低镁合金的抗腐蚀能力。

7.3.2　镁的合金化规律

镁合金有着密度小,比强度、比刚度高,尺寸稳定性和热导率高,机械加工性能好,易回收利用等优点,使其在工业上获得了很大的应用,使镁合金有望成为 21 世纪重要的商用轻质结构材料。常见镁合金在合金设计中主要考虑固溶硬化和沉淀硬化作用,并同时考虑合金显微组织结构的控制和变质处理。

(1)合金元素对组织和性能的影响,主要与晶体结构、原子尺寸、电负性等因素相关。

1)晶体结构因素。镁是 HCP 结构,但其他 HCP 结构元素(如锌和铍)不能与镁形成无限固溶体。

2)原子尺寸因素。当 $\Delta R<15\%$ 时能形成无限固溶体。约一半金属元素与镁可形成无限固溶体。

3)电负性因素。元素之间电负性相差越大,生成的化合物越稳定,化合物往往具有 *Laves* 相结构,同时其成分具有正常的化学价规律。

4)原子价因素。元素间原子价相差越大,溶解度越小。

镁合金中的常用合金元素有 Al,Zn,Mn 等。根据 Hume – Rothery 合金化原则,若溶剂与溶质原子半径差不大于 15％,则两者可形成无限固溶体。镁的原子半径为 0.160 2 nm,符合该规则的元素有很多,如:Li,Al,Ti,Cr,Zn,Ge,Y,Zr,Nb,Mo,Pd,Ag,Sn,Te,Nd,Pt,Au,Hg 等。若考虑到晶体结构、原子价因素和电化学因素的有利性,则大多数合金元素在镁中可形成有限固溶体。

(2)镉同样具有密排六方结构,在镁基体中有最大固溶度,能与镁生成连续固溶体。合金元素与镁也能形成各种形式的化合物,其中最常见的 3 类化合物结构是:

1) AB 型简单立方结构(CsCl)。如 MgTi,MgAg,MgCe,MgSn 等化合物。

2) AB$_2$ 型 *Laves* 相,原子半径比 $R_A/R_B=1.23$。如 MgCu$_2$,MgZn$_2$,MgNi$_2$ 等。

3) CaF$_2$ 型 fcc 面心立方结构,包含所有 IV 族元素与镁形成的化合物,如 Mg$_2$Si,Mg$_2$Sn 等。

(3)一般认为,二元镁合金系中的主要元素的作用可以被划分为 3 类:

1)可同时提高合金强度和塑性的合金元素。按强度递增顺序为 Al,Zn,Ca,Ag,Ce,Ga,Ni,Cu,Th;按塑性递增顺序为 Th,Ga,Zn,Ag,Ce,Ca,Al,Ni,Cu。

2)对合金强度提高不明显,但对塑性有显著提高的元素,如 Cd,Ti,Li。

3)牺牲塑性来提高强度的元素,如 Sn,Pb,Bi,Sb 等。

应针对镁合金的不同用途选择合适的合金化元素。例如对需要抗蠕变性能的合金材料,合金设计时就要保证所选合金元素可以在镁基体中形成细小弥散的沉淀物来抑制晶界的滑移,并且令合金具有较大的晶粒。

7.3.3 镁的合金的分类及牌号

我国的镁合金牌号由两个汉语拼音和阿拉伯数字组成,不同的汉语拼音字母将铝合金分为四类,即变形镁合金(MB)、铸造镁合金(ZM)、压铸镁合金(YM)和航空镁合金。牌号中阿拉伯数字表示合金名称相同、化学成分不同的合金如:1号铸造镁合金用 ZM1 表示,2 号变形镁合金用 MB2 表示,5 号压铸镁合金用 YM5 表示,5 号航空铸造镁合金用 ZM-5 表示。

目前,国际上一般采用美国试验材料协会(ASTM)使用的方法来标记镁合金。①纯镁牌号:以 Mg 加数字的形式表示,Mg 后面的数字表示 Mg 的质量分数;②镁合金牌号:合金元素用一两个字母表示(见表 7-2),字母后的两位数字表示该合金元素的名义质量分数(%),后缀字母 A,B,C,D,E 等是指成分和特定范围纯度的变化,用以标识各具体组成元素相异或元素含量有微小差别的不同合金。例如,AZ91E 表示主要合金元素为 Al 和 Zn,其名义含量分别为 9% 和 1%,E 表示 AZ91E 是含 9% Al 合金和 1% Zn 合金系列的第五位。

表 7-2 ASTM 标准中镁合金中的英文字母代号所代表的化学元素

英文字母	元素符号	中文名称	英文字母	元素符号	中文名称
A	Al	铝	M	Mn	锰
B	Bi	铋	N	Ni	镍
C	Cu	铜	P	Pb	铅
D	Cd	镉	Q	Ag	银
E	RE	混合稀土	R	Cr	铬
F	Fe	铁	S	Si	硅
G	Mg	镁	T	Sn	锡
H	Th	钍	W	Y	钇
K	Zr	锆	Y	Sb	锑
L	Li	锂	Z	Zn	锌

镁合金一般按 3 种方式分类,即合金的化学成分、成形工艺和是否含锆元素。

(1)按化学成分来分,因为大多数的镁合金都不止含有两种合金元素,镁合金可分为二元和多元合金系。但在实际中为了方便及简化和突出合金中的最主要合金元素,一般习惯上依据其中的一个主要合金元素,将镁合金划分为二元合金系,如 Mg-Mn 系合金、Mg-Al 系合金、Mg-Zn 系合金、Mg-Re 系合金和 Mg-Ag 系合金等。

(2)按成形工艺来分,镁合金可以分为两大类,即变形镁合金和铸造镁合金。两者没有严格的区分,变形镁合金和铸造镁合金在成分、组织和性能上存在着很大的差异。目前为止,铸造镁合金比变形镁合金应用要广泛得多,但变形镁合金具有更高的力学性能,是镁合金未来的发展方向。

(3)依据合金中是否含锆元素来分,镁合金又可划分为含锆镁合金和不含锆镁合金两大类。锆在镁合金中的主要作用是细化镁合金晶粒,目前应用最多的是不含锆的压铸镁合金 Mg-Al 系合金。

7.3.4 常用镁合金

镁合金产品有变形镁合金、铸造镁合金和镁基复合材料 3 类。变形镁合金具有优良的性能，又可分为普通的变形镁合金和快速凝固镁合金两类，是研究与开发先进镁合金材料的重要领域。目前应用最广泛的是产品量占镁合金产品产量的 85%～90% 的铸造镁合金，它在交通运输、航天航空、电子器件、体育用品等各领域都有广泛应用。镁基复合材料是新型高比强轻质结构材料，是金属基复合材料中重要的一类。

一、铸造镁合金

镁合金的铸造有许多种方法，包括重力铸造和压力铸造：砂型铸造、熔模铸造、挤压铸造、低压铸造和高压铸造。对于具体材料应依据其化学成分、工艺要求来选择合适的铸造方法。常见铸造镁合金的成分如表 7-3 所示，基本的力学性能如表 7-4 所示。合金元素，尤其是稀土元素，对镁合金的组织和性能影响很大。一般地，铸造镁合金按所含合金元素的不同主要分为 3 类，包括常规的 Mg-Al-Zn 系合金、Mg-Zn-Zr 系合金和耐热类镁合金 Mg-RE-Zr 系合金。

表 7-3　铸造镁合金的主要化学成分

合金牌号	主要化学成分/(%)
ZM1	Zn3.5～5.5,Zr0.5～1.0
ZM2	Zn3.5～5.0,Zr0.5～1.0,RE0.7～1.7
ZM3	Ce2.5～4.0,Zr0.3～1.0,Zn0.2～0.7
ZM4	Ce2.5～4.0,Zr0.5～1.0,Zn2.0～3.0
ZM5	Al7.5～9.0,Mn0.15～0.5,Zn0.2～0.8
ZM6	Nd2.0～3.0,Zr0.4～1.0
ZM7	Zn7.5～9.0,Zr0.5～1.0,Ag0.6～1.2
ZM8	Zn5.5～6.5,Zr0.5～1.0,RE2.0～3.0

表 7-4　铸造镁合金的典型力学性能

合金牌号	状态	δ_b/MPa	$\delta_{0.2}$/MPa	δ/(%)
ZM1	T1	280	170	8
ZM2	T1	230	150	6
ZM3	T6	160	105	3
ZM4	T1	150	120	3
ZM5	T4	250	90	9
ZM6	T6	250	160	4
ZM7	T6	300	190	9.5
ZM8	T6	310	200	7

1. Mg-Al-Zn 系合金

Mg-Al-Zn 系合金是在 Mg-Al 系二元合金基础上发展起来,不含稀土元素,力学性能优良,流动性好。热裂倾向小,熔炼铸造工艺相对简单,成本较低,是工业中应用最早,使用最广的一类镁合金。Al 在 Mg 中有较大的固溶度,能起显著的强化作用。Zn 在 Mg-Al 合金中主要是以固溶状态存在于 α 固溶体和 β-Al$_{12}$Mg$_{17}$ 相中。加入 Zn 是补充强化和改善合金的塑性,一般锌含量在 1%～2%,锌含量过高,增加铸件形成显微缩孔和热裂倾向,对铸造性能不利。但该类合金屈服强度低,屈强比约为 0.33～0.43,铸件缩松严重,高温力学性能差。由于 β-Al$_{12}$Mg$_{17}$ 相的熔点仅为 460 ℃,当温度超过 120～130 ℃ 时,Mg-Al-Zn 系合金晶界上的 β-Al$_{12}$Mg$_{17}$ 相开始软化,不能起到钉扎晶界的作用,则合金的持久强度和抗蠕变性能降低,故其使用温度不超过 120 ℃。Mg-Al-Zn 系合金最典型的镁合金是 AZ91D。

2. Mg-Zn-Zr 系合金

Mg-Zn 系二元合金的晶粒容易长大,铸造性能很差,添加 Zr 可以细化晶粒,是铸态 Mg-Zn 合金最有效的晶粒细化元素,但 Zn 仍是主要合金元素。Mg-Al-Zn 系合金的显微组织为 α-Mg 固溶体加沿晶界分布的 MgZn 化合物。这类合金在铸造时容易出现晶内偏析,Zr 主要集中于晶粒内部,偏析区浓度很高,由中心向外浓度逐渐降低。Zn 大多富集在晶粒周围,晶界处 Zn 浓度很高,由晶界向晶内逐渐降低,故其显微疏松比较敏感,焊接性能差。

相比 Mg-Al-Zn 系合金而言,Mg-Zn-Zr 系合金有更高的强度、更高的屈服强度和更高的承受载荷的能力,近年来已用于铸造飞机轮毂、起落架支架等受力铸件。但其在铸造时充型能力较差,焊接性很差,因此一般用于砂型铸件,金属型仅铸造简单小型件。在该类合金中还可以加入 RE,Ag 等合金元素进一步改善性能。

3. Mg-RE-Zr 系合金

Mg-RE-Zr 系合金中有较多含量的稀土(RE),很好地提高了合金的力学性能,可以用于 100 ℃ 以上,尤其是 200～250 ℃ 工作的零部件。含 Y 的稀土镁合金有优良的抗蠕变和持久强度,室温、高温性能优良,是军工材料领域常用镁合金。

二、变形镁合金

许多镁合金即可做这铸造镁合金又可以做变形镁合金。变形镁合金的塑性很低,在冷态下进行塑性加工是很困难的,通常热加工(350～450 ℃)生产变形镁合金产品。可制成板材、棒材、型材、线材、管材、自由锻件、模锻件等各种半成品,其力学性能比具有相同成分的铸造镁合金的力学性能更高。镁合金的密度小、强度高,能承受较大的冲击载荷,并有适当的塑性,因而被广泛应用在对结构件的重量要求严格的航空制造业中。加入锂后能获得超轻变形镁合金,其密度为 1.30～1.65 g/cm^3,是最轻的金属结构材料,具有极优的变形性能和较好的超塑性能,已应用在航天和航空器上。变形镁合金常用合金系主要分为 Mg-Al-Zn 系和 Mg-Zn-Zr 系,常见变形镁合金的成分如表 7-5 所示,其基本力学性能如表 7-6 所示。

Mg-Al 合金具有良好的强度,塑性和耐腐蚀等的综合性能,且价格较低,所以是最常用的合金系列。典型的合金为 MB2,MB5 及 MB7。

Mg-Zn-Zr 系是高强度镁合金,由于其含锌量高,且在镁中的溶解度随温度变化较大,能形成强化相 MgZn,所以能热处理强化。铝在镁中能细化晶粒,并能改善抗蚀性。Mg-Zn-Zr 系变形镁合金的强度高,耐蚀性好,无应力腐蚀倾向,工艺简单,但变形能力较差,焊接性差。航空工业中应用较多的为 MB15,就是属于 Mg – Zn – Zr 系合金,是一种高强度变形镁合金。

与铸造镁合金相比,变形镁合金具有更高的强度、更好的延展性和更多样化的力学性能,生产成本更低。另外,变形镁合金是未来空中运输、陆上运输以及军工领域的重要结构材料,许多板材、棒材、管材等变形镁合金是无法用铸造产品替代的。例如,笔记本电脑壳体和激光唱机壳体等薄壁件用镁合金锻压件。

表 7 – 5　变形镁合金的主要化学成分

合金牌号	主要化学成分/(%)
MB1	Mn1.3~2.5
MB2	Al3.0~4.0,Zn0.4~0.6,Mn0.2~0.6
MB3	Al3.5~4.5,Zn0.8~1.4,Mn0.3~0.6
MB4	Al5.5~7.0,Zn0.5~1.5,Mn0.15~0.5
MB5	Al5.0~7.0,Zn2.0~3.0,Mn0.15~0.5
MB6	Al5.0~7.0,Zn2.0~3.0,Mn0.2~0.5
MB7	Al7.8~9.2,Zn0.2~0.8,Mn0.15~0.5
MB8	Mn1.5~2.5,Ce0.15~0.35
MB15	Zn5.0~6.0,Zr0.3~0.9,Mn0.1

表 7 – 6　变形镁合金的典型力学性能

合金牌号	品　种	状　态	δ_b/MPa	$\delta_{0.2}$/MPa	δ/(%)	HB
MB1	板材	退火	206	118	8	441
Mb2	棒材	挤压	275	177	10	441
MB3	板材	退火	280	190	18	—
MB5	棒材	挤压	294	235	12	490
MB6	棒材	挤压	320	210	14	745
Mb7	棒材	时效	340	240	15	628
MB8	板材	退火	245	157	18	539
MB15	棒材	时效	329	275	6	736

7.3.5　镁合金的热处理

一、镁合金的热处理类型

镁合金的热处理主要分为退火、固溶和时效。其目的是使镁合金获得均匀的合金元素分布、合适的显微组织、调整相构成及分布,从而获得良好的工艺性能和使用性能。针对镁合金不同的牌号、不同类型的工件(如锻件、挤压件、冲压件等),其热处理方法又不同。

1. 退火

退火可以显著降低镁合金制品的抗拉强度,增加镁合金的塑性,有利于某些后续加工。变形镁合金根据使用要求不同和合金性质,可采用高温完全退火和低温去应力退火。

完全退火可以消除镁合金在塑性变形过程中产生的加工硬化效应,恢复和提高其塑性,以便进行后续变形加工。完全退火时一般会发生再结晶和晶粒长大,所以温度不能过高,时间不能太长。

去应力退火既可以减小或消除变形镁合金制品在冷热加工、成形、校正和焊接过程中产生的残余应力,还可以消除铸件或铸锭中的残余应力。

2. 固溶处理

先将镁合金加热到单相固溶体相区内的适当温度,保温适当时间,使原组织中的合金元素完全溶入基体金属中,形成过饱和固溶体。由于溶质原子的存在,基体产生点阵畸变,畸变产生的应力场会阻碍位错运动,从而使基体得到强化。

3. 人工时效

在合金中,当合金元素的固溶度随着温度的下降而减少时,可产生时效强化。将具有这种特征的合金在高温下进行固溶处理,得到不稳定的过饱和固溶体,然后在较低的温度下进行时效处理,即可产生弥散的沉淀相。

部分镁合金经过铸造或加工成形后不进行固溶处理而是直接进行人工时效。这种工艺很简单,可以消除工件的应力,提高其抗拉强度。

4. 固溶处理＋人工时效

固溶处理之后在进行人工时效,可使硬度与强度达到最大值,但韧性稍有下降。合金元素的扩散和合金相的分解过程及其缓慢,因此固溶和时效处理时需要保持较长的时间。合金元素含量较少的镁合金通常进行退火处理,如冲压件的再结晶退火、铸件的去应力退火等。只有合金元素含量较高的镁合金(如 MB15,ZM5 等)才进行淬火、时效强化处理。按照 ASTM 标准的标记方法,表示各种镁合金铸造、热处理和冷加工状态的符号及意义如表 7-7 所示。常见镁合金的热处理工艺如表 7-8 和表 7-9 所示。

表 7-7 标记镁合金状态特性的主要符号及意义

符号		性　质	符号		性　质
一般分类	F	铸态	T 细分	T1	冷却后自然时效
	O	退火,再结晶		T2	退火态(仅指铸件)
	H	应变硬化		T3	固溶处理后冷加工
	T	热处理获得不同于 F,O,H 的稳定性质		T4	固溶处理
				T5	冷却和人工时效
	W	固溶处理		T6	固溶处理和人工时效
H 部分	H1	应变硬化		T7	固溶处理和稳定化处理
	H2	应变硬化和部分退火		T8	固溶处理、冷加工和人工时效
				T9	固溶处理、人工时效和冷加工
	H3	应变硬化后稳定化		T10	冷却、人工时效和冷加工

表 7-8　铸造镁合金热处理工艺参数

合金牌号	铸造温度/℃	热处理代号	淬火工艺			退火或时效（或回火）工艺		
			加热温度/℃	保温时间/h	冷却介质	加热温度/℃	保温时间/h	冷却介质
ZM1	760~820	T1 或 T2	—	—	—	300~350	4~6	空气
		T6	500±5	2~3	空气	160±5	24	空气
ZM3	730~760	T2	—	—	—	300~350	3~5	空气
		T6	—	—	空气	200±5	16	空气
ZM5	690~800	T2	—	—	—	340~360	2~3	空气
		T4	分级加热[①] 360±5 420±5	3 13~21	空气	— —	— —	— —
			一次加热[②] 415±5	8~16	空气	—	—	—
		T6	分级加热 360±5 360±5	3 13~21	— 空气	175±5 200±5	16 8	空气 空气
			一次加热 360±5	8~16	空气	175±5 200±5	16 8	空气 空气

注：①分级加热淬火适用于厚度大于 12 mm 的铸件；②一次加热淬火适用于厚度不大于 12 mm 的铸件或用金属型铸造的铸件。

表 7-9　变形镁合金热处理工艺参数

合金牌号	均匀化退火			退火			淬火			时效		
	加热温度℃	保温时间h	冷却方式	加热温度℃	保温时间h	冷却方式	加热温度℃	保温时间h	冷却方式	加热温度℃	保温时间h	冷却方式
MB1	410~425	12	空冷	320~350	0.5	空冷	—	—	—	—	—	—
MB2	390~410	10	空冷	280~350	3.5~5.0	空冷	—	—	—	—	—	—
MB3	390~410	6~8	空冷	260~280	0.6	空冷	—	—	—	—	—	—
MB5	390~410	10	空冷	320~350	0.5~4.0	空冷	—	—	—	—	—	—
MB6	—	—	—	320~350	4.0~6.0	空冷	分级加热 335±5 380±5	2~3 4~10	热水	—	—	—

续 表

合金牌号	均匀化退火			退 火			淬 火			时 效		
	加热温度℃	保温时间h	冷却方式	加热温度℃	保温时间h	冷却方式	加热温度℃	保温时间h	冷却方式	加热温度℃	保温时间h	冷却方式
MB7	390	10	空冷	350~380	3.0~6.0	空冷	410~425 410~425 300~400	2~6 2~6—	空冷 空冷 空冷	175~200 — 175~200	8~16 — 8~16	空冷 — 空冷
MB15	360~390	10	空冷	—	—	—	热加工 340~420 505~515	24	空冷 空冷	170~180 160~170	10~2424	空冷 空冷

二、镁合金的热处理特点

镁、铝及其合金均无同素异构转变,故镁合金的热处理强化手段和铝合金一样,亦是通过淬火加时效处理。镁合金的热处理强化机理基本上和铝合金相同。但由于镁合金的组织结构方面的特点,镁合金的热处理工艺具有以下特点。

(1)大多数合金元素在镁中扩散系数低,使镁合金在结晶过程中(甚至在冷速很小的情况下)易于形成明显的枝晶偏析。铸造镁合金在通常的生产条件下,组织中容易出现不平衡共晶组织,而变形镁合金,若加工变形前未经均匀化退火,其变形后的组织亦是不平衡组织。所以淬火加热速度不宜太快,通常需要采用分段加热,以防止过烧。

(2)镁合金中的合金元素在镁基固溶体中的扩散速度小,在淬火冷却过程中强化相自过饱和固溶体中析出的倾向小,过饱和固溶体比较稳定,故淬火冷却速度无严格要求。因比,镁合金淬火冷却可采用空冷或在温度为 70~100 ℃ 的水中冷却。若是直接用冷水淬火,则会引起工件变形,还会沿晶界产生晶间裂纹。一般地,镁合金在淬火后强度有较大的提高,某些合金(如 Mg-Al-Zn 系)还同时大大提高其塑性,因此往往在 T4 状态下使用。

镁合金晶粒在高温下有易于长大的倾向,故再结晶退火时,选择的再结晶退火温度不宜太高。消除内应力应在造成残余应力的序完成后马上进行,退火温度大大低于再结晶温度。

(3)由于镁中合金元素扩散速度较慢,时效过饱和固溶体沉淀析出强化相的速度缓慢,绝大多数镁合金对自然时效不敏感,淬火后在室温下放置仍能保持淬火状态的原有性能。镁合金一般都采用人工时效处理,且时间较长。大部分镁合金(如 Mg-Mn 系、Mg-Al-Zn 系等)脱溶过程简单,通常从过饱和固溶体中直接析出与基体不共格的平衡相,不存在预脱溶期和过渡相,因而时效强化效果不大。在 Mg-Zn-Zr-RE 系合金中,过饱和固溶体有类似 Al-Cu 系合金的脱溶过程,故这类合金有明显的时效强化效果。

(4)因镁的化学稳定性低,加热温度应准确控制。在普通电炉中加热必须通入保护气氛 SO₂ 气体,以防镁合金的氧化燃烧。最简便的做法是在炉中装入盛有硫化铁矿的小盒,其输入量可按每立方米炉子工作空间 0.5~1.0 kg 计算,这样就可保证镁合金安全进行热处理操作。

(5)镁合金的组织一般都比较粗大,而且组织达不到平衡状态。处于不平衡状态的合金熔点要比平衡状态低些。因此,镁合金的淬火加热温度比较低。另外,镁合金的塑性比较差,合金元素在镁中的扩散速度非常慢,过剩相的溶解速度亦比较缓慢,所以镁合金淬火加热的保温时间比铝合金长得多,特别是铝含量较高的合金,保温时间往往需要长达十几个小时。对于铸造镁合金,其淬火加热的保温时间又要比变形镁合金长些。

三、镁合金热处理缺陷

在实际的热处理工艺中,由于工艺及其他因素将会导致一些缺陷,如过烧、畸变、晶粒长大等。常见镁合金热处理缺陷,产生原因及预防措施如表 7 - 10 所示。

表 7 - 10　镁合金的热处理缺陷、产生的原因及预防措施

缺陷名称	产生原因	防止方法
过烧	加热速度太快	采用分段加热或从 260 ℃升温到固溶处理温度的速度要适当放慢
	炉温控制仪表失灵,炉温过高,超过了合金的固溶处理温度	每次开炉前检查、校正控温仪表,并将炉温控制在±5 ℃范围以内
	合金中存在有较多的低熔点物质	将合金中的锌含量降至规定的下限
	加热不均,工件局部温度过高,产生局部过烧	保持炉内热循环良好,使炉温均匀
	加热速度太快	采用分段加热或从 260 ℃升温到固溶处理温度的速度要适当放慢
	炉温控制仪表失灵,炉温过高,超过了合金的固溶处理温度	每次开炉前检查、校正控温仪表,并将炉温控制在±5 ℃范围以内
	合金中存在有较多的低熔点物质	将合金中的锌含量降至规定的下限
	加热不均,工件局部温度过高,产生局部过烧	保持炉内热循环良好,炉温均匀
畸变与开裂	热处理过程中未使用夹具和支架	采用夹具、支架和底盘等工装
	加热温度不均匀	控制加热速度,不要太快
		工件壁厚相差较大时,薄壁部分用石棉包扎起来
		采用去应力退火
晶粒长大	铸件结晶时局部冷却太快,产生应力,在热处理前未消除内应力	在铸造结晶时注意选择适当的冷却速度;固溶处理前进行去应力处理,或采用间断加热方法
性能不均匀	炉温不均匀,炉内热循环不良	校对炉温;保持炉内气热循环良好性
	工件冷却速度不均	重新处理
性能不足（不完全热处理）	固溶处理温度低	经常检查炉子的工作情况
	加热保温时间不足	严格按热处理规范进行加热
	冷却速度过低	进行第二次热处理
ZM5 合金阳极化颜色不良	固溶处理后冷却速度太慢	应在固溶加热处理后风冷
	合金中铝含量过高,使 Mg_4Zn_3 相大量析出	调整铝含量至规定的下限

7.4 工业镁合金

目前实际应用的工业镁合金,无论是铸造合金还是变形合金,主要集中在 Mg-Al,Mg-Zn 和 Mg-RE 系,除此之外,还包括 Mg-Mn,Mg-Th,Mg-Ag、Mg-Li 等二元系,以及 Mg-Al-Zn,Mg-Zn-Zr,Mg-RE-Zr,Mg-RE-Mn 等三元或多元合金系。本节主要介绍 Mg-Mn 系合金,Mg-Al-Zn 系合金,Mg-Zn-Zr 系合金和 Mg-RE-Zr 系合金。

7.4.1 Mg-Mn 系合金

Mg-Mn 系合金属于不可热处理强化的镁合金,其主要优点是:具有优良的抗蚀性和可焊性,但铸造工艺性较差,故只用于生产变形合金。

Mg-Mn 系镁合金中主要合金元素是锰,其主要作用是改善纯镁的抗蚀性,当锰含量在 1.3%～2.5% 时,锰对合金机械性能没有不好的影响,但对镁在海水中的抗蚀性却有显著的改善。因此 Mg-Mn 系合金的主要特性是具有优良的抗蚀性,无应力腐蚀倾向,焊接性能良好。

Mg-Mn 系合金有 MB1 和 MB8 两个牌号,单纯的 Mg-Mn 合金,如 MB1 合金的机械性能不高。为了提高合金的机械性能,在 MB1 合金的基础上加入少量(0.15%～0.35%)铈,细化晶粒,从而提高合金的室温机械性能和高温强度,得到 MB8 合金。加铈的 Mg-Mn 合金 MB8 比不加铈的 MB1 合金有较高的高温强度,工作温度可达 200 ℃,而 MB1 合金只能用作在 150 ℃ 以下工作的零件。MB1 合金热处理强化效果甚微,故只进行退火处理,以消除加工硬化,提高合金的塑性。目前 MB8 已取代 MB1 合金应用。

MB1 合金的退火制度为 340～400 ℃,3～5 h,空冷;MB8 合金为 280～320 ℃,2～3 h,空冷。MB8 合金的退火温度不能过高,如果超过 400 ℃,其晶粒变粗,机械性能降低,抗蚀性也变坏。

Mg-Mn 系合金的抗蚀性和焊接性能优于其他镁合金。MB1 和 MB8 的工艺塑性好(包括冲压、挤压和轧制性能),抗蚀性较高,应力腐蚀倾向小,容易焊接。因此 MB1 合金主要用作生产板材、棒材、带材半成品及锻件,供制造受力不大,但要求高塑性、焊接和耐蚀性的飞机零件。MB8 合金具有比 MB1 合金高的机械性能,主要用于生产板材和带材以及冲压件,用作制造各种中等负荷的零件。板材可制造飞机蒙皮、壁板和内部零件,模锻件可制造外形复杂的构件,管材多用于汽油和滑油系统等要求抗蚀性好的管路。

7.4.2 Mg-Al-Zn 系合金

Mg-Al-Zn 系合金是应用最早、使用最广的一类镁合金,与 Mg-Mn 系合金比,其主要特点是强度高,具有良好的铸造性能,并可以热处理强化。但其抗蚀性不如 Mg-Mn 系合金好,屈服强度和耐热性较低,而且用作铸造合金时,铸件的壁厚对性能影响较大。

Mg-Al-Zn 系合金包括变形镁合金 MB2,MB3,MB5,MB6,MB7 及铸造合金 ZM5,后者是实际生产中应用最广泛的铸造镁合金。Mg-Al-Zn 系合金的主要成分及机械性能如表 7-11 所示。

表7-11 Mg-Al-Zn系镁合金的主要成分及机械性能

牌 号	合金元素/(%)			状 态	机械性能		
	Al	Zn	Mn		σ_b/MPa	$\sigma_{0.2}$/MPa	δ/(%)
MB2	3.0~4.0	0.2~0.8	0.15~0.50	板材,退火	235	125	12.0
MB3	3.7~4.7	0.8~1.4	0.30~0.60	板材,退火	245	145	12.0
MB5	5.5~7.0	0.5~1.5	0.15~0.50	锻件,退火	260	—	8.0
MB6	5.0~7.0	2.0~4.0	0.20~0.50	挤压棒,T4	300	—	10.0
MB7	7.8~9.2	0.2~0.8	0.15~0.50	挤压棒,T4	300	—	8.0
ZM5	7.5~9.0	0.2~0.8	0.15~0.50	单铸,铸态	145	—	2.0
				T4	225	—	5.0
				T6	225	—	2.0

Mg-Al-Zn系合金中铝是主要合金元素,锌和锰是辅助元素。铝在镁中有较大的固溶度,能起较显著的固溶强化作用,提高合金的强度和屈服极限。按铸态性能,含6%Al可获得最佳综合性能,但在T4状态,高于7%Al才能保证充分的强化,而且铸造时,金属流动性随含铝量增加而提高,故铸造Mg-Al-Zn系合金的铝含量在7%~9%之间时,具有较好的铸造性能和机械性能。变形合金为了保证压力加工工艺性,铝含量在3%~5%较适宜。

Mg-Al-Zn系合金中加入锌元素的作用主要是补充强化和改善合金的塑性。当锌含量过高时,合金的流动性降低,增加铸件形成显微细孔和热裂倾向,对铸造性能十分不利。故Mg-Al-Zn系合金中锌含量一般都小于2%,多数合金的锌含量在1%左右。

Mg-Al-Zn系合金中加入少量锰(0.15%~0.5%)的作用主要是改善合金的抗蚀性。铝和锌在镁中的固溶度都随温度降低而减少,因此Mg-Al-Zn系合金可以进行热处理强化。其热处理强化效果随铝和锌的含量增加而增大,当铝含量小于8%~10%时,热处理强化效果不显备,所以铝含量较低的MB2,MB3变形镁合金不进行淬火加时效处理,通常是在冷加工或退火状态下使用。

Mg-A1-Zn系MB2~MB7五种变形镁合金中,变形镁合金MB2和MB3具有优良的热塑性变形能力,应力腐蚀倾向小,以及适中的焊接性,应用于制造各类板金构件和锻件。但是MB2和MB3的合金化程度低(铝含量低于5.0%),不能热处理强化。MB2的退火制度为280~350℃,3~5 h,空冷;MB3的退火规范为250~280℃,0.5 h,空冷。

MB5,MB6,MB7合金中的含铝量依次提高,后两者已具有热处理强化能力,强度较高,但工艺性、可焊性及应力腐蚀抗力均下降,主要用于生产受力较大的锻件,如摇臂、支架等。

Mg-Al-Zn系铸造镁合金中,ZM5合金铝含量较高,热处理强化效果较显著,故通常在热处理状态下使用。ZM5合金强化热处理工艺分两种:一是淬火(T4)处理,其目的是提高合金的强度和塑性;二是淬火加入工时效(T6)处理,目的也是提高合金的机械性能,与第一种仅进行淬火处理相比较,在强度基本相同的情况下,屈服极限和硬度比较高。

ZM5合金淬火加热温度为415~420℃,保温时间与铸件壁厚有关,厚壁铸件应延长保温时间,且采用分段加热,以避免过烧。加热后一般采用空冷,条件允许时也可用热水淬火(时效后强度可提高10%~15%),但不宜冷水淬火,以防开裂。时效制度通常为175℃,16 h或

200 ℃,8 h。

Mg – Al – Zn 系铸造镁合金 ZM5 具有较好的铸造性能和较高的机械性能,是目前广泛使用的一种铸造镁合金,主要用作形状复杂的大型铸件和受力较大的飞机发动机零件。

7.4.3 Mg – Zn – Zr 系合金

Mg – Zn – Zr 系合金是近期发展起来的高强度镁合金。Mg – Zn – Zr 系合金中的主要合金元素是锌和锆。锌主要是起固溶强化作用,并且通过热处理可以提高合金的屈服极限,一般锌含量在 6% 左右最好。锆的主要作用是细化合金组织,改善合金的塑性和抗蚀性,提高强度、屈服极限和耐热性。锆含量在 0.5%～0.8% 时,细化晶粒的效果最佳,故一般镁合金中锆含量为 0.5%～0.8%。

Mg – Zn – Zr 系合金与 Mg – Al – Zn 系合金相比较,其屈服极限比较高,热塑性变形能力比较大,形成显著疏松的倾向很小,铸造性能较好。故 Mg – Zn – Zr 系合金可以用作高强度铸造合金和变形合金。常用的 Mg – Zn – Zr 系统造合金有铸造合金 ZM1,ZM2,ZM7,ZM8 及变形合金 MB15,MB22,MB25 等。其主要成分及技术条件规定的机械性能如表 7 – 12 所示。

表 7 – 12 Mg – Zn – Zr 系合金的主要成分及机械性能

牌　号	合金元素/(%)				状态	机械性能(不小于)		
	Zn	RE	Zr	Ag		σ_b/MPa	$\sigma_{0.2}$/MPa	δ
ZM1	3.5～5.5	—	0.5～1.0	—	T1	235	—	5
ZM2	3.5～5.0	0.7～1.7	0.5～1.0	—	T1	185	—	2.5
ZM7	7.5～9.0	—	0.5～1.0	0.6～1.2	T4	265	—	6
						T6	275	—	4
ZM8	5.5～6.0	2.0～3.0	0.5～1.0	—	T6	275	180	5
MB15	5.0～6.0	—	0.3～0.9	—	T1	315	245	6.0
MB22	1.2～1.6	2.9～3.5	0.4～0.8	—	热轧板	245	155	7.0
MB25	5.5～6.4	0.7～1.7	≥0.45	—	热轧棒	345	275	7.0

ZM1 是简单的三元 Mg – Zn – Zr 合金,锌的含量为 3.5%～5.5%,锆的含量为 0.5%～1.0%。铸造合金 ZM1 的主要特点是强度高,其屈服极限是现有铸造镁合金中最高的,而且铸件性能对壁厚不敏感,显微疏松倾向小,适用于铸造强度要求高、耐高冲击负荷的零件,在航空工业中用于制造飞机轮毂、轮缘、支架等。

ZM1 合金的主要缺点是铸造性能较差,氧化和热裂倾向大,形成显微疏松与热裂的倾向较大,焊接性能也不如 Mg – Al – Zn 系合金。为了改善 Mg – Zn – Zr 系合金的铸造性能,在 ZM1 合金成分的基础上加入铈元素,发展成了 ZM2 和 ZM8 合金。

ZM2 合金是在 ZM1 合金中加入 0.7%～1.7%Ce 的合金。加铈的主要目的是增加合金中的共晶组织,减少形成显微疏松与热裂倾向。加铈元素后合金中形成 Mg – Zn – Ce 或 Mg_9Ce 相,以离异共晶形式分布于晶界上,因而改善了合金的铸造性能,并且在一定的范围内,加入的稀土元素量愈多、合金的铸造工艺性就愈好。但是过量的稀土元素会降低时效后的强度和塑性。同时铈还可以细化合金组织、提高合金的耐热性能的作用。

分布在晶界上的 MgZnRE 化合物热稳定性高，固溶处理时也不发生溶解，这对合金的室温强度和塑性有不利影响，但有助于提高抗蠕变性能，故 ZM2 和 ZM8 合金有更高的耐热性，主要用于航空工业中制造工作温度较高（200 ℃以下）的零件，如发动机机座，电机壳体等。

ZM8 合金同时提高了锌和混合稀土元素的含量，充分发挥了强度高和铸造工艺性好的优点。该合金可进行 T6 处理，更适合氢化处理。后者是为了解决稀土元素对镁合金室温性能不利影响而发展的一种新热处理工艺。氢化处理的原理是把 ZM8 或 ZM2 合金于 480 ℃的氢气氛中固溶处理。此时氢沿晶界向内扩散，同偏聚在晶界上的 MgZnRE 化合物中的稀土元素 RE 发生反应。当 RE 从 MgZnRE 化合物相中被夺去后，被还原的锌原子即复溶于 α 固溶体，促使锌的过饱和度升高。最终时效后，晶粒内部生成细针状沉淀相，强度显著提高，塑性和疲劳性能也得到改善。

ZM7 合金中添加了合金元素银，银在镁中有较大的固溶度，不改变合金组织，但促进和加强沉淀硬化效应，机械性能可得到进一步提高。

MB15 合金的主要缺点是工艺塑性差，不易焊接，主要用于生产挤压制品和锻件。变形合金 MB15 主要用于航空工业上作受力较大的零件，如制造承受一定载荷的翼肋、座舱滑轨、机身长桁和操纵系统的摇臂等零件。

MB22 及 MB25 是在 Mg - Zn - Zr 合金基础上添加适量的稀土元素钇，以改善合金的工艺性能，并增强耐热性，主要用于生产厚板、型材和锻件，制造飞机内部构件。

Mg - Zn - Zr 系合金具有较高的热处理强化效果，所以该系合金均在热处理状态下使用。MB15 合金的热处理是在热加工后直接进行人工时效处理。铸造合金 ZM1，ZM2 合金的热处理是在铸造后进行人工时效（T1）处理。

Mg - Zn - Zr 系合金的特点是在室温下有很高的强度，特别是屈服极限很高，和良好的抗蚀性和抗应力腐蚀稳定性，以及良好的热加工工艺性。但铸造性能还不够理想。锆易与杂质起作用，熔炼工艺较复杂，而且焊接性比较差。

7.4.4　Mg - RE - Zr 系合金

Mg - RE 系合金不仅具有较高的耐热性，同时铸造工艺性也很好。稀土元素可降低镁在液态和固态下的氧化倾向。在铸造镁合金中，稀土元素是改善耐热性最有效和最具实用价值的金属。其中，钕（Nd）的作用最佳。钕可以使镁合金在高温和常温下同时获得强度；铈（Ce）或铈的混合稀土虽然对改善耐热性较好，但常温强化作用差；镧（La）的作用在两方面均不如铈。Mg - RE 系合金可以在 150～250 ℃下工作。

通常可认为这类合金在性能上是比较全面的，但不足的是其室温强度稍低，特别是铈或其混合稀土元素强化作用较差。为此，在 Mg - RE 系合金中也要加入锌来增加合金的强度，加入锆有减小铸件的壁厚效应，提高组织均匀性和性能稳定性的作用，还可以细化合金的晶粒组织，并在熔炼过程中起到净化作用，以此改善镁合金的耐蚀性。

在 Mg - RE 系合金中有时还要加入锰，因为锰具有一定的固溶强化效果，同时降低原子的扩散能力，提高合金的耐蚀性的能力。

镁合金中的另一个重要的稀土元素是钇（Y）。钇在镁中的溶解度是 12.5%，并且其溶解度曲线随温度的改变而变化，表明其具有很高的时效硬化倾向。在 Mg - Y 合金中往往还加入钕和锆。Mg-Y-Nd-Zr 合金系列具有比其他合金高得多的室温强度和高蠕变性能,其使用温度可高达 300 ℃,此外,Mg-Y-Nd-Zr 合金热处理后的耐蚀性也由于其他所有的镁合金。

Mg-RE-Zr 系合金在铸造镁合金中,稀土金属元素可增强镁合金的原子间结合力、减小原子扩散速度。并且,稀土金属与镁形成的化合物具有较高的热稳定性。从 Mg-RE-Zn-Zr 系发展成现今的耐热铸造镁合金,具体合金牌号有 ZM3,ZM4,ZM6 及 ZM9 等,其具体的成分及典型性能如表 7-13 所示。

ZM3 及 ZM4 合金基本成分类似,均加入 3％的铈混合稀土元素,但 ZM4 含锌量更高一些,以提高常温强度。因铈在镁中固溶度小,时效强化作用不显著。特别是 ZM3,一般仅在铸态下时,为了消除铸件内应力,可采用 325 ℃,3～5 h 的退火处理。ZM4 合金大多选用 T1 状态,规范是:200～250 ℃,5～12 h。这两种合金在 200～250 ℃具有较好的耐热性,可制作在此温度下的结构件。

ZM6 合金中的稀土元素选用钕(Nd),它在镁中有较高固溶度和时效硬化能力,因此,该合金可制作 250 ℃以下工作且受力较大的构件。ZM6 通常在 T6 状态下应用。

ZM9 属新型 Mg-Y-Zn-Zr 系合金,具有更高的热强性,特别当 Y/Zn 为 1.5 左右时,耐热效果最好。该合金工作温度可达 300 ℃,一般在稳定化时效处理后使用,规范是 315 ℃,16 h。

表 7-13　Mg-Re-Zn-Zr 系合金的主要成分及典型性能

牌　号	合金元素/(％)				状　态	20℃		250 ℃	
	RE	Nd	Zn	Zr		σ_b/MPa	δ/%	σ_b/MPa	$\sigma_{0.2}$/MPa
ZM3	3.0	—	0.5	0.5	T2	145	3	145	2 500
ZM4	3.0	—	2.5	0.6	T1	150	4	130	3 000
ZM6	—	2.5	0.5	0.6	T6	260	5	170	3 800
ZM9	Mg-Y-Zn-Zr				T1	220	8	145	5 100

7.5　镁合金的腐蚀与防护

镁及镁合金为有色轻金属,是工业中密度最小的一种金属材料。其优异的比强度,使其在飞机、导弹、卫星等航空、航天领域及现代通信领域中有着广泛的应用前景。但镁合金至今没有得到铝合金那样大规模的应用,其中最主要因素是耐蚀性能差。但事实证明,如果能降低镁合金的杂质含量,产品设计使用得当,或者采取适当的保护措施,将镁合金用作结构件是不会有危险的。

7.5.1　镁合金的耐蚀性

镁是一种非常活泼的金属,在 25 ℃时的标准电位为 -2.34 V。镁-水系电位-pH 平衡图如图 7-2 所示。可以看出,①③线以下为镁的热力学稳定区,即免蚀区,其位置大大低于水的稳定区;②③线左上侧为腐蚀区;②①线右上侧为镁的钝化区,镁表面上覆盖一层 $Mg(OH)_2$ 氧膜层,但由于该膜层疏松多孔,不如铝表面氧化膜完整、致密,因此镁的耐蚀性通常很差。

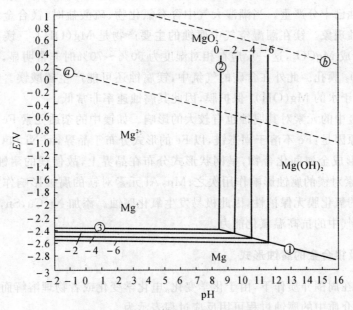

图 7 - 2　镁-水系 25℃时电位-PH 平衡图

镁在其他介质中的电化学特性随介质不同而不同,如在海水中为 $-1.5\ V\sim-1.6\ V$,在 $0.5\ mol/L$ 的 NaCl 溶液中为 $-1.45\ V$。镁合金的电化学特征与镁类似,不过它还受到诸多冶金因素(如化学成分、制造工艺等)的影响。一般情况下,镁合金的耐蚀性不及纯镁。

7.5.2　镁的耐蚀性特点

按腐蚀特征不同,镁合金的应力腐蚀开裂有沿晶型和穿晶型两种类型。还可以分为无应力腐蚀开裂倾向的和有应力腐蚀开裂倾向的合金。无应力腐蚀开裂倾向的合金有 Mg - Mn, Mg - Zn - Zr,Mg - Mn - Ce 合金;有应力腐蚀开裂倾向的合金有 Mg - Al - Zn 合金。

合金在不同条件下的腐蚀类型是不同的,对于 Mg - Al - Zn 合金来说,在退火状态下,由于强化相 $Mg_{17}Al_{12}$ 是沿晶界分布,合金的应力腐蚀开裂便沿着晶界扩展、开裂,而形成沿晶型的应力腐蚀开裂特征;在淬火状态下,合金组织为均匀的固溶体,晶间没有强化相 $Mg_{17}Al_{12}$ 析出。一般认为,穿晶型的应力腐蚀开裂是金属间化合物相沉淀在晶粒内部的晶面上构成的腐蚀通道引起的。

合金所处的介质环境对镁合金的腐蚀速率有较大的影响,在无应力状态下,合金在不同阴离子介质中的腐蚀速率顺序为 $Cl^->SO_4^{2-}>NO_3^->Ac^->CO_3^{2-}$;在有应力状态下,合金有应力腐蚀开裂倾向,顺序为 $SO_4^{2-}>NO_3^->CO_3^{2-}>Cl^->Ac^-$。

一般,在含有 $S_2O_8^{2-}$,Cl^-,SO_4^{2-} 等的盐类溶液中,镁的腐蚀速率较大;在含有 CrO_4^{2-},CrO_7^{2-},PO_4^{3-} 等的盐类溶液中,因为镁表面易形成保护性腐蚀产物膜,所以腐蚀速率较小。但是,少量的铬酸离子不能使镁合金表面全部钝化,未被钝化的区域便成为腐蚀的核心,将会使应力腐蚀开裂急剧加速,很快造成构件破坏。

新鲜的镁表面在清洁干燥的环境中可以很长时间保持光亮,而在工业气氛中则 1~2 天内就会形成大面积腐蚀。大气湿度对镁合金的腐蚀行为也有重要影响。当相对湿度在 9.5% 以下时,镁合金的腐蚀很轻微;当相对湿度超过 30% 时,腐蚀严重性明显增加;当相对湿度在 80% 以上时,腐蚀已十分严重。当潮湿大气中含有氯化物、硫酸盐时,镁合金的腐蚀性不仅增大,还会出现点蚀现象。镁在潮湿空气中腐蚀的主要产物是 $Mg(OH)_2$。镁在空气中还会与 CO_2 发生反应生成 $MgCO_3$,这一反应在相对湿度为 50%~70% 时非常明显,并且反应产物能够封闭 $Mg(OH)_2$ 膜孔。此外在含碳的气氛中,镁腐蚀还可能产生硫酸镁。镁在纯净的冷水中反应生成微溶于水的 $Mg(OH)_2$ 保护膜,因此其腐蚀速率非常低。

此外,镁合金中的元素对其腐蚀也有较大的影响。如镁中的杂质元素 Fe,Ni,Co,Cu 会加速镁的腐蚀,其原因是:Fe 不溶于固态镁,以 Fe 的形式分布于晶界,而 Ni 和 Cu 在镁中的溶解度极小,能与镁形成金属间化合物,呈网状形式分布在晶界上,故使镁的耐蚀性大大降低;而 Ag,Ca,Zn 等元素对镁的腐蚀影响作用次之;Mn,Al 元素对镁的腐蚀影响作用较小。在高温条件下,镁表面的氧化膜无保护性,因此极易发生氧化腐蚀。添加 Ni,Cu,Sn,Zn,Al 和稀土元素可提高镁在大气中的抗高温氧化能力。

7.5.3 镁及镁合金的腐蚀形式

腐蚀是金属在周围介质作下,由于化学变化、电化学变化或者物理溶解而产生的破坏。金属在一定的环境介质中的腐蚀过程可用反应过程表示为

$$金属材料 + 腐蚀介质 \rightarrow 腐蚀产物$$

该过程至少包括三个基本过程:①通过对流和扩散作用使腐蚀介质向界面移动;②在相界面上进行反应;③腐蚀产物从相界面迁移到介质中去或在金属表面上形成覆盖膜。此外,腐蚀过程还受到离解、水解、吸附和溶剂化作用等其他过程的影响。要合理地对腐蚀进行检测和采取有效措施控制腐蚀,就必须了解有关的腐蚀机理,确定主要影响因素。各国科学家已对镁和镁合金的腐蚀行为进行了大量的研究,镁和镁合金的腐蚀形式主要有下 6 述种。

(1)电偶腐蚀:当镁合金含有某些金属杂质(Fe,Co,Ni,Cu)或者暴露于含腐蚀性成分(Cl^-,SO_4^{2-},NO_3^- 离子)的电解质中时,其耐蚀性能极差。耐蚀性能差的原因主要有两个:由镁基体作为阳极、第二相或杂质作为微小阴极引起的内部电偶腐蚀;镁基体作为阳极、其他金属作阴极引起的外部电偶腐蚀。

(2)(沿)晶间腐蚀:镁及镁合金实际上不会产生沿晶腐蚀,因为晶界相(例如,$Mg_{17}Al_{12}$)相对于晶内始终是阴极。腐蚀实际上是集中于靠近晶界的区域发生。

(3)局部腐蚀:在镁上形成的不稳定伪钝化氢氧化物薄膜,在 Cl^-,SO_4^{2-}、NO_3^- 等离子存在或者暴露于含酸性气体(例如 CO_2)的水中时,它们会被破坏,因此,不能为基体合金提供长期的保护,从而产生点蚀。

(4)应力腐蚀开裂:镁合金中的应力腐蚀开裂通常具有明显二次裂纹的穿晶裂纹。这些裂纹起源于腐蚀点。在镁的应力腐蚀开裂过程中,同时存在混合的穿晶和沿晶裂纹扩展,有时也可能完全是晶间开裂。

镁合金的应力腐蚀开裂可以发生在许多含 Na^+ 的水溶液中如,$NaBr$,Na_2SO_4,$NaCl$,$NaNO_3$,Na_2CO_3 等。当 pH>12 时,镁合金变得非常抗应力腐蚀开裂。升高温度加速镁合金的应力腐蚀开裂,但是也提高钝化的发生。升高阳极电位时,可以在单相中产生钝化膜。Mg-Al 合金是所有镁合金中最容易产生应力腐蚀开裂的合金,且随铝含量的增加应力腐蚀开裂增加。

（5）腐蚀疲劳：在疲劳载荷条件下，镁合金中微裂纹的起源与晶粒择优取向的滑移有关。准裂纹常常发生在疲劳裂纹生长的起始阶段，这是密排六方晶体的特点。裂纹进一步生长的微观机制可以是脆性的也可以是韧性的，可以是穿晶的也可以是沿晶的，取决于冶金结构和环境的影响。通常，降低温度，可以延长裂纹的起始期，提高镁合金的疲劳寿命。

（6）高温氧化：在低于 450 ℃的干燥氧气中，或者低于 380 ℃的潮湿氧气中，镁形成的氧化物薄膜的保护性可以持续相当长的一段时间。在上述温度下，影响镁氧化的重量定律是抛物线形的。当镁在 450 ℃以上氧气中氧化时，所形成的 MgO 是非保护性的，因为其 PBR ＝0.81。PBR 是氧化物的摩尔体积与基体金属的摩尔体积之比，比值小于 1 时，通常形成非保护性氧化膜，因此，450 ℃以上纯镁形成的氧化膜是非保护性的。表明 450 ℃以上时氧化重量定律为什么变成线性定律。镁在 525 ℃及以上温度的干燥的氧气或者空气中氧化时，厚度－时间线的斜率或者单位面积的增重量－时间曲线的斜率将发生改变，这说明线性速率常数发生变化。

当温度增加时，初始保护阶段时间缩短而且膜的保护性越来越差，由于不适宜的 PBR 比，很可能导致膜层部分开裂。当膜层的保护能力被降低时，会在表面上生成一层多孔、白色氧化物膜。该多孔膜产生一个恒定的氧化速率，膜的增厚受下面保护层破断速率的影响。

7.5.4　镁合金的腐蚀防护方法

阻碍镁合金应用的最重要因素是它的化学活性，在许多情况下导致低的腐蚀抗力。镁合金的耐蚀性主要与杂质元素含量密切相关，因此通过调整化学成分、表面处理和控制微观组织等均可改善其耐蚀性。下面简单介绍几种常用的镁合金腐蚀防护方法。

1. 金属镀层

镁合金可以用金属镀层加以保护。金属镀层可使用电镀、化学镀或热喷涂方法获得。电镀涂层可选用 Zn，Ni，Cu－Ni－Cr，Zn－Ni 涂层。化学镀层主要是 Ni－P，Ni－W－P 等合金涂层。所有的商业镀层系统在正确的预镀处理后都可应用于镁合金件，由于镁及其合金是最难镀的金属，故仅有锌和镍这两种金属可直接镀在镁上。这些镀层大多是作为底层，在其上可以沉积其他常用金属层。

镁及镁合金之所以是最难镀的金属，其原因如下：①镁的电化学活性太高，酸性镀液都会造成镁合金基体的迅速腐蚀，或使得与其他金属离子的置换反应十分强烈，置换后的镀层结合得十分松散；②镀层标准电位远高于镁合金基体，任何一处通孔都会增大腐蚀电流，引起严重的电化学腐蚀，而镁的电极电位很负，施镀时造成针孔的析氢很难避免；③第二相（如稀土相、γ 相等）具有不同的电化学特性，可能导致沉积不均匀；④镁合金表面极易形成氧化镁，不易清除干净，严重影响镀层结合力，且镁合金铸件的致密性都不是很高，表面存在杂质，可能成为镀层孔隙的来源。

电镀或化学镀是使镁合金同时获得优越耐蚀性和电学、电磁学和装饰性能的表面处理方法。缺点是前处理中的 Cr，F 及镀液对环境污染严重；镀层中多数含有重金属元素，增加了回收的难度与成本。由于镁基体的特性，对结合力还需要改善。

2. 有机物涂层

有机物涂层也能够给镁提供一定的保护。有机物涂层有很多种，如油或油脂就可短时间保护镁合金，油漆和蜡也是常用的防蚀涂层。使用乙烯树脂、聚安脂等的效果也令人满意。环氧树脂涂层由于黏附力强、不浸润水、强度高而获得广泛的应用。

3. 化学转化处理

化学转化膜是通过电化学或化学方法在基体金属表面形成一层由氧化物、铬化物、磷化物和其他一些化合物组成的表面膜。化学转化膜很薄，对化学转化膜耐蚀性研究表明，化学转化膜只能减缓腐蚀速度，并不能有效防止腐蚀。

目前，镁合金有许多不同类型的转化膜，化学转化膜按溶液可分为铬酸盐系、有机酸系、磷酸盐系、$KMnO_4$系、稀土元素系和锡酸盐系等。

传统的铬酸盐膜以 Cr 为骨架，结构很致密，耐蚀性很强。但 Cr 具有较大的毒性，废水处理成本较高，开发无铬转化处理势在必行。镁合金在 $KMnO_4$ 溶液中处理可得到无定形组织的化学转化膜，耐蚀性与铬酸盐膜相当。

化学转化膜较薄、较软，防护能力弱，一般只用作装饰或防护层中间层。但化学转化膜的多孔结构在镀前的活化中表现出很好的吸附性，并能改镀镍层的结合力与耐蚀性。

4. 激光处理

激光处理能处理几何形状复杂的表面，镁合金的激光处理主要有激光表面热处理和激光表面合金化两种。

激光表面热处理又称为激光退火，实际上是一种表面快速凝固处理方式。而激光表面合金化是一种基于激光表面热处理的新技术。激光表面合金化能获得不同硬度的合金层，具有冶金结合的界面。利用激光辐照源的熔覆作用在高纯镁合金上还可制得单层和多层合金化层。但镁合金在激光处理时易发生氧化、蒸发和产生汽化、气孔以及热应力等问题，设计正确的处理工艺至关重要。

采用宽带激光在镁合金表面制备 Cu-Zr-Al 合金熔覆涂层时，涂层中形成多种金属间化合物的增强作用，使合金涂层具有高的硬度、弹性模量、耐磨性和耐蚀性。而由于稀土元素 Nd 的存在，在经过激光快速熔凝处理之后得到的激光涂敷层，晶粒得到明显细化，能提高熔覆层的致密性和完整性。

5. 阳极氧化

阳极氧化是利用电化学方法在金属及其合金表面产生一层厚且相对稳定的氧化物膜层，生产的氧化膜可进一步进行涂漆、染色、封孔或钝化处理。阳极氧化可得到比化学转化更好的耐磨损、耐腐蚀的涂料基底涂层，并兼有良好的结合力、电绝缘性和耐热冲击等性能，是镁合金常用的表面处理技术之一。

一般认为氧化膜中存在的孔隙是影响镁合金耐蚀性能的主要因素。研究发现通过向阳极氧化溶液中加入适量的硅-铝溶胶成分，一定程度上能改善氧化膜层的厚度、致密度，降低孔隙率；而且溶胶成分会使成膜速度出现阶段性快速和缓慢增长，但基本上不影响膜层的 x 射线衍射相结构。但阳极氧化膜的脆性较大、多孔，在复杂工件上难以得到均匀的氧化膜层。

传统镁合金阳极氧化的电解液一般都含铬、氟、磷等元素，不仅污染环境，也损害人类健康。近年来研究开发的环保型工艺所获得的氧化膜的耐腐蚀等性能较经典工艺有大程度的提高。优良的耐蚀性是因为阳极氧化后 Al,Si 等元素在镁合金表面均匀分布，使形成的氧化膜有很好的致密性和完整性。

6. 其他表面处理技术

离子注入是在高真空状态，在 10～数百 kV 电压的静电场作用下，经加速的高能离子(Al,Cr,Cu 等)高速冲击要处理的表面而注入样品内部的方法。注入的离子被中和并留在样品固溶体的空位或间隙位置,形成非平衡表面层。所得改性层的性能与所注入离子的量和改性层的厚度有关,而基体表面的 MgO 对改性层耐蚀性能的提高也有一定的促进作用。

气相沉积即蒸发沉积涂层,有物理气相沉积(PVD)和化学气相沉积(CVD)两种。它是利用沉积原料使镁合金表面涂层中的 Fe,Mo,Ni 等杂质含量大幅度降低,同时利用涂层覆盖基体的各种缺陷,避免形成局部腐蚀电池,从而达到改善防腐性能的目的。

与镁合金的其他表面处理技术相比,有机涂层保护技术具有品种和颜色多样、适应性广、成本低、工艺简单的优点。目前广泛使用的主要是溶剂型有机涂料。粉末型有机涂层因无溶剂,具备污染少、厚度均匀以及耐蚀性能较佳等特点,近几年来在汽车、电脑壳体等镁合金部件上的应用较受欢迎。

参 考 文 献

[1] 陈振华,严红革,陈吉华,等. 镁合金[M]. 北京:化学工业出版社,2004.

[2] 徐河,刘静安,谢水生. 镁合金制备与加工技术[M]. 北京:冶金工业出版社,2007.

[3] 丁文江,等. 镁合金科学与技术[M]. 北京:科学出版社,2007.

[4] 陈振华. 变形镁合金[M]. 北京:化学工业出版社,2005.

[5] 张津,章宗和. 镁合金及应用[M]. 北京:化学工业出版社,2004.

[6] 陈振华. 耐热镁合金[M]. 北京:化学工业出版社,2007.

[7] 薛俊峰. 镁合金防腐蚀技术[M]. 北京:化学工业出版社,2010.

[8] 罗大金. 镁合金锻压成形与模具[M]. 北京:中国轻工业出版社,2010.

[9] 毛萍莉,王峰,刘正. 镁合金热力学及相图[M]. 北京:机械工业出版社,2015.

[10] 朱学纯,胡永利,易传江. 铝、镁合金标准样品制备技术及其应用[M]. 北京:冶金工业出版社,2011.

[11] 郭学锋. 细晶镁合金制备方法及组织与性能[M]. 北京:冶金工业出版社,2010.

[12] 巫瑞智,张景怀,尹冬松. 先进镁合金制备与加工技术[M]. 北京:科学出版社,2012.

[13] 汤定国,刘金海,李国禄,等. 镁合金压铸实用技术手册[M]. 北京:机械工业出版社,2012.

[14] 吴树森,万里,安萍. 铝、镁合金熔炼与成形加工技术[M]. 北京:机械工业出版社,2012.

[15] 吉泽升,胡茂良. 镁合金固相合成与固相再生技术[M]. 北京:科学出版社,2011.

[16] 潘复生,韩恩厚. 高性能变形镁合金及加工技术[M]. 北京:科学出版社,2007.

[17] 许并社,李明照. 镁冶炼与镁合金熔炼工艺[M]. 北京:化学工业出版社,2006.

[18] 黎文献. 镁及镁合金[M]. 长沙:中南大学出版社,2005.

[19] 刘楚明,朱秀荣,周海涛. 镁合金相图集[M]. 长沙:中南大学出版社,2006.

[20] 李明照,许并社. 镁冶炼及镁合金熔炼工艺[M]. 北京:化学工业出版社,2012.

[21] 韩善灵,曾庆良. 镁合金薄板机械变形连接技术[M]. 北京:化学工业出版社,2015.

第 8 章 锌及锌合金

锌是古代铜、锡、铅、金、银、汞、锌等 7 种有色金属中提炼最晚的一种,能与多种有色金属制成合金。其中最主要的是锌与铜、锡、铅等组成的黄铜,锌还可与铝、镁、铜等组成压铸合金。主要用于钢铁、冶金、机械、电气、化工、轻工、军事和医药等领域。

8.1 锌的基本特征与用途

8.1.1 锌的结构与基本性质

锌(Zinc),元素符号为 Zn,原子序数为 30,相对原子质量为 65.39,处于化学元素周期表的第四周期,第ⅡB族,密度为 7.14 g/cm^3,熔点为 419.5 ℃,是一种银白色略带蓝色的过渡金属。

锌的晶体结构通常呈六面体密集晶体结构,具有较高的轴比(>1.633),在热膨胀、导热系数、电阻等方面表现出明显的各向异性。纯锌在室温下具有良好的延展性,不会出现屈服点,也不具有应变硬化的特征,在恒定负载下会出现蠕变现象。

室温时,锌较脆;在温度处于 100~150 ℃之间时变软,超过 200 ℃后,又会重新变脆。锌在常温下的空气中暴露,由于化学性质活泼表面会生成一层薄而致密的碱式碳酸锌膜,可阻止内部锌进一步氧化。当温度达到 225 ℃时,锌会发生剧烈的氧化。锌的基本物理性质如表8-1 所示。

表 8-1 锌的基本物理性质

项 目	数 值
(1)原子序数	30
(2)原子量	65.38
(3)晶体结构	Hcp
(4)点阵参数	$a=2.6649, c=4.9469, c/a=1.856$
(5)原子半径(Å)	1.332
(6)熔点(℃,K)	419.5(697.2)
(7)沸点(10 235 Pa 时,℃及 K)	907(1 180)
(8)密度(g/cm^3),25 ℃时	7.14
(9)熔化热(J/mol),419.5 ℃时	7 384.76
(10)蒸发热 (J/mol),907 ℃时	114 767.12

续 表

项　目	数　值
(11)热容(J/mol)固体,298~692.7 K 时 液体 气体	$C_p = 22.40 + 10.05 \times 10^{-3}T$ $C_p = 31.4$ $C_p = 21.8$
(12)导热系数(J/S·cm·℃),18 ℃时	1.13
(13)线膨胀系数(1/℃×10^{-6}),20~250 ℃	39.7
(14)电阻率($\mu\Omega$/cm³),0~100 ℃	5.46
(15)磁化率(mHg×10^{-9}),20 ℃时	-1.74
(16)弹性模量(MPa)	80 000~13 000
(17)剪切模量(MPa)	8 000

　　锌的原子结构与同周期的其他元素不同,其所有电子轨道都被填满,最外层 4s 轨道上具有两个电子。表现在物理化学性质上,与同一分组的镉(Cd)、汞(Hg)相似。

　　锌在干燥的大气中和中性的水中具有良好的耐腐蚀性,在潮湿的大气中以及无机酸和碱环境中则易腐蚀。纯度较高的锌,由于表面生成致密的氧化膜,具有良好的耐腐蚀性。需要注意的是,锌与酸性有机物(如食品)接触能产生有毒的盐类,故不能用锌作食品工业设备和用具。锌的标准电极电位较负,与铁同时存在于环境中会先腐蚀而使铁得到保护。因此常被用来涂覆做管道、船体外壳的牺牲阳极保护,防止钢铁基体受到腐蚀。

8.1.2　锌资源在国内外的分布现状

　　锌以各种形式广泛的存在于水、土壤和大气中,并且是很多动植物的重要微量元素之一。据 2009 年的数据,世界已查明的锌资源量约 19 亿 t,储量为 1.8 亿 t,储量基础为 4.8 亿 t。世界锌资源的分布主要分布在澳大利亚、中国、秘鲁、美国、哈萨克斯坦等 5 个国家,其储量和储量基础占世界的一半以上,如表 8-2 所示。

表 8-2　世界锌储量分布

国家或地区	储量/万 t	占世界储量/(%)	储量基础/万 t	占世界储量基础/(%)
澳大利亚	4 200	23.3	10 000	20.8
中国	3 300	18.3	9 200	19.2
秘鲁	1 800	10.0	2 300	4.8
美国	1 400	7.8	9 000	18.8
哈萨克斯坦	1 400	7.8	3 500	7.3
加拿大	500	2.8	3 000	6.3
墨西哥	700	3.9	25 000	5.2
其他	4 900	27.2	87 000	18.1
世界总计	18 000	100	48 000	100

锌的矿床分布于世界各地,但并不是所有的锌矿都具有工业价值。最常见的是闪锌矿、菱锌矿和异极矿,其中闪锌矿是90%的锌产矿(见表8-3)。我国锌资源丰富,硫化矿占绝大多数,且90%为原生硫化矿矿石。

表8-3 常见的锌矿物

名　称	组　成	Zn 含量/(%)
闪锌矿	ZnS	67.0
异极矿	$Zn_4Si_2O_7(OH)_2 \cdot H_2O$	54.2
菱锌矿	$ZnCO_3$	52.0
水锌矿	$Zn_5(CO_3)_2(OH)_6$	56.0
红锌矿	ZnO	80.0
硅锌矿	Zn_2SiO_4	58.5
铁锌矿	$(Zn,Mn,Fe)(Fe,Mn)_2O_5$	15～20

世界上单独的锌矿床很少,一般与其他金属矿物共生存在,其中最主要的是铅和铜,依次为银、金、镉、铟、锗、铊等。

我国铅锌业生产规模由于受到铅锌矿产地的分布和建设条件的影响,现已形成了以东北、湖南、两广、滇川、西北地区为主的五大铅锌生产基地,其锌产量占全国总产量的95%。我国五大铅锌生产基地如图8-1所示。

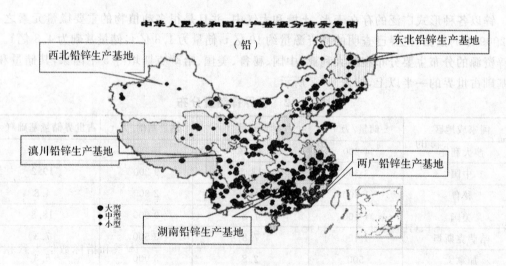

图8-1 国内五大铅锌生产基地

东北地区是我国开发较早的铅锌生产基地之一。早在20世纪50年代初期,其铅产量就已占全国铅产量的80%以上,在铅锌生产工业中居于重要地位。湖南铅锌矿产资源丰富,而且富矿多、分布广,矿产地的可开发利用率高。该基地铅锌厂矿在建成之初就是当时全国自产原料的最大的铅锌生产基地,在全国产量占有重要地位。广东、广西两省区的铅锌资源比较丰富,20 世纪 70 年代是我国形成的大型铅锌生产基地之一。西北地区的铅锌矿产资源主要分布在甘、陕、青三省,该基地铅锌生产以白银有色金属公司为主,除具有丰富的铅锌矿产资源优势以外,还是西北冶炼厂主要矿物原料供给基地,是全国大型铅锌矿山之一。

8.1.3 锌的基本用途

锌金属具有良好的压延性、耐磨性和抗腐性,是重要的有色金属原材料,用途很广,世界锌的总消耗量在金属行列中排第五位,仅次于钢、铝、铜、锰。目前市场上的产品主要以金属锌(粉)、锌基合金、氧化锌为主,可用于镀锌、生产锌基合金或作为合金元素生产其他金属合金,化学工业用锌也占有很大比例。

一、锌粉的工业用途

锌粉是一种带蓝灰色或浅灰色的粉末,属于二级遇水燃烧物。在蒸气压 133.3 Pa(1 mmHg,487 ℃)条件下,可与水发生化学反应,从而引起燃烧甚至爆炸。吸入其粉尘会引起咳嗽、低热,皮肤接触可能造成灼伤。纳米锌粉如图 8 - 2 所示。

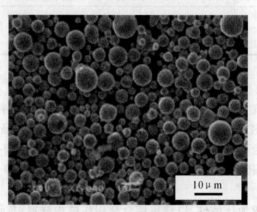

图 8 - 2 纳米锌粉

锌粉在工业上主要用于化工生产或者是锌防腐涂料生产,钢铁构件的防腐是金属锌的最主要用途。涂覆的方式有热镀、电镀、热喷涂、富锌涂料、粉末镀等,其中热镀是最主要的方法。富锌涂料主要用于不适宜热镀和电镀的大型钢构件,如大型户外钢结构(海洋工程、桥梁、管道等)、船舶、集装箱等。

作为涂料的锌粉,国际标准组织(ISO)和世界许多国家都制定了标准,分别有 ISO3549,ASTMD520 - 51,GB6890 — 86,ТОСТ - 12601 - 76,JIS K8013 等,上述标准分别在化学成分、粒度及其分布等方面对锌粉质量作出了规定,不同标准的指标体系和指标数值大致相同。GB6890 — 86 标准如表 8 - 4,表 8 - 5 所示。

用鳞片状锌粉可配制防腐涂料,成型后金属涂料成片层状排列,延长了介质到达基体的腐蚀路线,所以虽然锌的消耗量很少但涂层致密。这种涂料已经在海水腐蚀中进行应用并有良好的防腐效果。根据其工艺特性,这种防腐涂料也可处理超大件、超长件以及带有内螺纹或其他异形复杂管件、接插件等。

表 8 - 4　锌粉化学成分标准(GB6890 — 86)　　　　　　　　单位:%

牌　号	化学成分					
	全　锌	金属锌	杂质,不大于			
	不小于		Pb	Fe	Cd	酸不溶物
FZn1	98	94	0.2	0.2	0.2	0.2
FZn2	98	94	0.2	0.2	0.2	0.2
FZn3	98	95	0.3	0.1	0.1	0.2
FZn4	96	92	0.3	—	—	0.2

表 8 - 5　锌粉粒度标准(GB6890 — 86)　　　　　　　　单位:%

牌　号	筛余物(重量),不大于			粒度分布	
	+120	+160	+325	$45\mu m$	$10\mu m$
FZn1	—	—	—	99.8	80
FZn2	0	0.1	3.0	—	—
FZn3	1.0	—	—	—	—
FZn4	1.0	—	—	—	—

二、锌的工业用途

基于锌具有优良的抗大气腐蚀性能,其主要用于钢材和钢结构件的表面镀层,约占锌用量的 46%。由于锌的电位较负,因此将锌镀在钢铁表面,锌优先腐蚀而保护了钢铁基体。电镀用热镀锌合金表面氧化后会形成一层均匀细密的碱式碳酸锌氧化膜保护层,阻碍腐蚀介质到达基体;该氧化膜保护层还有防止霉菌生长的作用,因此可以用镀锌合金板作屋顶板材使用,效果远远高于镀锌铁板。

铸造锌合金产品一般为压铸件,以锌压铸合金用作结构材料,是锌的第二大用途。压铸锌合金是指 4%Al,0.2%Cu,0.04%Mg 的锌基合金,广泛应用在汽车、建筑业、轻工等行业,在锌产品中占有很大比例。

重力铸造锌合金是一系列高强度铝锌系合金。与压铸锌合金相比,重力铸造锌合金用量较少,但重力铸造锌合金具有比压铸合金更好的加工性能和铸造性能。例如许多铸模材料都适合于锌合金的重力铸造。

许多锌合金的加工性能优良可进行深拉延,并具有自润滑性,延长了模具寿命,在一定条件下具有优越的超塑性能。此外,锌具有良好的抗电磁场性能,许多锌的加工材料也在广泛应用。以锌饼、锌板形式,锌也可以用来制造干电池,约占市场产品总量的 13%。锌具有适宜的化学性能,也被广泛地应用于医药行业。

8.2　常用锌合金

锌合金是以锌为基加入其他元素组成的合金。常见合金添加元素有铝、铜、镁、镉、铅、钛等,形成的合金即为低温锌合金。

锌合金熔点低,流动性好,易熔焊、钎焊和塑性加工,在大气中耐腐蚀,残废料便于回收和重熔;但蠕变强度低,易发生自然时效从而引起尺寸变化。按制造工艺可分为铸造锌合金和变形锌合金。

8.2.1　锌合金的特点

(1)锌合金熔点低(385 ℃)、相对比重较大,与其他类合金相比具有良好的铸造性能,可以广泛应用于压铸形状复杂、薄壁的精密件,获得表面光滑的铸件;而且具有良好的常温机械性能如较高的承载能力,良好的耐磨性。

(2)锌合金也可进行如电镀、喷涂、喷漆等表面处理,以获得良好的表面性能;

(3)熔化与压铸时,锌合金具有不吸铁、不腐蚀压型、不沾模等良好的加工性能。

在锌合金的使用当中,也有许多需要注意的问题:

(1)抗蚀性差。当合金成分中杂质元素铅、镉、锡超过标准时,导致铸件老化而发生变形,表现为体积胀大,机械性能特别是塑性显著下降,时间长了甚至破裂。铅、锡和镉在锌合金中溶解度很小,因而集中于晶粒边界而成为阴极,富铝的固溶体成为阳极,在水蒸气(电解质)存在的条件下,促成晶间电化学腐蚀。压铸件因晶间腐蚀而老化。

(2)具有显著的时效作用。锌合金的组织主要由含 Al 和 Cu 的富锌、固熔体和含 Zn 的富Al 固熔体组成。它们的溶解度随温度的下降而降低,但压铸件的凝固过程极快,因此到室温时固熔体的溶解度是大大地饱和了。经过一段时间后这种过饱和现象会逐渐解除,而使铸件的形状及尺寸略起变化。时效时间对锌合金屈服强度和冲击韧性的影响如图 8-3 所示。

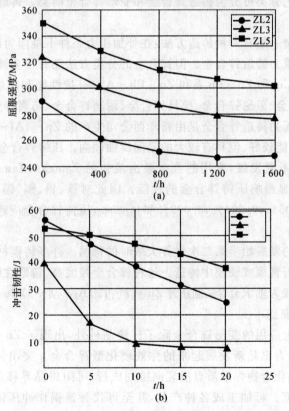

图 8-3　时效时间对锌合金屈服强度和冲击韧性的影响

（3）锌合金压铸件不宜在高温和低温（0℃以下）的工作环境下使用。锌合金在常温下有较好的机械性能，但在高温下抗拉强度和低温下冲击性能都显著下降。温度对抗拉强度的影响如图 8-4 所示。

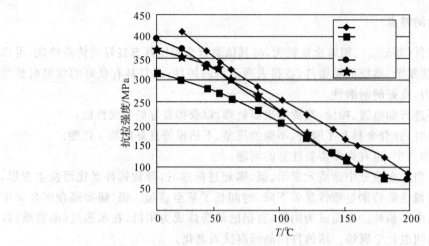

图 8-4　温度对抗拉强度的影响

8.2.2　常用锌合金的分类

锌合金按制造工艺分类可分为铸造锌合金和变形锌合金两类。铸造合金的产量远大于变形合金。

常见的铸造锌合金一般有两种铸造方法：在外加压力条件下凝固为压力铸造锌合金；仅在重力作用下凝固的是重力铸造锌合金。但锌合金的分类方法还有很多种。如按合金成分可以分为 Zn-Al 系、Zn-Cu 系、Zn-Pb 系和 Zn-Pb-Al 系；按性能和用途分类，可以分为抗蠕变锌合金、超塑性锌合金、阻尼锌合金、模具锌合金、耐磨锌合金、防腐锌合金和结构锌合金等。

第一个标准化的压力铸造锌合金是由新泽西公司生产的 Zn-4Al-3Cu 合金。其机械性能、压铸性能和流动性能较好，但具有较大的晶间腐蚀倾向。压铸锌合金在锌消耗总量中的约占 25%。随着技术的不断发展，常用的合金系由最初的 Zamak4，Zamak3，发展为 Zamak5，Zamak6。某些杂质明显影响压铸锌合金的性能。因此对铁、铅、镉、锡等杂质的含量限制极严，其上限分别为 0.005%，0.004%，0.003% 和 0.02%，压铸锌合金应选用纯度大于 99.99% 的高纯锌作原料。

重力铸造锌合金的发展始于第二次世界大战时的德国。许多铸模材料都适用于锌合金的重力铸造，可在砂型、石膏模或硬模中铸造。这种锌合金强度高、铸造性能好，冷却速度对力学性能无明显影响。一般为轴承合金，成分为 Zn-(7~12)Al-(1~3)Cu 合金中加入少量（2~4wt%）的硅和微量的硼。

变形锌合金工业上应用的变形锌合金除了传统品种外，出现了 Zn-1Cu-0.1Ti 和 Zn-22Al 合金。Zn-Ti 系合金是新发展起来的弥效硬化型锌合金。突出优点是合金经轧制后，由于有 TiZn15 金属间化合物弥散质点沿轧向排列成行，可阻碍晶界移动，因此有良好的高温强度和很高的蠕变强度。可加工成各种产品，甚至可代替黄铜作冲压件，用于汽车、坦克、电机、仪表和日用五金等工业部门。

8.2.3　常用锌合金牌号及性能

压铸锌合金具有比铝合金更强的防潮和防震的性能,是最常用的锌合金种类之一。传统的压铸锌合金有 2,3,4,5,7 号合金,目前应用最广泛的是 3 号锌合金。20 世纪 70 年代发展了高铝锌基合金 ZA-8,ZA-12,ZA-27。常用锌合金及牌号见表 8-6。

表 8-6　常用锌合金及牌号

特　性	Zamark 合金				ZA 合金		
	2	3	5	7	ZA=8	ZA=12	ZA=27
抗高温分裂①	1	1	2	1	2	3	4
压力密度	3	3	2	1	3	3	4
铸造难易度	1	1	1	1	2	2	3
立体准确度	1	1	1	1	2	2	3
立体稳固性	4	2	2	1	2	2	4
防腐蚀	2	3	3	2	2	2	1
抗冷断裂、变形②	2	2	2	1	2	3	4
机械加工与质量③	1	1	1	1	2	2	3
抛光加工与质量	2	1	1	1	2	3	4
电镀加工与质量④	1	1	1	1	1	2	2
阳化(保护)	1	1	1	1	1	2	2
化学外层(保护)	1	1	1	1	2	3	3

注:参照指数:1=最高指数,5=最低指数。①抗高温分裂,合金抵抗温度变化、热胀冷缩时产生的压力的能力;②抗冷段裂、变形,合金在低温环境中,抵抗变形、断裂、弯曲的能力;③机械加工与质量,切割、切割片特质、成品质量和工具寿命的综合评定;④电镀加工与质量,在正常操作下,模铸接受和保持电镀的能力。

2 号锌合金(Zamak2):也被称为 Kirksite,是这一族中最坚固的合金。但是由于铜含量较高,随着时间的推移,将伴有老化特性。这一变化包括了 20 年后轻微的体积增长(0.001 4 mm/in),伸展性和填充衔接能力有所降低。虽然 2 号锌合金是很好的模具材料,但是很少被压模生产者采用。它的蠕变表现比其他锌合金高,而且在发生老化之后,它仍保持了较高的坚硬和牢固度。

3 号锌合金(Zamak3):具有良好的流动性和机械性,一般应用于机械强度不高的铸件,同时也是锌压模的首选材料,在北美是最受欢迎的锌合金,同时也是应用最广泛的锌基合金之一。它平衡的物理和化学特性是最合乎需要的,尤其适合压模铸具,立体形体稳定,抗老化,这就是为什么大部分的模具都采用它为原材料。3 号锌合金的成品质量很好,适合电镀,油漆和铬盐酸应用,是标准平均水平的压铸材料。如果要求更高坚硬度的材料,应考虑其他类型的锌合金。

4 号锌合金:始于亚洲,铜含量介于 3 号锌与 5 号锌之间。4 号锌合金比 3 号更有效减少某些铸件的黏模现象,而 4 号锌合金仍保持与 3 号相当的柔软性。主要用于浴室的配件、厨具及拉链头等。

5 号锌合金(Zamak5):是欧洲最常用的锌合金。由于含铜量较高,坚硬牢固度更强,而且在流失掉一部分伸缩性(持续延长)后,延伸性与 3 号锌合金比较,它的强度有所增强。这种伸展度的降低,在第二工序中,将影响金属的形态,例如弯曲,榫接,型锻,卷曲,这些都是设计者应考虑到的。因为 3 号锌合金的市场占有率很高,零件工程师在加固零部件时通常用 3 号代替 5 号。但是,如果是制作需要较高的延伸表现的产品,建议使用 5 号锌合金。虽然 3 号和 5 号锌合金的蠕变指数相近,但 5 号锌合金确实有更强的抗蠕变性,这两类合金都适合弧线加工。当温度升高到超出正常环境温度时,而对零件的结构承受力又有特殊设计要求时,5 号锌合金相对来说是更好的选择。

7 号锌合金(Zamak7):作为 3 号锌合金的修正,提高了可压铸性、延展性和表层品质。大部分的 7 号锌合金被运用于金属元件,和对铸模的成型在其随后的装配运作有特殊要求时,例如卷曲或打桩。更强的可压铸性,同时也适合薄壁的压制。有些铸模要求更强的可压铸性,特别是复杂精细的零件,但是,这并不代表它需要特别的压制要求。为了避免在分割切线过程中产生过度的火星,精确的冲模尺寸和参数是必不可少的。7 号锌合金的高品质伸展性也体现在制作过程中,但更多的是体现在二道工序里的修正磨平的操作。

ZA - 8 号锌合金:数值指标的大致铝含量百分比显示 ZA 类合金明显地比 Zamak 类的合金富含铝成分。ZA - 8 号锌合金原先是为有着高品质成品和电镀特质的永久模铸合金而制的。虽然这种合金不如其他合金的模铸特性好,但却有着最优的坚硬牢固度和抗变形能力。就化学表现而言,ZA - 8 号锌合金的坚硬牢固度和抗变形能力要比其他类热炼锌合金要强。ZA - 8 号锌合金是唯一可用于热室压铸的 ZA 类合金。

ZA - 27 号锌合金:由于 ZA - 27 号锌合金的含铝较高,它只能用于冷室压铸。这类合金的坚硬度最高,在 ZA 族中密度最低。ZA - 27 在升温环境中,与其他商业用途锌类合金相比,提供了最强的设计承受力。它的承载和抗磨损力也很高。

ACuZinc5 型锌合金:ACuZinc5 型锌合金由通用公司(General Motors)研制。由于其铜含量的提高和铝含量的降低,它的坚硬牢固度和抗变形能力都得到了显著的改善,ACuZinc5 型锌合金的承载力也很好。

不同的锌合金有不同的物理和机械特性,为压铸件设计提供了选择的空间。

8.2.4 锌合金成分控制

一、标准合金成分

常用锌合金标准成分如表 8-7 所示。

表 8-7 常用锌合金标准成分

元素	Zamak 2	Zamak 3	Zamak 5	ZA8	Superloy	AcuZinc 5
Al	3.8～4.3	3.8～4.3	3.8～4.3	8.2～8.8	6.6～7.2	2.8～3.3
Cu	2.7～3.3	<0.030	0.7～1.1	0.9～1.3	3.2～3.8	5.0～6.0
Mg	0.035～0.06	0.035～0.06	0.035～0.06	0.02～0.035	<0.005	0.025～0.05
Fe	<0.020	<0.020	<0.020	<0.035	<0.020	<0.075
Pb	<0.003	<0.003	<0.003	<0.005	<0.003	<0.005
Cd	<0.003	<0.003	<0.003	<0.005	<0.003	<0.004
Sn	<0.001	<0.001	<0.001	<0.001	<0.001	<0.003
Zn	余量	余量	余量	余量	余量	余量

二、合金中各个元素的作用

锌合金成分中,有效合金元素包括铝、铜、镁;有害杂质元素包括铅、镉、锡、铁。

1.铝

在锌中加入不同成分的 Al 可以形成 Zn－Al 系合金,可广泛用于压铸合金或重力铸造合金。Al 元素具有改善合金的铸造性能,增加合金的流动性,细化晶粒,引起固溶强化,提高机械性能。另外,Al 可以降低锌对铁的反应能力,减少对铁质材料,如模具和坩埚的侵蚀。

铝含量控制在 3.8%～4.3%。主要考虑到所要求的强度及流动性,流动性好是获得一个完整、尺寸精确、表面光滑的铸件必需的条件。

铝对流动性和机械性能的影响如图 8－5 所示。流动性在铝含量 5% 时达到最大值;在 3% 时降到最小值。铝对冲击强度的影响如图中虚线所示,冲击强度在含铝量 3.5% 达到最大值;6% 时降到最小值;含铝量超过 4.3%,合金变脆;含铝量低于规定范围,导致薄壁件充型困难,有铸后冷却破裂的可能。铝在锌合金中不利的影响是产生 Fe_2Al_3 浮渣,造成其含量下降。

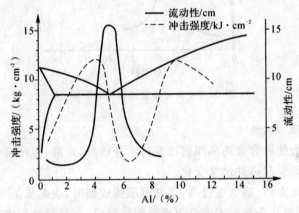

图 8－5　铝对合金流动性和机械性能的影响

2.铜

在锌中加入 60～70wt% 的铜,可形成黄铜,是常用的工业合金。铜元素作为锌基合金的添加元素,可以增加合金的硬度和强度,改善合金的抗磨损性能,减少晶间的腐蚀。但铜可降低合金的延展性,在含量大于 1.25% 后,会因时效作用使压铸尺寸和机械强度发生变化,另外铜会降低合金的可延伸性。

增加铜含量对合金强度的影响如图 8－6 所示。

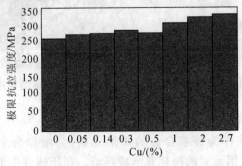

图 8－6　铜对合金强度的影响

3. 镁

镁是工业中最轻的一种金属,是铝比重的 2/3。但纯镁的抗腐蚀性能较差,机械性能也较差,因此常作为合金的添加元素。镁加入锌基合金中可以减少晶间腐蚀、细化合金的组织,从而增加合金的强度,改善合金的抗磨损性能。

但是当含镁量大于 0.08% 时,产生热脆、韧性下降、流动性下降;且易在合金熔融状态下氧化损耗。

镁对合金流动性的影响如图 8-7 所示。

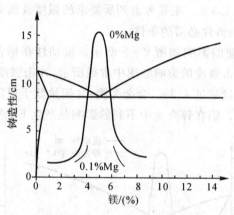

图 8-7　镁对合金流动性的影响

4. 杂质元素——铅、镉、锡

杂质元素的存在会使锌合金的晶间腐蚀变得十分敏感,在温、湿环境中加速了本身的晶间腐蚀,降低机械性能,并引起铸件尺寸变化。

当锌合金中杂质元素铅、镉含量过高,工件刚压铸成型时,表面质量一切正常,但在室温下存放一段时间后(八周至几个月),表面会出现鼓泡。铅、镉含量过高造成晶间腐蚀的显微照片如图 8-8 所示。

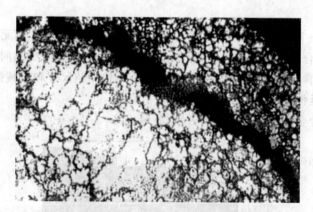

图 8-8　铅、镉含量过高造成晶间腐蚀的显微照片

5. 杂质元素:铁

铁稍使合金强化,但铁作为锌基合金的添加元素,会增加合金的脆性。铁与铝形成的 Al_5Fe_2 金属间化合物,造成铝元素的损耗并形成浮渣。在压铸件中形成硬质点,降低合金的工

艺性能,影响合金的后加工及抛光处理。

铁元素在锌液中的溶解度随温度增加而增加,每一次炉内锌液温度变化都将导致铁元素过饱和(当温度下降时)或不饱和(当温度上升时)。当铁元素过饱和时,处于过饱和的铁将与合金中的铝发生反应,造成浮渣量增加;当铁元素不饱和时,合金对锌锅和鹅颈材料的腐蚀将会增强,以回到饱和状态。两种温度变化的一个共同结果是最终造成对铝元素的消耗,形成更多的浮渣。

另外,稀土元素,如镧系元素是有色合金中的常用元素,也是锌合金的常用合金元素。

参 考 文 献

[1]　蔡强. 锌合金[M]. 长沙:中南工业大学出版社,1987.

[2]　赵浩峰,王玲. 铸造锌合金及其复合材料[M]. 北京:中国标准出版社,2002.

[3]　沈品华,屠振密. 电镀锌及锌合金[M]. 北京:机械工业出版社,2002.

[4]　陈浦泉. 锌合金模具和锌合金超塑性成形技术[M]. 哈尔滨:哈尔滨工业大学出版社,1985.

[5]　孙连超,田荣璋. 锌及锌合金物理冶金学[M]. 长沙:中南工业大学出版社,1994.

[6]　田荣璋. 中国有色金属丛书——锌合金[M]. 长沙:中南大学出版社,2010.

[7]　高仑. 锌与锌合金及应用[M]. 北京:化学工业出版社,2011.

[8]　全国有色金属标准化技术委员会,中国标准出版社第五编辑室. 锌及锌合金标准汇编:2008[M]. 北京:中国标准出版社,2008.

[9]　葛燕,朱锡昶,李岩. 混凝土结构钢筋腐蚀控制锌与锌合金的应用[M]. 北京:科学出版社,2015.

[10]　耿浩然,王守仁,王艳,等. 铸造锌、铜合金[M]. 北京:化学工业出版社,2006.

[11]　高存贞,杨涤心,谢敬佩. 高铝锌合金研究现状及进展[J]. 热加工工艺,2010,39(7):23 - 26.

[12]　安茂忠. 电镀锌及锌合金发展现状[J]. 电镀与涂饰,2012(6):35 - 40.

[13]　肖弦,林章辉. 热处理对锌合金组织和力学性能的影响[J]. 热加工工艺,2008 ,37(6):44 - 48.

[14]　章小鸽. 锌和锌合金的腐蚀[J]. 腐蚀与防护,2006,27(1):41 - 50.

[15]　杨瑢珍. 高铝锌合金组织和性能的研究[D]. 西安:西安理工大学,2008.

[16]　王丽波. 锌合金表面机械研磨化学复合镀的研究[D]. 兰州:兰州理工大学,2010.

[17]　刘洋,李红英,蒋浩帆. 热处理对 ZA27 合金组织和性能的影响[J]. 中国有色金属学报,2013(23):643 - 649.

[18]　孙利平. 易切削变形锌合金的研制及热处理研究[D]. 长沙:中南大学,2011.

[19]　杨瑢珍,谢辉,王智民,等. 含铝量对高铝锌合金组织和摩擦磨损特性的影响[J]. 热加工工艺,2008,37(12):12 - 14.

[20]　刘赛,杨涤心,高耀进,等. 高铝锌合金低温冲击韧性研究[J]. 矿山机械,2011,39(7):124 - 126.

第9章 贵金属及其合金

9.1 贵金属的性质

所谓贵金属是指金(Au)、银(Ag)和铂族金属(铂(Pt)、钯(Pd)、铱(Ir)、锇(Os)、铑(Rh)、钌(Ru)),其中 Ag,Au,Pt,Pd 等 4 种金属产量较高,常见贵金属牌号及成分如表 9-1 所示。贵金属在元素周期表中的位置及价电子层结构如表 9-2 所示。Ag 和 Au 位于化学元素周期表中 IB 族,在 Cu 之下;铂族金属属于 Ⅷ 族,位于 Fe,Co,Ni 之下。Ru,Rh,Pd,Ag 是第 5 周期元素,在贵金属中密度较小(10~12 g/cm³),通称轻贵金属。Ir,Os,Pt,Au 是第 6 周期元素,在贵金属中密度较大(19~22 g/cm³),通称重贵金属。它们都是过渡族金属。

表 9-1 贵金属 Au,Ag,Pt,Pd 的牌号及其成分(HB801-66,CB22-67)

牌 号	主要成分/(%)≥				杂质/(%)≤				
	Au	Ag	Pt	Pd	Cu	Fe	Pb	Sb	Bi
Au1	99.99				0.002	0.002	0.002	0.002	0.002
Au2	99.9				—	0.05	0.003	0.005	0.005
Ag1		99.99			0.002	0.002	0.002	0.002	0.002
		99.97			0.01	0.005	0.003	0.002	0.002
Ag2		99.90			0.03	0.003	0.003	0.002	0.002
		99.95			0.02	0.01	0.003	0.002	0.002
Pt1			99.99		—	—	—	—	—
Pt2			99.9		0.01	—	—	—	—
Pd2				99.9	0.01	—	—	—	—

表 9-2 贵金属在元素周期表中的位置、价电子层结构及原子密度

周 期	族								
	Ⅷ							IB	
5	44		45		46			47	
	钌 (Ru)		铑 (Rh)		钯 (Pd)			银 (Ag)	
	$4d^7 5s^1$		$4d^8 5s^1$		$4d^{10}$			$4d^{10} 5s^1$	
	101.10		102.91		106.42			107.87	
6	76		77		78			79	
	锇 (Os)		铱 (Ir)		铂 (Pt)			金 (Au)	
	$5d^6 6s^2$		$5d^7 6s^2$		$5d^9 6s^1$			$5d^{10} 6s^1$	
	190.2		192.22		195.08			196.97	

贵金属的共同特点是有美丽的金属光泽,在大气和一般的酸、碱、盐溶液中极其稳定,不易氧化,也不易受腐蚀。贵金属有很强的原子键,使其具有很大的原子间作用力和最大的堆积密度(配位数为 12),决定了贵金属具有特殊的力学、物理和化学性能。

贵金属 Au,Ag,Pt,Pd 的力学性能如表 9-3 所示。从表 9-3 可以看出,Au,Ag,Pt,Pd 强度不高,具有较低的硬度,但有优秀的塑性,可轧成极薄的箔,拉成极细的丝。贵金属 Au,Ag,Pt,Pd 的弹性模量和变形抗力较低,故易于加工。

表 9-3　贵金属 Au,Ag,Pt,Pd 的力学性能

金　属	σ_b/MPa	E/MPa	δ/(%)	HV	HB
Au	133	81 200	45	—	250
Ag	161	73 500	45	270	—
Pt	139	147 000	32	400	—
Pd	193	119 000	40	450	

贵金属 Au,Ag,Pt,Pd 的物理性能如表 9-4 所示。贵金属有极高的导电和导热性。Ag 的导热率较高,铂族金属(Pt,Pd)导热率较低;金、银的线膨胀系数较高,铂的线膨胀系数较低;贵金属具有较高的密度,比如在室温下,Pt 的密度为 21.45 g/cm^3。

另外,贵金属对气体的吸附能力很强。熔融态的银可溶解超过其体积 20 倍的氧,但凝固时又逸出。450 ℃时,金能吸收约为其体积 40 倍的氧,在熔化状态下吸收的氧更多。贵金属对光的反射能力很强。银对白光的反射能力最强,对于 550 nm 的光线,银的反射率为 94%。

表 9-4　贵金属 Au,Ag,Pt,Pd 的主要物理性能

金　属	Au	Ag	Pt	Pd
原子序数	79	47	78	46
相对原子质量	196.688 2	107.868 2	195.08	106.42
原子间距/nm	0.288 4	0.288 9	0.277 4	0.275 1
晶体结构	fcc	fcc	fcc	fcc
晶格常数 a(25℃)/nm	0.407 86	0.408 62	0.392 29	0.328 98
原子半径/nm	0.134	0.134	0.13	0.128
原子体积	10.11	10.21	9.12	8.9
熔点/℃	1 063	961	1 770	1 550
沸点/℃	2 808	2 164	3 842	2 900
硬度(金刚石=10)	2.5	2.5	4.5	5
密度(20℃)/($g \cdot cm^{-3}$)	19.32	10.49	21.45	12.02
线膨胀系数/(10^{-6}℃)	14.16	19.68	9.1	11.1
导热率/[J/($cm^2 \cdot s$)]	3.098	4.187	0.712	0.754
比热容/[J/($g \cdot K$)]	0.129	0.234	0.131	0.245
熔解潜热/(10^3J/kg)	67.62	105.0	113.4	142.8
比电阻/$\mu\Omega$m	2.86	1.59	9.85	9.93

贵金属共同的化学特性是其化学稳定性。量子力学理论指出,在等价轨道上的电子排布全充满和全空状态具有较低的能量和较高的稳定性。因此,贵金属的熔点和升华焓较高,也不易被腐蚀。

Ag 在空气中不易氧化,在低温中氧化速度非常慢,在高温中 Ag_2O 的分解压力非常高,只有在熔融状态能大量吸收氧,但在凝固时又全部放出。Ag 同 H_2SO_4 不发生反应,但能在热的浓 H_2SO_4 和 HNO_3 中溶解。Ag 在 HCl 和王水中不会很快溶解,原因在于初始反应生成的 AgCl 沉淀,有效阻止了 Ag 的进一步溶解。Ag 与碱不发生作用,但易与 S 或 H_2S 发生反应生成黑色的 Ag_2S。Ag 在卤化物中不稳定,能形成各种卤化银化合物(如 AgF,AgCl,AgBr,AgI),银饰品在空气中长久放置或佩戴后失去光泽多与其表面上硫化物和氯化物的形成有关。

Au 具有很高的化学稳定性,即使在高温条件下也不与 O_2 发生反应,这就是 Au 在自然界中能够以自然金存在的重要原因。同单一的酸或碱不发生反应,但能同 Cl_2 和王水反应生成 $AuCl_3$。在空气或氧化剂存在下,能溶解于 KCN 等氰化物溶液,形成稳定的氰化金络合物溶液,这一特性被利用在金矿砂提炼纯金,即所谓的氰化法。

铂族金属在常温条件下是十分稳定的,不被空气腐蚀,也不易与单一的酸、碱和多种活泼的非金属元素反应。但是在某些条件下,可以溶于酸,并能同碱、氧和氯气发生相互作用。铂族金属的反应活性依赖于其分散性,即合金化的元素形成中间金属化合物的能力。

Pt 在高温中与许多化学药品均不发生反应,适于作化学分析用坩埚和器皿,但是,Pt 易受强碱(KOH、NaOH)、氰化物和碱性硫化物的腐蚀,故不能用铂类器皿熔化这类物质。此外,Pt 能同 Pb、Sn 等形成活熔点合金,在还原性火焰中还能与 C 发生反应而受腐蚀,故不能使用白金器皿。Pt 在高温中有强烈的吸气能力,适于作气体反应的催化剂,尤其是表面积大的海绵状白金,催化作用更为明显,是化学工业用的一种重要催化剂。Pd 的性能与 Pt 极其相似,吸收气体形成固溶体的能力比 Pt 还强,特别是吸 H 的能力极强。Pd 吸收的 H 极易还原,还原后能使 Pd 变成海绵状,适于作催化剂;H 在高温中极易透过 Pd 膜,还可以作 H_2 的分离膜。

9.2 银及其合金

在贵金属中,银是自然界中分布最广的,是金含量的 20 倍,几乎等于铂族金属含量的总和。银具有银白色的金属光泽,原子量为 107.87,密度为 $10.49\ g/cm^3$。银在地壳中的含量很少,约为 1/1 000(即 0.1 g/t),并且很分散,开采和提取都很困难,因此价格昂贵,加之银具有许多宝贵的性能,故得"贵金属"之称。

中国是开采银最早的国家,并且经中亚传入欧洲,从古至今,银一直作为货币流通。我国是世界上生产和使用银最早的国家之一。公元 2 世纪的古书中就记载了不少有关银的性质、冶炼和地质资源分布情况。我国银资源主要分布在山东、广东、广西,湖南、湖北、四川等省。最近几年,在青海、甘肃、新疆等也发现了大型伴生银矿床,又在河南探明了一个以银为主的大型银矿床,这是我国目前银品位最高、储量最大的一个银矿。我国的银矿资源以伴生银为主,主要赋存于以铜、铅、锌、金、铁等为主要元素的矿床中。我国伴生银矿保存储量 62 319 t,占全世界银总储量的 59.6%,资源比较丰富。

世界银矿资源丰富的国家有墨西哥、加拿大、秘鲁、美国、苏联、日本等,储量占世界储量的 70%,其中墨西哥有"白银之国"的称号,其产量在世界上占有支配地位。近年来世界银产量持续上升,西方国家 1975 年生产银 1 183 t,1977 年增至 1 710 t,1980 年超过 2 000 t。银制品示例如图 9-1 所示。

图 9-1 银制品

9.2.1 银的主要性能特点

(1)沸点高。银的沸点为 2 210 ℃,熔点为 960.5 ℃,在冶炼过程中不易挥发而存留于渣中。

(2)良好的可塑性。1 g 银可拉成 1 800 m 长的细丝,可轧成 0.000 25~0.000 01 mm 的箔,用压力加工方法能容易地加工成各种状态、各种规格的银材。

(3)具有优良的导热性能。银的导热性较其他金属好,不适用吹火管加工戒指的尺寸。

(4)银对可见光谱有很高的反射率(94%)。

(5)银有极强的杀菌性,银离子有极强的杀菌作用。

(6)银具有吸气性能。不论是固态还是液态,银都能溶解氧,液态银所能溶解的氧超过其体积的 70 倍,固态银的含氧量则随温度的降低而减少,银及合金的薄膜具有选择性透氧能力,因此,浇铸时常出现银锭超轻、超重等现象。

(7)银在空气中加热容易被氧化,生成氧化银,但到 400 ℃时氧化银便出现明显分解。

(8)耐蚀性能好。银的化学性质稳定,一般不溶于盐酸,但能很好地溶于硝酸及沸腾的浓硫酸。在潮湿的空气中,银容易被硫的蒸汽及硫化氢所腐蚀,产生硫化银,使表面变黑(古时鉴别食物中是否含硫化物)。

(9)银不仅能与金组成合金,还能与铂族金属及铅、铋、铜等其他金属组成合金或金属化合物。

(10)银的卤化物(AgF,$AgCl$,$AgBr$,AgI)具有优良的感光性能,是重要的感光剂。

9.2.2 银的主要用途

白银是现代工业、国防建设的重要原料之一。长期以来,银用作货币、首饰、镶牙及其他装饰品。随着科学技术的发展,银矿工业上特别是原子能工业上的应用越来越广泛,已成为电气-电子工业、航空、仪表工业和尖端技术不可缺少的材料。2005 年我国白银主要消费领域及消费结构大致为:电气-电子 35%,感光材料 20%,化学试剂和化工材料 20%,工艺品及首饰 10%,其他方面 15%。银主要有以下用途。

(1)用于电气-电子工业。银及其合金用于制造各种接触点、真空管及 X 射线管的零件。

(2)银及其合金广泛用作焊接电阻、永磁、测温仪表等材料。主要的银基焊料有银-铜、银-铜-锌等合金。重要的电阻材料有银-锰-锡、锰-锑等合金。银-锰-铝永磁合金可作为小型测量仪表中的磁簧等。

(3)银的卤化物在照相、电影工业中大量用作生产感光乳胶剂，10 000 m 长的彩色胶卷约需银 4.5 kg。

(4)银用于电镀、保险丝、聚光器和荧光屏等。在医疗器械、化工、餐具、工艺品及包镶金属制品等方面也要用一定数量的银和银合金。

(5)一般机械制品也有很多离不开银，如 10 000 只手表约需 2 kg 银。机动车(汽车、拖拉机)、收音机、乐器、保温瓶等都需要银。

9.2.3 银基合金

银基合金主要有 Ag - Cu 和 Ag - Cu - Zn 系合金两大类，前者是电工用合金，后者主要用作焊料。Ag - Cu 系二元相图如图 9 - 2 所示，Cu 在 Ag 中有明显的溶解度变化，可以进行时效处理。Ag - 7.5Cu 合金又称货币银(Sterling - silver)，可在 280～300 ℃进行时效。Ag - Cu 合金的主要成分和性能如表 9 - 5 所示。

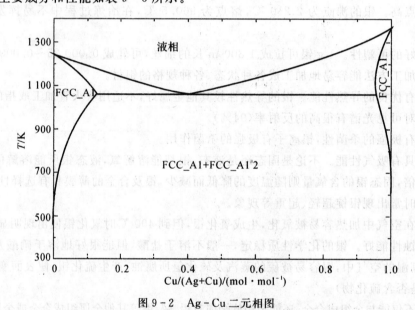

图 9 - 2 Ag - Cu 二元相图

表 9 - 5 Ag - Cu 合金的牌号、主要成分和性能(CB23 - 67)

牌　号		AgCu5		AgCu7.5		AgCu10		AgCu12.5	
主要成分/(%)	Ag	94.7～95.3	92.2～92.8	89.7～90.3	87.2～87.8	89.7～90.3		87.2～87.8	
	Cu	4.5～5.3	7.0～7.8	9.5～10.5	12～13	9.5～10.5		12～13	
状态*		M	Y	M	Y	M	Y	M	Y
σ_b/MPa		230	450	250	470	270	450	260	450
HB		50	118	57	120	64	125	70	127
δ/(%)		40	4	36	4	35	3.5	30	3.5
$\rho/\mu\Omega m$		—	—	0.019		—	0.02	—	0.021
电阻温度系数 10^{-3},1/℃		—	—	3		—	3	—	3

注:* M 为退火;Y 为冷作硬化。

Ag-Cu 合金的强度和耐磨性比纯 Ag 高,且有高的电、热传导性。随 Cu 含量的增加,合金的塑性有所降低,但硬度、强度和耐磨性增高。因此,作触头时,Ag-Cu 合金的力学性能和耐磨性比纯 Ag 好,但抗电蚀能力降低,易氧化和变色,接触电阻大,不宜制造易起弧和在压力很低的条件下工作的触头。Ag-Cu 合金适于制造高压、大电流继电器接头,如空气断路器、电压控制器和接触器的接点。AgCu₁₀合金还适于作接触压力较大的变阻器滑动接点。

银粉与 W,Mo,Ni 粉末烧结的银基粉末合金,也可以作电接点或触头材料。例如Ag-5Ni烧结粉末,电导率与纯 Cu 相当。Ni 含量≥15%的银合金,还有高的抗电弧能力。Pd能改善 Ag 的抗硫化能力,Pd 含量≥40%时,可以保证银合金完全不变色。如果 Pd 含量降低,再加入 Au 或 Cu,可以铸造牙科医用材料。

成分位于 16%～34%Cu 和 4%～15%Zn 间的 Ag-Cu-Zn 系合金,可以合成各种熔点的银焊料(见表 9-6),为了进一步降低熔点,还可以加入 Cd(15%左右)和 Sn(5%左右)。

表 9-6　银焊料成分和凝固温度

合　金	成分/(%)			液相点/℃	固相点/℃
	Ag	Cu	Zn		
A	10	52	38	852	788
B	50	34	16	774	671
C	80	16	4	804	721

9.3　金及其合金

金(Au)是柔软、深黄色金属,具有耀眼的金属光泽。Au 的纯度还可用"开金"(K,karat)表示,纯金为 24K,含金为 18/24 的金称为 18K 金。一般首饰常用的制作的开金是 14K 和18K;而 20K 和 22K 的开金,多用来铸造金币,成色在 9K 以下的开金,则较少使用,原因是含有其他金属的比率较高,即使是经过电镀,也非常容易氧化而失去光泽变黑。金非常致密,密度为 19.26 g/cm³,原子量为 196.97。金制品示例如图 9-3 所示。

图 9-3　金制品

金在地壳中的含量很少,其含量约占 0.02%。金在自然界的化合物很少,绝大部分以自然金形式存在,或与铜、银、铋、钯等金属组成的合金以及天然化合物碲化金存在。含金矿物有20 种,常见的主要矿物有:自然金、金银矿、银金矿、金铜矿、金钯矿、碲金矿和针碲金矿等。工业类型的金矿床有:①含金砾岩型金矿床;②太古代绿岩带中金矿床;③浸染型金矿床;④含金石英脉型金矿床;⑤砂金矿床;⑥伴生金矿床。金主要从上述矿床的脉金矿和脉金矿风化产生的砂金矿中提取,也从多金属矿中回收伴生金。

金是人类开采和使用最早的金属,它比铜、锡、铅、铁和锌发现和使用都早。我国黄金的生产和使用有很悠久的历史,早在商代以前就产生了黄金的生产技术。商代中期遗址中出土文物有金箔,其厚度为(0.010 ± 0.001)mm。西汉的葬墓中就有世界上罕见的金缕玉衣。清光绪十四年(1888年)我国黄金产量达13.45 t,占当时世界黄金产量的17%,居世界第五位,此后一直徘徊在此水平上下。1996年我国黄金产量达到120.5 t,居世界第六位,现在我国的黄金产量为220 t,上升到世界第三位。我国黄金产地有:黑龙江、吉林、辽宁、江西、内蒙、广西、河北、河南、湖南、四川、云南和台湾等省。

目前世界黄金储量中,脉金和砂金占75%,伴生金25%。1979年世界黄金产量为1 207.98 t,1995年世界黄金产量为2 746 t,其中脉金占65%、砂金25%、伴生金占10%。世界上产金最多的国家和地区有:南非、澳大利亚、加纳、津巴布韦、前苏联、加拿大、美国、菲律宾和日本。

9.3.1　金的主要性能

(1)Au能与很多金属组成五颜六色的合金和化合物。

(2)Au为面心立方体结构,加工性能好,1 g金可拉成2 000 m的丝,可加工成0.000 01 mm厚的金箔。如此薄的金箔,看上去几乎是透明的,带点绿色或者蓝色。

(3)优良的导电、导热性能,Au的电阻率为2.35 $\mu\Omega\cdot$cm,热导率为0.743 J/(cm²·s),仅次于Ag。

(4)Au对红外线光反射性很强,其反射率为98.44%。

(5)Au的熔点为1 063 ℃,沸点为2 970 ℃,因此,在冶金过程中不易挥发。

(6)Au是惰性元素,抗蚀性好,即使在高温下也不会被氧化。Au不溶于HCl,HNO_3和H_2SO_4等,但能溶于王水(HNO3∶HCl=1∶3)。

9.3.2　金的主要用途

金及其合金有美丽的颜色和抗蚀性,多用作货币、装饰品、眼镜框和义齿等。因其有特殊的电学性质,还广泛应用于精密仪器和电工技术方面。主要用在以下几方面。

1.首饰工业

金能与很多金属形成带有各种颜色的化合物或合金,用于首饰工业,作为财富储藏和保值手段。1978年世界工业和商业用的黄金加工量为1 552 t,其中首饰占65%。目前世界每年仅用于首饰方面的黄金就达1 000 t左右,我国每年用于制造首饰的黄金也将近50t。

2.纺织与化工工业

(1)扁平的镀金丝纺在棉线和丝线上,用于花边和镶边。

(2)加Pt或Rh的金基合金能同时耐苏打和硫酸的腐蚀,用作合成纤维生产的喷丝头。

(3)金合金用于化工设备的安全隔膜,如芳香族香科工业的液氨储罐等。

3.陶瓷和玻璃工业

(1)Au的化合物($AuCl_3$)广泛用于生产瓷器装饰的红、紫釉底色。为了改变色调,可加其他化合物,得到从黑紫色到美丽的玫瑰红釉底色。含12%Au和1%Rh组成的配制剂涂在煅烧前的陶瓷和玻璃表面,可得到光亮的金表面装饰。

(2)Au 用于红外线辐射加热和干燥设备的红外线辐射器上。该装置广泛用于印刷、塑料、压层玻璃、医药处理、纺织、造纸和食物等的干燥。

4.航空和宇航工业

(1)金基合金可用作对焊缝强度和抗氧化性能要求很高的耐热合金件的焊料。如采用 82.5%金、17.5%镍的焊料把叶片焊接到转子上;80%金、18%镍的焊料用于在氩气保护气氛下高频感应焊接阿波罗登月舱的不锈钢盖。

(2)金铂合金用于制造发动机的火花塞。金钯合金热电偶用于测量喷气发动机的温度。

(3)Au 用于镀在人造卫星的某些零件和金属帽上。

(4)在有机溶剂中,金的硫化物、络合物和少量易氧化的金属(如铋和钒)组成的"浓光金"配制剂,已用于喷镀喷气发动机的隔热屏、制动降落伞外壳、启动装置和导弹防爆屏上。

(5)Au 用在为宇宙飞船和人造卫星提供动力的硅太阳能电池上。

(6)纯金包的尼龙用在宇宙飞船的推进器、无线电装置和导航系统的高能宇宙辐射的保护屏上。

5.电气和电子仪器

(1)Au 在电子工业中主要用于触头、插座、继电器和高压开关等。

(2)把 Au 和 Pt 的配制剂弥散到粉状釉或玻璃料中,用网板印刷和喷涂方法制造有集成电路的微型单个电子元件。

(3)硅金(370 ℃)和锗金(365 ℃)低熔点合金用于焊接通信设备和电子计算机的硅片和锗片。

(4)金用于喷涂在导热率高的电绝缘体氧化铍上,从而解决了小型电气设备的热扩散问题。

(5)含 2%铬的金合金用作标准电阻,因为它的电阻温度系数低,易于得到恒定电阻。

(6)金用于电话送话器的碳固定接触器的涂层,以消除由于碳的电阻高和导热率低,受热时基体金属会氧化在电路中产生巨大的嘶嘶声。

(7)用金铂合金作电炉的保险丝,因为它的熔点范围窄(1 100～1 500 ℃),控制温度的准确度在±10 ℃范围内,而且抗氧化。

(8)Au - Co 合金热电偶用于测量低温,测温范围为 -269～+27 ℃。

6.其他

(1)金用于大型纪念性建筑物的房顶或塔尖镀金。

(2)用作办公楼的太阳隔热窗的涂层。把氧化铋作中间层的真空沉积金薄膜制成透光度高的玻璃窗,用在飞机、电机车、照相机、气垫船、显微镜上。

(3)金和金合金用于牙科镶牙。金的有机化合物用作医治风湿性关节炎的药物;放射性同位素金 198 用于治疗癌症。

9.3.3　金基合金

Au - Ag - Cu 三元合金是非常有趣的合金,适当调整成分可以获得绿、黄、红等色彩各异的合金;再加入 Ni 和 Zn 还可以得到粉红色的合金;Au - Ni - Cu - Zn 系四元合金的颜色与 Pt

相似,是银白色,故又称"白色金"。Au-Ag 和 Au-Cu 系二元合金是完全互溶的单相固溶体(见图 9-4 和图 9-5),组织极简单。

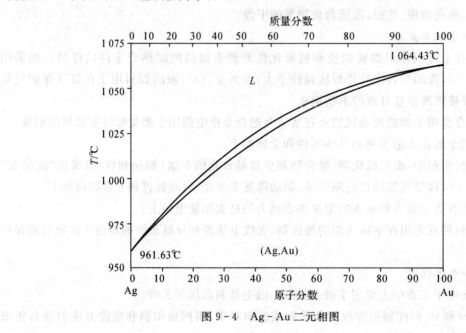

图 9-4 Ag-Au 二元相图

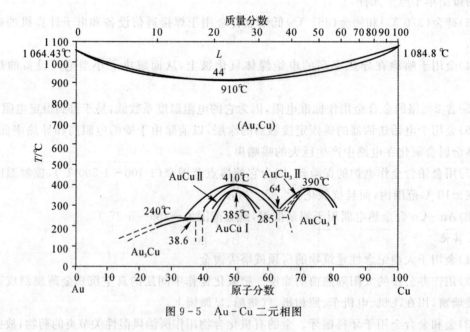

图 9-5 Au-Cu 二元相图

　　我国电子工业常用金基合金的牌号、主要成分及其性能分别如表 9-7 和表 9-8 所示。Au 中加入 25％Ag(Au-Ag25)或 40％Ag(Au-Ag40)的二元合金,由于固溶强化的结果,不仅强度提高了,电、热传导性和抗蚀性也很高,作触头和接点时,接触电阻低,稳定性好,适于作小电流断开触头或在强腐蚀介质中工作的轻负荷接点。

　　Au-Ag-Cu 三元合金如(AuAgCu35-5 和 AuAgCu20-30)因有时效硬化效应,不仅提

高了强度和硬度,而且电学性质也不受损害,故应用于精密仪表作电位器绕组、电刷、导电环和轻负荷接点材料。Au－Ag－Cu 合金加 Mn 能显著提高再结晶温度、硬度、强度和电阻稳定性,又有低的电阻温度系数和对 Cu 的接触热电势,故 AuAg33.5－3－2 合金适于作电位器的绕线材料,也可以作 PtIr 合金的代用品。

表 9－7　金基合金的牌号和主要成分　　　　　　单位:%

牌　号	Ag	Cu	Ni	Cr	Mn	Fe	Zr	Zn
AuAg40	39.5～40.5	—	—	—	—	—	—	—
AuAgCu 35－5	34.5～35.5	4.5～5.5	—	—	—	—	—	—
AuAgCu 20－30	19.5～20.5	29.5～30.5	—	—	—	—	—	—
AuCr4	—	—	—	3.5～4.5	—	—	—	—
AuNiCu 7.5－1.5	—	1～2	7～8	—	—	—	—	—
AuAg 33.5－3－3	33～34	2.5～3.5	—	—	2.8～3.3	—	—	—
AuNi5－2	—	—	4.5～5.5	1.7～2.2	—	—	—	—
AuNi 5－1.5－0.3	—	—	4.5～5.5	—	—	1.3～1.7	0.25～0.35	—
AuCu 22－2.5－1	—	21.5～22.5	2.3～2.7	—	0.02～0.03	—	—	0.95～1.05
AuNi9	—	—	8.5～9.5	—	—	—	—	—

表 9－8　金基合金的力学性能和物理性能

牌　号	状态	σ_b/MPa	HB	δ/(%)	ρ/μΩm	电阻温度系数/(10^{-3},1/℃)
AuAg40	M	163	47	25	0.105	0.84
AuAgCu35－5	Y	—	140～200		0.12	0.611
AuAgCu35－5	M	478	126		0.12	0.686
AuAgCu20－30	740℃淬火	556	148	29	0.135	—
AuCr4	Y	600～700	160～195		0.59	
AuNiCu7.5－1.5	Y	650～850	223～260		0.2	—
AuNiCu7.5－1.5	M	630～650	201		0.19	
AuAg33.5－3－3	Y	800～900	200～230		0.26	0.19
AuAg33.5－3－3	M	465	138		0.24～0.26	0.198

续　表

牌　号	状态	σ_b/MPa	HB	δ/%	ρ/$\mu\Omega$m	电阻温度系数 /(10^{-3},1/℃)
AuNi5 - 2	Y	800~900	200~232	—	0.4	0.1
	M	525	159		0.38~0.42	0.11
AuNi5 - 1.5 - 0.3	Y	800~950	230~250	—	0.44~0.48	—
AuCu22 - 2.5 - 1	时效	900~1 100	240~260	—	0.19	
AuNi9	Y	800~900	244~270	—	0.19	0.59
	M	658	204		0.19	0.59

Cr 在 Au 中有相当高的溶解度(最大可达 20.8%Cr),故 AuCr4 是单相合金,有优良的化学稳定性,稳定的中等电阻,低的电阻温度系数和对 Cu 的热电势,可作电刷或精密电阻材料。添加 2%Cr 的 Au - Ni 合金 AuNi5 - 2 有中等的电阻率(ρ)和电阻温度系数,抗蚀性好,接触电阻比铂合金和钯合金低,可作电位器绕组材料,也可以作 PdIr10 合金的代用材料。

AuNi9 合金有高的强度、硬度和低的电阻率,耐磨性也好,故用作轻、中负荷的电接触材料,也可以代替铂族合金作触头和电刷材料。Fe 和 Zr 在 Au 中的溶解度较高,故 Au - Ni 合金加入少量 Fe 和 Zr,能提高强度、硬度、耐磨性和抗有机气体腐蚀的能力。AuNi5 - 1.5 - 0.3 合金的主要特点是有小而稳定的接触电阻,抛光后在大气中的接触电阻只有 0.047Ω,可代替 PdAg40 等铂族金属合金作电位器绕组材料,工作性能比铂族合金还稳定可靠。Ni 和 Cu 在 Au 中能无限固溶,并有 $\alpha \rightarrow \alpha_1 + \alpha_2$ 的固溶体分解,可进行时效处理,故 AuNiCu7.5 - 1.5 合金有高的强度和硬度,电阻较低,可作电位器的绕线材料。

成分更复杂的 AuCu22 - 2.5 - 1 合金是精密电位器用电刷材料,与绕组材料 AuNi5 - 1.5 - 0.3匹配,可以制造耐磨性好、强度高、弹性好、抗盐雾、抗有机气体和耐氧化的电工制品,还可以代替 PdIr10 合金。

9.4　铂族金属及其合金

铂族金属是指铂(Pt)、钯(Pd)、铑(Rh)、钌(Ru)、铱(Ir)、锇(Os)六个元素,其中铂的产量最大,用途最广,这六个元素的性质十分相似,在自然界中,它们都共生在一起。铂族金属本身具有独特的物理、化学性能,其合金和化学制品更具有综合的物理化学特性。铂族金属及其合金在现代科学尖端技术领域中得到了越来越广泛的应用,是航空、航海、导弹、原子能、冶金、化工及电子等领域中十分重要的金属材料。铂金制品如图 9-6 所示。

铂族金属是稀贵金属,铂、钯在地壳中的含量只有 0.005~0.01 g/t,而钌、铑、锇、铱的含量更低(0.001 g/t)。我国铂族金属探明的储量不大,规模小,品位低,仅为 310 多 t,占世界总储量的 0.6%。主要分布在甘肃金川、云南金宝山和四川。大约 90%铂族金属和硫化铜镍矿伴生,少数赋存于铬铁矿、铁铜矿中。因此,我国的大部分铂族金属是作为铜、镍生产的副产品进行综合回收生产的。目前铂族金属资源比较丰富的国家和地区是南非、俄罗斯和加拿大。

图 9-6　铂金制品

9.4.1　铂族金属的主要性能

(1)铂、钯、钌、铑是银白色金属,锇是蓝灰色金属,铱是银灰色金属。它们都属难熔金属。熔点在 1 550~3 000 ℃之间,沸点在 3 980~5 500 ℃之间。

(2)铂和铑都具有稳定的电阻、低的电阻温度系数及良好的热电性能。

(3)铂和钯具有良好的可塑性,能锻造、压延、拉丝,但其余四种贵金属硬而脆,难于加工。

(4)铂族金属的化学性质稳定,它对许多种酸、化学药品及各种熔融物料,都有很好的耐蚀性。在空气和潮湿环境下均稳定,加热到高温时也不易起变化,仅锇会生成挥发性氧化物而引起损失。铂族金属具有良好的催化作用。

9.4.2　铂族金属的主要用途

铂族金属在国民经济各部门中的应用很广,其有下述具体应用。

1.化学工业

(1)在生产硝酸盐肥料时,用铂铑合金作催化剂,使氨氧化成硝酸,每生产 1 t 硝酸需要 0.3 g铂、铑催化剂。

(2)钛阳极表面需盖上铂铱的电镀层或氧化钌的覆盖层。

(3)在用蒽醌法生产过氧化氢和植物油硬化的过程中,需要用钯做催化剂。

(4)制造高纯氢和从不纯的氢中分离其他气体杂质时,需要使用含钯 60%的钯银合金,以生产纯度高达九个"9"(99.999 999 9%)的高纯氢。

2.石油工业

铂是石油工业的一种十分重要的金属,在石油精炼过程中,用铂催化剂,可以大大增产高级汽油的产量,减少许多副产品。

3.电子电器工业

(1)铂及其合金可用于制造电阻、继电器,发动机的火花塞电极、电触头、热电偶、印刷电路等。铂铁、铂钴合金具有极高的磁性,可做精密测量仪表的永久磁体。铂钴合金已经在传声器、助听器的耳机以及电动手表的生产中得到应用。

(2)纯钯触头应用在电话替续器中、能减少噪音,延长其寿命。含钯 60%的钯银合金可用做精密电阻;含钯 60%的钯铜合金可用做电讯工业中大容量继电器的触头,特别在交流电路中,性能良好可靠,在普通弱电流电路中也被广泛应用。

(3)纯铑用于印刷电路生产,用于电触头和具有极低接触电阻的电接触器。铂铑合金可做高温发热元件。

(4)钌可以用来制造电接触合金,如把钌合金可用做振动式电压调压器中的触头,线路上的电容和电阻。

(5)锇被蒸发到电子管的灯丝上,使阴极发射电子的能力得到显著提高。

4.玻璃工业

铂族金属能使熔化后的玻璃不致产生颜色,因此,铂可以作为制造光学玻璃的容器内衬,铂铑合金还用作玻璃纤维的喷嘴和拉摸。

5.仪表工业

(1)高纯铂主要用于制造标准电极、电阻温度计、热电偶,铂铑合金和铱铑合金也用于制造热电偶,后者可用来测量 $2\,000\sim2\,300\ ℃$ 的高温。

(2)铂钌合金用做汽车油量计和航空仪表的触头。

(3)铱可用作电真空仪表的阴极丝。铂铱合金可用作航空仪表中的电位计绕组和电刷及航空仪表陀螺仪上的导电环。

(4)天然锇铱矿石的小粒在仪表工业中做为轴尖材料,如指南针针尖、钟表、仪器的耐磨轴承。

6.其他用途

在宇宙飞行器用的燃料电池中用铂做电极。宇宙飞行器微电路上应用含铂的合金导电带。制备火箭和导弹发动机用的燃料过氧化氢,需用铂作催比剂。国外都在汽车上和各种柴油车上安装有铂催化剂,消除排出的有毒废气。铂还用做贮氢材料。

铂和铱可做成高温反应器的坩埚,用来生产激光器的红宝石等单晶体。

含铱 10% 的铂合金用作心脏起搏器。这种仪器插入人体后,给以很小的电振,使心脏跳动达到正常的心律。铂还作为一种顺式二氯二胺化合物,是一种有效的抗肿瘤药物。

9.4.3 铂基合金与钯基合金

铂基合金的主要合金元素是同族的 Ir 和 Rh,有时也加入少量 Ni 或 Cu。Pt 与 Ir,Rh,Ni,Cu 等形成的二元合金均能无限固溶,所以 Pt 中加入这些元素能明显固溶强化和改善物理化学性能。PtRh10 合金就是有名的热电偶材料。另外,铂基合金还是电接点、耐蚀合金、催化剂和装饰用的贵重材料。钯基合金的合金化特点与铂基合金完全相同,主要合金元素也是能形成全溶固溶体的 Ir,Ag 或 Cu,Co 等,能固溶强化和改善物理化学性能。钯合金与铂合金一样,主要用途是作耐蚀材料或精密电工仪表用接触点材料。

我国编入航标(HB801-66)的 Pt,Pd 合金较简单,主要有 Pt-Ir 和 Pd-Ir 系两类。Pt-Ir 和 Pd-Ir 的二元相图分别如图 9-7 和图 9-8 所示。这两类合金的主要成分和性能如表 9-9和表 9-10 所示,3 种 Pt-Ir 合金(含 Ir 分别为 $10\%,17.5\%,25\%$)可制造使用条件要求最高的弱电触点,如航空发动机的点火接触点,高灵敏度继电器等,也可作弹簧元件和各种高精度电阻。在铂合金中,Pt-Ir 合金是最悠久的合金,这种合金用于制作王冠。一般使用的合金为 Pt900-Pd50-Ir50 的合金和 Pt900-Ir100 的合金,后者的 HV 为 130,熔解温度为 $1\,800\ ℃$。Pt-Ir 合金有高的熔点、硬度、强度、抗蚀性和低的接触电阻,与纯 Pt 一样,不易氧化,尤其是不易产生电弧。增加 Ir 含量,强度、硬度、电阻率和化学稳定性也随之增高,但长期加热,Ir 容易挥发,因此不适于制造长期受热的零件。

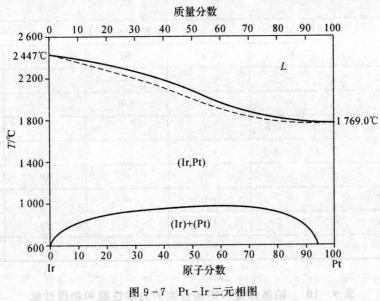

图 9-7 Pt-Ir 二元相图

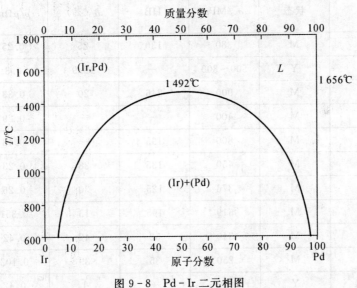

图 9-8 Pd-Ir 二元相图

表 9-9 铂基合金和钯基合金的牌号和主要成分(HB801-66)

牌 号	主要成分/(%)				
	Ir	Cu	Ni	Ag	Co
PtIr10	9.5~10.5	—	—	—	—
PtIr17.5	17~18	—	—	—	—
PtIr25	24.5~25.5	—	—	—	—
PtCu2.5	—	2.5	—	—	—

续 表

牌　号	主要成分/(%)				
	Ir	Cu	Ni	Ag	Co
PtCu8.5	—	8.5	—	—	—
PtNi5	—	—	5.0	—	—
PdIr10	9.5~10.5	—	—	—	—
PdIr18	17.5~18.5	—	—	—	—
PdAg40	—	—	—	40	—
PdAg80	—	—	—	80	—
PdAgCu36-4	—	4.0	—	36	—
PdAgCo35-5	—	—	—	35	5

表 9-10　铂基合金和钯基合金的力学性能和物理性能

牌　号	状态	σ_b/MPa	HB	δ/(%)	ρ/μΩm	电阻温度系数 $(10^{-3},1/℃)$
PtIr10	M	380	130	25	0.25	1.3
PtIr17.5	Y	500~800	—	12.9	0.3	0.85
PtIr25	M	900	246	20	0.33	0.65
PtCu2.5	M	400	—	—	0.29	1.1
PtCu8.5	M	800	195	—	0.48	0.22
PtNi5	M	450	135	28	0.23	1.85
PdIr10	M	376	125	30	0.26	1.33
PdIr18	M	619	195	15	0.351	0.75
PdAg40	M	340	52	42	0.42	0.025
PdAg80	M	250	35	39	0.102	0.52
PdAgCu36-4	Y	820	—	1	0.42	0.02~0.065
PdAgCo35-5	M	652	19.2	19	0.408	0.14

　　添加 Cu 和 Ni 的铂合金也有较高的强度、硬度和稳定的理化性能,可以制造相应的精密电工仪表用的零件。适合手工加工的 Pt-Cu 合金。在 Pt 中加入铜成为合金,会迅速硬化,加入 5% 的铜 HV 硬度为 120,加入 10% 时 HV 硬度为 150。操作性良好的合金比率为 3%~5%,就能得到相应的硬度,实际使用的合金是 Pt900-Pd70-Cu30 合金和 Pt900-Pd50-Cu50 合金。

　　Pt-Au 合金因为在凝固时的温度范围很大,所以很难形成均一的组分,必须从高温状态下进行急速冷却。如果不这样,就会形成硬而脆的材料。

　　Pt-Pd合金是最常用的合金,无论在铂金中加多少钯,对它的硬度没有影响,这种合金,如果钯的含量为25%时,硬度最大。

　　Pt-Co合金是最适合铸造的合金,在铂金中加入钴,硬度迅速上升,与铂钯金相比,加上3%的钴,约1.5倍的HV为110;加入5%的钴,大概2倍的HV为140。日常销售的铂钴合金为Pt900-Pd70-Co30,另外Pt900-Pd50-Co50也很常见。这种合金的熔解温度在1 720 ℃左右,比铂钯合金的1 755 ℃低。熔化后的金属流动性较好,而且钴的自身脱氧效果很好,孔隙很少,可以说是一种适合铸造的合金。

　　在Pt-W合金中,现在Pt900-Pd50-W50的混合比率是比较普遍的合金,HV为150,在所有现有铂金合金中,是最适合手艺制作的优良合金。和其他铂金合金一样,它的作业性如压延、伸展都很优秀。但是,在大气中难以熔解,必须在高真空和惰性气体条件下进行作业,熔解温度为1 860 ℃。

　　Pd-Ag合金的主要特点是抗蚀性高。当银基合金含Ag量达80%时,其抗硫化物腐蚀能力比纯Ag高。PdAg80合金导电性高,PdAg40电阻温度系数低,可作精密电器仪表用导电、接触点或耐蚀材料。Pd-Ag-Cu和Pd-Ag-Co合金也有高的强度、硬度、抗蚀性和低的电阻温度系数,也是重要的电工材料。

　　Pd-Ir合金(PdIr10和PdIr18)有高的硬度和良好的耐磨性,并且随Ir含量的增加而升高,作触头材料时,不形成硫化膜。这两种合金可作电位器弹性接触点,在某些条件下还可以代替一部分Pt-Ir合金。

参 考 文 献

[1]　董守安,等. 现代贵金属分析[M]. 北京:化学工业出版社,2007.

[2]　卢宜源,宾万达,等. 贵金属冶金学[M]. 长沙:中南大学出版社,2004.

[3]　杨如增,廖宗廷,等. 首饰贵金属材料及工艺学[M]. 上海:同济大学出版社,2002.

[4]　杨天足,等. 贵金属冶金及产品深加工[M]. 长沙:中南大学出版社,2005.

[5]　蔡树型,黄超,等. 贵金属分析[M]. 北京,冶金工业出版社,1984.

[6]　余建民,等. 贵金属萃取化学[M]. 北京:化学工业出版社,2005.

[7]　王自森,符斌,等. 现代金银分析[M]. 北京:冶金工业出版社,2006.

[8]　何纯孝,等. 贵金属合金相图[M]. 北京:冶金工业出版社,1983.

[9]　中国矿冶学院有色金属合金教研组. 铂族金属及其合金[M]. 北京:冶金工业出版社,1960.

[10]　余建民,等. 贵金属分离与精炼工艺学[M]. 北京:化学工业出版社,2006.

[11]　陈景,张永俐,等. 贵金属:周期表中一族璀璨的元素[M]. 北京:清华大学出版社,2002.

[12]　王琪,等. 贵金属深加工实用分析技术[M]. 北京:化学工业出版社,2011.

[13]　何纯孝,等. 贵金属合金相图第一补编[M]. 北京:冶金工业出版社,1993.

[14]　黎鼎鑫,王永录,等. 贵金属提取与精炼[M]. 长沙:中南大学出版社,2003.

[15]　余建民,等. 贵金属化合物及配合物合成手册[M]. 北京:化学工业出版社,2009.

[16]　周全法,熊洁羽,傅江,等. 贵金属深加工工程[M]. 北京:化学工业出版社,2010.

第 10 章　难熔金属及其合金

10.1　难熔金属概述

难熔金属一般是指熔点高于 1 650 ℃ 并有一定储量的金属（W,Ta,Mo,Nb,Hf,Cr,V,Zr,Ti），也有将熔点高于锆熔点（1 852 ℃）的金属称为难熔金属。但从国际权威刊物《难熔金属和硬质材料》（*Refractory Metals & Hard Materials*）发表的文章内容来看，当前新的技术发展已使难熔金属的内涵有了进一步的扩大和延伸，不只局限于那些熔点在 2 000 ℃ 左右或熔点比这更高的金属，实际已包括以下金属及合金：锆（Zr）、铪（Hf）、钒（V）、铌（Nb）、钽（Ta）、铬（Cr）、钼（Mo）、钨（W）、铼（Re）、锇（Os）、铑（Rh）和铱（Ir）。元素信息如表 10-1 所示。难熔金属及其合金、金属间化合物、碳化物、氮化物等，以其高熔点、高硬度、高强度等独特的物理与力学性能广泛应用于国防军工、航空航天、电子信息、能源、冶金、化工、核工业等领域，受到世界各国的高度重视，在国民经济中占有重要地位。

难熔金属及其合金的共同特点是电阻低，熔点高，高温强度高，抗液态金属腐蚀性能好，与硅、碳、氮等非金属材料结合性能好，已经成为最有希望在超大规模集成电路、电容器、镀膜玻璃、防辐射产品等方面使用的新型材料。难熔金属及其合金可以抵抗辐射、高温（1 100～3 320 ℃）、腐蚀和拉伸应力的苛刻环境，在高温时蠕变强度高，且同碱流体材料具有很好的相容性，绝大部分可塑性加工，是重要的高温结构材料。难熔金属及其合金的使用温度与它们的熔点直接相关，由低到高的顺序为铌合金→钼合金→钽合金→钨合金（铼金属），铼是一种价格高，加工硬化快，塑性加工困难的材料。受到密度和可加工性能的影响，目前使用最多的合金是铌合金和钼合金，几种典型的难熔金属材料的温度与高温强度的关系曲线如图 10-1 所示。可以看出，随使用温度的升高，钨合金的高温强度下降最慢，钽合金的略微快一些，下降更快的依次为铼金属、钼合金、铌合金。

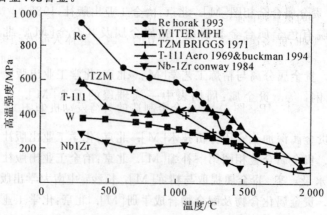

图 10-1　几种典型难熔金属的高温强度

钽合金具有高温强度高、抗热震性好和蠕变强度高，膨胀系数小、抗热震性能好，塑韧性优异等特点，但合金在 500 ℃以上不抗氧化，需要在其表面涂抗氧化涂层进行保护。为满足高温强度和高温蠕变性能要求，美国先后研发了 Ta-10W，Ta-12W，T-111，T-222，ASTAR-811C 合金；前苏联除开发了上述合

另外，增加了 Ta-3Nb-7.5V，Ta-15W，Ta-20W，Ta-10Hf-5W 合金。Ta-10W 合金已用于阿波罗宇宙飞船的燃烧室和导弹的鼻锥（使用温度在 2500℃左右）、火箭发动机喷管的燃气扰流片、阿波罗的燃烧室 Ta-10W-2.5Hf 合金用于液体火箭喷管的喷嘴。与铌合金和钼合金不同，钽合金在 1 204 ℃以上的长期蠕变强度高，因此用作空间大型核电力系统的动力转换用材料，如 Ta-10W 用作宇航核动力装置的强化结构材料，T-111(Ta-8W-2Hf)用作空间用包裹热力发动机热源的强化结构材料，T-222(Ta-10W-2.5Hf-0.01C)是为冥王星探测器发电装置研发的材料，ASTAR-811C(Ta-8W-1Re-1Hf-0.025C)是高温蠕变强度更好的材料。我国自 20 世纪 60 年代末以来相继研制了系列 Ta-W 合金，Ta-7.5，Ta-10，Ta-12W 与 Ta-8W-0.5Hf 合金都获得了应用。钽合金的涂层与铌合金的相似，钽铌涂层的研究以铌合金的为主。钽合金的多元难熔金属化合物在静态空气条件下表现出较好的抗氧化性能。如美国 Syvania 公司的 Hf-Ta 涂层、R515(Hf-Ta-Si)涂层和 Solar 公司在 T-222 钽合金基体上制备的 Mo-W-Ti-V 涂层在 1 822 ℃静态空气中的抗氧化时间达到 1.75 h；V. S. Terentieva 等制备的 Mo-Si-Ti 涂层可以经受 1 775 ℃氧化气氛 2 h 而无明显变化，抗氧化性能提高的主要原因是 Mo-Si₂，SiTi$_{0.4-0.95}$，TiSi₂ 相密封了耐高温相 Ti$_{0.4-0.95}$Mo$_{0.05-0.6}$Si₂ 周围产生的裂纹；俄罗斯复合材料科研生产联合体的 Mo-Pd、Mo-Hf、Si-Hf 涂层，在 1 700 ℃静态空气中的抗氧化时间达到 40 h 以上。我国研发的 Mo-Zr 系涂层可在 1 800 ℃下使用 10 h。

铌合金是难熔金属中密度最小的材料，在 1 100～1 650 ℃下有较高的强度，焊接性能好；它的室温塑性好，能制成薄板和外形复杂的零件。因此，在超高音速飞机、航天飞行器、卫星、导弹和超音速低空火箭上可作为优选的热防护材料和结构材料。针对航天应用，美国和前苏联研发的铌合金自成体系，分别研发了 20 种铌合金，美国的铌合金以 W，Mo，Hf 为主要强化元素，俄罗斯以 W，Mo，Zr 为主要添加元素，铌合金的第二相强化都以碳化物强化为主。铌合金按合金强度不同分为低强、中强、高强铌合金，按照密度不同，分为低密度和高密度铌合金。铌合金主要用作高比冲、能多次启动、推力可调节的双组元液体火箭发动机。美国应用最多的是 C103(Nb-10Hf-1Ti-0.5Zr)合金，使用温度在 1 200～1 400 ℃之间，属低强铌合金；美国的铌合金 90%以上为钨含量在 10%～30%的中高强铌合金，它的高温强度从 1 410 ℃的77 MPa 到 1 315 ℃的 372 MPa，图用 C103 合金制造的火箭发动机如图 10-2 所示。在低密度铌合金研究方面，美国研发了 Nb-37.7Ti-5Hf-5V-5Cr-5Al-2Sn-0.5Zr-0.1C，可在1 250 ℃使用 100 h，已应用于飞机发动机。前苏联应用最多的铌合金是 5BMЦ(Nb-5W-2Mo-1Zr)合金，该合金的密度与 C103 相同，属中强度铌合金，使用温度为 1 200～1 650 ℃，短时间可在 2 000 ℃下工作。俄罗斯研发的铌合金主要采用添加 5%～15%W 或 3%～11%Mo来强化铌合金，强度从 1 100 ℃的 260 MPa 到 1 200 ℃的 310 MPa。俄罗斯研发了低密度铌

合金(Nb-31Ti-7Al-4V-1.5Zr,Nb-41Ti-5Al)。研发的可焊接高热强铸造铌合金,其化学成分为 Nb-7W-2Mo-xZr-yCo,该合金在 1 200 ℃下的抗拉伸强度为 190 MPa,在 1 500 ℃下,5 h 的持久强度可达 83 MPa,50 h 的持久强度可达 29 MPa;高强铌合金 Nb-15W-3.5Mo-1Zr 在 2 000 ℃下的抗拉强度可达 60 MPa。为满足航天工业的需求,我国研发了 8 种火箭发动机用结构材料 Nb-752,SCb-291,D43,C-103,C-129Y,Nb521,Nb521C、低密度铌合金等,其中使用最多的是 C-103 和 Nb521 合金,为满足航天发动机减重的要求,我国研发了密度小于 6 g/cm³、可在 1 100 ℃以下使用的低密度铌合金。抗氧化性能差是铌合金高温长时间使用的主要障碍。现代结构铌合金的工作温度为 1 100~1 600 ℃。在空气中或其他氧化性气氛中工作,必须采取可靠的抗氧化保护措施。与提高合金性能相比,开发一种寿命长和耐更高温度的涂层更为重要,提高涂层性能,能够扩展铌合金的使用范围。铌合金硅化物涂层中抗氧化性能最好的是 $MoSi_2$,其方法是将合金做成的工件浸入 800 ℃的 $MoSi_2$ 熔体中,在此温度进行氢还原,然后进行 1 200 ℃,12 h 的真空扩散退火和 1 150 ℃,10 h 的渗硅处理,加入硅化铬和硅化钛时抗氧化性能更好。尤其对于大型薄壁构件,采用热稳定性最好的 $MoSi_2$ 涂层,能保证工作温度达到 1 400~1 500 ℃,为了提高硅化物涂层的可靠性,并再把工作温度提高 200~400 ℃,可再涂覆难熔氧化物(ZrO_2,HfO_2,Al_2O_3)或珐琅层。我国研制的铌合金涂层(铌硅和钼硅涂层)可在静态 1 700 ℃,保持 8~20 h。

钼的熔点温度比钨和钽低,但它的密度小(10.2 g/cm³)、弹性模量高(320 GPa),膨胀系数小,具有优越的高温蠕变性能,合金可以进行焊接,且焊缝强度和塑性都满足要求,工艺性能比钨好;缺点是低温脆化和高温氧化严重。俄罗斯研发的钼合金种类较多,除主要添加 Ti,Zr,C,Re 元素外,还添加了微量的 Ni,B,Nb 等对材料改性。美国开发的钼合金种类有 TZM (Mo-0.06-0.12Zr-0.4-0.55Ti-0.01-0.03C),Mo-30W,TZC(Mo-0.06-0.12Zr-0.4-0.55Ti-0.01-0.04C),HCM(1.1Hf-0.06C),Mo-41~50Re 系列合金等 6 种。奥地利普兰西公司开发了 TZM,Mo-30W,Mo-3Ta,Mo-3Nb,Mo-30Cu,Mo-47Re 等六种主要合金。俄罗斯多采用真空自耗电弧熔炼和压力加工方法制备钼合金材料,美国和奥地利多采用粉末冶金和压力加工方法。

在钼的所有添加元素中,只有铼对钼的低温塑性具有正面影响;加入 5%~50%Re,可以同时提高钼合金的强度、低温塑性和焊接性能,使钼合金再结晶后的脆裂倾向显著降低,高温稳定性、尤其是抗热震性能明显提高。

钼铼合金在真空、氢气或惰性气体的环境、高温下工作不产生脆化。BM3(Mo-0.8~1.3Ti-0.3~0.6Zr-0.25~0.5C)合金在 1 800 ℃下,抗拉强度可达 120 MPa。TP-47BΠ (Mo-47Re)在 1 800 ℃下,抗拉强度可达 60 MPa;Mo-50Re 合金丝和薄板制造的元件可用于温度高达 2 400 K 的加热器、反射器和工作站当中,这些元件可以通过焊接来制造、装配。此外,Mo-41Re,Mo-47Re,Mo-50Re,Mo-5Re-0.5Hf 等都可以用作火箭推进器的结构材料。

表 10 - 1　几种典型难熔金属的电子结构和物理性质

项目		Ti	Zr	Hf	V	Nb	Ta	Cr	Mo	W
原子序数		22	40	72	23	41	73	24	42	74
相对原子质量		47.867	91.224	178.49	50.94	92.91	180.95	52.00	95.94	183.84
原子半径/Å		2	2.16	2.16	1.92	2.08	2.09	1.85	2.01	2.02
原子体积/cm³·mol⁻¹		10.64	14.1	13.6	8.78	10.87	10.9	7.23	9.4	9.53
共价半径/Å		1.32	1.45	1.44	1.22	1.34	1.34	1.18	1.3	1.3
原子结构	电子构型	$d^2 4s^2$	$d^{10} 4s^2 p^6 d^2 5s^2$	$d^{10} f^{14} 5s^2 p^6 d^2 6s^2$	$d^3 4s^2$	$d^{10} 4s^2 p^6 d^4 5s^1$	$d^{10} f^{14} 5s^2 p^6 d^3 6s^2$	$d^5 4s^1$	$d^{10} 4s^2 p^6 d^{10}$	$d^{10} 4s^2 p^6 d^{10} f^{14}$
	离子半径	0.605	0.72	0.71	0.59	0.69	0.64	0.52	0.62	0.62
	氧化态	4,2	4,2	4,2	5,3	5,3	5,3	6,3,2	6,5,4,3,2	6,5,4,3,2
物理性质	熔点/℃	1 660	1 852	2 227	1 902	2 468	2 996	1 857	2 617	3 407
	沸点/℃	3 287	4 377	4 603	3 409	4 744	5 425	2 672	4 612	5 655
	密度/(g·cm⁻³)300K	4.51	6.51	13.31	6.11	8.57	16.65	7.19	10.22	19.35
	比热/(kJ·kg⁻¹)	0.52	0.27	0.14	0.49	0.26	0.14	0.45	0.25	0.13
	蒸发热/(kJ·mol⁻¹)	421	58.2	575	0.452	682	743	344.3	598	824
	熔化热/(kJ·mol⁻¹)	15.45	16.9	24.06	20.9	26.4	31.6	16.9	32	35.4
	电导率/(10⁶·Ω⁻¹·cm⁻¹)	0.023 4	0.023 6	0.031 2	0.048 9	0.069 3	0.076 1	0.077 4	0.187	0.189
	导热系数/(W·cm⁻¹·K⁻¹)	0.219	0.227	0.23	0.307	0.537	0.575	0.937	1.38	1.74
发现时间及国家		1791 年英国 1795 年德国	1789 年德国 1824 年瑞典	1923 年丹麦	1801 年墨西哥 1831 年瑞典	1801 年英国	1802 年瑞典	1780 年法国	1781 年瑞典	1783 年西班牙

钨是最耐热的金属,钨的密度大(19.3 g/cm³),它的强度是难熔金属中最高的,弹性模量高,膨胀系数小,蒸气压低,缺点是低温脆性和高温氧化严重。合金元素能够显著提高钨合金的耐磨和耐蚀性。在宇航工业中,钨及其合金可制作不用冷却的火箭喷管、离子火箭发动机的离子环、喷气叶片和定位环、热燃气反射器和燃气舵。用钨代替钼作固体火箭发动机的进口套管、喉管喉衬(W-Cu)可将材料的使用温度从1 760 ℃提高到3 320 ℃以上。如美国北极星A-3导弹的喷嘴是采用渗有10～15％银的耐高温钨管做的;阿波罗宇宙飞船上的火箭喷嘴也是用钨制造的。美国联合飞机公司研制了一种钨-铜复合材料用作火箭发动机的喷管隔板,它足以承受超过钨熔点3 400 ℃的燃烧温度。此外,这种材料还适用于火箭发动机、高超声速飞机前缘以及重返大气层飞行器的隔热屏蔽等,据报道,美国研发的超高音速飞行器除头锥以外的表面,覆盖了约400 kg的钨。美国联合技术中心生产了一种可供宇航设备使用的涂硼钨丝,这种钨丝具有强度高(抗拉强度为2 460 MPa),密度小,以及刚度高(为钢的2倍,铝的6倍)等优点,可用作火箭外壳,宇宙飞船的骨架。在钨合金中添加铼可改善钨的高温性能和室温延性,塑-脆转变温度降低,苏联研发的大部分钨合金加入了Re,如W-20-28Re,W-25Re-30Mo,W-3Re-0.1HfC,W-5Re-3.8ThO2,W-24Re-3.8ThO2。钨铼合金比纯钨更坚硬,其室温抗拉强度高达3 260 MPa,耐磨性和焊接性能好。W-25Re在2 400 ℃下的抗拉强度为70 MPa,曾是空间站核反应堆材料;钨铌合金单晶用于空间深空探测用热离子电源的发射极。为了使钨在2 000 ℃下工作,最有前途的是研制以难熔氧化物和硼化物为基的防护层,它具有高强度和热稳定性,为了防止喷嘴受到腐蚀和侵蚀,采用由质量分数为10％～25％的 α-WB和难熔氧化物 ZrO_2、HfO_2 和 ThO_2 组成的防护层。钨及其合金涂层的研究基本方向是:在保护表面涂覆添加具有自行愈合性能的硅化物涂层,在涂层界面上,即基体上形成能抑制 $WSi_2 \rightarrow W_5Si_3$ 转变的阻挡层;在有阻挡衬底的硅化物涂层上涂覆以难熔氧化物和硅化物为基的混合物,这种混合物能保证制品在使用的条件下长时间工作。

铼的熔点为3 180 ℃,没有脆性临界转变温度,在高温和极冷极热条件下均有很好的抗蠕变性能,适于超高温和强热震工作环境。铼对于除氧气以外的大部分燃气有较好的化学惰性。铼的室温抗拉强度为1 172 MPa,到2 200 ℃时仍有48 MPa的强度。在2 200 ℃下,铼制造的发动机喷管能承受100 000次热疲劳循环。铼及其合金成型件主要用于航天元件、各种固体推进热敏元件、抗氧化涂层等。我国制备的铼箔已成功用于回收卫星。Re-Mo合金到2 000 ℃仍有高的机械强度,可用作超音速飞机及导弹的高温部件。金属铼能抗热氢腐蚀、氢气渗透率低,可用于制作太阳能火箭的热交换器件,通过这个热交换器件,太阳辐射的热能被传递到氢气,然后氢气被吸入铼管,由此产生推力,铼管的最高工作温度可达2 500 ℃。

美国 Ultramet 公司从1980年开始研制可在2 204 ℃、无液膜保护下使用的、用金属铼作基体,铱作涂层的液体火箭发动机燃烧室,采用化学气相沉积技术制备的喷管在休斯公司的空间飞行器601HP卫星推进系统获得成功应用;我国昆明贵金属研究院进行过铼铱喷管的研发。为减轻铼铱喷管的质量,研究者利用金属铼和石墨有良好热相容性、结合面有塑性的特点,采用在C-C复合材料外表面制备Re/Ir涂层的办法制备发动机燃烧室,项目还处于研制阶段。近几年,铼的超耐热高温合金已成为其最重要的应用领域。

10.2　钨基合金

钨(tungsten),元素符号为W,呈银白色,是熔点最高的金属,属于元素周期表中第6周期(第二长周期)的ⅥB族。它属于有色金属,也是重要的战略金属,钨矿在古代被称为"重石"。

1781 年由瑞典化学家卡尔·威廉·舍勒发现白钨矿,并提取出新的元素酸——钨酸,1783 年被西班牙人德普尔亚发现黑钨矿也从中提取出钨酸,同年,用碳还原三氧化钨第一次得到了钨粉,并命名该元素。1909 年,美国库里奇采用粉末冶金法首次制成延性钨丝,用作白炽灯灯丝,从此,金属钨才得到应用。钨在地壳中的含量为 0.001%。已发现的含钨矿物有 20 种。钨矿床一般伴随着花岗质岩浆的活动而形成。经过冶炼后的钨是银白色有光泽的金属,熔点极高,硬度很大。

10.2.1 钨的基本性质

一、钨的物理性质

钨的主要物理性质如表 10 - 2 所示。钨有许多物理性质在所有金属中是独树一帜的。比如钨的熔点高达 3 410 ℃ ,是所有金属中最高的;它的蒸气压和蒸发速率是所有金属中最低的;它的热膨胀系数随温度升高的变化在难熔金属家族中是最小的。钨的所有这些突出性能为钨在各种工程中开辟了广泛的应用领域。

表 10 - 2 钨的一些物理常数

名　　称	数　　值
原子序数	74
原子量	183.85
密度/$(g \cdot cm^{-3})$	19.3
晶体结构	630 ℃以上:α - W,体心立方结构
	630 ℃以下:β - W,立方晶格结构
原子半径/nm	0.136 8
离子半径/nm	$0.068(W^{4+})\ 0.065(W^{6+})$
熔点/℃	3 410±20
熔化热/$(kJ \cdot g^{-1})$	255
升华热/$(kJ \cdot g^{-1})$	4.396
比热容/$(J \cdot kg^{-1} \cdot K)$,20 ℃	$1.34×10^2$
沸点/℃	5 900～6 000
蒸发热(沸点下)/$(kJ \cdot g^{-1})$	4.957
热导率/$[W \cdot (m \cdot K)^{-1}]$,20 ℃	$1.67×10^2$
热胀系数/$℃^{-1}$,300 K	$4.4×10^{-6}$
电阻率/$\mu\Omega \cdot cm$,20 ℃	5.5

二、钨的化学性质

钨的化学性质很稳定,常温时不跟空气和水反应,不加热时,任何浓度的盐酸、硫酸、硝酸、氢氟酸以及王水对钨都不起作用,当温度升至 80～100 ℃ 时,上述各种酸中,除氢氟酸外,其他的酸对钨发生微弱作用。常温下,钨可以迅速溶解于氢氟酸和浓硝酸的混合酸中,但在碱溶液中不起作用。有空气存在的条件下,熔融碱可以把钨氧化成钨酸盐,在有氧化剂($NaNO_3$,$NaNO_2$,$KClO_3$,PbO_2)存在的情况下,生成钨酸盐的反应更猛烈。高温下能与氧,氟,氯、溴、碘、碳、氮、硫等化合,但不与氢化合。在高温下,钨能耐许多熔融金属的侵蚀,使其成为这些金属的熔炼坩埚或容器材料,如表 10-3 所示。

表 10-3　钨在融入金属和氧化铀中的稳定性

熔融金属		条　件	性　能
铝	Al	～680 ℃	稳定
镓	Ga	～800 ℃	稳定
钾	K		稳定
锂	Li	～1 620 ℃	稳定
镁	Mg	～600 ℃	稳定
钠	Na	～900 ℃	稳定
钠钾	Na/K 合金	～900 ℃	稳定
汞	Hg	～600 ℃	稳定
铋	Bi	～980 ℃	稳定
锌	Zn	～750 ℃	稳定
二氧化铀	UO_2	～3 000 ℃	稳定

三、钨的力学性能

钨的室温力学性能如表 10-4 所示。

表 10-4　钨的室温力学性能

性　能	状　态	数　值
弹性模量/GPa		396
硬度(HV)	轻微变形＞1.0 mm 板、丝	3 000～5 000
	大变形＜1.0 mm 板、丝	5 000～7 000
	再结晶(细晶粒)	3 600
拉伸强度/MPa	轻微变形＞1.0 mm 板、丝	980～1 750
	大变形＜1.0 mm 板、丝	1 470～1 960
	再结晶	980～1 190
延性-脆性转变温度/℃	弯曲检验	200～500

10.2.2　钨的矿物资源

钨在地壳中的丰度较低,地壳平均含量只有 1.1 g/t 左右。中国的钨矿储量占世界总储量约 50%,按 WO_3 认含量计算,基础储量为 532 万 t,工业储量为 225 万 t,湖南、江西、河南 3 省的钨资源储量居全国的前 3 位,其中湖南、江西两省的钨资源储量占全国的 55.48%。湖南以白钨为主,江西以黑钨为主,其黑钨资源占全国黑钨资源总量 42.40%。世界其余钨矿主要分布在前苏联、加拿大、美国、澳大利亚和韩国等国。白钨矿与黑钨矿如图 10-2 所示。

图 10-2　白钨矿与黑钨矿

自然界已发现的钨矿物虽然约有 20 种,但具有工业价值的作钨冶金原料的只有黑钨矿和白钨矿。钨锰铁矿通常称为黑钨矿,其族矿物为 $MnWO_4$,$FeWO_4$,$MnWO_4$ 含量少于 20% 的一般称钨铁矿(呈黑色),高于 80% 的一般称钨锰矿(呈红褐色),在二者之间的统称钨锰铁矿,具有半金属光泽。钨酸钙(钙钨矿)通称为白钨矿。含 $CaO19.4\%$,$WO_3$80.6%,呈灰白色,有时略带浅黄色、浅紫色或褐色。

中国钨矿储量多且属于垄断性资源,但是并没有获得垄断性利润。其原因就是中国钨品出口产品结构不合理,出口过多,价格低廉。以附加值低的初级产品出口为主,是中国钨行业对外贸易中的致命弱点。

10.2.3　钨合金材料

钨合金是以钨为基体加入其他合金元素组成的合金。钨的合金化途径有固溶强化、弥散强化、沉淀强化、和复合强化,此外还包括由 WC 与黏相(Co 相)组成的硬质合金,渗铜或渗银的复合材料,又称钨的假合金,以及由添加剂 Ni,Fe 或 Ni,Cu 组成的高密度合金。

在金属中,钨的熔点最高,高温强度和抗蠕变性能以及导热,导电和电子发射性能都好,热膨胀系数也小,密度高,既耐磨又耐蚀。钨合金化目的是进一步提高高温强度、耐磨耐腐蚀性能,改善低温塑性、焊接性能和抗氧化性能。

钨合金的制取有粉末冶金法和熔炼法,制品种类有板、带、箔、管、棒、丝、型材等。粉末冶金法是制取钨合金制品的主要手段。

典型钨合金的成分、特点和主要用途如表 10-5 所示。

表 10-5 典型钨合金的成分、特点和主要用途

合金种类	添加剂	强化方式	特点	主要用途
W-Re	Re	固溶强化	高强度、高塑性、高热电势值、高再结晶温度、低的电子逸功	高温热电偶材料、显像管、电子管灯丝
W-Mo	Mo	固溶强化	高温强度好	高温部件
高密度合金	Ni,Fe,Cu	固溶强化	高密度、高强度、塑性好、导电导热性好、吸收。高能射线能力强、易切削加工	惯性元件、射线屏蔽、动舫穿甲弹、模具
W-Cu	Cu		兼有钨和铜的性能,自发汗冷却、易切削加工	触头、电极、瞬时高温材料
W-Ag	Ag		兼有钨和铜的性能,自发汗冷却、易切削加工	触头、电极、瞬时高温材料
W-REO	CeO_2,La_2O_3,Y_2O_3	弥散强化	低的电子逸出功、高再结品温度、优异的高温强度和抗蠕变性能	电极材料、阴极材料
W-ThO_2	ThO_2	弥散强化	低的电子逸出功、高再结品温度、优异的高温强度和抗蠕变性能,有放射性	电极材料和阴极材料、高温结构材料
掺杂钨	K_2O,SiO_2,Al_2O_3	弥散强化	高再结晶温度,再结晶状态下具有良好的塑性	灯丝、阴极、高温结构材料

一、钨合金的分类

至今商用的钨合金的分类如表 10-6 所示。

表 10-6 钨合金分类

固溶合金	弥散强化和沉淀硬化合金	复合强化型合金	高密度钨合金	钨、铜钨、银复合材料	硬质合金
W-Re 系 W-Mo 系 W-Nb 系 W-Ta 系 W-Hf 系	氧化物弥散强化(稀土氧化物) 碳化物弥散强化 Si,Al,K 掺杂钨	W-Re-ThO_2 W-Re-HcF W-Mo-ZrC W-Re-Si,Al,K	W-Ni-Fe 系 W-Ni-Cu 系	W-Ag 系 W-Cu 系	WC-Co 系 WC-TiC-Co 系 WC-TiC-Ta(Nb)C-Co 类 钢结硬质合金

二、掺杂钨丝

掺杂钨丝(Doped Tungsten Wire)是用粉末冶金和塑性变形方法制成的含有微量硅、铝、钾氧化物的钨丝。在钨氧化物中添加的掺杂剂为 0.3%～0.45%(质量)SiO_2,0.025%～0.05%Al_2O_3,0.25%～0.55%K_2O。掺杂钨丝因其在再结晶温度(二次再结晶温度高达 1 900～2 500 ℃,而纯钨丝再结晶温度<1 500 ℃)以上使用时不像纯钨丝那样产生下垂变

形,因而又叫不下垂钨丝(抗下垂钨丝)。

掺杂钨铼丝是用掺杂钨铼粉制成的一种特种钨丝,属耐震钨丝。其加工方法基本与掺杂钨相同。无论是掺杂钨丝还是掺杂钨铼丝,它们都是钾泡强化钨合金。

微量钾经高温烧结后在钨中形成细小的钾泡,在塑性变形和热处理过程中,钾泡交替地被拉长和分裂成细而弥散且平行丝轴的泡列,它阻碍晶粒横向长大,形成平行丝轴高度伸长的燕尾状、搭接的大长晶再结晶组织,提高了钨的高温抗下垂性能。Al_2O_3 的作用是促进有效的钾含量,SiO_2 主要起调节钨粉粒度的作用。

掺杂钨丝广泛用于电子器件热丝和灯泡灯丝。如性能优异的 WAI_1-T 用于双螺旋热丝及特л灯丝、耐震热丝及灯丝和高色温灯丝;WAI_1-L 用于各类电子管热丝、发射管和微波管及放电管阴极基体、收讯放大管直热式阴极和白炽灯丝及真空蒸发用钨铰丝等,高温炉的发热体、支撑件、舟皿,X 射线管阴极和固定阳极,高温弹簧。

三、高密度钨基合金

高密度钨基合金(high density tungsten Alloys),又称钨基重合金,俗称高比重合金重合金,是以钨为基(W 含量 85～99wt%)加入少量镍、铁、铜、钼、钴、锰、铬及其他元素组成的合金。合金的组织由体心立方硬质钨相(含少量镍和铁)和包围钨相的面心立方黏结相(镍固溶体)组成,前者构成钨骨架,保证合金的密度和强度,后者由合金元素和钨形成。镍是活化元素,它可降低烧结温度;铁和铜可有效控制钨在镍中的溶解度,避免生成脆性相;铁有提高合金强度和塑性的作用。

常用高密度钨合金有两大系列,即 W-Ni-Fe 系和 W-Ni-Cu 系。W-Ni-Fe 系合金一般含钨 90%～98%(质量分数),镍铁含量比为 2∶4 时合金综合性能最佳,W-Ni-Cu 系合金一般含钨 90%～95%,镍铜含量比多为 3∶2,该类合金无铁磁性。在上述两类合金的基础上,还可以加入铝、钴、锰、铬、钒、钛、锆、铌等元素,以改善合金的工艺性能、力学性能和耐蚀性能。近年来还研发了其他三元系,如:W-Ni-Co,W-Ni-Mn 和 W-Ni-Ti 等。

高密度钨合金具有热膨胀系数小、抗蚀性和抗氧化性能好、导电导热性能好、强度高、延性好、抗冲击韧性好,良好的射线吸收能力等优异性能,可进行车、铣、磨、刨、钻、攻丝等机加工,可进行轧制、挤压和旋锻等大形变强化处理,亦可进行焊接及表面电镀。多用于惯性元件、穿甲弹、射线屏蔽材料、模具、减震材料等。

四、钨铜(银)复合材料

钨铜(银)复合材料是由钨和铜(银)两种元素组成的材料。钨和铜(银)既不互相固溶,也不形成金属间化合物,它们的熔点、密度、晶格结构相差很大,组织是以钨骨架和铜(银)两者机械棍合物形式存在,故早先称之谓“假合金”,现归入“复合材料”行列。具有钨骨架(骨架相对密度一般为 70%～85%)的钨铜(银)材料在高温下,由于铜(银)熔化、蒸发,大且吸收热量,降低钨基体表面温度,犹如人体毛孔出汗降温一样,因而也被称为金属发汗材料。为适应各种新技术对钨铜材料的新要求,近年来,对新型钨铜材料进行了大最探索研究,诸如梯度结构的钨铜材料,作为梯度材料,它可以一端是高熔点、高强度的钨或低含铜的钨铜,另一端则是高导热导电和较好塑性的铜或高含铜的钨铜,这样的梯度材料具有极为特异的功能和良好的应用前景;纳米结构的钨铜材料;变形加工的钨铜材料,可提供特殊要求的板材、箔材、棒材和丝材。

钨铜银复合材料的各种优越性能正越来越为人们所重视,无论在电气工业、微电子工业领域,还是在其他许多领域都将具有广泛的应用前景。

五、钨铼合金

钨铼合金(tungsten rhenium alloys)是以钨为基与铼元素组成的固溶强化型合金。合金中典型的铼含量(质量分数)为 3%,5%,10%,25% 和 26%。当锌含量超过 26% 时,钨铼合金将析出脆性 σ 相。钨铼合金在变形过程中易形成孪晶,减少了堆垛层位错能量,降低位错移动的晶界阻抗,导致位错迁移率增加,促使钨固溶软化,此现象称为"铼塑化效应"。在钨铼合金系中,铼浓度低时,合金塑化效应明显,铼浓度高时合金塑化效应降低。

钨铼合金具有一系列优良性能,诸如高熔点、高强度、高硬度、高塑性、高再结晶温度、高电阻率、高热电势值、低蒸气压、低电子逸出功和低的延—脆性转变温度。钨铼合金主要用作高温领域结构材料,并在电子技术、核技术、航天技术和测温技术等方面具有广泛用途。

10.3　钼及其合金

钼(molybdenum),元素符号为 Mo,呈银灰色,位于元素周期表周期表第 5 周期、第ⅥB 族,为一过渡性元素,钼原子序数为 42,原子量为 95.94,晶格类型为体心立方,熔点约为 2 620 ℃。

钼于 1778 年由瑞典化学家舍勒(C. W. Cheele)用硝酸分解法从辉钼矿中发现,被命名为 molybdos(希腊文"似铅")。1782 年瑞典化学家那儿姆(P. J. Hjelm)用亚麻子油调过的木炭和钼酸混合物密闭灼烧,首次制得金属钼。19 世纪末发现钼能显著提高钢的强度和硬度,1910 年出现含钼的钢,1909 年钼开始用于电子工业,随后扩大到照明等领域,从此逐步形成了现代钼的工业。

钼在地壳中的自然储量为 1 900 万 t,可开采储量为 860 万 t。目前,全球 85% 的钼储量集中在美国、中国、加拿大。美国控制着全球 41% 的钼储量,居世界第一位,加拿大控制着全球 6% 储量,我国钼矿资源丰富,总保有储量为 840 万 t,居世界第 2 位。美国钼资源虽然多,却是全球第一个实行钼资源控制储备的国家,加拿大跟随美国,也实施了这一战略,我国必须保持警惕。

10.3.1　钼的合金化

钼的合金化原理与钨的相似,用来提高钨的耐热性能的所有强化途径对钼基本上都适用。主要有以下几种:固溶强化、沉淀强化、弥散强化和复合强化。钼合金的强化方式如表 10 - 7 所示。

钼合金化的目的在于使钼合金获得高的强度、高的塑性、高的高温抗氧化性、耐热、耐蚀及良好的加工性能等。

1. 固溶强化

该种强化主要指加入微量的钛、锆、铁、硼、铪等合金元素(总量 0.1%～1.2% 质量分数)进行强化,以提高钼的性能。加入微量元素的同时合金中往往还加入一定量的碳,是合金元素和碳形成碳化物弥散质点以加强强化效果。其中钛的最佳含量在 0.5% ,锆的含量在 0.1%～

0.4％，并且锆对钼的强化效果比钛强得多。微量强化钼合金，强化效果很弱，性能略高于纯钼；大量强化钼合金，提高了钼的耐热强度和硬度，但加工性能变差。大量固溶元素 Re 一方面能大幅度降低钼合金的塑脆转变温度，使钼铼合金具有很好的常温性能；另一方面还可以提高钼合金的再结晶温度、焊接性能以及抗辐射性能等。

2. 沉淀强化

钼中加入钛锆等活性元素和碳生成的碳化物在合金高温淬火过程中形成过饱和固溶体，该固溶体在随后的退火时效析出细而弥散的碳化钛和碳化锆质点。以 TZM 合金为例，该合金含钛 0.40％～0.55％（质量分数，下同），锆 0.06％～0.12％，碳 0.01％～0.04％，钛和锆既溶于钼中，起固溶强化作用，又和间隙元素碳相互反应形成复式钛锆碳化物。在钼合金高温淬火过程中，形成的过饱和固溶体，在随后的退火时效时，这一复式碳化物以弥散质点形成析出，起到沉淀强化的作用。

3. 弥散强化

加入 Al_2O_3，MgO，ZrO_2 等常用的钼的氧化物强化剂强化；钼中掺杂 K，Si，Al 的掺杂强化，与掺杂钨的原理基本相似。高温烧结后在基体中形成细小的钾泡，在大塑性变形和热处理过程中，钾泡交替地被拉长和分裂成细而弥散且平行变形方向的泡列，这些泡列延缓晶粒横向长大，形成平行于变形方向且高度伸长的燕尾搭接式晶粒。掺杂生产的 Al_2O_3 作用是保证有效的钾含量，SiO_2 主要起调节晶粒粒度的作用。

综合强化：钼的综合强化是将上述两种或两种以上的强化机制同时运用到钼中，使钼获得更加强化效果。钼合金的各种强化机制之间有着密切的联系，微量元素的强化作用主要在 1 100～1 300 ℃的温度下发生作用。当温度再升高时则会失效，而碳化物的弥散强化作用在 1 400～1 500 ℃时最为明显，在 1 500～1 800 ℃时碳化物软化、不稳定，此温度下高熔点的稀土氧化物强化效果显著，高于 2 000 ℃时，稀土氧化物开始软化，而掺杂铝、钾、硅气泡强化作用显著。

10.3.2 钼合金材料

一、掺杂钼

掺杂钼（doped molybdenum）是在钼中添加微量氧化钾、氧化硅和氧化铝所形成的钼材。掺杂钼中掺杂剂的含量（质量分数/％）为 $0.3K_2O$、$0.02SiO_2$、$0.02Al_2O_3$。掺杂钼还被称为高温钼（HTMoly）。掺杂钼的机理与掺杂钨相似，属于钾泡强化型合金。常见的掺杂钼合金有 MH（Mo‐0.0015K‐0.002Si）和 KW（Mo‐0.002K‐0.003Si‐0.001Al）。高温钼最可贵的特性是有高的再结晶温度及在再结晶状态具有优良的强度和弯曲性能。高温钼再结晶温度由纯钼 1 000 ℃提高到 1 600 ℃。这是由于掺杂引起的小泡的钉扎作用，使晶界不能自由迁移，从而使二次再结晶温度升高。通过在一个方向上大变形冷加工与特定热处理相配合，再结晶后获得特殊的定向结晶的重叠的长晶组织，使材料保持良好的强度、延性和弯曲性能。如表 10‐8 可以看出掺杂钼板的高温性能明显优于纯钼板。

掺杂钼主要用作高温结构材料。如高温加热炉发热体、隔热屏、结构件；高温舟皿；电子管中高温结构件，电子管、照明灯及特种光源的热发射材料；电光源和照明灯电极引出线、支撑件；铂金坩埚的代替品。

表 10 − 8　掺杂钼板与纯钼板的高温性能

试验温度/℃	拉伸强度/MPa		伸长率/(%)	
	掺杂钼	纯钼	掺杂钼	纯钼
1 200	212.5	108	14.7	13.0
1 300	153.5	82.3	11.27	17.6
1 400	112.5	—	11.6	—

二、碳化物强化的双相钼合金

这类合金有 TZM，MTC 和 M − 0.5Ti 等，合金的热强度取决于碳化物相，通过合金成分、热变形和热处理相互配合，可获得最佳的碳化物数量和分布。

Mo − 0.5Ti 合金热强度较低，但塑性较好；而 TZM 合金热强度明显增高，TZM 合金与其他钼合金及纯钼性能的比较如图 10 − 3 所示，可以看出，Mo − 0.5Ti 合金热强度比纯钼略高些。随着温度升高，合金的强度迅速下降，当温度达到 1 600℃时，钼合金和纯钼强度差别明显减小，这就是碳化物强化的特点。

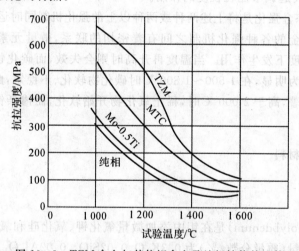

图 10 − 3　TZM 合金与其他钼合金及纯钼性能的比较

1. 钼钛合金

钼钛合金（molybdenum titanium alloy）是以钼为基加入少量钛元素组成的合金。通用合金的名义成分为 Mo − 0.5Ti，又称 MT 合金。合金含钛 0.4%～ 0.55%（质量分数）、碳 0.01%～0.04%（质量分数）。钛固溶于钼中，起固溶强化作用，铁与合金中的碳形成弥散碳化物质点，可起到沉淀强化作用，钛还改善钼的低温塑性，提高钼的再结晶温度。钼钛合金的室温力学性能与纯钼的相当，但它的高温力学性能由于纯钼，高温持久强度更加突出。

表 10 - 7　钼合金强化方式

强化方式	合金元素	典型合金	再结晶温度/℃
纯　钼			1 000~1 100
固溶强化	Ti	Mo - 0.5Ti	1 100~1 300
	W	Mo - 30W	1 200
	Re	Mo - 41Re	1 200~1 300
沉淀强化	Ti、Zr、Hf、C	TZM(Mo - 0.5 Ti - 0.1 Zr - 0.02C) TZC(Mo - 1 Ti - 0.3 Zr - 0.1C) MHC(Mo - 1.2 Hf - 0.05C) ZHM(Mo - 0.5 Zr - 1.5 Hf - 0.2C)	1 300~1 500
弥散强化	La_2O_3，Y_2O_3	MLa(Mo -(1~2)La_2O_3) MY(Mo -(0.5~1.5)Y_2O_3)	1 400~1 600
	K、Si、Al	MH(Mo - 0.0015K - 0.002Si) KW(Mo - 0.002K - 0.003Si - 0.001Al)	1 800
综合强化	W，Hf，C	M25WH(Mo - 25W - 1.0Hf - 0.07C)	1 650

2.钼钛锆系合金

钼钛锆系合金(molybdenum titanium zirconium system alloys)是以钼为基加入少量钛、锆和微量碳元素组成的合金。钼钛锆合金根据其合金元素钛、锆、碳含量的不同可分为 TZM 合金,含钛(质量分数)0.4%~0.55%、锆(质量分数)0.06%~0.12%和碳(质量分数)0.01%~0.04%。铁和锆既固溶于钼中,起固溶强化作用,又和间隙元素碳相互反应形成复式钛锆碳化物,在钼合金高温淬火过程中形成的过饱和固溶体在随后的退火时效时,这一复式碳化物以弥散质点形式析出,起到沉淀强化作用。TZC 合金含钛(质量分数)1.25%、锆 0.3%、碳 0.15%,该合金的沉淀强化作用更大,比 TZM 合金具有更高的高温强度和再结晶温度,但其塑性变形较困难,应用受到限制。

TZM 合金熔点和密度与 Mo - 0.5Ti 差不多,其室温和高温机械性能分别见表 10 - 9 和表 10 - 10,它是应用比较广泛的一种钼合金,如用做火箭发动机的高温部件、热挤压模、压铸模、大功率发热体。由于其弹性模量和屈服强度高,还适做高温(800~1 000 ℃)弹性材料。

表 10 - 9　TZM 和 Mo - 0.5Ti 合金室温机械性能

合金	试样状态	σ_b/MPa		ψ /(%)	
		纵向	横向	纵向	横向
TZM		1 100	1 180	10.4	8.0
Mo - 0.5Ti	轧态(1.5 mm 板材)	904~920	914~923	13.0~16.5	8.3~11.5
	消应力态 900 ℃×1 h	820~836	861~870	19.0~23.0	11.8~12.9
	再结晶态 1 300 ℃×1 h	490~530	490~510	3.2	—

表 10 - 10 TZM 和 Mo - 0.5Ti 合金高温持久性能

合　金	温度/℃	应力/MPa	时间/h	伸长率/(%)
TZM	1 000	280	80	7.2
	1 200	130	98	2.5
	1 300	55	97	
Mo - 0.5T	1 100	80	101	
	1 200	35	120	

三、钼铼合金

钼铼合金(molybdenum rhenium alloys)是以钼为基加入铼元素组成的合金。铼在钼中的固溶度比在钨中的高,钼铼合金中铼的含量一般不超过 50%(质量分数)。与钨一样,钼中加入铼也会出现"铼效应"。典型的钼铼合金主要有 Mo41Re,Mo44.5Re,Mo47.5Re,性能最好的是含铼 11%~50% 的钼铼合金,其中含铼 40%~50% 的合金用途最广。含铼 35% 的钼铼坯锭在室温下甚至可以变形 90% 以上而不出现裂纹。

MoRe 合金烧结坯的晶粒数随铼含量的变化情况如图 10-4 所示,从图可以看出:随着铼含量的增加,坯的晶粒数增加,意味着晶粒变细,这归因于在烧结过程中 Re 阻碍晶粒长大。

钼中加入铼不仅提高合金的室温和高温强度,而且还提高合金的塑性和再结晶温度。钼铼合金中随着铼含量的提高,其延-脆转变温度趋于下降,如表 10-11 所示。

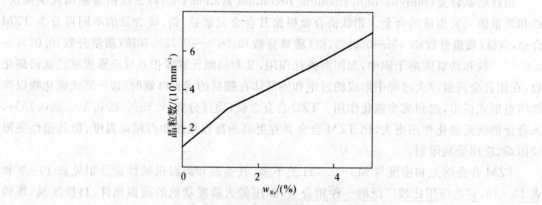

图 10-4 晶粒数随铼含量的变化关系

表 10 - 11 钼铼合金的延-脆转变温度

Re 含量(原子分数)/(%)	0	10	20	25	30	35
延-脆性转变温度/℃	+50	−35	−90	−140	−175	−254

10.4 锆及其合金

锆(zirconium),元素符号为 Zr,原子序数为 40,熔点为(1 852±2)℃,沸点为 4 377 ℃,密度为 6.49 g/cm³,位于元素周期表ⅣB族,为银白色金属,粉末为黑色。锆在室温时为密排六方结构（α 相），在温度升高时，发生同素异晶转变，高温时转变为体心立方结构（β 相），锆的同素异晶转变温度为 862 ℃。

锆是活性金属，在室温下，由于表面生成保护性氧化膜，锆同空气中的几种气体不反应，表面能长久保持光泽。锆与氧在 200 ℃时开始反应；与氢约在 300 ℃开始反应；与氮在 400 ℃开始缓慢反应，在 800 ℃迅速反应；与 CO 和 CO_2 在 500 ℃左右反应。由于反应产物能溶于锆内，会使锆的机械性能发生很大变化。锆在酸、碱等介质中，具有良好的耐腐蚀性能。

1789 年，德国化学家克拉普罗特（Martin Klaproth）在锆英石中发现一种新的氧化物，起名叫 Zirconin。1824 年瑞典化学家贝采利乌斯（Jöns Berzelius）加热六氟锆酸钾（K_2ZrF_6）和钾金属后获得了黑色粉末状的锆。1911 年德国人莱利（D. Loly）等用高纯钠还原提纯 $ZrCL_4$ 制得韧性的金属锆。完全纯净的锆在 1925 年才被荷兰化学家范阿克尔（Anton Eduard van Arkel）和德布尔（Jan Hendrik de Boer），由分解四碘化锆（ZrI_4）制取。

锆在地壳中的含量约 220 g/t，按丰度，超过镍、锌、铜、锡、铅和钴等居 20 位。含 ZrO_2 20%以上的矿物虽有 10 几种，但具有工业开采价值的矿物主要有两种：锆英石和斜锆石。锆英石（又名锆石）是正硅酸盐，化学式为 $ZrSiO_4$，是分布最广的锆矿石，其 ZrO_2 的含量为 64%～67%。斜锆石是不纯的氧化物，即天然 ZrO_2，ZrO_2 的含量为 96.5%～98.5%。锆英石大部分以海滨砂矿的形式存在，也有少量残坡积砂矿和原生矿。与锆英石共生的砂石有钛铁矿、独居石、金红石、磷钇矿等。

10.4.1　锆的力学性能

纯锆的弹性性能如表 10-12 所示，纯锆的室温拉伸性能如表 10-13 所示。

表 10-12　纯锆的弹性性能

性能名称和条件		晶条锆	海绵锆（电弧熔炼）
弹性模量/MPa	室温，800～1 000 周/s	9.73×10^{-4}	8.96×10^4
	室温，静态	9.38×10^{-4}	
剪切模量（室温，5×10^6 周/s）/MPa		3.33×10^{-4}	3.67×10^4
泊松系数（室温）		0.33	0.35
可压缩性系数/($\Delta V/V$)	30 ℃	$10.97\times10^{-8}p\sim7.44\times10^{-14}p^2$	
	70 ℃	$11.06\times10^{-6}p\sim7.80\times10^{-14}p^2$	

表 10-13　纯锆的室温拉伸性能

材料状态	晶条锆		海绵锆
	电弧熔炼，热轧 700 ℃退火 0.5 h	1 100 ℃淬火	电弧熔炼，1 000 ℃锻造冷轧 30%，退火 700 ℃ 退火 1 h
屈服强度/MPa	85.4±3.4	268	263
拉伸强度/MPa	204±3.5	369	443
断面收缩率/(%)	42.5±1.5	55	—
伸长率/(%)	40.8±0.6	—	30
加工硬化系数	0.23±0.03	—	

10.4.2　锆的合金化

锆合金的主要用途是作核反应堆的包壳材料和结构材料用,所以锆的耐蚀性是合金化研究的主要问题。对于锆合金化的一些重要要求是:合金元素的热中子吸收截面要小;要提高材料在运行周期的耐腐蚀性,使合金获得稳定的力学性能等。锆的耐蚀合金化的目的在于抑制氮和其他杂质元素的有害作用,提高锆的耐腐蚀性能。作为核用锆合金的合金化元素是有限的,在目前使用和研究的锆合金中,主要是 Nb,Sn,Fe,Cr,V,还有 Cu,Mo,Al 等。

氧通常被看作杂质元素,但近年来的研究结果表明,在锆合金中。氧作为合金元素更为合理。氧是一个 α 稳定元素,它在 Zr 中占据八面体间隙,形成间隙固溶体扩展 α 相区,作为合金元素其含量通常在 0.08%～0.16%。氧的作用是通过固溶强化增加屈服强度。当氧的含最为 0.1%时,合金的室温屈服强度可增加 150 MPa。氧对 $\alpha\sim\beta$ 转变的影响很大,氧含量增加,可使 α 相稳定到液相温度。在高温氧化时可以发现在 β 淬火组织和氧化锆之间有一层氧稳定的 α 锆。

锡也是一种 α 稳定剂,在 α 相和 β 相中它形成一种替代式固溶体。锡提高 $\alpha\sim\beta$ 转变温度,锡在 α-Zr 中的溶解度,300℃时小于 0.1%,400℃时为 0.5%,500℃时为 1.2%,所以锡对 α-Zr 有明显的固溶强化效应。锡对改善锆的抗蠕变性能也很有效。工业应用的锆合金锡含量为 1.2%～1.7%。

铁、铬和镍有共同的特点,都是 β-低共析体,在它们的相图中,这些元素都发生 β 相的共析分解反应。它们都降低 α-β 转变温度。铁在 α-Zr 中的溶解度为 0.02%,在 β-Zr 中的最大溶解度为 5.5%;铬在 α-Zr 中的溶解度小于 0.16%,在 β-Zr 中的最大溶解度为 4.5%;镍在 α-Zr 中的溶解度极小,在 β-Zr 中的溶解度为 1.9%。锆与这些合金元素形成的沉淀相的大小对合金性能有重要影响,特别是对腐蚀速率。用在压水堆中的 Zr-Sn 系合金,较大的沉淀相能更好地抗均匀腐蚀;而在沸水堆中,用具有均匀分布的细小沉淀相材料能更好地抗局部腐蚀。

铌是一种 β 稳定元素,在高温时,从纯 β-Zr 到纯 β-Nb,是完全的替代式固溶体。在大约 620℃和 18%(原子)左右的 Nb,发生单析转变。从 β 相区或 $\alpha+\beta$ 相区上部水淬时,富 Nb 的 β 相晶粒由马氏体转变分解成过饱和的 α 密排六方相;在低于单析温度下热处理则导致 β'-Nb 沉淀在 α' 针状晶粒的孪晶界上。另外,通过对淬火结构的慢冷或时效可以从 β 相获得亚稳 ω 相,在 ω 相和原先 β 相间存在简单的取向附生关系。在 Zr-1% Nb 或 Zr-2.5% Nb 合金中,通常在 α 相中存在的微量杂质 Fe 不会被发现,因为它以亚稳固溶的形式留在 β 相中。

到目前,各国先后推出的锆合金有数 10 个,大致可以归纳为下列 4 个合金系。

(1)Zr-Nb 系二元合金,Zr,0.2%～2.6%Nb;

(2)Zr-Sn-(Fe,Cr)三元合金,Zr,0.2%～0.11%Sn,Fe,Cr(V,Mo,Ni,Te);

(3)Zr-Nb-(Fe,Cr)三元合金,Zr,0.2%～0.25%Nb,Fe,Cr(V,Cu,Te,Sb,Bi);

(4)Zr-Sn-Nb-(Fe,Cr)四元合金,Zr,0.2%～1%Sn,0.1%～1%Nb,Fe(Cr,V,Ta,Mo,Cu,Mn)。

10.4.3　锆合金材料

锆矿一般含有 1.5%～4%Hf。虽然铪具有与锆相似的化学和金属学性质,但其核特性明显不同。铪是一种中子吸收剂，但锆却不是。故而锆有核级牌号和非核级牌号。其核级牌号基本上是无铪的，非核级牌号可以含有高达 4.5% Hf。

一、锆-锡系合金

锆-锡系合金主要包括 Zr-2 合金和 Zr-4 合金，它们的化学成分如表 10-14 所示。

表 10-14　Zr-2，Zr-4 和原子能级纯锆的化学成分（质量分数）　　　单位：%

合　金	主要成分						
	Sn	Fe	Ni	Cr	Fe+Ni+Cr	Fe+Cr	Zr
Zr Sn1.4-0.1 (Zr-2)	1.20～1.70	0.07～0.20	0.03～0.08	0.05～0.15	0.18～0.38		基
Zr Sn1.4-0.2 (Zr-4)	1.20～1.70	0.18～0.24		0.07～0.13		0.28～0.37	基

Zr-2 合金和 Zr-4 合金含有强 α 稳定剂锡和氧，再加上 β 稳定剂铁、铬和镍，故存在着一个温度从 790～1 010 ℃ 的 $(\alpha+\beta)$ 展宽区。铁、铬和镍形成金属间化合物，这些化合物相的分布对于其在蒸气和热水中的耐蚀性是至关重要的。锆-锡系合金一般在 β 区进行锻造，然后在约 1 065 ℃ 进行固溶处理和水淬。随后在 α 区（低于 790 ℃）里进行热变形加工和热处理，以此保持在固溶处理和水淬中生成的金属间化合物的细致和均匀分布。Zr-2 合金具有高度的耐蒸气和热水腐蚀性，广泛应用于核反应堆。Zr-4 合金不含镍而含有较高控制的铁，当其处于蒸气和热水腐蚀中时，比 Zr-2 合金吸收较少的氢。

锆-锡系合金的力学性能如表 10-15 所示。

表 10-15　锆-锡系合金的力学性能

牌　号	最小抗拉强度		最小 0.2% 条件屈服强度		50 mm 长的伸长率/(%)
	MPa	Ksi	MPa	Ksi	
Zr-0	290	42	138	20	25
Zr-2	413	60	241	35	20
Zr-4	413	60	241	35	20

二、锆-铌系合金

锆铌系合金主要包括 Zr-1Nb 合金和 Zr-2.5Nb 合金。Zr-1Nb 合金是苏联最早研究的用于水冷动力堆的包壳材料，其合金牌号为 H-1，正式牌号 E110，名义成分为 Zr-1%Nb。Zr-2.5Nb 合金是在 Zr-1Nb 合金的基础上发展的，其牌号为 E125，名义成分为 Zr-2.5% Nb，ASTM 编号为 R60901 和 R60904。由于铌和锆的晶体结构相同，原子半径也很接近，可以形成一系列固溶体。同时通过加热到 $(\alpha+\beta)$ 和 β 相区处理后，Zr-2.5Nb 合金具有弥散强化的特点，因而有较高的强度。工业锆合金中，以 Zr-2.5Nb 合金的蠕变速率为最小。影响蠕变性能的因素主要是合金的化学成分和微观结构。例如，铌含量从 1% 增加到 2.5%（质量分数）就可显著降低合金在再结晶状态下的蠕变速率；氧不改变合金的耐蚀性，却能强化合金并能提高抗蠕变能力。关于微观组织的影响,一般认为合金在再结晶状态下的抗蠕变能力要比冷加工状态或时效状态好。Zr – 2.5Nb 合金在水淬后的抗蠕变能力随着在($\alpha+\beta$)相区加热温度的增加而提高。冷加工 Zr – 2.5Nb 合金管材轴向拉伸性能如表 10 – 16 所示。

表 10 – 16　冷加工 Zr – 2.5Nb 合金管材轴向拉伸性能

冷加工量/(%)	试验温度/℃	抗拉强度/MPa	屈服强度/MPa	均匀伸长/(%)	总伸长率/(%)
40	20	721	557	9.5	18.5
	300	436	343	6.2	17.2
42	20	760	564	9.3	22.0
	300	516	375	4.4	10.6

三、正在发展的核用锆合金

1. ZIRLO 合金

ZIRLO 合金的名义成分为 Zr – 1‰Sn – 1‰Nb – 0.1‰Fe,ZIRLO 合金的化学成分(质量分数)为 Sn 0.8~1.2,Nb 0.8~1.2,Fe 0.09~0.13,余为 Zr。是美国西屋公司为为开发 Vantage+,Performance 燃料组件研发的四元锆合金,在北安娜(North Anna)压水堆电站对其完成了 3 次 18 个月循环辐照考验,结果表明,经 46.4MWd/kg U 的燃耗后,与同时考验的标准 Zr – 4 相比,峰值腐蚀速率平均低 77%,在 BR – 3 反应堆中进行补充试验后燃耗达 68 MWd/kg U,证明该合金有很好的抗锂离子腐蚀能力。与 Zr – 4 合金相比,ZIRLO 合金中 α 稳定元素 Sn 含量降低、加入 β 稳定元素 Nb,所以 ZIRLO 合金的 $\alpha-\beta$ 相转变温度降低,转变开始温度为 750 ℃,终了温度 940 ℃(Zr – 4 合金的转变开始温度为 815 ℃,终了温度为 970 ℃)除了相转变温度的差异外,ZIRLO 合金的热物理性能与 Zr – 4 合金相比没有大的差异。

2. M5 合金

M5 合金的名义成分为 Zr – 1.0%Nb – 0.125%O,是法国法玛通(FRAMATOME)公司开发的三元锆合金,它用作设计燃耗为 55~60 MWd/kg U 的 AFA – 3G 高燃耗燃料组件燃料包壳管。用 M5 合金做成的先导组件,已在欧洲和美国的几座压水堆(PWR)中完成正常工况下扩大辐照试验计划,1989 年在美国进行 24 个月长循环周期堆内辐照,1993 年在法国高温堆内辐照。已获得的试验结果表明,M5 合金的均匀腐蚀性能、抗疖状腐蚀性能和吸氢性能优于常规 Zr – 4,M5 合金能适应高燃耗(>65GWd/tU)的运行条件。

10.5　铌及其合金

铌(Niobium),元素符号为 Nb,原子序数为 41,原子量为 92.906 38,为体心立方结构,属元素周期表 VB 族。铌是钢灰色金属,熔点为 2 468 ℃,沸点为 4 742 ℃,密度 8.57 g/cm³。

铌金属在室温下长时间存留后,会变为蓝色,这是铌与氧反应生产的氧化膜。虽然它在单质状态下的熔点较高,但其密度却比其他难熔金属低。常温下铌在许多无机盐、有机酸、矿物酸及其水溶液中十分稳定,但抗碱性差,氢氟酸。氢氟酸加硝酸的混合酸能侵蚀铌。在 100 ℃以上温度下铌的抗酸能力下降。

　　1801 年英国查尔斯·哈切特(Charles·Hatchett)在研究伦敦大英博物馆中收藏的铌铁矿中分离出一种新元素的氧化物,他以北美命 Coumbia 流域命名该元素为钶(Columbium)。1844 年德国化学家罗斯(H·Rose)又发现一种性质与钽相似的元素,命名为(Niobium)。1866 年发现钶和铌是同一种元素。1950 年国际理论化学和应用化学协会(IUPAC)决定统一称为铌(niobium)。

　　铌在地壳中的含量为 0.002%,铌在地壳中的自然储量为 520 万 t,可开采储量 440 万 t,主要集中在巴西、俄罗斯、中国、加拿大,中国铌储量 35 万 t。主要矿物有铌铁矿、烧绿石、黑稀金矿、褐钇铌矿、钽铁矿、钛铌钙铈矿。

10.5.1　铌的力学性能

　　铌在各种温度下的拉伸性能如表 10-17 所示。电弧熔炼铌的高温持久性能如表 10-18 所示。

表 10-17　铌在各种温度下的拉伸性能

试验温度/℃	R_m/MPa	R_e/MPa	A/(%)	总伸长率/(%)	Z/(%)
-195	741	707		17	67
-78	337	263		41	81
25	333	248	18.1	48	63.5
315	371	184	17.5	35.4	78.9
480	291	129	15.3	24.8	82.2
650	152	69	15.5	43	72
870	105	65	13.8	47	96
1 095	69	56	8.8	34	约 100
1 205	65	52	5.2	21	73.2
1370	26	18	12.6	97.4	约 100

表 10-18　电弧熔炼铌的高温持久性能

状　态	试验温度/℃	持久强度	
		应力/MPa	断裂时间/h
铸态	1 050	147	84
	1 100	147	14
	1 000	147	49
	1 000	137	100
热锻板(变形 70%)锻态	1 050	147	19
	1 100	147	6
	1 100	83	100
	1 500	—	—

续 表

状 态	试验温度/℃	持久强度	
		应力/MPa	断裂时间/h
热锻板（变形 70%）再结晶态	1 000	—	—
	1 050	—	—
	1 100	147	5.5

10.5.2 铌的合金化

间隙元索(C,N,H,O)在铌中的溶解度要比在钨、钼中大得多,因此,塑-脆性转变温度很低。在铌合金中,间隙元素与ⅣB族元素钛、锆和铪生成碳化物、氧化物和氮化物,以提高合金的强度或在一定温度范围内的热强性。例如在 1 200 ℃时,碳化铪的强化效果是钨的 20 倍。通过调整合金成分和加工、热处理制度,可改变这些化合物的组成、分布、稳定性,以改善其弥散强化的效果钛、锆、铪也部分溶于基体中起固溶强化作用。ⅣB族元素钨、钼主要起固溶强化作用,在固溶强化剂中,钨、钼、铼是最有效的元素,但钨、钼含量过高时,会升高塑—脆性转变温度。

1. 间隙元素在铌中的作用

(1)氧的作用。氧固溶在铌中,800 ℃以下有固溶强化作用。氧与合金中活性金属反应生成氧化物起弥散强化作用,但强化效果远不如碳化物。氧含量对铌性能的影响如图 10 - 5所示。

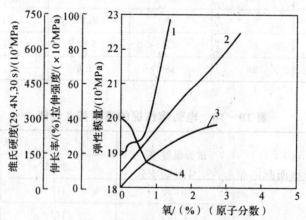

图 10 - 5　氧含量对铌力学性能的影响
1—抗拉强度；　2—维氏硬度；　3—弹性模量；　4—伸长率

(2)氢的作用。铌溶解氢后塑性降低,会形成固溶体,而后生成氢化物,铌的氢化物是灰色硬脆的物质。铌在室温下名义上不溶解氢,但在氢气中连续加热至高温时,则在室温能连续溶解氢生成 NbH。氢在不同温度下在铌的溶解度如表 10 - 19 所示。

表 10 – 19　氢在不同温度下在铌的溶解度

温度/℃	20	200	300	350	400	450
溶解度/(cm^3 H_2/gNb)	104.2	93.3	88	83.6	76.8	65.6
温度/℃	500	550	600	650	700	750
溶解度/(cm^3 H_2/gNb)	47.4	29.7	18.5	9.7	6.1	4.0

(3)氮的作用。氮进入铌中可形成固溶体和化合物。铌的化合物有三种：NbN，$Nb_2N(\beta)$ 和 $Nb_4N_3(\gamma)$。铌溶有氮后可使铌变脆，见表 10 – 20，氮从固溶体析出又可使铌软化。

表 10 – 20　氮对铌的塑性的影响

温度/℃	时间/h	增重/(%)	伸长率/(%)		
			实验前	实验后	差额
300	5	0.00	16.1	14.2	−1.9
400	1	0.048	16.1	7.8	−8.3

(4)碳的作用。铌与碳反应生成两种碳化物：NbC(γ 相)和 Nb_2C(β 相)。NbC 为 fcc 结构，晶格常数 $a = 0.446\ 1$ nm，熔点为 3 800 ℃；Nb_2C 为 hcp 结构，晶格常数 $a = 0.311\ 6 \sim 0.311\ 9$ nm，$c = 0.494\ 6 \sim 0.495\ 3$ nm。当活性金属与碳的原子比值小于 1 时，有脆性析出物，使合金的低温塑性变差。在 Nb – 22W – 2Hf – C 合金中，最好的 Hf/C 原子随着温度的变化而有所变化。在 1 094 ℃，Hf/C 原子比为 0.87 时可得到最佳蠕变强度，而在 1 316 ℃ 时，Hf/C 的原子比为 1.25 可得最好的结果。

2. 铌的固溶强化

固溶强化是铌的主要强化途径之一。加入能形成固溶体的合金元素，一般有 3 个目的：强化合金、提高合金抗氧化性、改善合金的可加工性。在多种强化剂中，钨、钼、铼是最有效的固溶强化剂。钼和钨作为合金元素既有益于提高铌合金的抗氧化性能，又都是固溶强化元素，钨的固溶强化效应比钼大一倍，故在发展铌合金中 Nb – W – Ti 系与 Nb – W – Hf 系的抗氧化铌合金受到特别重视。锆和铪在低温作用大。钒在高温时强化作用不大，这是由于钒虽使铌的弹性模量增加，但也增加了铌的高温自扩散系数，由于弹性模量的微小增加所产生的强化作用补偿不了扩散系数增加而起的副作用，因而蠕变强度降低。

10.5.3　铌合金材料

在难熔金属中，铌的密度低(8.6 g/cm^3)，有良好的室温塑性和加工性能。由于有这些优点，铌合金的设计、加工、制造和应用，一直受到高温材料科学工程科学家及航天科学工程设计师们的关注。1950 年以来，世界各先进国家为铌及铌合金材料科学工程的研制和发展投入了大量人力、物力和资金，研制成功了一系列可用于 600～1 600 ℃ 环境中使用的各种铌合金。铌合金的分类一般按使用特性和强度来划分。其中结构铌合金有 5 类：①低强度铌合金；②中强度铌合金；③高强度铌合金；④低密度铌合金；⑤间隙化合物强化的高强度铌合金。按使用特性进行分类的铌合金有：①弹性铌合金；②超导铌合金；③抗氧化铌合金；④恒膨胀铌合金等。

一、低强度铌合金

以铌为基体金属，添加ⅣB族 Ti、Zr、Hf 等元素，形成固溶体强化合金，如 Nb-1Zr 合金，Nb-10Hf-Ti-0.7Zr 合金（C-103），在室温环境中其强度 R_m=320～420 MPa，伸长率 A=20%～40%，熔焊性能良好，在 0.37～0.47T$_{熔}$ 温度和真空条件下，经 1000 h 时效处理后，其塑性—脆性转变温度（DBTT）仍低于室温。这类合金可用于空间核发电设备的涡轮泵和液体碱金属输送管道，以及宇宙飞船、卫星、导弹的姿态控制和机动发动机的推力室身部延伸段。

Nb-1Zr 合金中含有 $w(Zr)$=0.8%～1.2%，$w(C)$=0.001%。此外还含有间隙元素 O（0.03%），属于碳化物沉淀＋氧化物弥散强化型合金。在铌中添加的 1%Zr 具有细化晶粒的作用。锆与铌基体中自由的间隙氧原子反应生成第二相 ZrO_2 颗粒，这些第二相颗粒具有弥散强化作用，它们对合金的高温性能和抗晶粒长大能力起重要作用，如表 10-21 和表 10-22 所示。

表 10-21　Nb-1Zr 合金高温拉伸性能

试验温度/℃	R_m/MPa	R_e/MPa	A/(%)	再结晶温度/℃
21	345	255	15	
1 093	186	165	—	982～1 204
1 649	83	69	30	

表 10-22　Nb-1Zr 合金的蠕变性能

试验条件	试验温度/℃			
	1 093		1 204	
	周期/h	总蠕变/(%)	周期/h	总蠕变/(%)
真空	300	1.10	235	15.11

C-103 铌合金是以铌为基加入铪和其他合金元素组成的合金。合金化学成分 $w(Hf)$=9%～11%，$w(Ti)$=0.7%～1.3%，$w(Zr)$<0.7%，余量为 Nb。Hf 和 Zr 是活性元素，与铌中的间隙元素 C 和 O 生成碳化物和氧化物，起到弥散强化和沉淀强化作用，Hf 还能改善合金的焊接性能。C-103 是一种低强度、高延性合金，合金冷塑性变形和成形性能良好，焊接性能和涂层性能优良，见表 10-23。在 1 371～1 482 ℃之间合金的抗拉伸强度仅比 Mo-0.5Ti 合金低 10%，但比强度相当。

表 10-23　氩弧焊接合金板的拉伸性能

焊体状态	板厚度/mm	R_m/MPa	R_e/MPa	A/(%)
消除应力（871 ℃,1 h）	0.5	430	357	5
再结晶（1 204 ℃,1 h）	0.76	395	300	15
	0.30	342	261	7

二、中强度铌合金

以铌为基体金属,添加不超过 10% 的钨、钼、钽、钒、钛、锆、铪等金属元素与少量的碳元素形成固溶强化和少量的 ZrO_2(斜方结构)与(Nb、Zr)C 沉淀强化相结合的铌合金。如 Nb - 10W - 2.5Zr 合金(Nb - 752),Nb - 10W - 1Zr - 0.1C(D - 43),Nb - 10W - 10Ti(D - 31)等。在室温环境下,这些合金的强度 $R_m = 450\sim600$ MPa,伸长率 $A = 20\%\sim30\%$,在 $100\sim1400$℃ 之间仍有相当高的强度。由于这类合金对氢、氧、氮等间隙元素比较敏感,其 DBTT 较高,在焊接状态的 DBTT 一般在室温以上。因此,在生产和使用时,必须严格控制氢、氧、氮的污染,其氧、氮含量必须控制在 80×10^{-6} 以下。这类合金适用于制造铆接和紧固连接的构件,如蒙皮、螺栓、螺母等。

Nb - 752 合金是以 Nb 为基加入合金元素 W,Zr,C 组成的合金,其化学成分 $w(W) = 9\%\sim10\%$,$w(Zr) = 2\%\sim3\%$,$w(C) < 0.004\%$,余量为 Nb,属于固溶强化同碳化物沉淀强化相结合型的合金。

D - 43 合金是以 Nb 为基体加入的金属元素 W,Zr,C 组成的合金,其化学成分为 $w(W) = 9.0\%\sim11\%$,$w(Zr) = 0.75\%\sim1.25\%$,$w(C) = 0.08\%\sim0.12\%$,与 Nb - 752 合金相比,二者的 W 含量相当,但 D - 43 的 Zr 含量低于 Nb - 752,而碳含量较高,该合金具有中等高温强度,较好的塑性和可焊性,用作高温材料。D - 43 合金的弹性模量如表 10 - 24 所示。

表 10 - 24　D - 43 合金的弹性模量

温度/℃	室温	1 200	1 650
弹性模量/GPa	114	113	41

三、高强度铌合金

以铌为基体金属,添加大量的钨、钼、钽、钛、锆等金属元素和少量的碳等元素,形成高度固溶强化与(Nb,Zr)C 沉淀强化相结合的铌合金,如 Nb - 28Ta - 10W - 1Zr(Fs - 85,Nb - 17W - 3.5Hf - 0.12C(Su31),Nb - 15W - 5Mo - 5Ti - 1Zr(AS - 30)等合金。这类合金在 $1300\sim1600$ ℃ 区间有相当高的抗拉强度,蠕变强度和疲劳强度,如 Su31 合金在 1430 ℃ 下 10 h,100 h 的应力断裂强度分别为 84 MPa 和 56 MPa,蠕变强度分别为 63 MPa 和 28 MPa。这类合金适用于高温构件的制造。随着铌合金材料和航天科学及工程的进步与发展,铌合金的强化设计、生产和制造加工又进入了一个新阶段,并成功研制出了一批新的有应用前景的铌合金:低密度铌合金,间隙化合物强化的高强度铌合金。

四、弹性铌合金

弹性铌合金以铌为基加入钛、铝、钼、锆及其他元素组成的具有恒弹性的合金。钛和铝能显著提高合金的弹性极限,还能提高其热稳定性,钼和锆可进一步强化合金,并可改善其恒弹性能。这种弹性合金具有无磁性、恒弹性、耐高温、低弹性模量、高储能比、耐腐蚀、低弹性后效等特性。可广泛用作高精度、高性能精密仪表中的弹性元件。弹性铌合金有铌锆系和铌钛铝系两类,铌钛铝系合金品种和用途更多,该类合金的化学成分如表 10 - 25 所示。铌钛铝系以

Nb－40Ti－5.5Al 和 Nb－15Ti－4.5Al 合金研究最多用途广泛。

表 10－25　铌钛铝系合金化学成分

| 合　金 | 化学成分(质量分数)/(%) | | | | | | | | | |
	Nb	Ti	Al	Mo	V	Zr	Cr	Y	Hf	W
Nb－40Ti－5.5Al	基	37～42	5～6							
Nb－15Ti－4.5Al	基	14～16	4～5							
Nb－Ti－Al－Mo－Zr－Hf	基	34～42	4～7	2～6		≤3			≤4	
Nb－25Ti－5Al	基	25～27	5～6							
Nb－Ti－Cr－Y	基	20～30	5～8				0.3～3	0.01～0.05		
Nb－Ti－Al－Mo－V－Hf－W－Y	基	10～20	2～5	6.5～15	2～15			0.01～0.1	2～5	2～4

参 考 文 献

[1]　师昌绪,李恒德,周廉. 材料科学与工程手册:上册[M]. 北京:化学工业出版社,2004.

[2]　黄伯云,李成功,石力开,等. 有色金属材料工程:下册[M]. 北京:化学工业出版社,2006.

[3]　《稀有金属手册》编委会. 稀有金属手册[M]. 北京:冶金工业出版社,1992.

[4]　殷为宏,唐慧萍. 难熔金属材料与工程应用[M]. 北京:冶金工业出版社,2012.

[5]　殷为宏,唐慧萍. 难熔金属材料深加工技术[M]. 北京:化学工业出版社,2014.

[6]　赵慕岳,范景莲,王伏生. 我国钨基高密度合金的发展现状与展望[J]. 中国钨业,1999, 14(5/6):38－43.

[7]　吕大铭. 钨铜复合材料研究的新进展[J]. 中国钨业,2000,15(6):27－32.

[8]　付洁,李中奎,郑欣,等. 钨及钨合金的研发和应用现状[J]. 稀有金属快报,2005(7): 11－16.

[9]　Briant C L,Walter J L. Potassium bubble formation and viods growth in tungsten rod and wire [J]. Proceedings of 12 th International Plansee Seminar,1989,1:151－170.

[10]　Zhu Y B,Yang N,et al. Room temperature deformation behavior of sintered W－Ni－Fe blank[C]. Proceedings of 17 th International Plansee Seminar,2009,1:RM67/4.

[11]　王俊军,刘明俊. 金属粉轧制工艺及装置研究[J]. 现代制造工程,2006,(11).

[12]　代宝珠,魏世忠,彭光辉,等. 钼合金的强韧化机理与研究现状[J]. 材料热处理技术, 2009(14):51－55.

[13]　田家敏,刘拼拼,范景莲,等. 钼合金化的研究现状[J]. 2008,23(4):27－31.

[14]　张文禄. 金属钼的合金化和掺杂技术[J]. 1996,20(6):46 - 47.

[15]　李庆奎. 添加微量元素对钼元素组织材料的影响[J]. 中国钼业,1995,19(5):26.

[16]　李晓敏. 我国钼金属深加工产品的生产与消费[J]. 中国钼业,2010,34(6):45 - 49.

[17]　Falbriad P, et al. Refractary materials likely to be used in the net divertor amour [C]. Proceedings of 12 th International Plansee Seminar, 1989,1:657 - 667.

[18]　Shi H J, et al. Damage analysis of high temperature isothermal and Thermomechanical fatigue on a TZM alloy[J]. Key Engineering Materials,1998:145 - 149.

[19]　黄强,李青,宋尽霞,等. TZM 合金的研究进展 [J]. 材料导报,2009,23(11):38 - 42.

[20]　谭栓斌,梁清华,梁静,等. 钼镧合金和 TZM 合金的高温性能[J]. 稀有金属,2006, 30:33.

[21]　Davis JR. 金属手册案头卷:上册[M]. 金锡志,译. 北京:机械工业出版社,2010.

[22]　赵文金,周邦新,苗志,等. 我国高性能锆合金的发展[J]. 原子能科学技术,2005,39: 2 - 10.

[23]　赵文金. 核工业用高性能锆合金的研究[J]. 稀有金属快报,2004,23(5):15 - 20.

[24]　王峰,王快社,马林生,等. 核级锆及锆合金研究状况及发展前景[J]. 兵器材料科学与 工程,2012,35(1):107 - 111.

[25]　辛良佐. 钽铌合金[M]. 北京:冶金工业出版社,1982.

[26]　Barbist R M, Roedhommer P. Oxidation protection of refractory metal aollys employed in aerospace application[C]. Proceeding of 14th Int. Plansee seminar,1997, 4:134 - 153.

[27]　黄特伟. 热处理对 Nb225 TiAl 弹性合金显微组织的影响[J]. 功能材料,1998,29(3).

[28]　殷为宏. 中国的铌加工和铌制品[J]. 稀有金属材料与工程,1998,27(1):1 - 8.

[29]　张伟,刘咏,黄劲松. 高铌 TiAl 高温合金的研究现状与展望[J]. 稀有金属快报,2007, 26(8):1 - 7.

[30]　殷磊,易丹青,肖来荣,等. 铌及铌合金高温抗氧化研究进展[J]. 材料保护,2003,36 (8):4 - 9.

第11章 先进金属结构材料

11.1 金属基复合材料

金属基复合材料是 20 世纪 60 年代发展起来的一门相对较新的材料科学,是复合材料的一个分支。随着航天、航空、电子、汽车以及先进武器系统的迅速发展对材料提出了日益增高的性能要求,除了要求材料具有一些特殊的性能外,还要具有优良的综合性能,这些都有力地促进了先进复合材料的迅速发展。电子、汽车等民用工业的迅速发展又为金属基复合材料的应用提供了广泛的应用前景。特别是近年来,由于复合材料成本的降低,制备工艺逐步完善,可以预见,21 世纪金属基复合材料将会得到大规模的生产和应用。

11.1.1 定义及分类

金属基复合材料是以金属或合金为基体与各种增强材料复合而制得的复合材料。金属基复合材料分为宏观组合型和微观强化型两大类,前者指其组分能用肉眼识别和具备两组分性能的材料(如双金属、包履板等);后者是需显微观察分辨组分以改善成分来提高强度为主要目标的材料。金属基复合材料按基体一般分为铝基、镁基、钢基、铁基及铝合金基复合材料等。按增强相形态的不同分为颗粒增强金属复合材料、晶须或短纤维增强金属基复合材料及连续纤维增强金属基复合材料。增强材料可为纤维状、颗粒状和晶须状的碳化硅、硼、氧化铝及碳纤维。金属基复合材料除了和树脂基复合材料同样具有高强度、高模量、耐高温,同时不燃、不吸潮、导热导电性好、抗辐射。

颗粒增强金属基复合材料(PRM):由于 WC,TiC,SiC 等颗粒硬度高,颗粒平均直径 1 μm 以上,容积比高,主要是利用颗粒本身的硬度和强度,基体是起把颗粒结合在一起的作用,故称为颗粒增强金属基复合材料。

分散强化(DS)金属基复合材料:其强化相的平均直径小于 0.1μm,体积比仅占百分之几,由于强化相阻止基体位错运动而强化基体。

纤维增强金属基复合材料(FRM):连续纤维增强金属基复合材料:利用高强度高模量低密度的碳(石墨)纤维,硼纤维,碳化硅纤维,氧化铝纤维,金属合金丝等增强金属基体组成高性能的复合材料。通过基体、纤维类型。纤维的排布方向。含量方式的优化设计组合,可获得各种高性能。纤维是复合材料的主要承载体,增强金属强度的效果明显。基体起固定纤维,传递载荷和部分承载的作用。因纤维具有方向性,复合材料的性能具有各向异性,纤维轴向性能高于横向性能。制造过程中要考虑纤维的排布、含量、均匀分布等,制造难度大,成本高。非连续纤维增强金属基复合材料:短纤维,晶须,颗粒为增强物。随机分布,各向性能相同。非连续增强物的加入提高了热力学性能,弹性模量,降低热膨胀系数。可以用常规的粉末冶金、液态金属搅拌、液态金属挤压铸造、真空压力浸渍等方法制造,并可用铸造、挤压。锻造、轧制、旋压等加工方法进行加工成型,制造方法简便,成本低廉。

11.1.2　影响金属基复合材料性能的主要因素

一、基体

基体材料是金属基复合材料的主要组成,起着固结增强物、传递和承受各种载荷(力、热、电)的作用。基体在复合材料中占有很大的体积百分数。在连续纤维增强金属基复合材料中基体约占 50%~70% 的体积,一般占 60% 左右最佳。颗粒增强金属基复合材料中根据不同的性能要求,基体含量可在 25%~90% 范围内变化,多数颗粒增强金属基复合材料的基体约占 80%~90%。而晶须、短纤维增强金属基复合材料基体含量在 70% 以上,一般在 80%~90%。金属基体的选择对复合材料的性能有决定性的作用,金属基体的密度、强度、塑性、导热、导电性、耐热性、抗腐蚀性等均将影响复合材料的比强度、比刚度、耐高温、导热、导电等性能。因此在设计和制备复合材料时,需充分了解和考虑金属基体的化学、物理特性以及与增强物的相容性等,以便于正确合理地选择基体材料和制备方法。

对于基体的选择,近年来的研究表明:最佳的结构合金未必是最佳的基体合金。这是因为应力、温度、环境、界面反应和相的稳定性影响着复合材料的基体材料。目前用作金属基复合材料的金属有铝及铝合金、镁合金、钛合金、镍合金、铜与铜合金、锌合金、铅、钛铝、镍铝金属间化合物等。

对于连续纤维增强金属基复合材料,纤维是主要承载物体,纤维本身具有很高的强度和模量。而金属基体的强度和模量远远低于纤维的性能,因此在连续纤维增强金属基复合材料中基体的主要作用应是以充分发挥增强纤维的性能为主,基体本身应与纤维有良好的相容性和塑性,而并不要求基体本身有很高的强度。如碳纤维增强铝基复合材料中纯铝或含有少量合金元素的铝合金作为基体比高强度铝合金要好得多,高强度铝合金做基体组成的复合材料性能反而低。在研究碳铝复合材料基体合金优化过程中,发现铝合金的强度越高,复合材料的性能越低,这与基体与纤维的界面状态、阴性相的存在、基体本身的塑性有关。但对于非连续增强(颗粒、晶须、短纤维)金属基复合材料,基体是主要承载物,基体的强度对非连续增强金属基复合材料具有决定的影响。因此要获得高性能的金用基复合材料必须选用高强度的铝合金为基体,这与连续纤维增强金属基复合材料基体的选择完全不同。如颗粒增强铝基复合材料一般选用高强度的铝合金为基体。

不同的基体对复合材料的抗拉强度、屈服强度、结合强度有较大的影响。但并不是基体强度越高,复合材料的强度越高,而是存在一个最佳匹配。姜龙涛等对 AlN 颗粒在不同铝合金中的增强行为的研究表明,在低强度的 L3 纯铝上可以得到最大的增强率,而在高强度的 LY12 合金上没有得到高的增强率,相比之下具有良好塑性和较高强度的 LD2 合金作为基体时,具有较高的强度。而康国政等认为基体本身的强度较低时,复合材料中基体的强度将有较大幅度的提高,因此对基体本身强度较低的复合材料通过基体原位性能的大幅度提高使复合材料抗拉强度的提高十分明显。这些研究都说明基体同增强体之间存在着优化选择、合理匹配的问题。

基体的合金化也对复合材料的强度有重要影响。Tsudo 等探讨过铝合金成分对 Al_2O_3 颗粒增强铝基复合材料力学性能的影响。他们的研究表明 Cu 和 Ni 加到铝合金中,高温时抗弯强度增加,增加 Al 的体积分数也能增加抗弯强度。

另外,稀土元素的加入也能提高复合材料的强度,如 Ce 的加入对基体起着强化作用。但是稀土元素对复合材料具体的强化原因目前尚未有一致的结论。

二、增强体

增强物是金属基复合材料的重要组成部分,它起着提高金属基体的强度、模量、耐热、耐磨等性能的作用,随着复合材料的发展和新的增强物品种的不断出现,被选用于金属基复合材料的增强物的范围不断扩大,主要有高性能连续长纤维、短纤维、晶须、颗粒、金属丝等。

增强体的加入可以通过对基体金属的显微组织,如亚结构、位错组态、晶粒尺寸及材料密度等的改变,改善和弥补基体金属性能上的不足。增强体的性质对复合材料的强度起着至关重要的作用。加入增强体后,材料的抗拉强度和屈服强度都有所提高。增强体的主要贡献是通过基体合金的微观组织变化实现的,它是载荷的主要承受者,其次它对位错的产生、亚晶结构细化也起着重要的影响。

例如 SiC_p/Al 复合材料由于增强颗粒的加入,晶界面积增加,固溶处理时,基体内由于热错配产生的位错,异号位错相互抵消,同号位错则经攀移排列成垂直于滑移晶面的小角度晶界形成亚晶界,这样亚晶界面积也随之相应增加。由 $\sigma_s = \sigma_0 + kd^{-\frac{1}{2}}$ 可知,晶界、亚晶界的增加,基体合金晶粒、亚晶结构和共晶 Si 颗粒细化,可在一定程度上提高复合材料的强度。

据估计,应用复合材料时,材料成本在总成本中的比例可达到 63%;而应用钢铁时,材料的成本只占 14%,差别很大。复合材料原材料的成本主要是增强体的成本,例如连续碳化硅长纤维的价格达到 6 000~9 000 元/kg;碳化硅、氮化硅等晶须的价格稍低,但也达到 3 000~5 000 元/kg;而硼酸铝、钛酸钾、氧化锌、氧化镁等晶须的价格只有 100~300 元/kg。采用便宜的增强体制备复合材料无疑在价格上具有优势,但材料性能不一定能满足要求。可根据具体零件的使用要求和使用状况选择合适的增强体,例如硼酸铝晶须与铝相容性不好,在高温下容易发生界面反应,但其膨胀系数、比强度、比刚度等性能在低温和常温下完全可以和碳化硅晶须增强复合材料相媲美。

三、界面

界面是复合材料特有的而且是极其重要的组成部分,是影响复合材料行为的关键因素之一。正因为界面的存在及其在物理或化学方面的作用,才能把两种或两种以上异质、异形和异性的材料(即增强体和基体)复合起来形成优良的复合材料。因此复合材料界面的性质在很大程度上决定了复合材料的性能。所以只有了解复合材料界面微观结构、界面反应、和界面稳定性等特性,才能发展高性能复合材料。

温度-时间引起的界面反应是金属基复合材料中大多数承载体不能发挥最佳性能的主要原因之一。金属基复合材料都需要在金属基体合金熔点附近的高温下制备。在制备过程中,难免存在不同程度的基体与增强物之间的界面反应、溶解、扩散、元素偏聚,以及纤维、晶须、颗粒等增强物与金属基体合金发生不同程度的相互作用和界面反应,形成不同结构的界面。

为了获得更高的强度,应该形成稳定的界面结合。界面结构与性能是基体和增强体性能能否充分发挥,形成最佳综合性能的关键。金属基复合材料的界面结构非常复杂,有 3 种结合类型五种结合方式,而且界面区尺寸为纳米级,难以分析表征,很多问题在理论上难以解释。为了兼顾有效传递载荷和阻止裂纹扩展两个方面,必须要有最佳的界面结合状态和强度。研究表明,界面结合力的大小也对金属基复合材料产生极大的影响。但是,由于界面的复杂性,难以取得界面优化的理论判据,因此,界面的研究成为材料科学中普遍而重要的问题。

目前有很多界面优化的方法,具体手段有:金属基体合金化、增强体表面涂层处理、改变黏结剂及制备工艺和参数的控制等。

四、基体和增强体相容性的影响

基体合金与颗粒增强体之间的界面相容性也是一个必须重视的问题。尤其当采用铝合金为基体时,界面上常出现氧化物元素富集等现象,有时界面上基体与增强体发生化学反应生成新相,如 Al_4C_3,MgO 或 $MgAl_2O_4$。因此对于不同的颗粒增强体,为避免界面反应物产生的危害,在保证复合材料性能的前提下基体合金的成分应有所调整。由于铝合金中的不同溶质元素所引起的时效析出行为具有一定的差异,颗粒增强铝基复合材料对基体的显微组织十分敏感。从这一角度出发,为充分发挥复合材料的性能优越性,也必须选择合适的基体合金。

此外,颗粒增强体的加入,导致了基体合金的微观组织发生显著的变化。主要体现为,由于基体和增强体热膨胀系数(CTE)的差别引起的错配应力在基体中诱发了高密度位错、晶粒尺寸变化、残余应力(热错配应力)、时效析出组织等。这些微观组织的改变都会不同程度地对复合材料的性能产生重要的影响。

五、工艺方法

金属基复合材料品种繁多,其工艺方法也因基体和增强物的不同,而有不同的工艺方法。不同的制备方法使得复合材料的性能有很大的差异。归纳起来可以分成以下 3 类。

1. 固态法

将金属粉末或金属箔与增强物(纤维、晶须、颗粒等)按设计要求以一定的含量、分布、方向混合排布在一起,再经加热、加压,将金属基体与增强物复合黏结在一体形成复合材料。整个工艺过程处于较低的温度,金层基体与增强物均处于固体状态。金属与增强物之间的界面反应不严重。粉末冶金法、热压法、热等静压法、轧制法、拉拔法等均属于固态复合成型方法。

2. 液态金属法

金属基体处于熔融状态下与固体增强物复合在一起的方法。金属在熔融态流动性好,在一定的外界条件下容易进入增强物间隙中。为了解决金属基体与增强物浸润性差的问题,可采用加压浸渗。金属液在超过某一临界压力时,金属液能渗入微小的间隙,形成复合材料。也有通过纤维、颗粒表面涂层处理使金属液与增强物的自发浸润。液态法制造金属基复合材料时,制备温度高,易发生严重界面反应,有效控制界面反应,是液态法的关键。液态法可用于直接制造复合材料零件,也可用来制造复合丝、复合带、锭胚等作为二次加工成零件的原料。挤压铸造法、真空吸铸、液态金属浸渍法、真空压力浸渍法、搅拌复合法等均属于液态法。

3. 自生成法及其他制备法

在基体金属内部通过加入反应元素,或通入反应气体在液态金属内部反应,产生微小的固态增强相,一股是金属化合物 TiC,TiB_2,Al_2O_3 等微粒起增强作用。通过控制工艺参数获得所需的增强物含量和分布。反应自生成法制备的复合材料中的增强物不是外加的而是在高温下金属基体中不同元素反应生成的化合物,与金属有好的相容性。这方面研究的代表者是名古屋大学及丰田公司。在熔液中自身反应合成金属基复合材料的最大特点是避免了陶瓷第二相与金属液润湿性差的问题,并容易实现颗粒的均匀分布。目前研究的主要有 Al - Si 合金中自生 TiC 颗粒的金属基复合材料,Al - Mg 合金中生成 $MgAlO_4$ 的金属基复合材料等。对其反应速度、材料的机械性能等进行了探索,但尚未实现规模化工业应用。由于此法能制造细小颗粒的金属基复合材料,并且颗粒与基体能较好地平衡及匹配,具有潜在的发展优势。其他方法还包括复合涂覆法,将增强物(主要是细颗粒)悬浮于镀液中,通过电镀或化学镀将金属与颗粒同时沉积在基板或零件表面形成复合材料层。也可用等离子热喷涂法将金属与增强物同时喷镀在底板上形成复合材料。复合涂覆法一般用来在零件表面形成一层复合涂层,起提高耐磨性、耐热性等作用。

11.1.3　金属基复合材料的计算模拟

一、金属基复合材料有效性能研究

20 世纪 90 年代中期,Povirk,Gusev 等研究证明:可以用一个有限体积的代表体元来代替整体复合材料,模拟其细观结构,从而建立复合材料的宏观性能同其组分材料性能及细观结构之间的定量关系。随着计算机技术的高速发展,数值分析方法在复合材料力学分析中成为不可缺少的工具,在做计算数值模拟时,建立合适的数学模型,是进行数值模拟计算复合材料等效性能的基础。

基于有限元法的多尺度等效性能计算是目前一种行之有效的研究复合材料微观结构与宏观力学行为之间关系的重要方法。采用这种方法的前提是建立复合材料的有限元模型,包括随机颗粒分布区域的几何建模和网格剖分,然后才能进行多尺度计算。

对于复合材料等效性能计算的数值方法,国内外已经发展了多种数值方法。一般来说,可以分为反分析法和直接分析法。其中反分析法实质就是根据现场观测结果,来反演复合材料力学参数。反分析法主要依赖于材料程的实测位移、本构模型以及材料参数的假定。由于现场观测资料的获取受客观条件影响较大且对复合材料认识上的不足,容易造成模型和材料参数假定与实际差异很大,因而该方法在实际应用中遇到了一些困难。为此,人们试图选择另一种途径——直接分析法来预测复合材料的力学参数。由于离散元方法没有很好解决对复合材料离散后的计算结果的误差,因此基于离散单元法计算宏观力学参数的研究较少目前主要是基于有限元法的数值分析法,其计算过程是首先建立颗粒材料的统计模型,然后模拟出不同尺度的复合材料"试件";这样得到的复合材料"试件",可以视为由基体和增强颗粒两部分组成,其力学参数可以在实验室分别确定,然后应用有限元方法进行分析,进而得到颗粒统计力学参数即。这一方法计算结果的正确性取决于颗粒统计模型的正确性以及有限元算法的合理性,这一过程虽然有误差,但是误差不会比原位实测更大。该方法的不足之处在于为避免尺寸效应,模拟不同尺度"试件"时,增加了计算成木,并且当计算尺度增大时,"试件"内的颗粒数目明显增加,给有限元的剖分和计算带来了困难。

还有学者基于有限元方法、等效观点,对颗粒增强复合材料的等效性能进行了研究,即根

据一定的等效原则,宏观地考虑颗粒对材料力学特性的影响,将整个颗粒增强复合材料均匀化、连续化,然后用有限元计算得到等效力学特性。按等效方式来分,主要有材料参数等效法、能量等效法等,这些等效方法有其适用的一面,但仍有一定局限性,例如等效体的尺寸效应问题等。关于材料参数的均匀化理论作为一种研究复合材料宏观性质的新方法,数学家们已进行了大量的研究,例如 A. Bensousson, J. L. Lion、等针对小周期结构问题的渐进分析,给出了均匀化材料系数的概念;O. A. Oleinik 等对具有小周期结构的均匀化理论和一阶渐进分析理论进行了深入研究;T. Hou 和陈志明等在此基础上给出了一阶渐进展开有限元的理论估计;崔俊芝等针对小周期结构提出了双尺度耦合算法。针对具有对称性的基本胞体给出了高阶渐进展式和有限元估计,并把此方法运用到工程计算中,从而使的均匀化从理论分析进入了数值计算。在实际应用阶段,使得微观构造十分复杂的非均质材料的宏观力学参数计算成为现实,并且给出了计算周期性编制复合材料的等效力学参数的双尺度方法。

在进行等效计算时,首先需建立材料的单胞模型,如二维单胞模型、二维多颗粒单胞模型、三维单胞模型、三维多颗粒单胞模型及代表体单元模型。武汉理工大学的瞿鹏程教授等,根据扫描电镜试样截面细观图,建立了有限元模型,并且成功预测出了 SiC 颗粒增强 Al 基复合材料等效弹塑性力学性能特征曲线。Soppa 根据体积含量 $10\%\,Al_2O_3$,增强 6061Al 基复合材料的实验细观图,构件有限元分析模型,观察残余热应力对 PRMMCs 变形和破坏的影响。Han 等采用三维多颗粒单胞模型研究 PRMMCs 的力学性能和裂纹的产生。

二、金属基复合材料结构拓扑优化研究

结构拓扑优化是结构形状优化的发展,是布局优化的一个方面。当形状优化逐渐成熟后,结构拓扑优化这一新的概念就开始发展,现在拓扑优化正成为国际结构优化领域一个最新的热点。以 Roderick Lakes 提出的具有负泊松比系数的泡沫材料以及对通过不同组分材料的复合,可以获得任何单相材料无法比拟的极端材料特性(如零膨胀系数、零剪切性能),材料微结构的优化设计被纳入拓扑优化领域。特别是由 Sigmund 于 20 世纪 90 年代中期提出来的,现在已经成为材料研究领域的前沿课题之一。而在 2002 年的第 9 届 AIAA 年会上 Kalidindi 等提出了"微结构灵敏设计(MSD - Microstructure Sensitive Design)"概念,进一步完善与发展了微结构构型与组分优化设计的思想与体系。这些开创性的工作为复合材料与结构的拓扑优化设计奠定了坚实的基础,进一步促进了材料微结构的优化设计。

复合材料的宏观性能可由微结构单胞使用均匀化技术得到,通过对微结构单胞进行拓扑优化设计可获得具有良好特性的复合材料,例如负的泊松比、负的热膨胀系数、零剪切性能以及良好压电特性的压电材料。对单胞的拓扑优化设计,问题可分为两类:一是满足本构模量等于给定值的最小体积百分含量问题;二是满足一系列体积约束和对称条件的极值材料常数问题。Silva 基于均匀化方法展开了具有极端性能的二维和三维压电材料的优化设计;国内袁振、吴长春进行了极端性能的弹性材料优化设计,杨卫等采用优化准则法进行具有特定性能的微结构设计,实现了具有负泊松比的材料设计。基于传热性能的微结构优化设计目前还处于初期阶段,张卫红等基于均匀化方法进行材料的热传导性能预测,在给定材料用量下进行复合材料的设计,得到具有极端热传导性能的复合材料。拓扑优化兼有尺寸优化和形状优化的复杂性,微结构最终拓扑形式是未知的。以最小柔度作为目标函数的微结构拓扑优化而得到的

蜂窝状结构,为标准的规则正六边行蜂窝结构。

11.2 超急冷凝固金属材料

当今工业用的金属材料绝大多效是用普通铸锭法和连续铸锭法生产的,冷却速度一般不超过 10^2 ℃/s,组织粗糙,偏析严重,所以只能得到性能一般的材料。如将液态金属的冷却速度提高到($10^3\sim10^4$) ℃/s 或($10^5\sim10^6$) ℃/s,不仅能消除偏析,得到超细晶或亚稳定相,而且能得到性能与传统材料完全不同的新材科,是开发新材料的新途径,也是材料科学最活跃的研究领域之一。

11.2.1 非晶态合金

一、发展历史

一般的金属材料都以晶体形态存在。1960 年,美国科学家皮·杜威等首先发现某些贵金属合金(如金-硅合金)在超快速冷却(冷却速度达 10^6 ℃/s)情况下可凝固成非晶态合金,当时得到的非晶态合金为 Au81Si19。

金属及合金极易结晶,传统的金属材料都以晶态形式出现。但如将某些金属熔体,以极快的速率急剧冷却,例如冷却温度大于 10^6 ℃/s,则可得到一种崭新的材料。由于冷却极快,高温下液态时原子的无序状态,被迅速"冻结"而形成无定形的固体,这称为非晶态金属。大部分金属材料具有严密的有序结构,原子呈现周期性排列(晶体),表现为平移对称性,或者是旋转对称,镜面对称,角对称(准晶体)等。而与此相反,非晶态金属不具有任何的长程有序结构,但具有短程有序和中程有序(中程有序正在研究中)。一般地,具有这种无序结构的非晶态金属可以从其液体状态直接冷却得到,故又称为"玻璃态",所以非晶态金属又称为"金属玻璃"或"玻璃态金属"。急冷法是目前制备非晶态合金的常用方法,其基本原理是将一薄层液态金属喷射到具有超导热性能的金属冷基上,从而达到快速散热、冷却金属的目的。

我国对非晶合金的研究从 1976 年开始,国家科学技术委员会一直将非晶合金的研究、开发、产业化列入重大科技攻关项目。"九五"期间,组建了"国家非晶微晶合金工程技术研究中心",建立了"千吨级非晶带材生产线",非晶态合金的产业化进程大大加快,现已初步形成非晶态合金科研开发和应用体系。国内关于大块非晶合金的研究主要集中于中科院物理所、金属所,现在各大学也加大了对非晶的研究力度。

近年来,在非晶的研究领域中,中国科学家已成为该领域的一支重要力量,国内许多研究组一直在从事非晶以及相关物理问题的研究,在结构、物性、制备、应用研究等方面有较雄厚的实力。现在已经可以制备出多种有自主知识产权的大尺寸块体非晶体,并在块体非晶结构、形成规律、力学和物理性能以及应用开发等方面做出了很多有特色的工作,引起国际同行的广泛关注和重视。

中国科学院物理研究所汪卫华等在非晶方面的研究近年来取得了重大进展,其主要工作集中在稀土基非晶的制备和力学性能的研究上;中国科学院金属研究所张哲峰等主要研究不同非晶材料的拉伸和压缩变形与断裂特征,还总结了不同非晶材料在拉伸和压缩及断裂时的不对称性;清华大学姚可夫等采用玻璃包覆提纯技术和水淬及空冷方法制备了 Pd-Si 二元非晶球形样品;西安交通大学张临财等讨论了第二相对 Zr 基非晶复合材料力学性能的影响;华中科技大学谌祺等制备了 Zr 基块体非晶并研究了块体非晶和复合材料在过冷液态区内的单向压缩变形行为；山东大学郭晶等人采用真空回转振动式高温熔体黏度仪测量了 Gd 基大块非晶形成合金过热液体的黏度，并计算得到过热液体脆性参数；北京科技大学惠希东等人对 Zr 基非晶的原子结构进行了研究，重点讨论了玻璃结构中的短程与中程有序结构，张勇等人研究了合金化对大块非晶合金及高熵合金的组织与性能的影响；大连理工大学程旭等利用团簇线和微合金化方法研究了 Fe－B－Y－Nb 四元合金体系中块体非晶合金的形成。

目前国外关于大块非晶合金的研究主要集中在日本和美国，尤其是日本东北大学材料研究所的井上明久和美国的 Johnson 研究小组。合金系列涉及到过渡金属－类金属系、锆基、钼基、镁基等，研究方法覆盖了从模铸法、水淬、粉末冶金、区域熔炼等多种方法。块体非晶合金研究是日本文部省 1998 年最大的研究项目；2000 年美国陆军拨款 3 000 万美元，用于块体非晶的研究；此外，2000 年欧共体也专门立项，组织欧洲 10 个重要实验室联合攻关。

迄今为止，国内外非晶合金开发最多的是作为软磁材料的一类。它们在化学成分上的一个共同点是：由两类元素组成，一类是铁磁性元素（铁、钴、镍或者它们的组合），它们用来产生磁性；另一类是硅、硼、碳等，它们称为类金属，也叫作玻璃化元素。铁磁性元素和类金属元素使合金的熔点比纯金属降低了很多，容易形成非晶。

二、成分与特点

非晶态的金属通常是以合金的形式存在，纯金属是不易制成非晶态的。非晶态合金，大致可以分为两大类：一种是过渡族金属－类金属系，其类金属的组分占 $15\%\sim25\%$，例如 $Fe80B20$，$Fe40Ni40P14O6$ 和 $Fe5Co70Si15B10$ 等；另一种是金属－金属系，其溶质金属的组分一般占 $25\%\sim50\%$。然而，有些超出这个成分范围的合金在急冷下也能形成非晶态的结构。典型的有 $Cu60Zr40$，$La76Au24$，$U70Cr30$ 等。

为了获得非晶态的金属，一般将金属与其他物质混合。当原子尺寸和性质不同的几种物质搭配混合后，就形成了合金。这些合金具有两个重要性质：①合金的成分一般在冶金学上的所谓"共晶"点附近，它们的熔点远低于纯金属，例如 FeSiB 合金的熔点一般为 1 200 ℃以下，而纯铁的熔点为 1 538 ℃；②由于原子的种类多了，合金在液体时它们的原子更加难以移动，在冷却时更加难以整齐排列，也就是说更加容易被"冻结"成非晶。有了上面的两个重要条件，合金才可能比较容易地形成非晶。例如，铁和硼的合金只需要 10^6 ℃/s 的冷却速度就可以形成非晶。实际上，目前所有的实用非晶合金都是两种或更多种元素组成的合金，例如 Fe－Si－B，FeNiPB，CoZr，ZrTiCuNi 等。

除熔体急冷法外，目前制备非晶态合金的实验技术和工业方法有气相沉积法、激光表层熔化法、离子注入法等，较快速、经济是化学沉积法和电沉积法。化学沉积法是利用还原剂使溶液中金属离子有选择地在活化表面上还原析出。用这种方法得到的第一个非晶态合金，是 Ni－P 合金，这一过程称化学镀镍，作为金属的耐磨耐蚀镀层，现已被广泛应用。

非晶态金属的突出特点是强度和韧性兼具，即强度高而韧性好，一般的金属这两者是相互矛盾的，即强度高而韧性低，或与此相反。其耐磨性也明显地高于钢铁材料。

它第二个特点是其优异的耐蚀性，远优于典型的不锈钢，这可能是因为其表面易形成薄而致密的钝化膜；同时其结构均匀，没有金属晶体中经常存在的晶粒、晶界和缺陷和不易产生引起电化学腐蚀的阴、阳两极。

第三个特点是非晶态金属优良的磁学性能；由于其电阻率比一般金属晶体高，可以大大减少涡流损失,低损耗、高磁导,成为引人注目的新型材料。非晶态的铁芯和硅钢芯的空载损耗可降低 60%～80%,被誉为节能的"绿色材料"。

此外,非晶态金属有明显的催化性能;它还可作为储氢材料。但是非晶态合金也有其致命弱点,即其在 500 ℃ 以上时就会发生结晶化过程,因而使材料的使用温度受到限制。制造成本较高也是限制非晶态金属广泛应用的一个重要问题。

11.2.2 超急冷凝固理论与应用

一、超急冷凝固原理

热力学原理告诉我们,任何物质均以低自由能状态最稳定,而各种物质的自由能均因温度和压力而改变。纯金属在一个大气随下的自由能(G,Gibbs)与温度(T)间的关系如图 11-1 所示。在熔点 T_m 以上某一温度 T_1,液相 L 的自由能最低,而固相转变为液相。如果固相有亚稳定相 β 和 γ 存在,它们将有各自的熔点 T_β 和 T_γ,并且在熔点以下比液相稳定。如溶液相 L 过冷到 T_2,L 将向自由能低的 α、β 或 γ 相转变。反过来说,若想得到亚稳定相,液相就得过冷到熔点 T_m 以下。过冷度愈大,液相与亚稳定相间的自由能差(ΔG)愈大,生成亚稳定相的可能性也愈大。

另一方面,急冷容易产生过冷,所以冷却速度愈大,过冷度也愈大。因此,所谓超急冷凝固,实质上就是通过急冷来实现大的过冷度,以得到亚稳定相的方法。

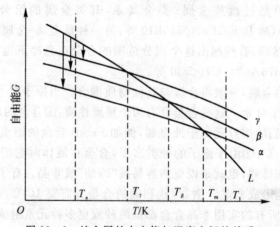

图 11-1 纯金属的自由能与温度之间的关系

合金 C_P 的绝热凝固过程如图 11-2(a)所示。假设合金 C_P 自 P 状态过冷到 T_1,(见图 11-2(b)),并假设过冷度不大,凝固潜热释放后温度能回升到 T_s 温度以上的 T_B。此时,T_B 温度与状态图的液、固两相共存区相当,凝固时由于液固两相的浓度不同,故能发生偏折。但此时的过冷度较小,温度能回升到固相线温度 T_s 以上,故称之为"亚过冷"。合金 C_P 如过冷到 T_2,液相温度恰好能回升到固相线温度 T_s(见图 11-2(c)),这样的过冷度就叫作"临界过冷";如过冷到 T_3(见图 11-2(d)),由于过冷度更大,释放凝固潜热后,温度也不能回升到 T_s,只能形成无偏析的均匀 α 溶体。此时的过冷度比临界过冷度还大,故称之为"超过冷",是制造超急冷凝固材料的必要条件。但应指出,实际上真正的绝热凝固过程是不存在的,总要散失一部分热量,故实际的临界过冷度总要小些。由此可见,通过急冷以得到超过临界过冷度的冷却过程就是超急冷凝固过程。

图 11-2(a) 中的合金 C_Q 自 Q 状态急冷，根据潜热的释放情况和温度 T'_3 能否回升到固相线延长线 T'_s 点（图 11-2(e)），与 C_P 合金一样，也决定着亚稳定相 α（过饱和固溶体）能否形成。

应当指出，超过冷凝固条件并不一定非把液态合金过冷到固相线以下才能得到。如图 11-3 所示，二元合金 C_1 凝固时，平衡相的自由能是随浓度而改变的，在 T_1 温度平衡共存的液、固相浓度可由两条自由能曲线的公共切线的切点 C_S 和 C_L（见图 11-3(d)）来确定。由该图不难看出，C_1 恰好是固相与液相自由能相等的浓度（$G_S = G_L$），因此浓度位于 C_1 到 C_S 间的合金，固相的自由能比液相低。如将浓度位于 $C_S \sim C_1$ 间的液态合金过冷到 T_1 温度，就可以得到无溶质扩散的凝固过程。同理，如把 $G_S = G_L$ 的各个合金的浓度（C_i）和温度（T_i）全注明在二元状态图（图 11-3(b)）的相应坐标点上，就可以连接成点线所表示的曲线 T_0，可使共晶状态图变成全溶固溶体型状态图（状态图的液相线与点线所包围的区间）。这里由点线连接成的曲线叫作"T_0 曲线"，是讨论超急冷凝固的重要曲线。这样，二元状态图就可以划分成三个凝固区域，在 T_0 曲线以上的 I 区是普通凝固区。溶质能够发生扩散；在 T_0 曲线以下，固相线以上的 II 区，是得到亚稳相的凝固区；如将液态合金过冷到线 T'_s 或固相线以下（III 区），由于过冷度极大，原子活动能力降低，就有可能将液相直接过冷到室温，生成非晶态合金。

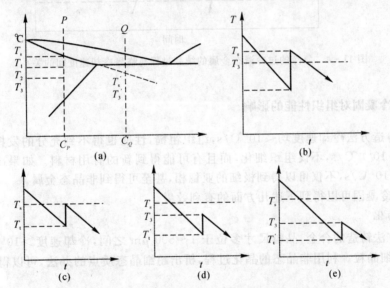

图 11-2　绝热凝固过程的过冷与温度的回升（T_R）

(a) 平衡状态图；　(b) 亚过冷；　(c) 临界过冷；　(d)(e) 超过冷

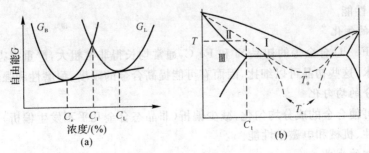

图 11-3　二元合金凝固时自由能曲线和 T_0 曲线

(a) 二元合金凝固时自由能曲线；　(b) T_0 曲线

超过冷凝固过程实质上是抑制液态金属形核和晶化的快冷过程,因此,用金属的结晶动力学曲线(C曲线)和临界冷却速度曲线表示凝固过程(见图11-4),会更清楚些。只要速度超过临界冷却速度,液体金属就可以过冷到熔点以下,使之固化而变成非晶态固体。能使液体直接固化(不形核和结晶)的温度可称做"玻璃化温度",用 T_G 表示,是非晶态物质所独有的特殊现象。物质通过 T_G 温度时,比热和体积等物理参数将发生不连续变化。

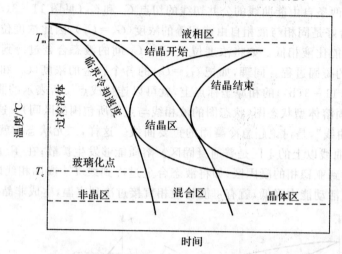

图 11-4　急冷的过冷液态金属的结晶过程与临界冷却速度间的关系

二、超急冷凝固对组织性能的影响

传统的铸造方法冷却速度均<10^2℃/s,组织粗糙,性能也得不到充分的发挥。冷却速度提高到($10^3 \sim 10^4$)℃/s,不仅组织细化,而且有可能得到新的有用材料。如果冷却速度进一步提高,超过 10^5℃/s,不仅可以得到极细的亚稳相,甚至可得到非晶态金属。

总之,急冷凝固可以得到下述几方面的有利效果。

1. 晶粒细化

用普通方法铸造的合金,晶粒尺寸多位于 $1 \sim 500$ μm 之间,冷却速度>10^4℃/S,可以得到<1 μm 的细晶粒。利用非晶态的晶化过程,析出超细晶态质点的办法,可以得到<0.1 μm 的超细晶垃。

根据 Hall - Petch 关系可知,晶粒细比后,室温强度提高,有可能得到高强度、高韧性材料。另外,高温塑性也提高,可能获得超塑性材料,还可以缩短均化退火时间,提高粉末材料的低温、低压烧结性能。

2. 一次晶的细化

Al - Si 和 Fe - C 合金等的初晶 Si 和 Fe_3C,通常均长得非常粗大,严重损害机械性能。利用急冷凝固技术,这些初晶可以细比,因而有可能提高合金的硬度、耐磨性和强度。

3. 化学成分的均匀化

急冷凝固可使合金的成分均匀化,减少偏析(非晶态合金几乎不发生偏析),因而有可能提高合金的抗蚀性、机械和电磁学性能。

4. 亚稳定相的生成

这里所说的亚稳定相是指过饱和固溶体、渗碳体和非晶态固体等。这种相虽然迟早要向平衡状态转变,但转变时间的快慢因合金和环境条件而迥然不同,所以并不一定是不稳定的。

当然,亚稳定相并不一定全有用,但通过亚稳定相的取得,用传统生产方法很难利用的合金(如高浓度合金),就有可能变成高强度或高性能合金材料。由此可见,人们对急冷凝固材料感兴趣,就是为了得到亚稳定相和设法利用它。

11.2.3　急冷凝固晶态合金及凝固方法

一、急冷凝固晶态合金

用急冷凝固法制造的细晶粒薄带,能强烈地改善合金的强度和塑性。Rene80 和 In738LC 等 Ni 基超耐热合金和 FSX414 钴基耐热合金薄带(见表 11-1),由于急冷凝固扩大了固溶度,细化了晶粒,不仅提高了强度,对塑性的提高尤为明显,特别是对 Co 基合金机械性能的影响更为显著。值得注意的是,这些细晶粒合金还会出现超塑性现象。用普通方法铸造的 Cu 基形状记忆合金,往往因为晶粒粗大而变得很脆,用急冷凝固法制造,由于晶粒细化,塑性能得到明显的改善。

表 11-1　Ni 基和 Co 基合金急冷凝固薄带与精铸件的机械性能

合　金	材　料	σ_b/MPa	δ/(%)
Rene80	薄　带	1 107～1 127	10～14
	精　铸	1 102～1 112	5～6
In738LC	薄　带	1 127～1 176	13～25
	精　铸	1 087～1 127	5～8
FSX414	薄　带	1 323～1 401	31～35
	精　铸	823～832	15～16

利用超急冷凝固粉末生产工业用 Al 合金、Ni 基超耐热合金和 Ti 合金,能显著提高中温和高温机械性能。急冷凝固超硬铝粉末热挤压件的机械性能见表 11-2。可以看出,强度和塑性均得到了明显的改善。这种方法特别适于制造 Ni 基超耐热合金飞机零件,用 RSR 法生产的粉末,经热挤压或热等静压法(HIP)成型后,不仅疲劳和抗蠕变强度显著提高,随着强度的提高还可以收到产品轻量比的效果。

表 11-2　急冷凝固超硬铝粉末热挤压件的机械性能

合　金	制粉法	粉末形状	σ_b/MPa	$\sigma_{0.2}$/MPa	疲劳极限/(10^7 MPa)	δ/(%)
7 075	冷辊淬火法	片状	600	496	—	9
7 075+1Fe+1Ni	冷辊淬火法	片状	>717	634	—	9
7 075+1.6Fe+0.6Ni	超声波雾化法	粒状	689	572	—	6
7 109	空气雾化法	粒状	614	586	—	12
7 075+1Ni+0.8Zr	超声波雾化法	粒状	682	627	>275	10

二、急冷凝固方法

急冷凝固方法和装置是当前最活跃的一个研究领域,但要实现这样高($10^4 \sim 10^6$) ℃/s 的冷却速度,却只能限于某些特殊形状和尺寸的产品。这个特点与液体金属的散热条件有关。假设体积为 V,表面积为 A 的液体金属在温度为 T_a 的介质中冷却。并假设液体与冷却介质间的导热系数为 h,液体内部的温度分布可以忽略不计(称为牛顿冷却条件),根据热量守恒法则,冷却速度(T)可用式表示为

$$\rho C_P V \partial T / \partial t = -hA(T - T_a) \tag{11-1}$$

或
$$\dot{T} = | \partial T / \partial t | \approx hA(\overline{T} - T_a)/(\rho C_p V) \tag{11-2}$$

式中,ρ,C_p 和 $\overline{T}$ 是液体的密度、比热和平均温度。

由该式可知,为提高冷却速度,必须减小 M 值($= V/A$),即尽量减小液体的体积,增大表面积。M 值在铸工学中叫作"模数"。几种典型几何形状的模数为:无限平板等于 $d/2$(d 为厚度);无限圆挂体等于 $D/2$(D 为直径);球体等于 $4r/3$(r 为半径)。这说明要减小 M 值,就是减小厚度、直径和半径,使制品形状变薄、变细、变小。

由此可见,急冷凝固方法就是制造薄、细、小产品的方法,如生产细粉末、薄片、细丝、窄带和不连续纤维等。这些特殊产品可用各种专用设备和装置来制造,但就冷却方法的原理来说,可大致分为固体接触冷却法、液体冷却法、气体冷却法和混合冷却法等。

固体接触冷却法是将液体金属连续喷射在快速转动的单金属辊、双金属辊或离心圆盘上,使之激冷,生产薄带、薄片或细丝等,冷速可达($10^5 \sim 10^6$) ℃/s。是生产组细晶或非晶态合金带等最常用的方法,冷却速度可通过冷却辊的转速、材质(铜或铁)和冷却方法等来调节。当然还有其他方法如溅射和喷射涂层方法等。液体冷却法是用高速水雾喷射液体金属的方法,制造急冷凝固的金属粉末,冷却速度可达 $10^5 \sim 10^7$ ℃/s。具体方法有水雾化法,火花电蚀法和旋转水雾化法等。

气体冷却法是用高速喷射的惰性气体将液体金属雾化成粉末的方法,冷却速度可达 $10^4 \sim 10^5$ ℃/s。具体方法有气体雾比法、超声波雾化法和 RSR 法(rapid solidification rate process)等。最后的一种方法是把液体金属喷到高速旋转的圆板中心,使之离心雾化,再用高速 He 气急冷,以生产急冷凝固合金粉末,特别适于生产 Ni 基超耐热合金粉末。

混合法是同时用气体和水雾化液体金属粉末的方法,冷却进度可达 10^5 ℃/s。

此外还有电磁雾化法如电磁流体法、等离子法、离子溅射法和旋转电镀法等,这里不再一一介绍。

应当指出,用激光和电子束对金属表面进行快速熔凝处理.也是一种急冷凝固方法。这种方法只使金属表面熔化极薄一层(1~100 μm),热量很快被传入金属基体内部而急冷凝固。这种方法可以显著地改善金属表面的组织和性能,如提离表面硬度、耐磨性和抗蚀性等,也可以用于工件表面缺陷或损伤(如裂纹等)的修复工作。

11.3 超塑性合金

11.3.1 合金的超塑性理论

一、发展历史

超塑性合金是指那些具有超塑性的金属材料。超塑性是一种奇特的现象。具有超塑性的合金能像饴糖一样伸长 10 倍、20 倍甚至上百倍,既不出现缩颈,也不会断裂。金属的超塑性现象,是英国物理学家森金斯在 1982 年发现的,他给这种现象做如下定义:凡金属在适当的温度下(大约相当于金属熔点温度的 1/2)变得像软糖一样柔软,而应变速度 10 mm/s 时产生本身长度 3 倍以上的延伸率,均属于超塑性。在通常情况下,金属的延伸率不超过 90%,而超塑性材料的最大延伸率可高达 1000%～2000%,个别的达到 6000%。金属只有在特定条件下才显示出超塑性。在一定的变形温度范围内进行低速加工时可能出现超塑性。

1920 年,德国人罗森汉在锌-铝-铜三元共晶合金的研究中,发现这种合金经冷轧后具有暂时的高塑性。最初发展的超塑性合金是一种简单的合金,如锡铅、铋锡等。一根铋锡棒可以拉伸到原长的 19.5 倍,然而这些材料的强度太低,不能制造机器零件,所以并没有引起人们的重视。20 世纪 60 年代以后,研究者发现许多有实用价值的锌、铝、铜合金中也具有超塑性,于是前苏联、美国和西欧一些国家对超塑性理论和加工发生了兴趣。特别在航空航天上,面对极难变形的钛合金和高温合金,普通的锻造和轧制等工艺很难成形,而利用超塑性加工却获得了成功。到了 20 世纪 70 年代,各种材料的超塑性成型已发展成流行的新工艺,全世界都在追寻金属的超塑性,并已发现 170 多种合金材料具有超塑性。现在超塑性合金已有一个长长的清单,最常用的铝、镍、铜、铁、合金均有 10～15 个牌号,它们的延伸率在 200%～2 000% 之间。如铝锌共晶合金为 1 000%,铝铜共晶合金为 1 150%,纯铝高达 6 000%,碳和不锈钢在 150%～800% 之间,钛合金在 450%～1 000% 之间。已获得实用的典型超塑性合金的成分和主要用途如表 11-3 所示。

表 11-3 典型超塑性合金的成 分和主要用途

类 别	合金牌号	成 分	主要用途
铝合金	ALNOVI(5083)	Al-4.5Mg-0.7Mn-0.1Cr	民用
	SUPRAL(2004)	Al-6.0Cu-0.4Zr	超塑性专用
	7075/7475	Al-5.6Zn-2.5Mg-1.6Cu-0.2Cr	航空用
钛合金	Ti6Al4V	Ti-6Al-4V	航空航天用
	SP700	Ti-4.5Al-3V-2Fe-2Mo	航空航天用
其他	IN100	Ni-12Cr-18Co-3Mo-5Al	航空发动机用
	双相不锈钢	Fe-24Cr-6Ni-3Mo-0.02C	航空/民用

近数 10 年来金属超塑性已在工业生产领域中获得了较为广泛的应用。超塑性材料正以

其优异的变形性能和材质均匀等特点在航空航天以及汽车的零部件生产、工艺品制造、仪器仪表壳罩件和一些复杂形状构件的生产中起到了不可替代的作用。

二、定义及分类

超塑性一般是指在拉伸条件下,表现出异常高的伸长率而不发生缩颈和断裂的现象。通常用材料的延伸率来衡量,以达到或超过一定的延伸率(例如 200%)称为超塑性,金属材料在超塑性状态下的宏观变形表现为大变形、小应力、无缩颈、易成型的特征。为了描述超塑性的力学特征,1964 年美国 Backofen 提出应力与应变速率的关系式为

$$\sigma = K \cdot \varepsilon^m \tag{11-3}$$

式中,σ 为真实应力(流动应力);ε 为应变速率;K 为与材料成分、结构及试验温度有关的常数;m 为应变速率敏感性指数。

金属超塑性可以分为几类,主要是以下两种:①细晶超塑性(又称组织超塑性或恒温超塑性),即由材料结构上具有某种特点而产生的超塑性。它要求材料具有均匀、细小的等轴晶组织,晶粒细化的程度要达到 0.5~5 μm,一般不超过 10 μm。在高温(一般为该材料熔点的 0.4~0.7 倍)和低的应变速率下易产生超塑性变形,但在个别情况下,如钛合金在粗晶状态下也有超塑性,一般超塑性材料多属于这种。②相变超塑性(又称环境超塑性),是指在材料相变点上下进行温度循环的同时对试样加载,多次循环中试样得到累积的大变形。因此,它不需要预先进行组织处理,不需要微细晶粒组织,但需要在应力作用下,同时在相变温度范围内循环地进行加热和冷却。材料在每一次加热和冷却过程中发生同素异构转变,如钛合金中密排六方 α 相与体心立方 β 相之间的转变等。在应力作用下,每次转变循环得到一次跳跃式地均匀变形,多次循环即可得到累积的大变形量目前研究和应用最广的超塑性现象属于前者(细晶超塑性)。

三、超塑性的微观机制

关于超塑性的微观机制,虽然已从各个角度进行了大量的研究,但目前尚无定论。一般认为组织超塑性变形机制以晶界滑动和晶粒转动为主,但还要靠其他变形机制进行调节。对于给定材料来说,影响其超塑性的因素主要有晶粒度、变形温度和应变速率。一般来说,晶粒越细,等轴度越高,越有利于超塑性变形,因为晶粒细小时晶界总面积较大,为晶界滑动提供了条件,而等轴度高有利于晶粒转动。超塑性变形与许多热激活过程有关,因此温度也就成为它的一个很主要的影响因素。但变形温度超过临界温度时,继续升高变形温度会使晶界强度进一步降低,材料传递外加应力的能力迅速降低,而且,变形温度过高会使得晶粒长大速度进一步加快,这两方面均对超塑性不利。因此,要根据实际情况选择合适的超塑性变形温度,对于不同的材料需要区别对待外界环境对它们超塑性的影响。

金属材料的塑性变形是通过晶体滑移面上位错的移动和孪晶的产生及运动而实现的。而镁合金的晶体结构为密排六方结构,该种晶体结构在室温和拉或压应力的作用下只有一个滑移系存在,因而能够参加运动的位错数量及孪晶数量较小,从而导致镁合金的塑性变形能力非常的差;但是当在切应力的作用下,由于晶体会发生转动,使更多的滑移面与外应力的方向相一致,从而能够使更多数量的位错发生滑移,产生更多的孪晶并起作用,进而显著地提高镁合

金材料的塑性;当镁合金的温度高于 250℃时,晶体中的附加滑移面{101-1}也开始起作用,使镁合金材料的塑性变形过程变得更加容易;另外超细化晶粒的存在,同样也能使镁合金材料的塑性进一步提高,最终使镁合金在宏观上表现出超塑性的能力。

　　超塑性成形工艺主要包括了气胀成形和体积成形两类。超塑性气胀成形是用气体的压力使板坯料(也有管坯料或其他形状坯料)成形为壳型件,如仪差壳、抛物面天线、球型容器、美术浮雕等。气胀成形又包括了 Female 和 Male 两种方式,分别如图 11-5 和图 11-6 所示。Female 成形法的特点是简单易行,但是其零件的先帖模和最后贴模部分具有较大的壁厚差。Male 成形方式可以得到均匀壁厚的壳型件,尤其对于形状复杂的零件更具有优越性。

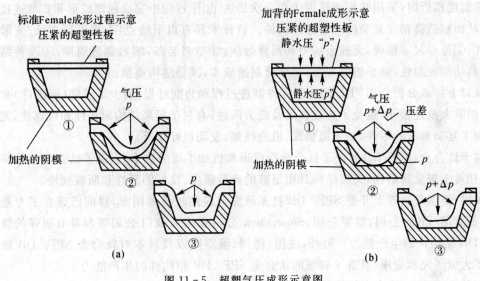

图 11-5　超塑气压成形示意图

(a)无背压;　(b)有背压

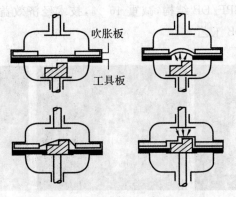

图 11-6　Male 超塑气压成形示意图

　　超塑性体积成形包括不同的方式(例如模锻、挤压等),主要是利用了材料在超塑性条件下流变抗力低,流动性好等特点。一般情况下,超塑性体积成形中模具与成形件处于相同的温度,因此它也属于等温成形的范畴,只是超塑性成形中对于材料,对于应变速率及温度有更严格的要求。这种方法利用自由运动的辊压轮对坯料施加载荷使其变形,使整体变形变为局部变形,降低了载荷,扩大了超塑性工艺的应用范围。他们采用这样的方法成形出了钛合金、镍基高温合金的大型盘件以及汽车轮毂等用其他工艺难于成形的零件。

四、超塑性成形及扩散联接(SPF/DB)

超塑性成形及扩散联接(SPF/DB)是航空领域多年来重点发展和应用的一种近无余量先进成形技术。通过在一次加热、加压过程中成型整体构件,不需要中间处理,能有效减轻结构重量和提高材料利用率,可为设计提供更大的自由度,具有广阔的应用前景。

基本原理是:利用金属及合金的超塑性和扩散焊无界面的一体化特点,在材料超塑温度和扩散焊温度相近时,采用吹胀或模锻法在一次加热、加压过程中完成超塑成形和扩散连接两道工序,从而制造高精度复杂的大型整体构件。该技术具有以下特点:①成形压力低/变形大而不破坏;②外形尺寸精确,无残余应力和回弹效应;③节省装备,缩短制造周期;④改善结构性能,提高结构完整性,延长机体寿命;⑤降低制造成本,减轻结构重量。

从以上特点分析,SPF/DB简化了零件制造过程和装配过程,减少了零件(标准件)和工装数量,消除大量连接孔,避免了连接裂纹及疲劳问题,有利于提高结构耐久性和可靠性,尤其适合于加工复杂形状的零件,如飞机机翼、机身框架、发动机叶片等。

对于钛合金,SPF/DB解决了钛合金冷成形和机加工难的缺点,促进了钛合金整体构件的使用,相对常规金属结构,夹层结构具用足够的疲劳强度、良好的塑性和断裂韧性。

英国、美国是世界上开展SPF/DB技术研究及应用较早的国家,目前已建立了专业化生产厂,如英国TKR公司、罗罗公司、Superform公司和美国RTI公司等都具有很强的钛合金SPF/DB结构件的生产能力。另外,法国、德国、俄罗斯以及日本对钛合金SPF/DB技术也进行了大量研究和应用,具备了较强的钛合金SPF/DB结构件的生产能力。

国外SPF/DB钛合金结构件在飞机上的应用广泛,其应用示例如图11-7所示,如民机A300,A310/320的前缘缝翼收放机构外罩,减重10%,A330,A340机翼检修口盖、驾驶舱顶盖、缝缘传动机构等采用SPF/DB结构,减重46%,技术经济效益显著。此外,A380飞机吊舱舱门结构采用了SPF/DB工艺。

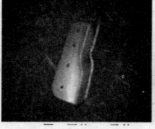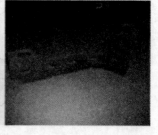

图11-7 国外SPF零件

国内开展钛合金SPF/DB研究已多年,已逐渐用于主承力结构,取得了一定的减重效果和经济效益,某飞机TC4钛合金SPF/DB腹鳍结构如图11-8所示,已通过了全尺寸静力试验考核,结果证明满足设计要求,成本降低16%,减重11%,但国内还未开展该技术在民机上的应用。

图 11 - 8　国内的 SPF/DB 零件

11.3.2　超塑性钛合金

钛合金屈强比高,即只有应力接近于断裂应力时才开始屈服变形,这对塑性加工很不利。钛合金在常温下很难变形,不过通常钛合金均可在特定条件下表现出超塑性,但往往温度较高,不便于在大工业化条件下实现超塑性成型加工。

为了满足复杂构件的应用需求和提高生产效率的需要,需要研制易于在中温下和较高的应变速率条件下超塑性成型的钛合金。

国际上一些钛合金的温度、应变速率如表 11 - 4 所示,m 和伸长率 δ 等超塑性特性。可以看出,超塑性特性最好的是 $(\alpha+\beta)$ 型钛合金,α 型和 β 型钛合金稍差。赵林若提出了 $(\alpha+\beta)$ 两相钛合金的超塑性流变微观机制。认为:

(1)流变性好的 β 相以扩散蠕变和位错蠕变为主,其中 β/β 晶界过程相对并不重要,蠕变结果将改变晶粒的形态。

(2)α 相变形以 α/α 晶界滑动为主,并通常由扩散和位错运动共同协调,参与协调的滑移系统与变形条件有关,晶界滑动变形使 α 晶粒保持着等轴形态。

(3)α 和 β 两相之间的流变协调主要由 α/β 相界的迁移完成,这一过程虽对宏观应变的直接贡献很小,但它可以有效地减少应力作用引起的溶质原子的非平衡偏聚,恢复和维持 α 和 β 两相间的平衡。

表 11 - 4　钛合金的超塑性特性

合　金	$T/℃$	ε/s^{-1}	m	$\delta/(\%)$
Ti - 6Al - 4V	900~980	$1.3\times10^{-4}\sim10^{-3}$	0.75	750~1170
Ti - 6Al - 5V	850	8×10^{-4}	0.7	700~1 100
Ti - 6Al - 2Sn - 4Zr - 2Mo	900	2×10^{-4}	0.67	538
Ti - 6Al - 4V - 2Ni	815	2×10^{-4}	0.85	720
Ti - 6Al - 4V - 2Co	815	2×10^{-4}	0.53	670
Ti - 6Al - 4V - 2Fe	815	2×10^{-4}	0.54	650

续 表

合 金	$T/℃$	ε/s^{-1}	m	$\delta/(\%)$
Ti – 5Al – 2.5Sn	1 000	2×10^{-4}	0.49	420
Ti – 15V – 3Cr – 3Sn – 3Al	815	2×10^{-4}	0.5	229
Ti – 13Cr – 11V – 3Al	800			<150
IMI834	940~990	$10^{-4}\sim10^{-3}$	0.6	>400
Ti – 6242	850~940	$10^{-4}\sim10^{-3}$	0.6~0.7	800
Ti – 10V – 2Fe – 3Al	700~750		0.5	910

以上为钛合金的微晶超塑性,钛合金还具有相变超塑性,又称动态超塑性或变温超塑性。如 Ti26Al24V 在 β 相变温度((995±15)℃)以下的某一温度范围(如 700~970℃)内反复冷热循环,进行拉伸、压缩或其他变形也能获得超过 100% 的伸长率。

近年来出现的几种新型超塑性钛合。例如金日本钢管公司(NKK)成功研制了一种高强度超塑性钛合金,SP – 700(Super Plastic)(Ti – 4.5Al – 3V – 2Mo – 2Fe),为 $\alpha+\beta$ 型两相合金,晶粒非常细小,是为替代传统的 Ti – 6Al – 4V 而设计的。该合金强度高,尤其在 770℃左右的高温下具有超塑性,故称为 SP – 700,超塑成型温度比 Ti – 6Al – 4V 低 140℃,室温强度比 Ti – 6Al – 4V 高 10%~20%。

日本爱知制纲公司开发了一种塑性和强度都很高的新型钛合金"ASTA(Aichi Steel Titanium Alloy)"。可根据不同的用途和形状调整成分组成,生产两种强度和弹性模量不同的合金 ASTA1 及 ASTA2。新合金是 Ti – Nb – Mo 系 β 型钛合金,与其他合金系相比,其强度和加工性能好,弹性模量低。但在提高这些性能的同时,其他性能却降低。通过添加第三、第四元素等方法,成功地使各种特性达到平衡并得到了提高。与广泛使用的 Ti – 6Al – 4V 相比,其弹性模量约是它的 1/2,为 45GPa。拉伸强度提高了 20%,约为 1250MPa。

丰田中央实验室科学家 Takashi Saito 发明了一种超弹塑性钛合金,该合金称作 Gum Metal,也叫橡胶金属。合金的组成可表示为 Ti+25%mol(Ta+Nb+V)+(Zr、Hf、O),通过粉末冶金的方法成型,然后进行热处理和冷作变形。其中 Ta,Nb,V 为 β 相稳定元素。O,Hf 为 α 相稳定元素,Zr 为中性元素。

一般情况下,金属材料的强度越高,其弹性模量也越大。但这种钛合金具有较低的弹性模量和超高的强度(见图 11 – 9),强度超过高强度钢,但其弹性模量却与铝、镁合金相当。同时橡胶金属还具有下述一些显著的奇异特性。

(1)具有很高的塑性,允许室温下达到 99.9% 的冷变形,而不产生加工硬化。

(2)与普通金属相比,其弹性变形能力高出 1 个数量级,达 2.5%。

(3)通过时效处理其拉伸强度可达到甚至超 2000 MPa,成为钛合金中的世界之最。

(4)接近于零的线性膨胀系数,在 –200~250 ℃ 大温度范围内具有几乎恒定的弹性模量和极小的热膨胀系数。

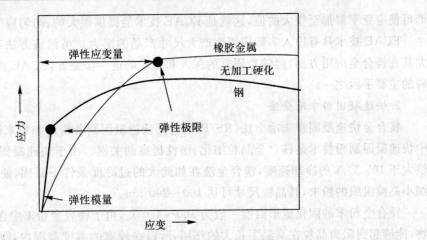

图 11-9　橡胶金属与钢的拉伸应力-应变曲线

橡胶金属是根据它的独特性能命名的,具有非常广阔的实际应用价值。除了已经商业化应用的,包括眼镜框、精密仪器、螺丝钉、弹簧之外,还可以广泛应用于医疗器材、运动商品、航空航天等其他有特殊要求的领域。

11.3.3　超塑性镁合金

1. 等通道角度变形制备法(ECAE)

金属材料在剪应力作用下,发生机械变形,能够使其内部微观组织、晶粒得到有效的细化。而剪应力状态的机械变形方法主要是等通道角度变形法(ECAE),这一形变新技术具有其他传统形变技术无法比拟的优点,不仅能使材料产生很大的、均匀的应变,同时又能保持样件的外观形状和尺寸。

其变形原理如图 11-10 所示。由于镁合金的晶体结构为密排六方结构,在拉、压应力作用下具有较低的塑性变形能力,因此用于镁合金材料的 EACE 模具的内、外交角相对较小,通常内交角 ϕ 为 90°,外交角 Ψ 为 20°,通道横截面为矩形或圆形,变形温度均在 300 ℃以上,每道应变率约为 1%。

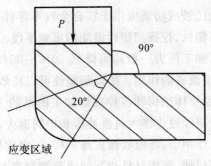

图 11-10　EACE 变形原理示意图

镁合金材料沿通道在转角处发生剪切塑性变形。样件通过通道的方式有多种,其中重复通过 4 次以上,每相邻两次间样件单向旋转 90°的方式对改进材料微观结构和机械性能的作用最佳。由于试样在截面 4 个方向上都发生了剪切应变,使更多的滑移面被激活,而且多次的变形可使应变率累加至很大的值,这就是 ECAE 技术能提供很大的、均匀应变的原因。

ECAE 技术具有投入实际应用生产大尺寸产品的潜力。虽然该方法还处于实验室阶段,尤其在镁合金应用方面,但随着研究的深入和技术的进一步完善,ECAE 将成为生产超塑性材料的主要手段之一。

2.快速凝固粉末冶金法

镁合金快速凝固粉末冶金法(RS/PM)包括快速凝固制备粉末和粉末固化成形两部分,其中快速凝固制粉技术是镁合金晶粒细化、塑性提高的关键。由于快速凝固技术及其设备能提供大于 105 ℃/s 的冷却速度,镁合金液在如此大的过冷度条件下凝固,便能够得到具有非常细小晶粒组织的粉末,其晶粒尺寸可达 100~200 nm。

镁合金粉末的固化成形温度一般为 300~450 ℃,由于镁合金粉末中含有弥散分布的氧化物,能够起到阻碍晶粒在高温下长大的作用,所以在较宽的温度范围内,镁合金粉末均能够保持细小的晶粒组织。事实证明:快速凝固镁合金粉末在 400 ℃ 以下时,其晶粒并未见长大。

由此可见,采用快速凝固粉末冶金法,完全有可能、也能够得制显微组织为细晶、超细晶甚至纳米晶且具有高塑性、超塑性的镁合金产品。但是关于镁合金快速凝固粉末冶金法的研究目前还不很全面、深入,有关文献、报道也不多见,尚且还存在一些研究开发盲点,例如:该方法所导至晶粒发生细化的机制还不很清楚;在激冷条件下与在常规快冷条件下,镁合金组织转变机理有无差异还不明确;在快速凝固条件下所得到的细晶,超细晶或纳米晶组织的稳定性也未曾被深入探讨;通用的粉末冶金设备还不能够完全满足镁合金生产的安全需要,存在严重的安全缺陷和隐患等等。而这些问题的解决对镁合金快速凝固粉末冶金法的开发和应用将具有重大的理论和实践指导意义。

3.通过挤压铸造细化晶粒

挤压铸造是在高于重力铸造几个数量级的压力下进行的铸造方法,其压力范围一般为70~150 MPa,是反重力铸造方法之一。由于充型压力很高,非常显著地增大了合金材料本身及其与铸型材料之间的传热系数,从而使挤压铸造镁合金材料的冷却速度极快,可达 282 ℃/s(重力金属型铸造条件下的冷却速度为 11 ℃/s),因而能够显箸地提高镁合金过冷度和形核率,有效地细化镁合金晶粒。

目前,挤压铸造工艺方法已被成功地应用于镁合金汽车零件和 3C 产品的实际生产之中,是铸造镁合金细化晶粒、提高塑性、挖掘超塑性潜能的重要手段。

超塑性材料由于塑性高,加工压力一般均可降低 60%~85%,在较低压力下便可成型和压接,既可节能,又能发挥轻型设备的作用。所以超塑性可以巧妙地应用于塑件加工技术的各个领域,特别是形状复杂、大型整体结构和各种成型加工困难的工件,尤为适用。例如某些深冲制品,采用普通的冲压方法要经过许多次过渡冲压和中间退火,才能冲制出成品。如用超塑性板材,在较低的液压或气压作用下,能做吹橡皮球一样,一次成型。

此外,管、棒、线材的无模拉伸,超塑材料相互间或超塑材料与普通金属间的压(煅)接,Al合金、Ti 合金和 Ni 基耐热合金超细粉末的成型等,均可广泛应用超塑技术。

在热处理技术方面,如 TMT 技术的开发和应用,热处理变形的矫直和淬火应力的消除等,也可以利用感生相变超塑性。

参 考 文 献

[1]　权高峰. 金属基复合材料设计与制备表象学研究[M]. 北京:科学出版社,2015.

[2]　赵玉涛,戴起勋,陈刚. 金属基复合材料[M]. 北京:机械工业出版社,2007.

[3]　金培鹏. 轻金属基复合材料[M]. 北京:国防工业出版社,2013.

[4]　Paulo Davim J. 金属基复合材料加工[M]. 贾继红,孙晓雷,等,译. 北京:国防工业出版社,2013.

[5]　赵乃勤. 原位合成碳纳米相增强金属基复合材料[M]. 北京:科学出版社,2014.

[6]　于压顺. 金属基复合材料及其制备技术[M]. 北京:化学工业出版社,2006.

[7]　原梅妮. 金属基复合材料力学性能分析计算[M]. 北京:北京航空航天大学出版社,2014.

[8]　崔春翔. 材料合成与制备[M]. 上海:华东理工大学出版社,2010.

[9]　尹洪峰,魏剑. 复合材料[M]. 北京:冶金工业出版社,2010.

[10]　贾成厂,郭宏. 复合材料教程[M]. 北京:高等教育出版社,2010.

[11]　冯小明,张崇才. 复合材料[M]. 重庆:重庆大学出版社,2007.

[12]　闻荻江. 复合材料原理[M]. 武汉:武汉工业大学出版社,1998.

[13]　吴诗惇. 金属超塑性变形理论[M]. 北京:国防工业出版社,1997

[14]　陈光,崔崇,徐锋. 新材料概论[M]. 北京:国防工业出版社,2013.

[15]　代少俊. 高性能纤维复合材料[M]. 上海:华东理工大学出版社,2013.

[16]　耿保友. 新材料科技导论[M]. 杭州:浙江大学出版社,2007.

[17]　林兆荣. 金属超塑性成形原理及应用[M]. 北京:航空工业出版社,1990.

[18]　严彪,唐人剑. 金属材料先进制备技术[M]. 北京:化学工业出版社,2006.

[19]　张红琼. 改变世界的新材料[M]. 合肥:安徽美术出版社,2013.

[20]　杨延廷. 非晶态合金的制备及应用现状[J]. 科技视界,2014:161.